U0662413

「AI助力WPS
数据分析与应用」

蒋守花◎著

清华大学出版社

北京

内 容 简 介

本书是一本实用性很强的 AI 赋能数据分析与处理的著作，它是以 WPS 2023 为写作蓝本，专为希望利用人工智能技术提高数据处理与分析效率的读者设计。书中不仅涵盖了 WPS 数据分析的核心技术，而且还特别强调了人工智能在数据分析中的辅助作用，如智能数据抓取、语音输入转换、条件格式设置等，使读者能够快速掌握并应用这些技术以提高工作效率。

本书共分为 9 个项目，每个项目都围绕一个实际案例展开，从基础知识的介绍到实际操作的实施，再到 AI 技术的助力，逐步引导读者深入理解并实践数据智能处理。书中具体内容涵盖了数据输入、编辑、清洗、整理、筛选、排序、分类汇总、公式与函数应用、数据透视表、数据可视化等关键技能，以及数据分析在进销存、财务、人力等行业中的分析应用实战案例，每个项目都配有详细的操作步骤和课后练习，确保读者能够将理论知识转化为实际操作技能。此外，书中最后部分列举了 3 个数据分析的综合应用案例，通过详细的步骤和图解，帮助读者更直观地理解数据分析的过程和结果。

作为一本技术性与操作性很强的图书，本书既可作为高等院校相关专业学生的辅导用书，也非常适合企业数据分析师、财务人员、市场研究人员和个人自学使用。对于初学者来说，书中的基础知识和操作步骤讲解清晰，易于上手；对于有一定基础的读者，书中的 AI 应用和高级技巧将帮助他们进一步提升数据分析的深度和广度。通过本书的学习，读者将能够更加高效地处理和分析数据，为决策提供有力的数据支持。

图书在版编目（CIP）数据

AI 助力 WPS 数据分析与应用 / 蒋守花著 . -- 北京：清华大学出版社，
2025.7. -- (智能加速度). -- ISBN 978-7-302-69871-5

Ⅰ . TP274

中国国家版本馆 CIP 数据核字第 2025U8U252 号

责任编辑：黄　芝　薛　阳
封面设计：杨智武
版式设计：方加青
责任校对：王勤勤
责任印制：刘　菲

出版发行：清华大学出版社
　　　　　网　　　址：https://www.tup.com.cn, https://www.wqxuetang.com
　　　　　地　　　址：北京清华大学学研大厦 A 座　　　　　邮　　　编：100084
　　　　　社 总 机：010-83470000　　　　　邮　　　购：010-62786544
　　　　　投稿与读者服务：010-62776969，c-service@tup.tsinghua.edu.cn
　　　　　质 量 反 馈：010-62772015，zhiliang@tup.tsinghua.edu.cn
印 装 者：涿州汇美亿浓印刷有限公司
经　　　销：全国新华书店
开　　　本：185mm×260mm　　印　　　张：16.25　　字　　　数：426 千字
版　　　次：2025 年 8 月第 1 版　　印　　　次：2025 年 8 月第 1 次印刷
印　　　数：1～1500
定　　　价：69.80 元

产品编号：108237-01

前言

PREFACE

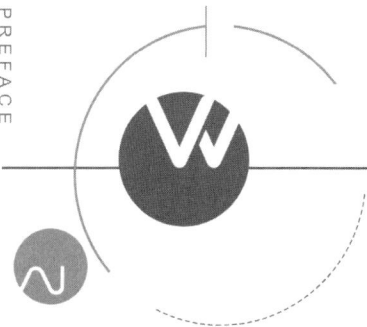

在人工智能（AI）时代，数据分析不再是简单的数字游戏，而是一场智能化的技术革命。AI 技术的融入，使得数据分析变得更加高效、精准，并且能够处理更大规模的数据集。在这个时代，数据不仅仅是决策的依据，更是洞察未来趋势的钥匙。AI 的算法能够揭示数据背后隐藏的模式和关联，预测市场动向，优化业务流程，甚至推动创新。本著作正是在这样的背景下应运而生，旨在帮助读者掌握 AI 时代数据分析的核心技能。

首先，本书是以 WPS 2023 软件为写作蓝本，详细而全面地阐述了 WPS 2023 在数据处理与分析中的核心技术。其次，本书还深入探讨了 AI 技术在数据分析中的应用，通过实际案例，展示了如何利用 AI 工具和算法来简化数据分析流程，提高数据处理的质量和速度。最后，作为一本立足实战的著作，书中每个项目都设计了清晰的操作步骤与针对性训练，助力读者将知识转化为实际技能。

本书共分为 9 个项目，每个项目都围绕一个具体的数据分析任务展开。从数据的输入与编辑、清洗与整理，到筛选、排序与分类汇总，再到公式与函数的应用，数据透视表的制作数据可视化处理，以及数据分析在进销存、财务、人力等行业中的分析应用实战案例，每个项目都包含了从基础知识到实际操作的完整流程。此外，每个项目还特别设置了"AI 助力"环节，介绍如何使用 AI 技术来优化数据分析的各个环节，使读者能够紧跟时代的步伐，掌握最新的数据分析技能。

本书由成都医学院蒋守花老师，基于四川省教育数字化发展与评价重点实验室 2025 年立项基金（No. JYSZH202514）课题成果撰写，在撰写过程中，作者凭借多年的数据分析和 AI 技术研究经验，力求将理论与实践相结合，使内容既系统又实用。数据分析领域的读者，无论起点如何（零基础初学者或专业人士），都能从这本兼具综合性与指导性的著作中获益良多。对于初学者，书中的基础教程和操作步骤讲解清晰，易于上手；对于专业人士，书中的 AI 应用和高级技巧将帮助他们进一步提升数据分析的深度和广度。通过阅读本书，读者将能够更加高效地处理和分析数据，为决策提供有力的数据支持。

  在这个数据和 AI 驱动的时代，掌握数据分析技能已经成为职场竞争力的重要组成部分，本著作为读者铺就了一条全面、系统的知识获取路径，目标是培养他们成为数据分析领域的高手。

著者

2025 年 5 月

目录
CONTENTS

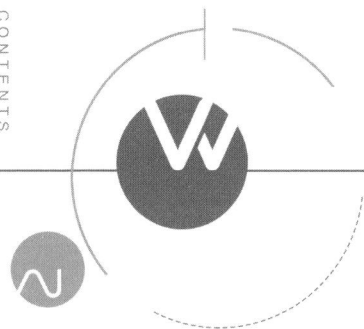

案例素材
和效果

项目 1 数据的输入与编辑：制作"物价表"

数据是数据分析的原始材料，也是决定数据分析质量的关键所在，确定好数据分析的目的后，就要开始收集数据了。要进行数据分析，首先要有原始数据，这些数据可以是手动输入到WPS 表格中的，也可以是从其他地方导入 WPS 表格中的。原始的数据通常不能直接运用，需要加工编辑，整理成规范的数据之后，才能对之进行分析，否则分析结果会有较多错误。

本项目为制作一个简单的物价表，该物价表中的数据是从网络中收集并输入，项目详细讲解了 WPS 表格中数据的输入与编辑方法。通过本项目的学习，读者可以快速掌握数据输入与编辑的注意事项，掌握数据的输入与导入方法，并通过所学的知识点，快速制作出物价表。

─○学习目标○─

- 通过 AI 了解数据输入与编辑的注意事项。
- 掌握数据的类型与输入方法。
- 掌握快速输入数据的操作方法。
- 掌握外部数据的导入方法。

─○知识准备○─

知识点 1 通过 AI 了解数据输入与编辑的注意事项

数据的输入与编辑在数据分析中扮演着至关重要的角色。它们不仅影响数据分析的准确性和可靠性，还关系到决策制定的正确性、分析效率的提升以及合规要求的满足。因此，在进行数据分析时，必须高度重视数据的输入与编辑工作。

> **向文心一言提问**：在数据分析中，数据的输入与编辑需要注意些什么？

文心一言回复：

在数据分析中，数据的输入与编辑是至关重要的步骤，它们直接影响到后续数据分析的准确性和有效性。以下是数据输入与编辑时需要注意的几方面。

1. 数据输入注意事项

1）数据准确性

（1）确保输入的数据准确无误，避免手误或疏忽导致的错误。

（2）对于需要手动输入的数据，应仔细核对，确保每个数据项都符合预期的格式和范围。

2）数据完整性

（1）保证输入的数据完整无缺，不遗漏重要信息。

（2）对于缺失值，应根据实际情况进行填充或处理，以确保数据的完整性。

3）数据格式统一

（1）输入数据时应遵循统一的格式标准，如日期、时间、数字等应使用相同的格式。

（2）文本数据应注意大小写、特殊字符等的一致性，避免混淆。

4）数据来源可靠

（1）确认数据来源的可靠性，避免使用不准确或存在偏差的数据。

（2）对于外部数据源，应进行必要的验证和清洗，以确保其质量。

5）避免重复输入

在输入数据前，应检查是否已存在相同的数据项，避免重复输入导致的数据冗余。

2. 数据编辑注意事项

1）数据清洗

（1）去除重复数据，确保数据集中不存在重复的记录。

（2）填充或删除缺失值，根据数据的实际情况选择合适的填充方法，如均值填充、众数填充或删除缺失记录等。

（3）纠正异常值，识别并处理数据中的异常值，避免它们对分析结果产生不良影响。

2）数据转换

（1）根据分析需求对数据进行适当的转换，如数据类型转换、数据格式调整等。

（2）在进行数据转换时，应注意保持数据的精度和范围，避免数据失真。

3）数据标准化

（1）对数据进行标准化处理，如归一化、标准化等，以便更好地进行比较和分析。

（2）标准化处理应基于整个数据集进行，以确保处理结果的一致性和准确性。

4）数据验证

（1）在数据编辑过程中，应不断验证数据的准确性和合理性。

（2）可以使用统计方法或数据可视化工具来辅助验证数据的正确性。

5）异常数据处理

对于数据中的异常值，应根据实际情况进行处理。如果异常值是由数据输入错误或测量误差导致的，应予以纠正；如果异常值是由真实情况导致的，则应保留并进行分析。

6）数据备份

（1）在进行数据编辑之前，务必对数据进行备份，以防万一出现不可逆的错误。

（2）备份数据应存储在安全可靠的位置，以便随时恢复。

综上所述，数据的输入与编辑是数据分析过程中不可或缺的重要环节。通过遵循上述注意事项，可以确保数据的准确性和可靠性，为后续的数据分析工作奠定坚实的基础。

知识点 2　数据的类型与输入

在 WPS 表格中可以保存多种类型的数据，为了保证后期数据分析能顺利进行，在制作、收集数据初期，就应该保证数据类型的正确性。下面就来了解数据的类型和具体的输入方法。

1. 数据的类型

WPS 表格中的数据大致可以分为数值、文本、日期 / 时间、公式 / 函数 4 种。只要掌握这

4 种数据类型，就能解决大部分的难题。

（1）数值：适用于表示数字数据，WPS 表格中的大部分数据为数值类型，如"123""4.56"等，常用于计算、统计。数值型数据还可以设置小数位数和使用千位分隔符等。

（2）文本：除数值之外的字母、汉字、阿拉伯数字，以及其他符号等。例如，"北京""地图"等。在表格中输入文本可以用来说明表格中的其他数据。

（3）日期/时间：用于表示日期或时间的数据，它们的表现形式比较多样，如日期型数据的表现形式有"2024 年 2 月 13 日""2024/2/13""2021-2"等，但需要按"年-月-日"或"年/月/日"格式输入。时间型数据的表现形式有"13:50""1:50 PM"等，需要按照"时：分"或"时：分：秒"格式输入。

（4）公式/函数：在 WPS 表格中，要计算和处理各类数据，需要在单元格中输入公式或函数。输入时全部要用半角英文，并从等号"="开始输入。

【小提示】需要注意的是，WPS 表格中有一些阿拉伯数字、日期与时间等虽然外表上和普通的数字、日期与时间数据无异，但实际上属于文本类型的数据，是不能参与计算的。也有一些数据使用普通的输入方法并不能得到需要的效果，例如，当输入数值的位数超过 11 位时，WPS 表格会自动以科学记数格式显示输入的数值，如输入"123456789123"，会在单元格中显示为"1234567E+11"，此时需要设置数据类型为文本型才能正常显示输入的数据。相应的处理办法将在后面详细讲解。

2. 数据的输入

在 WPS 表格中，数据的输入很简单，只要在 WPS 表格中用鼠标单击某个单元格，那个单元格就可以被选中，输入的内容会自动保存在焦点单元格中，完成输入后按 Enter 键或单击其他单元格即可转换到其他单元格中。例如，新建一个空白的 WPS 表格，在 A1 单元格中输入文本型数据"日期"，如图 1-1 所示。

图 1-1 输入文本型数据

【小提示】在单元格中输入内容后，按 Tab 键，将从当前单元格转移到右侧的单元格；而按 Enter 键，将从当前单元格转移到下方的单元格；按 Shift+Enter 组合键，则保持不变，仍然是当前单元格。

3. 特殊符号的输入

制作表格的过程中有时需要插入 #、*、★、✈、✄ 等特殊符号，有些符号可以通过键盘输入，有些却无法在键盘上找到与之匹配的键位。此时可以从 Excel 的"插入"选项卡入手，通过插入符号的方式进行输入。例如，要在表格中插入★，表示不同的星级就是一个典型例子，其具体步骤是：在 WPS 表格软件中，在"插入"选项卡的"符号"面板中，单击"符号"下拉按钮，展开列表框，选择"其他符号"命令，如图 1-2 所示，打开"符号"对话框，选择需要插入的符号，单击"插入"按钮即可，如图 1-3 所示。

图 1-2 选择"其他符号"命令   图 1-3 "符号"对话框

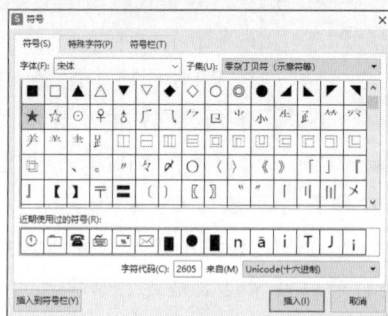

【小提示】如果需要在单元格中连续输入多个特殊符号，可以在"符号"对话框中选择要插入的符号，每单击一次"插入"按钮，即会插入一次所选符号，该过程中还可选择插入其他的符号。完成后单击"关闭"按钮关闭对话框。

知识点 3 快速输入数据的方法

当需要输入具有重复性或具有一定规律的数据时，可以利用一些技巧进行快速输入，让操作事半功倍。

1. 重复填充数据

在制作表格的过程中，可能会输入一些重复性的数据，根据这些数据所在单元格位置是连续还是非连续，有两种不同的快速输入方法。

1）为不连续的多个单元格输入相同数据

不连续的多个单元格中要快速输入相同数据，需要借助 Ctrl+Enter 组合键。例如，员工档案表中的性别一栏只有"男"和"女"两种数据，存在很多重复项，但是它们的位置需要根据实际情况来定，一般都不是连续的。其输入方法也很简单，在表格中按住 Ctrl 键的同时，选择多个不连续的单元格，输入数据，按 Ctrl+Enter 组合键即可，如图 1-4 所示。

2）为连续的多个单元格输入相同数据

如果需要在连续的单元格中快速输入相同的数据，多采用拖动填充控制柄的方式进行填充。将鼠标光标移动到选中的单元格的右下方时，将出现十字形符号，拖动这个符号，就可以完成填充操作了。例如，员工档案表中的部门数据如果是一段一段集中显示某个部门名称时，就可以通过拖动填充控制柄的方式来进行快速输入，如图 1-5 所示。

2. 序列填充数据

工作中常常会遇到输入连续的编号、日期等具有某种变化规律的数据，此时也可以通过填充控制柄来完成数据的快速填充。

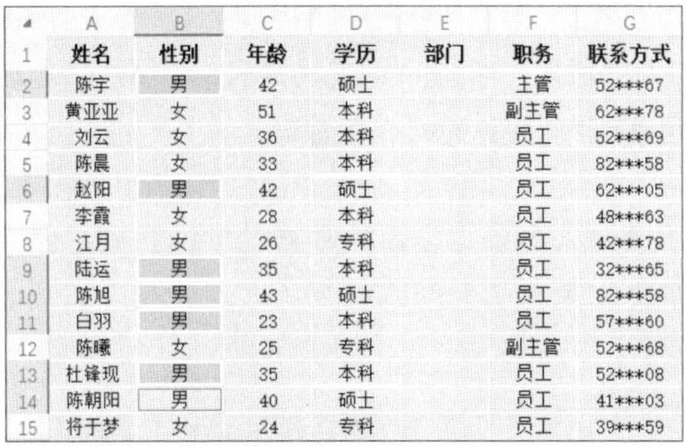

图1-4　为不连续单元格输入相同数据 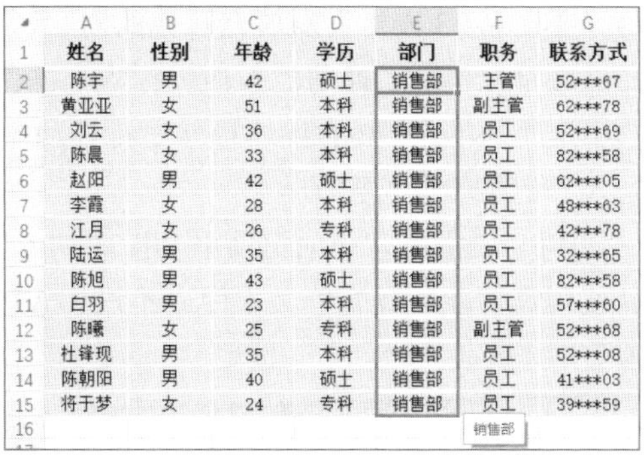　　　　　图1-5　为连续单元格输入相同数据

1）输入序列数据

工作中经常需要输入的如"1、2、3、4、…"编号，这类有规律的数据通过拖动填充控制柄就能快速完成。例如，在员工档案表中，依次在 A2 和 A3 单元格中输入编号 1 和 2，然后选择 A2 和 A3 单元格，将鼠标指针移至 A3 单元格的右下角，当鼠标指针呈黑色十字形状时，按住鼠标左键并向下拖曳，即可输入序列数据，如图1-6所示。

图1-6　输入序列数据

在输入序列数据时，也可以按住 Ctrl 键后，再将鼠标移动到控制柄处，此时控制柄右上方会出现一个小的加号，之后再拖动鼠标，就可以直接进行序列填充。

2）复制序列数据

工作中有些内容是需要按照一定规律重复操作的，在记录这类数据时，可以通过拖动填充控制柄来重复填充某个已有的序列数据。例如，员工档案表中的"值班日"列中需要重复填充星期一至星期五，其具体操作是：在员工档案表中的 I2 单元格，输入文本"星期一"，然后选择 I2 单元格，按住鼠标左键至 I6 单元格后，释放鼠标左键，填充序列数据。按住 Ctrl 键以后，再按住控制柄并拖动到 I15 单元格，释放鼠标左键，即可复制序列数据，如图1-7所示。

图1-7　复制序列数据

　　要让 WPS 表格重复填充其他的内容，也可以先在单元格中输入一个周期的数据，然后选择这些单元格后，拖动控制柄进行填充。例如，可以输入"香皂、肥皂、牙膏、牙刷"，然后选中这 4 个单元格，按照本操作进行拖动复制即可快速输入多个同样的数据。

3. 记录单录入数据

　　WPS 表格中有一项记录单功能，如果需要手动输入多条数据，且数据的字段相同，就可以使用该功能，既简单又方便。不过，WPS 表格将记录单功能隐藏起来了，需要先添加到选项卡中才能使用。

　　1）将记录单功能添加到选项卡中

　　在默认状态下，WPS 表格中的选项卡中没有提供记录单功能，需要手动将其添加到选项卡中。将记录单功能添加到选项卡的具体操作是：在 WPS 表格中，单击"文件"按钮，展开列表框，选择"选项"命令，打开"选项"对话框，在左侧列表框中选择"自定义功能区"选项，在右侧的选项区中，单击"新建组"按钮，新建一个名称为"记录"的组对象，如图 1-8 所示。在"查找命令"文本框中输入并搜索"记录单"，然后选择"记录单"命令，单击"添加"按钮，如图 1-9 所示。在新建的组下方添加"记录单"命令，依次单击"确定"按钮，即可将记录单功能添加到选项卡中。

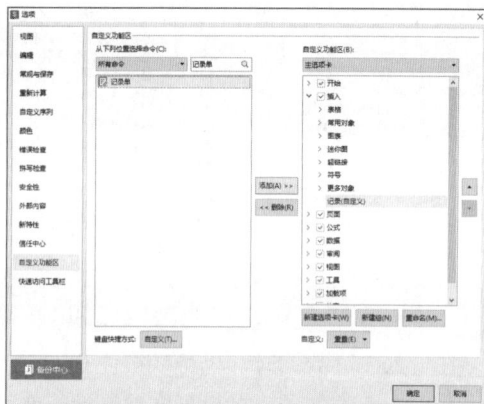

图 1-8　新建"记录"组　　　　　　　　图 1-9　选择"记录单"命令

　　2）使用记录单输入数据

　　常见的表格第一行都是表头内容（用于对每一列数据的性质进行描述），后面接着是一条一条的数据记录。这类表格就非常适合使用记录单来完成数据输入。例如，项目跟踪表中需要记录的每条数据包含的内容都是"类别""项目""开始日期""完成日期""责任人"，就可以使用记录单功能进行批量输入。

　　使用记录单输入数据的方法很简单，只要在工作表中框选需要录入的单元格区域，在"插入"选项卡的"记录"面板中，单击"记录单"按钮，如图 1-10 所示，打开 Sheet1 对话框，依次输入相应的数据，单击"新建"按钮即可输入数据，如图 1-11 所示。

　　【小提示】使用记录单功能时，必须先在 WPS 表格中准备好要录入表单的表头，将所有表单部分选中，这样做的目的是"告诉"WPS 表格要制作的表单包含哪些字段。所以，在选择表单区域时一定要保证输入的表头在区域的第一行。在记录单中，单击"新建"按钮即可追加一条记录；单击"上一条"或"下一条"按钮，可以滚动预览核对和修改记录中的数据；单击"条件"按钮，在相应的字段名中输入查询条件进行查询。

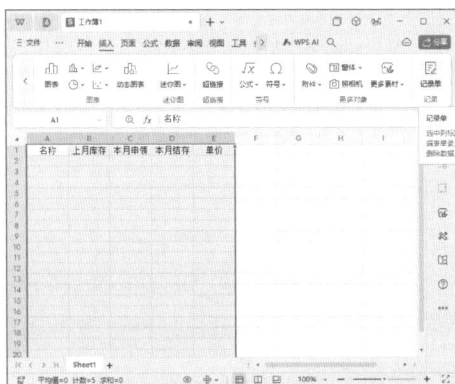

图 1-10　单击"记录单"按钮　　　　　图 1-11　使用记录单输入数据

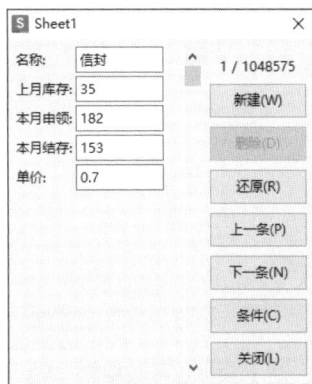

知识点 4　导入外部数据

实际工作中，数据来源除了直接输入以外，还可以导入一些外部数据，如数据库中的数据，保存为其他形式的数据文件，或从网络中收集数据等。

1. 导入数据库数据

在 WPS 表格中使用"获取数据"功能可以导入数据库文件（如 .mdb、.accdb、.sql 等），其具体操作是：在"数据"选项卡的"获取外部数据"面板中，单击"获取数据"下拉按钮，展开列表框，选择"导入数据"命令，如图 1-12 所示，打开"第一步：选择数据源"对话框，单击"选择数据源"按钮，如图 1-13 所示。

图 1-12　选择"导入数据"命令　　　　　图 1-13　选择数据源

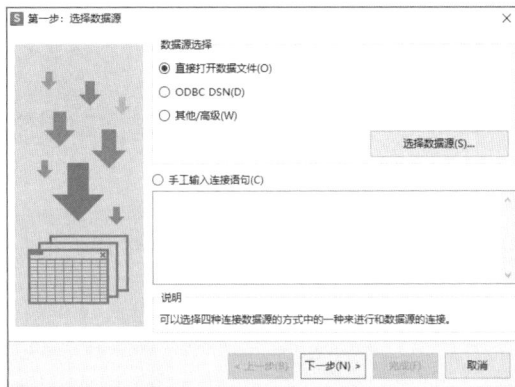

打开"打开"对话框，在对应的文件夹中选择数据库文件，单击"打开"按钮，如图 1-14 所示，返回到"第一步：选择数据源"对话框，完成数据源文件添加，单击"下一步"按钮，打开"第二步：选择表和字段"对话框，将"可用的字段"列表框中的字段添加至"选定的字段"列表框中，如图 1-15 所示。

再单击"下一步"按钮，进入"第三步：数据筛选和排序"对话框，设置数据筛选和排序条件。单击"下一步"按钮，进入"第四步：预览"对话框，预览导入结果，单击"完成"按钮即可完成数据库文件的导入操作。

2. 导入 TXT 文档数据

TXT 文档是最常用的文本文档，有时候也会用它来记录数据。文本文档中的数据可以作

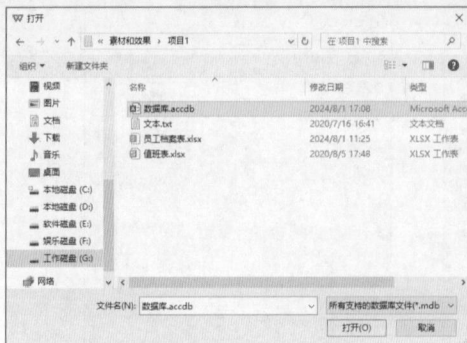

图 1-14　选择数据库文件

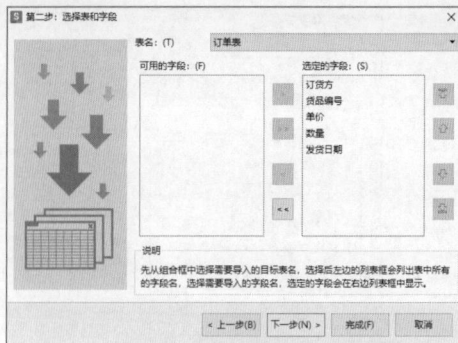

图 1-15　选择表和字段

为数据源导入 WPS 表格中。在导入之前需要先打开文档，查看一下数据结构是否符合导入条件。

　　一般在 TXT 文档中记录数据时，每列数据之间常常会用空格、制表符、逗号等隔开。只要有 WPS 表格可以理解的分隔符号，就可以直接将数据导入 WPS 表格中。

　　在 WPS 表格中导入 TXT 文档数据的具体操作是：在"数据"选项卡的"获取外部数据"面板中，单击"获取数据"下拉按钮，展开列表框，选择"导入数据"命令，打开"第一步：选择数据源"对话框，单击"选择数据源"按钮，打开"打开"对话框，在对应的文件夹中选择".txt"格式的文档文件，单击"打开"按钮，打开"文件转换"对话框，在该对话框中可以设置文本编码，如图 1-16 所示。单击"下一步"按钮，打开"文本导入向导 -3 步骤之 1"对话框，选择文件类型，如图 1-17 所示，再依次单击"下一步"按钮，并根据提示进行操作，即可导入 TXT 文档数据。

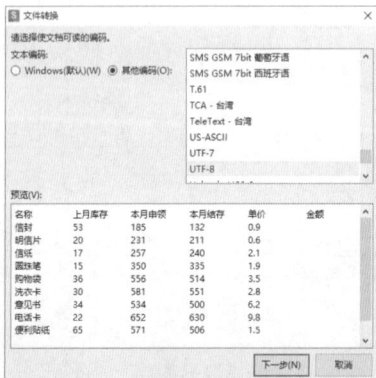

图 1-16　选择文本编码

图 1-17　选择文件类型

3. 导入网页中的数据

　　现在的网络如此发达，收集数据的时候怎么能忘了万能的网络呢？如果在某个网页中找到了需要的数据，记录下网址，也可以将其导入 WPS 表格中。例如，国家统计网上就有很多官方的权威数据，将这些专业数据导入 WPS 表格中，然后对格式稍加调整就可以进行分析了。

　　在 WPS 表格中导入网页中数据的具体操作是：在"数据"选项卡的"获取外部数据"面板中，单击"获取数据"下拉按钮，展开列表框，选择"自网站链接"命令，打开"新建 Web 查询"对话框，在"地址"文本框中输入网址，单击"转到"按钮，进入网址页面，然后单击对话框右下角的"导入"按钮，如图 1-18 所示，然后在工作表中指定单元格，单击"确定"按钮，即可导入网页中的数据。

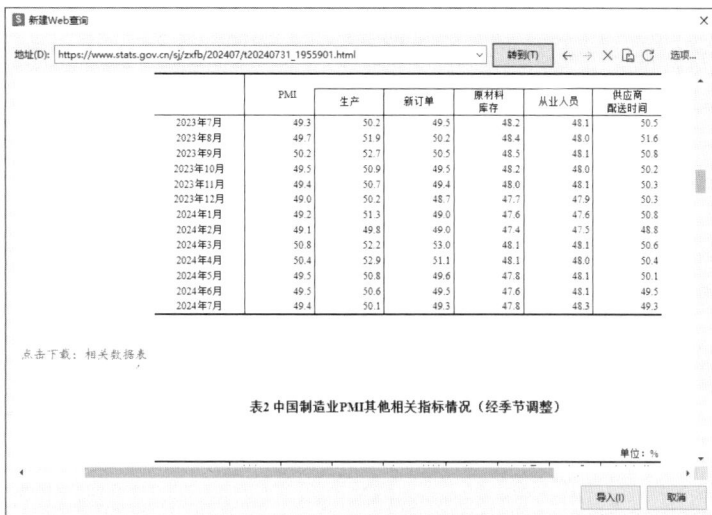

图 1-18   导入网页数据

【小提示】在导入网页数据时，系统会自动识别输入网址中的所有表格数据，此时需要用户来选择具体应导入哪个表格内容。

4. 导入 Word 文档中的数据

在实际工作中，会使用到 Word 中的表格数据，如果要将这些表格导入 WPS 表格中使用，最便捷的方法便是复制粘贴。

在 WPS 表格中导入 Word 文档中的数据的具体操作是：打开一个 Word 文档，在文档中选择需要复制的表格数据，在"开始"选项卡的"剪贴板"面板中，单击"复制"按钮，复制数据，如图 1-19 所示。在 WPS 表格软件中的"剪贴板"面板中，单击"粘贴"按钮，即可粘贴数据，从而完成数据的导入操作，如图 1-20 所示。

图 1-19   单击"复制"按钮

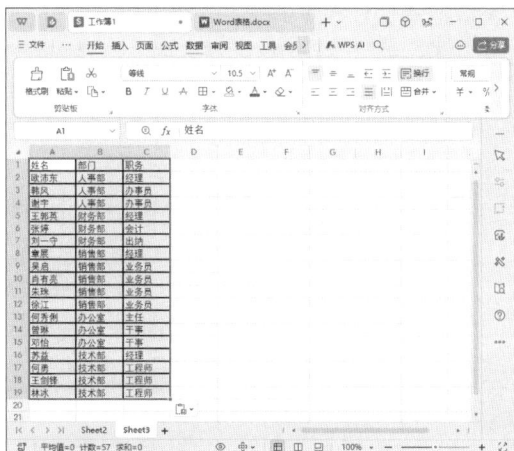

图 1-20   粘贴数据

项目实施

本项目要从网络中收集并输入物价数据表中的数据。物价数据在网上比较多，因此，需要先通过浏览器搜索出最近的流通领域重要生产资料市场价格变动情况数据，将其导入 WPS 中，并进行格式整理即可。

本项目的最终效果如图 1-21 所示，整个制作步骤分为以下三步。

（1）导入网页数据。

（2）编辑表格中的内容。

（3）设置工作表名称。

	A	B	C	D	E
1	产品名称	单位	本期价格（元）	比上期价格涨跌（元）	涨跌幅（%）
2	一、黑色金属				
3	螺纹钢（Φ20mm，HRB400E）	吨	3465.5	−37.1	−1.1
4	线材（Φ8−10mm，HPB300）	吨	3661.6	−25.6	−0.7
5	普通中板（20mm，Q235）	吨	3678.6	−38.8	−1
6	热轧普通板卷（4.75−11.5mm，Q235）	吨	3676.6	−41.5	−1.1
7	无缝钢管（219*6，20#）	吨	4430	0	0
8	角钢（5#）	吨	3776.4	−10.4	−0.3
9	二、有色金属				
10	电解铜（1#）	吨	78699.3	−541.3	−0.7
11	铝锭（A00）	吨	19817.1	−425.4	−2.1
12	铅锭（1#）	吨	19571.4	158.9	0.8
13	锌锭（0#）	吨	23991.4	−397.4	−1.6
14	三、化工产品				
15	硫酸（98%）	吨	414	28.4	7.4
16	烧碱（液碱，32%）	吨	847.1	5.3	0.6
17	甲醇（优等品）	吨	2378.7	15.5	0.7
18	纯苯（石油苯，工业级）	吨	8623.9	−300.4	−3.4
19	苯乙烯（一级品）	吨	9503.2	−77.8	−0.8
20	聚乙烯（LLDPE，熔融指数2薄膜料）	吨	8546.9	−133.1	−1.5
21	聚丙烯（拉丝料）	吨	7670	−47.5	−0.6
22	聚氯乙烯（SG5）	吨	5713	−75.6	−1.3

图 1-21　物价数据表

1. 导入网页数据

（1）启动浏览器，在网上找到含有所需数据的网页，并找到其中的"2024 年 7 月中旬流通领域重要生产资料市场价格变动情况"网页数据，打开该网页数据，在地址栏中选择网址，单击鼠标右键，在弹出的快捷菜单中，选择"复制"命令，复制网址，如图 1-22 所示。

（2）启动 WPS Office 软件，在软件主界面中，单击"新建"按钮，展开列表框，单击"表格"图标，如图 1-23 所示。

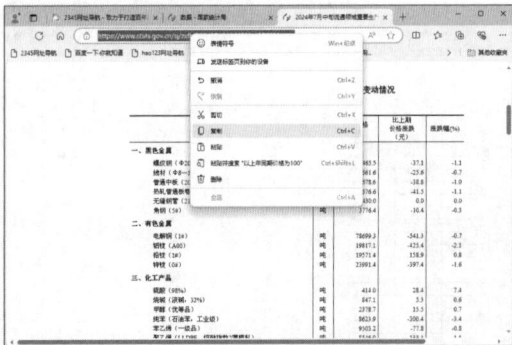

图 1-22　复制网址

图 1-23　单击"表格"图标

（3）进入"新建表格"界面，单击"空白表格"图标，如图 1-24 所示，即可新建一个空白的工作簿。

（4）在"数据"选项卡的"获取外部数据"面板中，单击"获取数据"下拉按钮，展开列表框，选择"自网站连接"命令，如图 1-25 所示。

（5）打开"新建 Web 查询"对话框，在"地址"文本框中粘贴第（1）步复制的网址，单击"转到"按钮，如图 1-26 所示。

图 1-24 单击"空白表格"图标

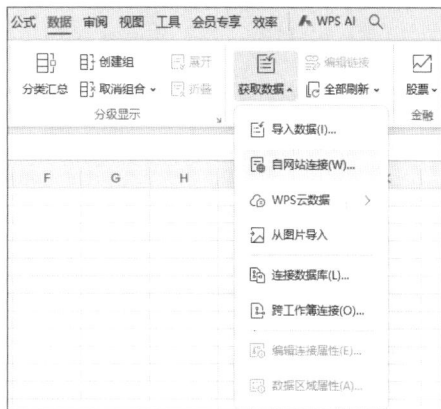

图 1-25 选择"自网站连接"命令

（6）转到需要的网址页面，选择需要导入的数据，单击"导入"按钮，如图 1-27 所示。

图 1-26 输入地址

图 1-27 单击"导入"按钮

（7）打开"导入数据"对话框，选择 A1 单元格，单击"确定"按钮，如图 1-28 所示。

（8）导入网页中的数据，其效果如图 1-29 所示。

图 1-28 选择数据放置位置

图 1-29 导入网页数据

2. 编辑表格中的内容

（1）在工作簿中的"开始"选项卡的"单元格"面板中，单击"工作表"下拉按钮，展开列表框，选择"插入工作表"命令，如图 1-30 所示。

观看视频

（2）打开"插入工作表"对话框，修改"插入数目"为 1，单击"确定"按钮，如图 1-31 所示，即可插入新的工作表。

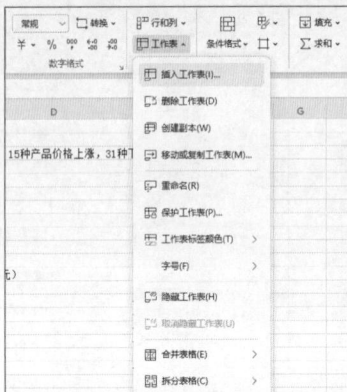

图 1-30　选择"插入工作表"命令　　　　　图 1-31　修改插入数目

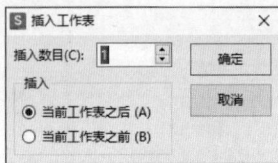

（3）在 Sheet1 工作表中，选择表格中的所有数据，在"开始"选项卡的"剪贴板"面板中，单击"复制"按钮，复制数据，如图 1-32 所示。

（4）切换至 Sheet2 工作表，在"开始"选项卡的"剪贴板"面板中，单击"粘贴"下拉按钮，展开列表框，选择"值"命令，如图 1-33 所示，即可粘贴值数据。

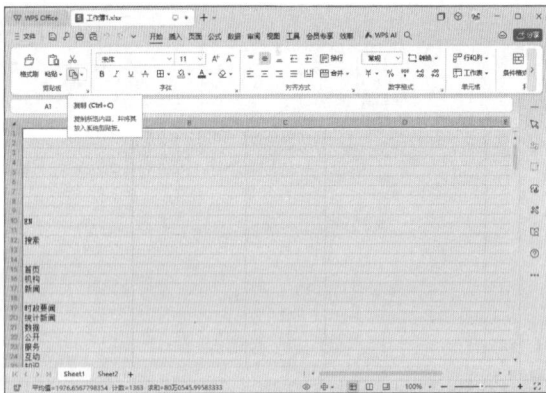

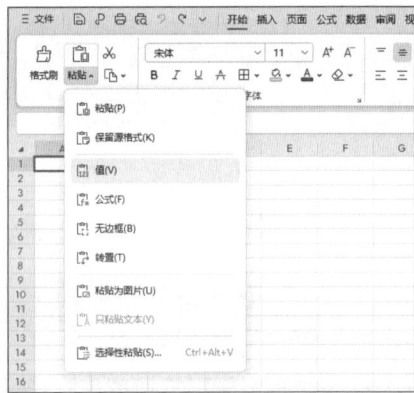

图 1-32　复制数据　　　　　　　　　　　图 1-33　选择"值"命令

（5）在工作表中选择需要删除的行对象，在"开始"选项卡的"单元格"面板中，单击"行和列"按钮，展开列表框，选择"删除单元格"→"删除行"命令，如图 1-34 所示。

（6）删除选择的行对象，使用同样的方法，依次删除其他多余的行对象，其效果如图 1-35 所示。

图 1-34　选择"删除行"命令　　　　　　　图 1-35　删除行对象

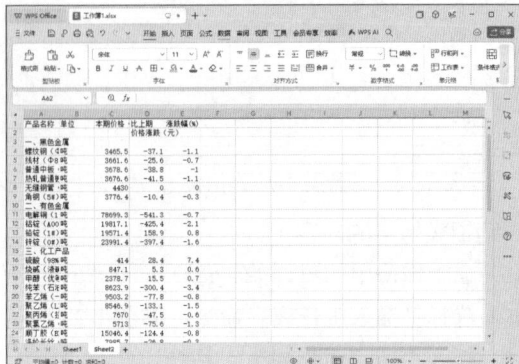

（7）选择 A 列，单击鼠标右键，在弹出的快捷菜单中，单击"最适合的列宽"按钮，如图 1-36 所示。

（8）调整表格的列宽后效果如图 1-37 所示。

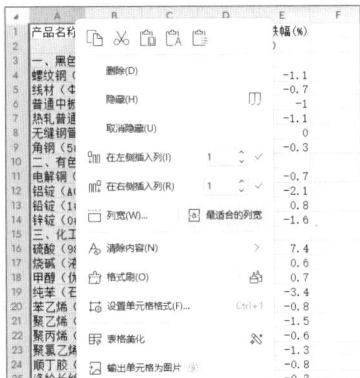

图 1-36 单击"最适合的列宽"按钮

图 1-37 调整列宽

（9）使用同样的方法，即可调整其他列的列宽，效果如图 1-38 所示。

（10）选择 1 ～ 61 行对象，单击鼠标右键，打开快捷菜单，选择"行高"命令，如图 1-39 所示。

图 1-38 调整其他列列宽

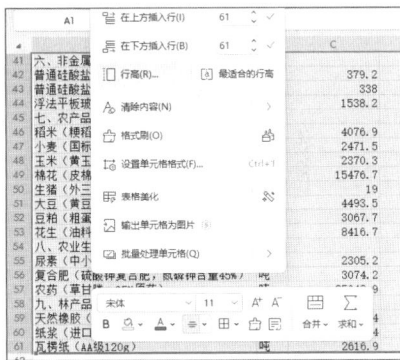

图 1-39 选择"行高"命令

（11）打开"行高"对话框，修改"行高"参数为 18，单击"确定"按钮，如图 1-40 所示。

（12）调整表格的行高后效果如图 1-41 所示。

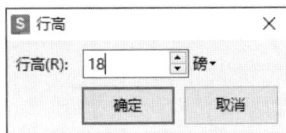

图 1-40 修改参数值

图 1-41 调整表格行高

（13）将 D1 和 D2 单元格中的文本内容合并在 D1 单元格中，调整列宽，并删除第 2 行对象，如图 1-42 所示。

（14）选择 A2:E2 单元格区域，在"开始"选项卡的"对齐方式"面板中，单击"合并"右侧的下拉按钮，展开列表框，选择"合并单元格"命令，如图 1-43 所示。

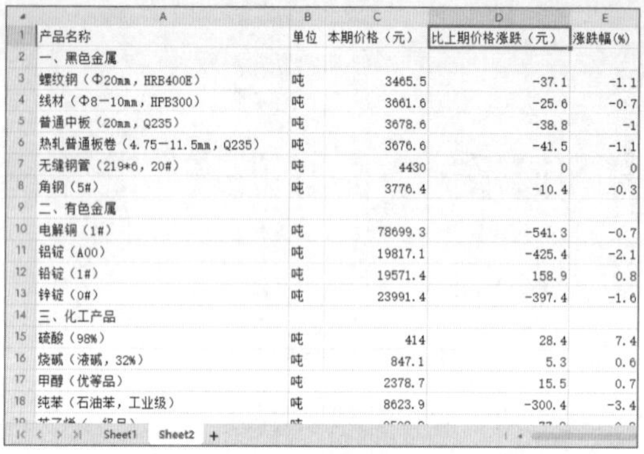

图 1-42　合并文本内容

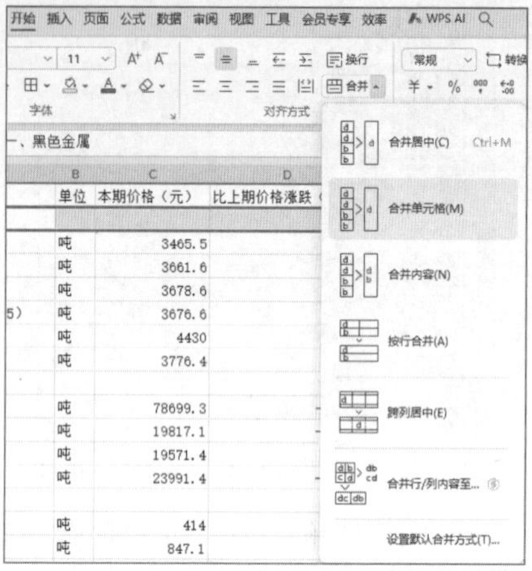

图 1-43　选择"合并单元格"命令

（15）合并单元格后的效果如图 1-44 所示。

（16）使用同样的方法，合并其他的单元格，效果如图 1-45 所示。

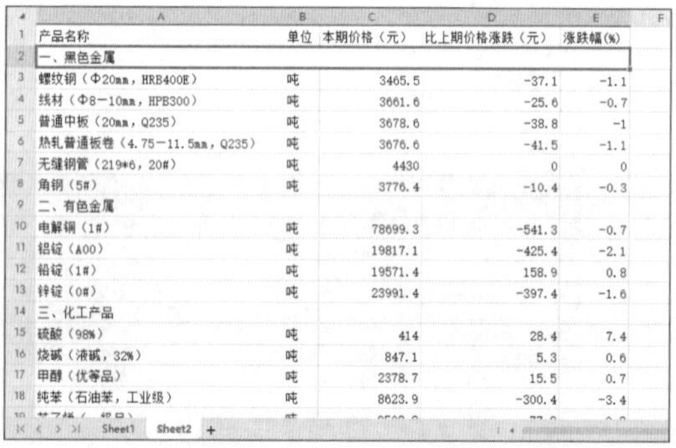

图 1-44　合并单元格

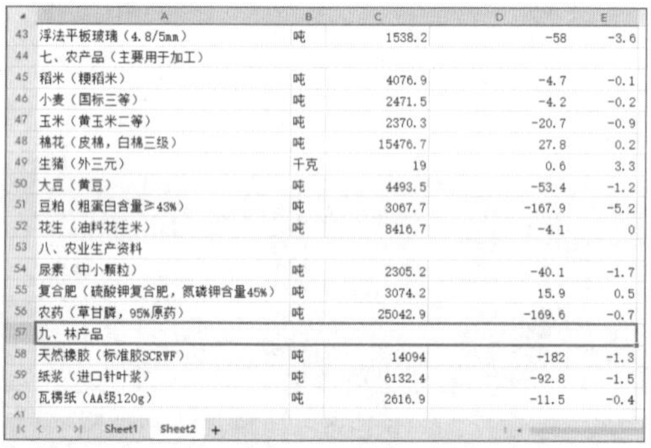

图 1-45　合并其他单元格

（17）选择 A1:E1 单元格区域，修改文本字体格式为"宋体"和 Times New Roman，"字号"为 11，单击"加粗"按钮和"居中"按钮，加粗和对齐文本，如图 1-46 所示。

（18）使用同样的方法，设置其他单元格的文本格式，如图 1-47 所示。

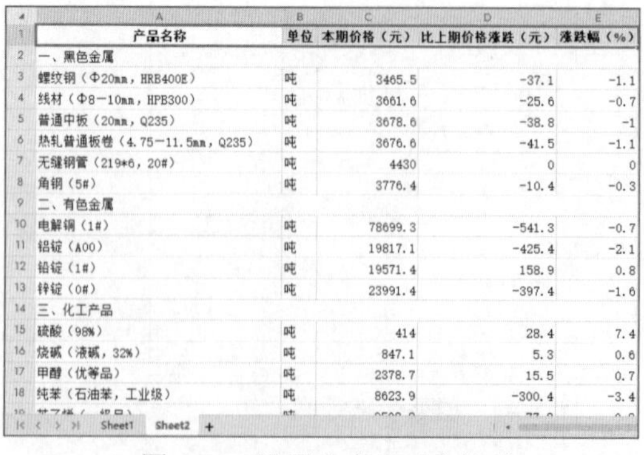

图 1-46　设置文本和对齐格式

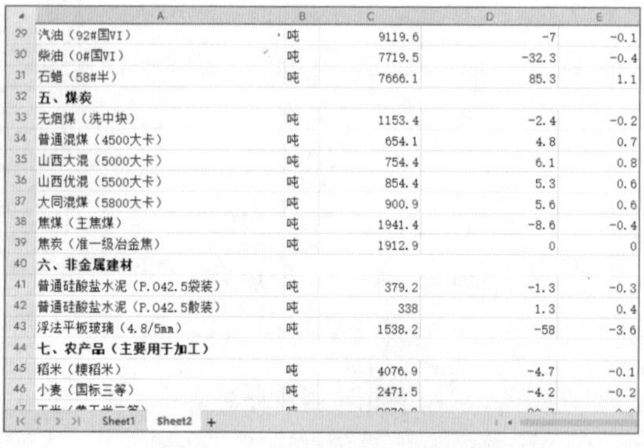

图 1-47　设置其他文本格式

（19）选择 B3:E60 单元格区域，在"开始"选项卡的"对齐方式"面板中，单击"居中"按钮，即可居中对齐单元格文本，其效果如图 1-48 所示。

图 1-48　居中对齐单元格文本

3. 设置工作表名称

（1）选择 Sheet2 工作表，单击鼠标右键，在弹出的快捷菜单中，选择"重命名"命令，如图 1-49 所示。

（2）显示文本输入框，输入新名称"最新物价表"，即可完成工作表名称的设置，如图 1-50 所示。

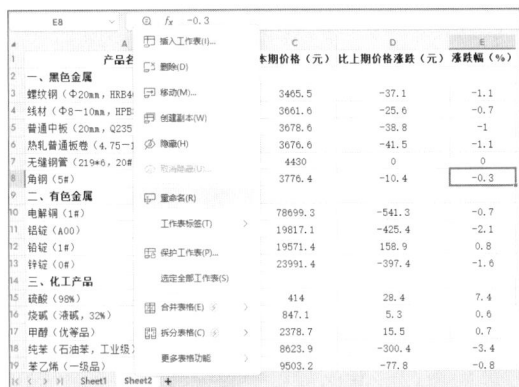

观看视频

图 1-49　选择"重命名"命令

图 1-50　设置工作表名称

（3）使用同样的方法，将 Sheet1 工作表名称修改为"导入数据"，如图 1-51 所示。

（4）单击"文件"按钮，展开菜单，选择"另存为"命令，展开子菜单，选择"Excel 文件（*.xlsx）"命令，如图 1-52 所示。

（5）打开"另存为"对话框，设置好文件名和保存路径，单击"保存"按钮，如图 1-53 所示，即可保存工作簿。

──◇ AI 助力 ◇──

1. 了解 AI 在数据分析中的应用

AI（人工智能）在数据分析中的应用极为广泛且深入，它极大地提高了数据分析的效率、准确性和自动化程度。AI 在数据分析中的应用主要体现在以下几方面，下面将分别进行介绍。

15

图 1-51　设置其他工作表名称

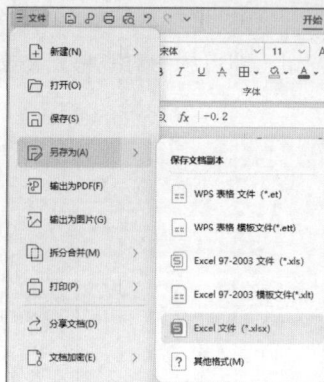

图 1-52　选择"Excel 文件（*.xlsx）"命令

图 1-53　设置文件名和保存路径

1）数据预处理

（1）自动清洗：AI 能够自动识别并处理数据中的异常值、缺失值和重复数据，提高数据质量，为后续的数据分析提供可靠的数据基础。

（2）数据转换与标准化：AI 可以自动执行数据的转换和标准化过程，确保数据的准确性和一致性，为后续的数据分析工作做好准备。

2）数据挖掘

（1）模式识别：通过机器学习和深度学习算法，AI 能够从大量数据中自动发现隐藏的规律、模式和关联，为决策者提供有价值的信息。

（2）关联规则挖掘：AI 可以分析数据集中的关联关系，如商品之间的购买关系，为商家提供交叉销售和捆绑销售的策略建议。

3）预测分析

（1）趋势预测：利用 AI 技术，可以基于历史数据构建预测模型，预测未来的趋势和行为，如股票价格、产品销售量、天气模式等。

（2）风险预测：在金融、医疗等领域，AI 可以预测潜在的风险，如市场波动、疾病暴发等，为决策者提供及时的预警信息。

4）异常检测

实时监控：AI 技术可以实时监控数据的变化情况，自动识别数据中的异常情况，如数据波动、异常交易等，帮助企业及时发现潜在的问题和风险。

5）自动化报告生成

智能报告：AI 可以自动分析数据并生成报告和仪表板，这些报告以直观的方式展示数据分析结果，帮助决策者快速了解业务状况和市场趋势。

6）自然语言处理与文本分析

（1）情感分析：利用自然语言处理技术，AI 可以分析社交媒体、评论等文本数据中的情感倾向，为企业提供有关客户满意度、品牌形象等方面的信息。

（2）文本生成：AI 还可以自动生成文本内容，如新闻报道、产品描述等，提高内容创作的效率和质量。

7）智能搜索引擎

精准搜索：AI 技术可以自动理解用户的查询意图，为用户提供更精准、相关的搜索结果，提高搜索效率和用户满意度。

8）知识图谱构建

信息整合：利用 AI 技术，可以自动构建和扩展知识图谱，将不同来源的数据整合在一起，为企业提供更丰富、更准确的信息。

9）自动化工作流程

流程优化：AI 可以自动化许多常规的数据分析流程，如数据清洗、统计分析、报告生成等，从而降低人力成本并提高工作效率。

10）创新应用

（1）个性化推荐：在电商、教育等领域，AI 可以通过智能推荐系统根据用户的兴趣爱好和购买行为推荐商品或学习资源。

（2）智能辅导：在教育行业，AI 可以通过智能辅导系统为学生提供个性化的学习计划、作业批改和问题解答。

综上所述，AI 在数据分析中的应用涵盖了从数据预处理到预测分析、从异常检测到自动化报告生成等多方面。这些应用不仅提高了数据分析的效率和准确性，还为企业带来了更多的商业机会和价值。随着技术的不断发展，AI 在数据分析领域的应用将会更加广泛和深入。

2. 网页数据抓取与导入

虽然 WPS 本身可能不直接提供网页数据抓取的 AI 功能，但用户可以通过结合使用第三方 AI 数据抓取工具（如八爪鱼、后羿采集器等）和 WPS 的数据导入功能来实现。

观看视频

例如，用户可以使用八爪鱼采集器采集网页上收集的数据（如能源产品产量、商品价格、客户信息等），自动从网页中提取所需数据，并导出为 CSV、Excel 等格式，随后导入 WPS 表格中进行进一步处理，其具体操作步骤如下。

（1）启动浏览器，搜索出需要抓取的网页数据，在地址栏单击鼠标右键，在弹出的快捷菜单中，选择"复制"命令，复制网址，如图 1-54 所示。

（2）启动八爪鱼采集器软件程序，单击"新建"按钮，在展开的菜单中，选择"自定义任务"命令，如图 1-55 所示。

（3）打开"新建任务"对话框，在"网址"文本框中粘贴第（1）步复制的网址，单击"保存设置"按钮，如图 1-56 所示。

（4）开始识别网页数据，识别完成后，打开"操作提示"对话框，单击"生成采集设置"按钮，如图 1-57 所示。

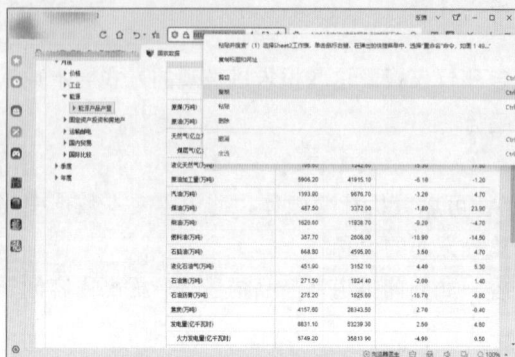

图 1-54　选择"复制"命令

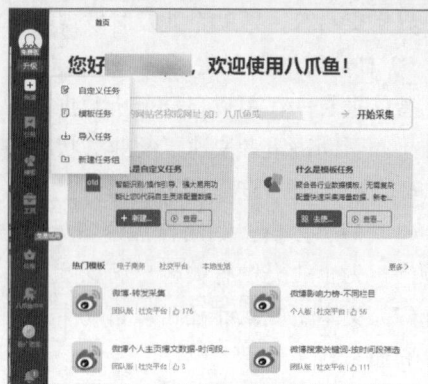

图 1-55　选择"自定义任务"命令

图 1-56　单击"保存设置"按钮

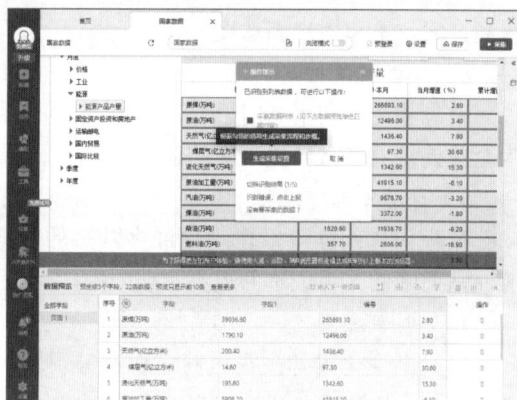

图 1-57　单击"生成采集设置"按钮

（5）生成采集设置，然后在窗口右上角单击"采集"按钮，如图 1-58 所示。

（6）打开"正在采集"对话框，并显示正在采集进度，如图 1-59 所示。

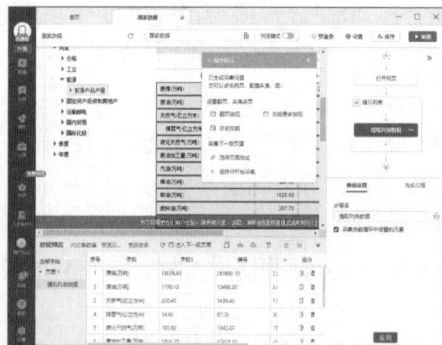

图 1-58　单击"采集"按钮

图 1-59　显示采集进度

（7）采集完成后，打开"采集完成"对话框，单击"导出数据"按钮，如图 1-60 所示。

（8）打开"导出本地数据"对话框，在"导出文件类型"选项区中，选择 Excel（.xlsx）单选按钮，单击"确定"按钮，如图 1-61 所示。

（9）打开"另存为"对话框，修改文件名和保存路径，单击"保存"按钮，如图 1-62 所示。

（10）打开"导出本地数据"对话框，显示数据导出完成信息，单击"打开文件"按钮，如图 1-63 所示。

图 1-60　单击"导出数据"按钮

图 1-61　选择文件导出类型

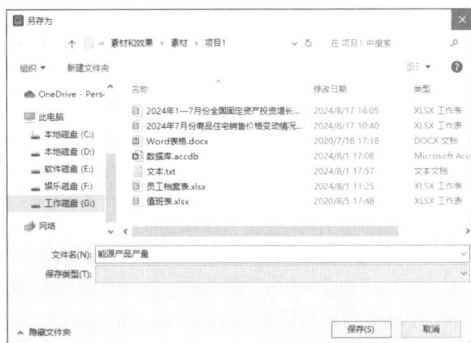

图 1-62　设置文件名和保存路径

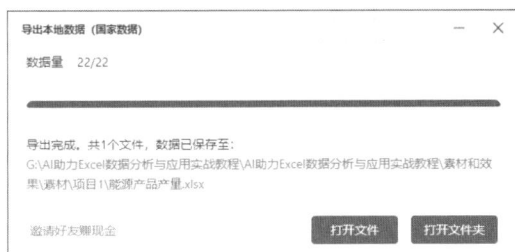

图 1-63　单击"打开文件"按钮

（11）打开已经导出的网页数据，其效果如图 1-64 所示。

图 1-64　打开已经导出的网页数据

3. 语音输入转换为文本

虽然这主要是一种文本输入方式，但在某些场景下，用户可以利用语音识别软件（如
WPS 内置的语音输入功能、手机语音助手等）将语音数据转换为文本，随后将文本数据复制
并粘贴到 WPS 表格中。虽然这并非 AI 直接作用于 WPS 表格数据输入，但它提高了数据输入
的便捷性和效率。

下面将详细介绍语音输入转换为文本的具体操作步骤。

（1）在 WPS Office 软件中新建一个空白文档，在"会员专享"选项卡的"便捷工具"面板中，单击"语音速记"按钮，如图 1-65 所示。

（2）打开"语音速记"界面，单击"开始录音"按钮，如图 1-66 所示。

图 1-65　单击"语音速记"按钮

图 1-66　单击"开始录音"按钮

（3）进入"新建录音"界面，在"模式选择"选项区中单击"单人演讲"图标，设置好录制语音和声音设备，单击"开始录音"按钮，如图 1-67 所示。

（4）进入"语音速记"界面，开始录制声音，并自动将录制的声音转换为文字，如图 1-68 所示。

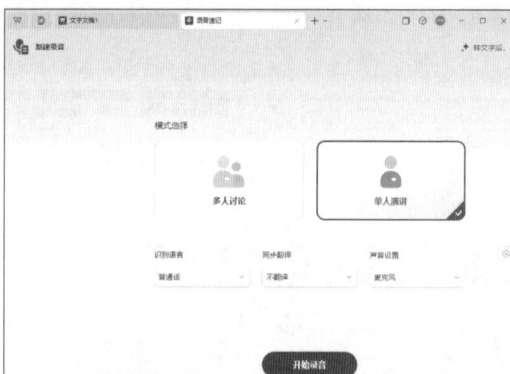

图 1-67　单击"开始录音"按钮

图 1-68　将声音转换为文字

（5）录制完成后，单击"停止"按钮，打开"结束录音"对话框，提示确定要结束本次录音吗？单击"结束录音"按钮，如图 1-69 所示。

（6）结束文本录音，进入文档界面，单击"编辑"按钮，如图 1-70 所示。

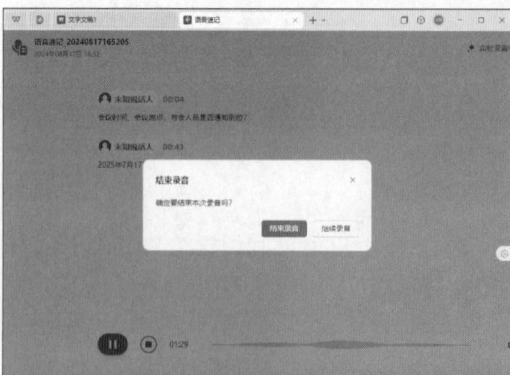

图 1-69　单击"结束录音"按钮

图 1-70　单击"编辑"按钮

（7）对文档中识别出的错误文本和英文文本进行修改，然后单击"完成"按钮，如图 1-71 所示。

（8）完成文本的修改，单击"导出文字"按钮，如图 1-72 所示。

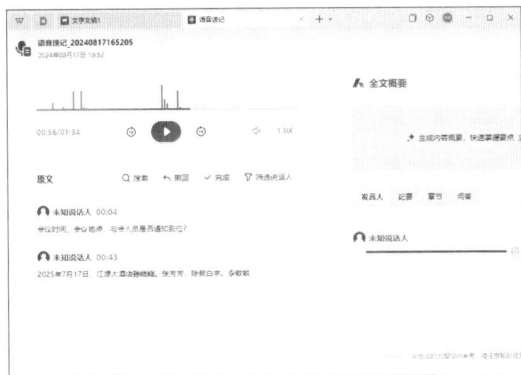

图 1-71　单击"完成"按钮

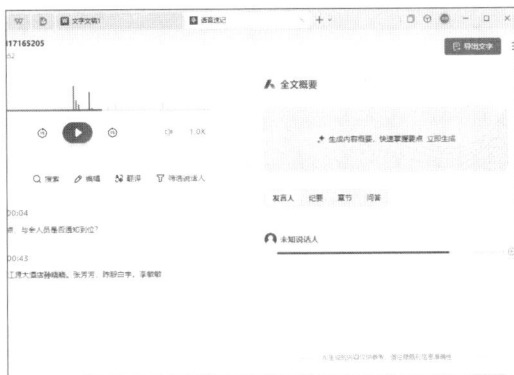

图 1-72　单击"导出文字"按钮

（9）打开"选择保存路径"对话框，修改文件名和保存路径，单击"保存"按钮，如图 1-73 所示。

（10）导出语音识别的文字，并在文档中对文本进行编辑和格式修改，如图 1-74 所示。

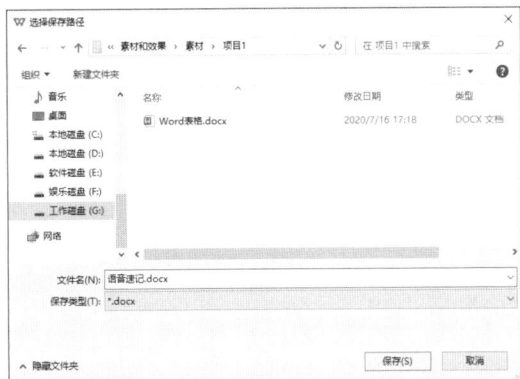

图 1-73　修改文件名和保存路径

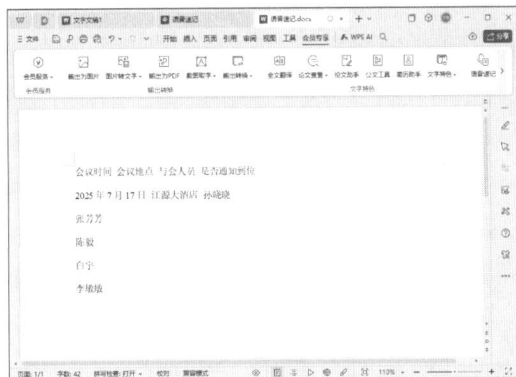

图 1-74　编辑文本

（11）在文档窗口中选择识别后的语音文本，单击鼠标右键，在弹出的快捷菜单中，单击"复制"按钮，复制文本，如图 1-75 所示。

（12）在 WPS Office 软件中新建一个空白表格，选择 A1 单元格，在"开始"选项卡的"剪贴板"面板中，单击"粘贴"右侧的下拉按钮，展开列表框，选择"粘贴"命令，如图 1-76 所示。

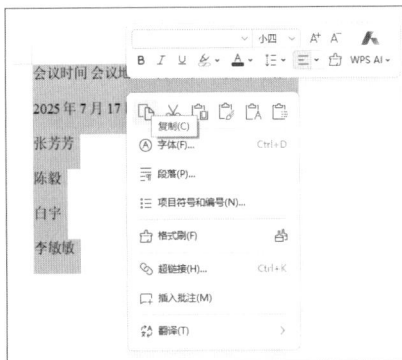

图 1-75　单击"复制"按钮

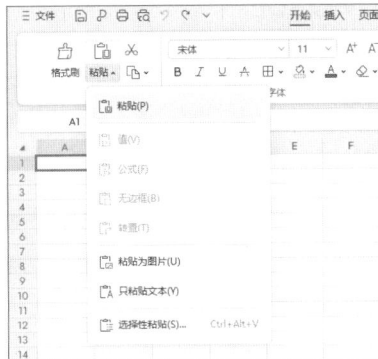

图 1-76　选择"粘贴"命令

（13）粘贴文本至表格中，然后对粘贴后的表格文本进行复制、移动等编辑操作，并调整表格的行列，完成表格的制作，如图 1-77 所示。

图 1-77　粘贴文本至表格

【小提示】需要注意的是，以上案例中的 AI 功能可能需要额外的软件支持或插件，且具体操作步骤可能因软件版本和用户环境的不同而有所差异。此外，随着技术的不断进步，WPS 及其合作伙伴可能会在未来推出更多直接支持 AI 数据输入的功能。

观看视频

4. 使用智能工具箱快速录入序列

在 WPS Office 中，智能工具箱是一种非常便捷且智能的功能，它可以帮助用户节省大量时间并提高工作效率。使用智能工具箱快速录入序列虽然并非 AI 直接作用于 WPS 序列的输入，但它提高了数据输入的便捷性和效率。

（1）打开本项目提供的"材料出入库库存明细表 .xlsx"工作簿，框选 A3:A15 单元格区域，如图 1-78 所示。

（2）在"会员专享"选项卡的"表格特色"面板中，单击"智能工具箱"按钮，如图 1-79 所示。

图 1-78　框选单元格区域

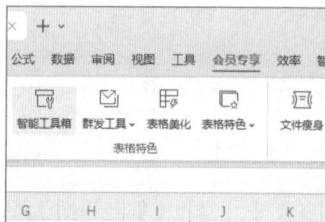

图 1-79　单击"智能工具箱"按钮

（3）显示"智能工具箱"选项卡，在"便捷工具"面板中，单击"填充"右侧的下拉按钮，展开列表框，选择"录入 123 序列"命令，如图 1-80 所示。

（4）自动在指定的单元格区域中录入 123 序列，其效果如图 1-81 所示。

图 1-80　选择"录入 123 序列"命令

图 1-81　自动录入序列

5. 新建智能表格

WPS 智能表格是金山办公推出的一款基于人工智能（AI）的智能化办公工具，它在传统的 Excel 表格基础上进行了升级，增加了许多智能化的功能，使得数据管理更加高效、便捷，从而提高工作效率和质量。

（1）启动 WPS Office 软件，在软件主界面中，单击"新建"按钮，在弹出的"新建"对话框中，单击"智能表格"图标，如图 1-82 所示。

（2）进入"新建智能表格"界面，在"信息统计"选项区中，单击"考勤表（全自动统计）"图标，如图 1-83 所示。

观看视频

图 1-82　单击"智能表格"图标　　　　　图 1-83　单击"考勤表"图标

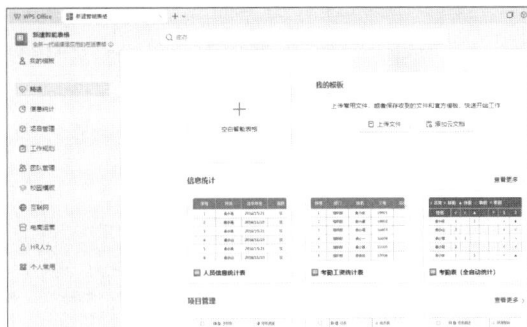

（3）打开"考勤表（全自动统计）"对话框，单击"使用模板"按钮，如图 1-84 所示。

（4）创建一个智能表格，然后修改智能表格中的数据，如图 1-85 所示，将智能表格导出到对应的文件夹中即可。

图 1-84　单击"使用模板"按钮　　　　　图 1-85　修改数据

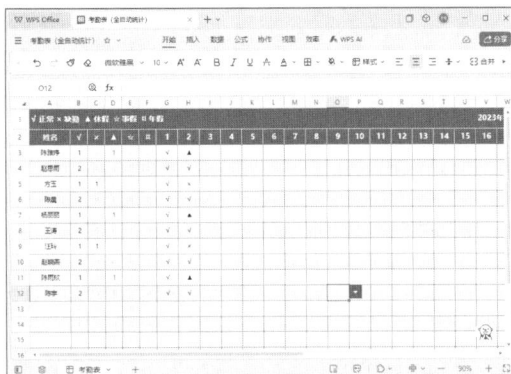

6. 设置条件格式防止重复录入数据

防止重复录入数据不仅可以使用"数据有效性"工具中的"自定义验证条件"设置公式实现，也可以使用"条件格式"功能设置条件和单元格格式。当录入重复数据并满足条件后，则所在单元格即可自动变换格式。下面将使用"文心一言"AI 工具来介绍具体的操作方法。

观看视频

向文心一言提问： 在 WPS 中，如何通过条件格式防止录入重复数据？

文心一言回复：

在 WPS 表格中，使用条件格式可以有效防止录入重复数据，其具体方法如下。

（1）打开 WPS 表格文件，并确保已经打开了需要设置条件格式的工作表。

（2）选择想要检查重复值的列或数据区域。

（3）在 WPS 表格中，在"开始"选项卡的"样式"面板中，单击"条件格式"右侧的下拉按钮，展开列表框，选择"突出显示单元格规则"→"重复值"命令。

（4）在弹出的"重复值"对话框中，可以选择一个格式（如浅红色填充）来突出显示重复的值。

（5）单击"确定"按钮应用这个规则。当在选中的数据区域内输入重复的数据时，相应的单元格将自动以选择的格式突出显示，从而提醒避免重复录入。

下面将参照上述方法，通过具体的案例来进行操作练习。

（1）打开本项目提供的"学历统计表 .xlsx"工作簿，框选 C2:C15 单元格区域，在"开始"选项卡的"样式"面板中，单击"条件格式"右侧的下拉按钮，展开列表框，选择"突出显示单元格规则"命令，展开子菜单，选择"重复值"命令，如图 1-86 所示。

（2）打开"重复值"对话框，在"设置为"列表框中选择"浅红色填充"选项，如图 1-87 所示。

图 1-86 选择"重复值"命令

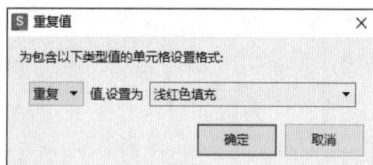

图 1-87 选择"浅红色填充"选项

（3）单击"确定"按钮，完成条件格式规则的设置，在 C14 单元格中输入相同的数据，则带重复值的单元格将自动变换格式，其效果如图 1-88 所示。

	A	B	C	D
1	姓名	性别	年龄	学历
2	陈宇	男	40	硕士
3	黄亚亚	女	50	本科
4	刘云	女	36	本科
5	陈晨	女	32	本科
6	赵阳	男	39	本科
7	李霞	女	30	本科
8	江月	女	29	本科
9	陆运	男	37	本科
10	陈旭	男	53	硕士
11	白羽	女	38	本科
12	陈曦	女	35	专科
13	杜锋现	男	55	本科
14	陈朝阳	男	35	本科
15	将于梦	女	45	本科

图 1-88 输入重复数据自动变换格式

7. 快速拆分表格数据

在使用 WPS 表格处理原始数据的过程中，时常会遇到不同类型、不同格式的数据被放置在同一列中，导致无法进行下一步整理，更无法使用数据透视表工具或设置函数公式进行计算等情况。为了解决这些问题，可以将原始数据拆分为单独的列。下面将在"文心一言"AI 工具中搜索快速拆分表格数据的方法。

向文心一言提问： 在 WPS 中，快速拆分表格数据的方法有哪些？

文心一言回复：

WPS 提供了两种快速拆分表格数据的方法，即"按内容拆分"和"按工作表拆分"。以下是这两种方法的详细步骤。

1）按内容拆分

（1）打开需要拆分的 WPS 表格文件，选择想要拆分的表格区域。

（2）在"工具"选项卡的"数据处理"面板中，单击"拆分表格"右侧的下拉按钮，展开列表框，选择"按照内容拆分"命令。

（3）打开"拆分工作表"对话框，设置好拆分区域、拆分依据和保存路径等拆分参数，如图 1-89 所示。

（4）设置好所有参数后，单击"开始拆分"按钮。WPS 将智能地根据所选的拆分依据和区域，将表格中的同类内容拆分到不同的工作表或文档中。

2）按工作表拆分

（1）打开包含多个工作表且需要拆分的工作簿。

（2）在"工具"选项卡的"数据处理"面板中，单击"拆分表格"右侧的下拉按钮，展开列表框，选择"按照工作表拆分"命令。

（3）打开"拆分工作簿"对话框，选择拆分后文档的保存路径，如图 1-90 所示。

（4）单击"开始拆分"按钮，WPS 将自动将包含多个工作表的工作簿拆分成一个个独立的文档。拆分后，每个工作表都会独立成为一个文档。

图 1-89 "拆分工作表"对话框　　　　图 1-90 "拆分工作簿"对话框

—◦项目小结◦—

本项目详细介绍了数据的输入与编辑方法，旨在帮助读者更全面地输入与编辑表格和数据。项目中每个知识点的介绍，可以帮助读者快速熟悉数据类型，掌握数据的输入和导入方法，并通过案例项目实施和 AI 助力，对本项目的知识点进行巩固练习和拓展学习。

—○课后练习——在订单表中快速输入数据 ○—

新建一个空白工作簿，按照如图 1-91 所示的效果输入表格内容，并在输入过程中运用重复填充和序列填充等方法，快速输入各种数据，并编辑表格的文本格式、对齐格式和数字格式等参数。

	A	B	C	D	E	F	G	H	I	J
1	续订	库存 ID	名称	单位价格	在库数量	库存价值	续订水平	续订时间(天)	续订数量	是否已停产?
2		BD0001	产品1	¥55.00	26	¥1,430.00	30	12	100	
3	⚑	BD0002	产品2	¥95.00	130	¥12,350.00	235	6	50	
4		BD0003	产品3	¥58.00	142	¥8,236.00	125	12	150	
5		BD0004	产品4	¥29.00	176	¥5,104.00	155	5	50	
6		BD0005	产品5	¥65.00	63	¥4,095.00	41	13	50	
7	⚑	BD0006	产品6	¥21.00	10	¥210.00	12	15	150	
8		BD0007	产品7	¥66.00	59	¥3,894.00	110	8	100	是
9	⚑	BD0008	产品8	¥48.00	110	¥5,280.00	163	4	150	
10		BD0009	产品9	¥57.00	135	¥7,695.00	85	5	150	
11	⚑	BD0010	产品10	¥45.00	168	¥7,560.00	293	9	100	
12	⚑	BD0011	产品11	¥49.00	189	¥9,261.00	219	2	100	
13	⚑	BD0012	产品12	¥28.00	25	¥700.00	38	11	50	
14	⚑	BD0013	产品13	¥16.00	79	¥1,264.00	105	8	100	
15	⚑	BD0014	产品14	¥35.00	63	¥2,205.00	85	1	50	
16		BD0015	产品15	¥49.00	53	¥2,597.00	24	13	50	
17	⚑	BD0016	产品16	¥91.00	100	¥9,100.00	181	2	150	
18		BD0017	产品17	¥99.00	59	¥5,841.00	99	14	50	是
19	⚑	BD0018	产品18	¥18.00	52	¥936.00	8	15	100	
20	⚑	BD0019	产品19	¥83.00	163	¥13,529.00	163	13	150	
21		BD0020	产品20	¥13.00	125	¥1,625.00	123	15	50	
22		BD0021	产品21	¥21.00	128	¥2,688.00	76	12	50	
23		BD0022	产品22	¥25.00	193	¥4,825.00	135	16	150	
24		BD0023	产品23	¥32.00	116	¥3,712.00	145	2	100	是
25		BD0024	产品24	¥79.00	183	¥14,457.00	128	10	150	
26		BD0025	产品25	¥15.00	29	¥435.00	22	9	50	

图 1-91　订单表效果

项目 2　数据的清洗与整理：制作"网店进销存数据表"

数据清洗是指对数据进行规范化操作。在进行数据分析前，一定要对原始数据进行清洗，才能保证分析的正确性。数据清洗一般分为数据输入前检查和输入后检查。此外，还可以对表格进行一定的格式设置，提高数据的阅读性和美观度，对后期的数据分析也有帮助。

本项目将详细讲解 WPS 表格中数据的清洗与整理方法，通过本项目的学习，读者可以快速掌握数据输入前处理和输入后处理方法，掌握单元格不规范格式和表格格式的处理和设置方法，并通过所学的知识点，快速制作出"网店进销存数据表"。

学习目标

- ▶ 使用 AI 了解数据清洗与整理的注意事项。
- ▶ 熟悉数据输入前的处理方法。
- ▶ 熟悉数据输入后的处理方法。
- ▶ 掌握单元格中格式的处理方法。
- ▶ 清楚表格格式的设置方法。

知识准备

知识点 1　使用 AI 了解数据清洗与整理的注意事项

数据清洗与整理对确保分析结果的准确性至关重要。它们移除错误、重复和不完整的数据，保证数据质量。统一数据格式和类型，增强数据的一致性和可比性。此外，清洗与整理还有助于提高分析效率，减少后续处理的复杂性，确保数据在不同研究和报告中的可靠性。良好的数据整理是任何成功数据分析项目的基石。

> **向文心一言提问**：在数据分析中，数据清洗与整理的注意事项是什么？

⊙ 文心一言回复：

在数据分析中，数据清洗与整理是确保数据质量、提高分析结果准确性的关键步骤。以下是数据清洗与整理的注意事项。

1. 数据清洗的注意事项

在进行数据清洗时，要注意以下几点。

（1）明确清洗目标和指标：在开始清洗之前，需要明确数据清洗的目标和指标，以识别需要清洗的数据类型及采取何种清洗方法。

（2）检查数据完整性和准确性：识别缺失值、异常值和重复值等问题，使用数据可视化工具和统计学方法辅助检查。

（3）处理缺失值：对于缺失值，可以选择删除含有缺失值的记录，或采用平均值、中位数、众数或基于模型的预测值等方式进行填充。选择方法需根据数据性质和分析需求决定。

（4）处理异常值：异常值可能对分析结果产生重大影响，需识别并处理。处理方法包括剔除异常值或通过某些算法进行修正。在删除异常值时，建议逐个删除并重新检验，避免误删。

（5）保持数据一致性：确保所有数据遵循相同的格式和标准，比较不同数据源的异同点，以保证数据一致性。

（6）质量验证：在清洗过程中，持续验证数据质量，包括完整性、准确性和一致性，确保清洗后的数据能支持可靠的分析结果。

2. 数据整理的注意事项

在进行数据整理时，要注意以下几点。

（1）明确数据收集的目的和范围：确定所需数据的种类和来源，以确保收集的数据满足分析需求。

（2）选择合适的数据收集方法：如问卷调查、实地观察、文献研究等，确保数据收集的科学性和可靠性。

（3）保证数据采集工具的科学性和可靠性：避免主观性和偏见的影响，确保数据准确性。

（4）注意数据隐私保护和合法性：确保数据收集过程符合相关法律法规，保护个人隐私。

（5）建立清晰的数据整理流程和标准：确保数据整理的一致性和可追溯性，如分类整理、排序整理等。

（6）使用专业的数据整理工具和软件：提高整理效率和准确性，如 Excel、数据库管理系统等。

综上所述，数据清洗与整理在数据分析中占据重要地位，需要注意多方面的细节，以确保数据的准确性和可靠性，为后续的分析和决策提供有力支持。

知识点 2 数据输入前的处理

为了确保数据分析的质量，可以对输入表格中的数据进行有效性检查，这样既能事先提醒用户该单元格对于输入数据的要求，又能在用户输入无效信息时，弹出相应的提示或警告信息。

1. 限制录入数据的范围

"数据有效性"功能最重要的作用就是通过设置数据录入选项来限制录入数据的范围，包括对输入数据的类型和输入值的具体范围进行设置，从而减少输入错误。

有些单元格对输入的数据有格式或范围方面的需求，例如，记录年龄的单元格只允许输入正整数，或记录国庆值班表的时间的单元格只允许输入 10 月 1 日到 10 月 7 日之间的日期等。如果输入的数据不能通过预设条件的验证，就会被判定为无效数据。

WPS 表格根据各种输入需求，制定了多种数据有效性条件。它们都需要在"数据有效性"对话框中的"设置"选项卡中进行设置，操作方法也很类似，只需要在"允许"下拉列表框中选择不同的数据类型，并进一步设置允许范围即可。如表 2-1 所示列出了可以设置的多种条件。

表 2-1　可以设置的多种条件

数 据 类 型	简　　介
任何值	设置为该格式后，可以在单元格中输入任何数据类型的内容
整数	设置为该格式后，还可以在"数据"下拉列表框中设置数据的条件是"介于""等于""大于""小于"等，并可以设置具体的数据比对值。此后，就只能在单元格中输入符合条件范围内的整数了
小数	与整数的设置方法相似，通过设置后就只能在单元格中输入符合条件范围内的小数了
序列	设置为该格式后，可以在"来源"文本框中输入单元格中允许输入的多个内容，各内容之间需要用英文逗号隔开，如"男,女"。此后，选择单元格时就会看到这个序列的下拉列表，单击某个选项即可快速输入所选内容
日期	与整数的设置方法相似，可以在"数据"下拉列表框中设置数据的条件是"介于""等于""大于""小于"等，并可以设置具体的日期比对值。此后，就只能在单元格中输入符合条件范围内的日期数据了
时间	与日期的设置方法相似，通过设置后就只能在单元格中输入符合条件范围内的时间数据了
文本长度	与整数的设置方法相似，通过设置后就只能在单元格中输入符合条件范围内的文本长度的数据了
自定义	设置为该格式后，可以在"公式"文本框中输入公式，实现更多类型的数据有效性设置效果。如输入公式"=ISERROR（FIND（" "，A1））"，可以限制在单元格中输入空格

2. 设置允许录入的数据选项

前面已经介绍了 WPS 表格中允许设置的数据有效性条件，下面可以通过具体的操作来详细讲解如何在单元格中设置允许录入的日期选项。例如，在表格中将 L 列的验证条件设置为"只允许录入 2024/12/25（含）以后的日期数据"。其具体操作是：在打开的表格中选择 L 列数据，在"数据"选项卡的"数据工具"面板中，单击"有效性"右侧的下拉按钮，展开列表框，选择"有效性"命令，如图 2-1 所示。打开"数据有效性"对话框，在"设置"选项卡中，设置"允许"为"日期"，"数据"为"大于或等于"，"开始日期"为"2024/12/25"，如图 2-2 所示，单击"确定"按钮，完成允许录入的日期选项的设置。

图 2-1　选择"有效性"命令　　　　图 2-2　设置允许录入的数据选项

设置完毕后，如果在该列单元格中输入了比 2024/12/25 还早的日期数据，就会弹出提示框，提示输入的值与设置的数据验证限制不匹配，单击"重试"按钮可以重新输入数据。

3. 录入提示信息

为单元格设置允许录入的数据选项后，在输入错误信息的时候会被拒绝输入。但如果能在输入前对录入者进行必要的提示，就可以更好地提醒用户，减少错误。可以为指定单元格输入一个提示信息，当该单元格被选中时就会显示出预设的提示信息。

录入提示信息的具体方法是：在打开的表格中选择 L 列，在"数据"选项卡的"数据工具"面板中，单击"有效性"右侧的下拉按钮，展开列表框，选择"有效性"命令，打开"数据有效性"对话框，在"设置"选项卡中设置好允许录入的时间选项，切换至"输入信息"选项，依次设置好标题和输入等信息，如图 2-3 所示，单击"确定"按钮，即可录入提示信息，则在选择的列中显示录入提示信息，如图 2-4 所示。

图 2-3　设置输入信息　　　　　　　图 2-4　显示录入输入信息

【小提示】在"数据有效性"对话框中，单击"全部清除"按钮，可以删除所选单元格中设置的所有数据验证限制、提示和错误警告信息。

4. 录入错误警告

为单元格设置允许录入的数据选项后，如果在单元格中输入了错误的数据，系统会自动弹出警告信息进行提示。但这个警告的内容很简单，不能提供任何关于正确数据的信息。而且有些人会认为是系统出错了，忽略提示信息，继续输入错误的数据。为了让录入者知道如何正确地输入数据，可以自定义警告的内容，提供详细的输入建议。

图 2-5　录入错误警告信息

录入错误警告的具体步骤是：在打开的表格中选择 L 列，在"数据"选项卡的"数据工具"面板中，单击"有效性"右侧的下拉按钮，展开列表框，选择"有效性"命令，打开"数据有效性"对话框，在"设置"选项卡中设置好允许录入的时间选项，切换至"出错警告"选项卡，修改"样式""标题"和"错误信息"等参数，单击"确定"按钮，完成错误警告信息的设置，如图 2-5 所示。

知识点 3　数据输入后的处理

对于导入的外部数据或输入完成后的数据，还可以进一步进行检查，将重复的、无效的数据清洗出去，留下有分析价值的数据。

1. 去除重复的数据

在收集数据的过程中，同一条数据可能由于获取渠道不同而进行了多次统计，在输入数据时，也可能因为操作失误重复输入了数据。总之，表格中出现重复数据是非常常见的现象。例如，在统计学生成绩时，就可能将某个学生的成绩记录了多次。通过"删除重复项"功能就可以实现去重检查，快速删除重复项。

去除重复数据的具体操作是：在打开的工作表中选中合适的单元格区域，在"数据"选项卡的"数据工具"面板中，单击"重复项"右侧的下拉按钮，展开列表框，选择"删除重复项"命令，如图 2-6 所示。打开"删除重复项"对话框，勾选要作为判断重复项的字段复选框，如图 2-7 所示。

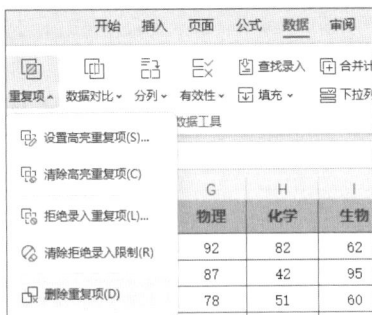

图 2-6 选择"删除重复项"命令   图 2-7 勾选字段复选框

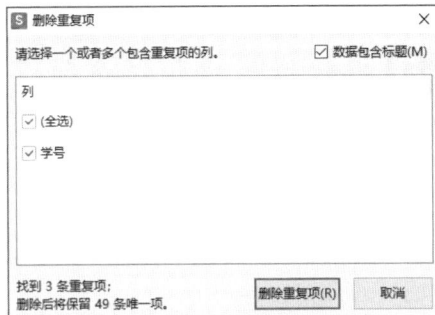

单击"确定"按钮，打开提示对话框，提示已发现重复项信息，单击"确定"按钮，即可去除重复的数据，如图 2-8 所示。

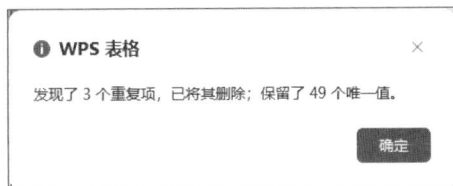

图 2-8 提示对话框

2. 去除无效的数据

删除重复数据后，表格中的数据可能还存在无效的情况。例如，数据记录中缺失了某些字段，或者存在一些不符合常理的低级错误。例如，在成绩表中可能存在空白的单元格，或者超过总分的成绩。这些无效的数据也必须去除出去，才能保证数据分析的质量。

1）处理缺失数据

用于分析的数据，必须有一条记录一条，所有单元格中都应该记录有数据，每一行数据都必须完整且结构整齐。如果表格中的某些字段出现了不齐全（通常显示为空白单元格），就需要进行处理，要么补齐缺失的数据，要么删除这些不齐全的数据，否则就会影响到数据分析结果。

最常见的就是有些函数不会统计空白单元格。例如，成绩表中如果存在空白的单元格，在统计平均成绩时就会出现错误。因此，成绩表中即使没有成绩也应该显示为零分。如图 2-9 所示为处理缺失数据的前后对比效果。

在处理缺失数据时，可以将工作表区域中的所有空白单元格替换为 0 值，其具体操作是：在工作表中按快捷键 Ctrl+G，或者在"开始"选项卡的"数据处理"面板中，单击"查

▲	A	B	C	D	E	F	G
1	学号	姓名	语文	数学	英语	物理	化学
2	2024002	曹静	62	83	59	92	82
3	2024023	陈雨果	53	43	56	87	42
4	2024036	邓丽	49	88	66	78	
5	2024002	甘强	75	61	88	87	61
6	2024037	高进	98	60	72	100	82
7	2024002	郭丽丽	43	43	70	71	97
8	2024001	胡冰	42		69	58	80
9	2024058	胡冬梅	47	93	67	55	91
10	2024016	平均成绩	58.625	67.28571429	68.375	78.5	76.42857143

▲	A	B	C	D	E	F	G
1	学号	姓名	语文	数学	英语	物理	化学
2	2024002	曹静	62	83	59	92	82
3	2024023	陈雨果	53	43	56	87	42
4	2024036	邓丽	49	88	66	78	0
5	2024002	甘强	75	61	88	87	61
6	2024037	高进	98	60	72	100	82
7	2024002	郭丽丽	43	43	70	71	97
8	2024001	胡冰	42	0	69	58	80
9	2024058	胡冬梅	47	93	67	55	91
10	2024016	平均成绩	58.625	58.875	68.375	78.5	66.875

图 2-9　处理缺失数据的前后对比效果

找"右侧的下拉按钮，展开列表框，选择"定位"命令，打开"定位条件"对话框，选择"空值"单选按钮，如图 2-10 所示。单击"定位"按钮，即可定位空值单元格，输入 0，按快捷键 Ctrl+Enter，即可为定位的单元格添加 0 值。

【小提示】使用"定位"功能前如果只选中了一个单元格，则会对整张工作表的数据进行查找定位，如果选中了两个或两个以上的单元格，则只会在选中的单元格中进行查找定位，使用的时候一定要注意这个区别。

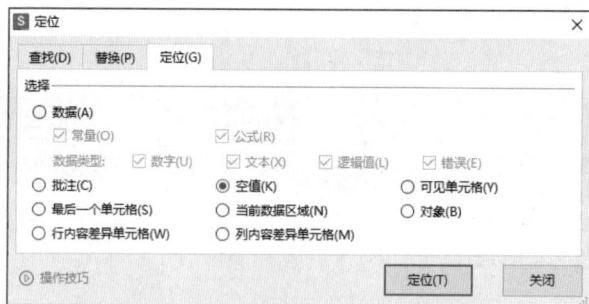

图 2-10　选择"空值"单选按钮

2）圈释无效数据

对于表格中具有某种规则的数据，可以通过"圈释无效数据"功能让无效数据突出显示出来。例如，成绩表中的各科成绩最低分都是 0 分，最高分也不会超过 100 分，所以，不在此范围内的成绩都是无效数据。

圈释无效数据的具体操作是：在打开的表格中选择合适的单元格区域数据，在"数据"选项卡的"数据工具"面板中，单击"有效性"右侧的下拉按钮，展开列表框，选择"有效性"命令，打开"数据有效性"对话框，先设置数据有效性条件为介于 0 ~ 100 的整数。然后在"数据"选项卡的"数据工具"面板中，单击"有效性"右侧的下拉按钮，展开列表框，选择"圈释无效数据"命令，即可圈释出无效数据，如图 2-11 所示。

知识点 4　处理单元格中不规范的格式

在默认情况下输入的数字和文本都采用"常规"数据格式，即没有任何特定格式。实际上，在 WPS 表格中可以为不同类型的数据设置不同的数据格式，如日期数据有对应的日期格式、文本数据有对应的文本格式。而数值型数据是 WPS 表格中的主要数据类型，也是实际工作中需要进行计算和分析的主要对象，WPS 表格中数值型的数据格式也最多，如数值、货币、会计专用、百分比、分数、科学记数和文本等。

1. 常见数据格式详解

为数据设置格式通常是在"设置单元格格式"对话框中的"数字"选项卡中进行操作的，

图 2-11　圈释出无效数据

操作方法也很类似，只需要在左侧的列表框中选择不同的数据格式即可。如表 2-2 所示列出了常见数据格式的效果。

表 2-2　常见数据格式

数据格式	简　　　介	示　　　例
数值	设置为该格式后，可以进一步设置小数位、负数显示格式和是否显示千位分隔符等	35, 229.00 –35229.00 0.352
货币	在数据的前面显示货币符号，实例中的货币符号分别是人民币、美元和欧元	¥35, 229.00 $35, 229.00 €35, 229.00
会计专用	在会计学中使用的数字格式，其特点是会自动对齐每列数据的货币符号和小数点，给人整齐的印象，也方便对比数据	¥35, 229.00 ¥–35, 229.00
日期	用来显示某个日期的数据格式，WPS 表格提供了多种显示效果	1985 年 6 月 3 日 1985-06-03 6 月 3 日
时间	用来显示某个时间的数据格式，其中提供了多种显示效果	13:05 1:05PM 13 时 05 分
百分比	将数据显示为百分数形式，适用于表示占比类的数据	46% 45.7% 45.68%
科学记数	将数据显示为科学中使用的科学记数形式，适用于数字较长的情形	4.57E+04 –4.57E+04 4.57E–01 4.57E+00
文本	主要用于描述类字段，也可将不参与计算的数字设置文本格式	销售量 经理办公室

2. 规范日期格式

在 WPS 表格中设置日期格式是一个简单且常见的操作，它有助于数据的规范化和易读性。规范日期格式的方法有以下两种。

1）通过"设置单元格格式"设置日期格式

WPS 表格提供了多种日期格式供选择，如"2001 年 3 月 7 日""2001/03/07"等。通过"设置单元格格式"功能可以设置日期格式，其具体步骤是：打开需要设置日期格式的 WPS 表格文件，选中需要设置为日期格式的单元格或单元格区域，单击鼠标右键，或者在"开始"选项卡的"数字格式"面板中，单击"单元格格式：数字"按钮，打开"单元格格式"对话框，在"数字"选项卡的"分类"列表框中，选择"日期"选项，在右侧的"类型"列表框中选择想要的日期格式，如图 2-12 所示，单击"确定"按钮，即可完成日期格式的规范。

2）使用公式和函数转换日期格式（针对特定情况）

如果日期数据是以文本形式存在的（如"yyyymmdd"格式），并且想要将其转换为"yyyy-mm-dd"格式，可以使用 WPS 表格的公式和函数来实现。但请注意，这种方法实际上是将文本转换为日期格式的表现，而不是直接修改单元格的日期格式。

一种常用的方法是使用 TEXT 函数结合日期函数（如 DATE）来实现。但在这里，由于 TEXT 函数主要用于将数值转换为文本格式，并不能直接用于将"yyyymmdd"

图 2-12　选择日期格式

格式的文本转换为日期格式。因此，更直接的方法是使用 DATE 函数将文本拆分为年、月、日，然后使用 TEXT 函数将这些部分组合成"yyyy-mm-dd"格式的文本。但请注意，这样做实际上得到的是文本格式的日期，而不是真正的日期格式。

不过，为了简化操作，如果只是想在视觉上达到"yyyy-mm-dd"的效果，可以直接在"设置单元格格式"中选择自定义格式，并输入"yyyy-mm-dd"作为类型。这样，即使单元格中的数据原本是文本格式的"yyyymmdd"，也会按照"yyyy-mm-dd"的格式显示。

【小提示】在设置日期格式时，要确保选中的单元格或单元格区域中确实包含日期数据或可以转换为日期的文本数据。如果需要批量修改多个单元格的日期格式，可以先选中这些单元格，然后按照上述步骤进行操作。WPS 表格支持对多个单元格同时设置相同的格式。

3. 规范文本格式

在 WPS 表格中设置文本格式是一个常见的操作，主要用于确保单元格内容按照文本形式显示，特别是当需要避免数字或日期被自动格式化为数值或日期格式时。在 WPS 表格中规范文本格式的方法很简单，通过"单元格格式"对话框中的"文本"选项即可轻松实现。在规范文本格式时，可以特殊处理以下几种情况。

（1）日期格式转换为文本格式：如果需要将日期格式的数据转换为文本格式，可以按照上述步骤设置单元格格式为文本。但请注意，转换后的文本将不再具有日期数据的特性（如自动计算日期差等）。

（2）数字前导零保留：在某些情况下，用户可能希望保留数字前的零（如电话号码、身份证号等）。通过将这些单元格设置为文本格式，可以确保前导零不会被自动删除。

（3）预输入文本格式：如果希望在输入数据之前就已经将单元格设置为文本格式，以避免数据被自动格式化，可以在输入数据之前先通过"设置单元格格式"对话框设置单元格格式。

（4）已输入数据的转换：如果单元格中已经包含被自动格式化为数值或日期的数据，并且想要将其转换为文本格式，除了通过"设置单元格格式"对话框设置外，还可以考虑使用文本函数（如 TEXT 函数）或值连接法（在数据前加上单引号"'"）来实现，但请注意，这些方法可能会改变数据的原始显示形式。

4. 规范数字格式

在 WPS 表格中规范数字格式，主要涉及设置单元格格式，以满足不同的数据处理和展示需求。规范数字格式的方法和规范日期和文本格式的方法类似，都是可以在"单元格格式"对话框中设置。例如，如果需要显示小数点后两位的数字，则可以在"单元格格式"对话框中，选择"数值"格式，并在小数位数设置栏中输入"2"，单击"确定"按钮即可；如果需要添加货币符号，可以选择"货币"或"会计专用"格式，并设置相应的货币符号和小数位数；如果需要将数字转换为百分比或分数形式，可以选择"分数"或"百分比"格式，如图 2-13 所示；如果需要将数字作为文本处理（例如，当数字前需要添加零或特殊字符时），可以选择"文本"格式。

图 2-13　规范数字格式

【小提示】在设置数字格式时，应保持整个表格或特定区域内的格式一致性，以提高数据的可读性和美观性。还要确保不会改变数据的实际值。例如，将数字格式设置为"文本"时，虽然可以保留数字前的零或特殊字符，但可能会影响数据的计算和排序。在进行大量数据格式设置之前，建议先备份原始数据，以防不测。

知识点 5　表格格式设置

默认的表格都是无色填充，无边框线的。当表格中的数据比较多时，整个表格就是密密麻麻的，不容易辨识。此时，可以为表格设置单元格颜色、文本颜色等表格格式，以便突出重点数据、直观展示数据大小或实现隔行填色等。

1. 使用色彩进行突出显示

对表格数据进行分析时可能会出现一些疑问，如"哪些产品的年收入增长幅度大于20%？""某月，哪个型号的产品销量最高，哪个又最低？"等问题。在 WPS 表格中使用条件格式可以基于设置的条件，采用色彩突出显示所关注的重点单元格，轻松解决以上问题。

条件格式中的"突出显示单元格规则"和"最前/最后规则"都是以增加单元格底色的方式突出显示符合特定要求的数据。

1）突出显示符合条件的单元格

如果要突出显示单元格中的一些数据，如大于某个值的数据、小于某个值的数据、等于某个值的数据等，可以基于比较运算符设置这些特定单元格的格式。例如，要使用条件格式突出显示合计超过 7000 的单元格数据，则可以通过具体步骤进行操作：在打开的工作表中选择 C2:C8 单元格区域，在"开始"选项卡的"样式"面板中，单击"条件格式"右侧的下拉按钮，展开列表框，选择"突出显示单元格规则"→"大于"命令，如图 2-14 所示，打开"大于"对话框，输入参数"7000"，单击"确定"按钮，即可突出显示符合条件的单元格，如图 2-15 所示。

图 2-14　选择"大于"命令

图 2-15　突出显示符合条件的单元格

【小提示】在"突出显示单元格规则"命令下的子菜单中选择"文本包含"命令，可以将单元格中符合设置的文本信息突出显示；选择"发生日期"命令，可以将单元格中符合设置的日期信息突出显示；选择"重复值"命令，可以将单元格中重复出现的数据突出显示。

2）突出显示很多数据中值最大或最小的部分数据

如果要突出显示某个项目中最大或最小的几项，或者前 5%、最后 5% 的内容，可以使用"最前 / 最后规则"来突出显示数据。"最前 / 最后规则"和"突出显示单元格规则"的设置方法类似，也只需要简单的几步就能完成。例如，要为表格中"完成率"列数据排名前三的单元格设置格式，其具体操作是：在打开的工作表中选择 D2:D8 单元格区域，在"开始"选项卡的"样式"面板中，单击"条件格式"右侧的下拉按钮，展开列表框，选择"项目选取规则"→"前 10 项"命令，如图 2-16 所示，打开"前 10 项"对话框，输入参数"3"，在"设置为"列表框中选择"绿填充色深绿色文本"选项，单击"确定"按钮，即可突出显示符合条件的单元格，如图 2-17 所示。

【小提示】在"项目选取规则"命令下的子菜单中选择"前 10%"或"最后 10%"命令，将突出显示值最大或最小的 10% 的单元格；选择"高于平均值"或"低于平均值"命令，系统会自动计算所选单元格数据的平均值，并突出显示高于或低于该值的单元格。

2. 使用数据条展示数据大小

如果某列数据的多个值差距不大，又想要直观展示出数据大小区别，则可以在单元格中根据数值的大小添加不同长短的颜色条（又叫"数据条"）来进行表示。例如，对员工信息统计表的"年龄"列数据添加数据条格式，通过辨认数据条的长短来快速判断年龄的大小，数据条越长，表示值越高，反之，则表示值越低。若要在大量数据中快速看出较高值和较低值时，使用数据条尤为方便。

图 2-16 选择"前 10 项"命令

图 2-17 突出显示符合条件的单元格

使用数据条展示数据大小的方法很简单，其具体操作是：在打开的工作表中选择合适的单元格区域，在"开始"选项卡的"样式"面板中，单击"条件格式"右侧的下拉按钮，展开列表框，选择"数据条"命令，展开子菜单，选择"蓝色数据条"选项，如图 2-18 所示，即可使用数据表展示 1 月、2 月和 3 月数据的大小，如图 2-19 所示。

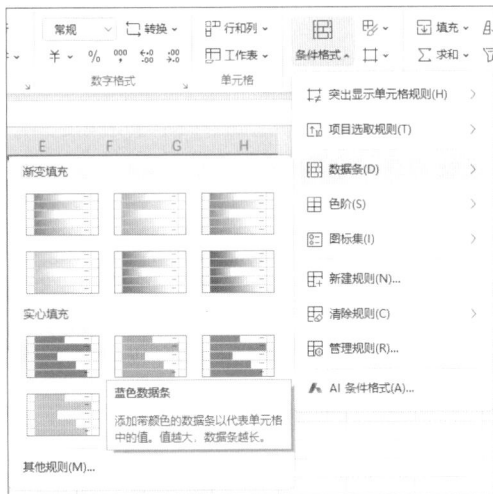

图 2-18 选择"蓝色数据条"选项

图 2-19 使用数据条展示数据大小

3. 使用图标集将数据进行直观的分类展示

图标集的功能是将很多数据简单地分为 3 ~ 5 个档次，并为每个档次赋予一个图标进行表示，方便用户直观地判断出这些数据中各档次数据的比例，也能方便地判断某一个具体数据属于哪个档次。例如，在"三色交通灯"图标集中，红色代表较低值，黄色代表中间值，绿色代表较高值。这里将表格中"4 月""5 月""6 月"三列数据添加"三色交通灯"图标集，将这些数据划分为三个类别，其具体操作是：在打开的工作表中选择合适的单元格区域，在"开始"选项卡的"样式"面板中，单击"条件格式"右侧的下拉按钮，展开列表框，选择"图标集"命令，展开子菜单，选择"三色交通灯（无边框）"选项，如图 2-20 所示，为表格中"5月"和"6 月"两列数据添加"三色交通灯"图标集，如图 2-21 所示。

【小提示】设置图标集格式时，如果要明确划分各图标代表的类别的数据范围，可以在"图标集"命令下的子菜单中选择"其他规则"命令，在打开的对话框中进行设置。如为"6月"列数据进行定义，将销量大于 1400 的数据定义为绿色图标，销量小于 1200 的数据定义为红色图标，销量介于 1200 ~ 1400 的数据定义为黄色图标。

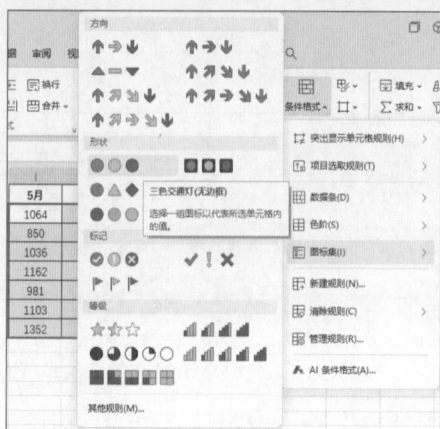

图 2-20 选择"图标集"命令

图 2-21 使用图标集分类展示数据

4. 巧用规则隔行显示数据

如果想让表格中的某列隔行填充一种颜色，避免错行查看，例如，要对"销售额"列中的数据隔行填充浅蓝色，可以通过自定义规则来实现，其具体的操作步骤是：在打开的工作表中选择"销售额"列中的数据，在"开始"选项卡的"样式"面板中，单击"条件格式"右侧的下拉按钮，展开列表框，选择"新建规则"命令，打开"新建格式规则"对话框，在"选择规则类型"列表框中选择"使用公式确定要设置格式的单元格"选项，在"只为满足以下条件的单元格设置格式"文本框中输入公式，设置格式为"浅蓝色"填充颜色，如图 2-22 所示，单击"确定"按钮，即可隔行显示数据，如图 2-23 所示。

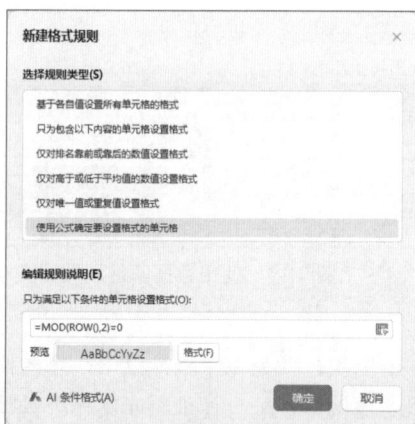

图 2-22 修改规则参数

图 2-23 隔行显示数据

【小提示】"=MOD（ROW（），2）=0"公式就是取单元格所在行号除以 2，判断余数是否为 0。读者如果看不懂也不要紧，照着公式输入就可以实现隔行填充颜色。

5. 套用单元格样式

如果想为有特殊含义的单元格赋予单独的格式，可以快速套用单元格样式，如为所有得分为 100 分的单元格填充红色的底色。

单元格样式是一整套预设的文字格式、数字格式、对齐方式、边框和底纹效果等样式的格式模板，仅需一步操作就可以快速套用到选中的单元格里。例如，要想在"录用表"中为"录用情况"列中显示"录用"的单元格套用样式，使其凸显出来，其具体操作是：在打开的工作表中选择"录用情况"列中的"录用"单元格，在"开始"选项卡的"样式"面板中，单击

"单元格样式"右侧的下拉按钮，展开列表框，选择合适的单元格样式，如图 2-24 所示，即可为选择的"录用"单元格套用单元格样式，其效果如图 2-25 所示。

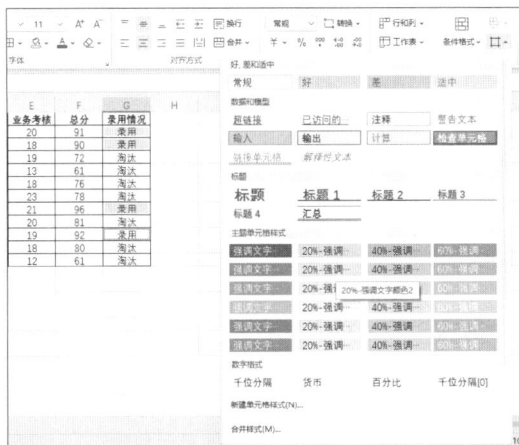

图 2-24　选择单元格样式

图 2-25　套用单元格样式效果

【小提示】在"单元格样式"下拉菜单的某个单元格样式上单击鼠标右键，在弹出的快捷菜单中选择"修改"命令，可以在打开的对话框中修改所选单元格样式的文字格式、数字格式、对齐方式、边框和底纹等的具体效果。

6. 套用表格格式

前面介绍过为表格设置相邻行显示不同颜色的方法，可以方便数据查看。想要对整个表格快速设置隔行显示效果，可以套用表格格式，让表格瞬间光彩照人。与单元格样式相似，表格格式也是预定了很多格式模板，可以方便快捷地套用到整个表格中。

套用表格格式的具体操作是：打开工作表，选择合适的单元格区域，在"开始"选项卡的"样式"面板中，单击"套用表格样式"右侧的下拉按钮，展开列表框，选择合适的表格样式，如图 2-26 所示，打开"套用表格样式"对话框，设置好表数据来源，勾选"表包含标题"和"筛选按钮"复选框，如图 2-27 所示，单击"确定"按钮，即可为选定的工作表套用表格样式。

【小提示】在"套用表格样式"对话框中，如果所选单元格区域中包含表头，就应选中"表包含标题"复选框；反之，则不选中。套用表格格式后的区域会自动转换成"表"的格式，这种格式有多种好处，极大地方便了后期数据分析。如插入数据时公式可以自动填充、增加自动筛选功能。如果不需要数据为"表"功能，可以单击"表格工具 - 设计"选项卡下"工具"组中的"转换为区域"按钮，将"表"转换为普通区域。

─◦ 项目实施 ◦─

本项目希望从进销存数据中一目了然地了解各产品的库存数量，还希望表格看上去清晰明白，不易出错，并具有一定的美观度。此时可以先清洗表格中的数据，修正错误数据，删除或修正无效数据，然后为表格套用表格样式，使数据隔行填充颜色，方便查看，最后根据需求对"库存数量"列中库存较多的数据进行突出显示，并使用数据条对该列数据进行展示。

本项目的最终效果如图 2-28 所示，整个制作步骤分为以下三步。

（1）检查并修正表格中的错误数据。

（2）处理表格中的无效数据。

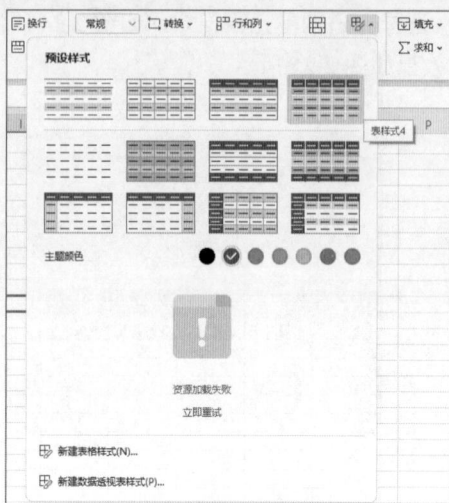

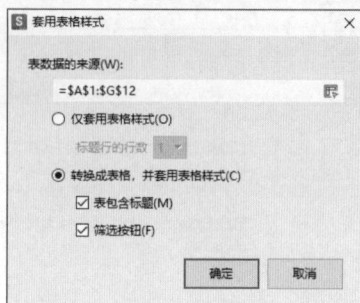

图 2-26　选择表格样式　　　　　　图 2-27　"套用表格样式"对话框

（3）单元格格式处理。

图 2-28　网店进销存数据表

1. 检查并修正表格中的错误数据

（1）启动 WPS Office 软件，在软件主界面中，单击"打开"按钮，如图 2-29 所示。

（2）打开"打开文件"对话框，在对应文件夹中，选择"网店进销存数据表"工作簿文件，单击"打开"按钮，如图 2-30 所示。

观看视频

图 2-29　单击"打开"按钮　　　　　　图 2-30　选择工作簿

（3）打开选择的工作簿文件，其工作表效果如图 2-31 所示。

（4）在工作表中按住鼠标左键并拖曳，选择 C2:C33 单元格区域，在"数据"选项卡的"数据工具"面板中，单击"有效性"右侧的下拉按钮，展开列表框，选择"有效性"命令，如图 2-32 所示。

图 2-31　打开工作簿

图 2-32　选择"有效性"命令

（5）打开"数据有效性"对话框，在"允许"列表框中选择"小数"选项，在"数据"列表框中选择"大于"选项，在"最小值"文本框中输入 500，单击"确定"按钮，如图 2-33 所示，即可完成数据有效性的验证操作。

（6）在"数据"选项卡的"数据工具"面板中，单击"有效性"右侧的下拉按钮，展开列表框，选择"圈释无效数据"命令，如图 2-34 所示。

图 2-33　修改数据有效性参数

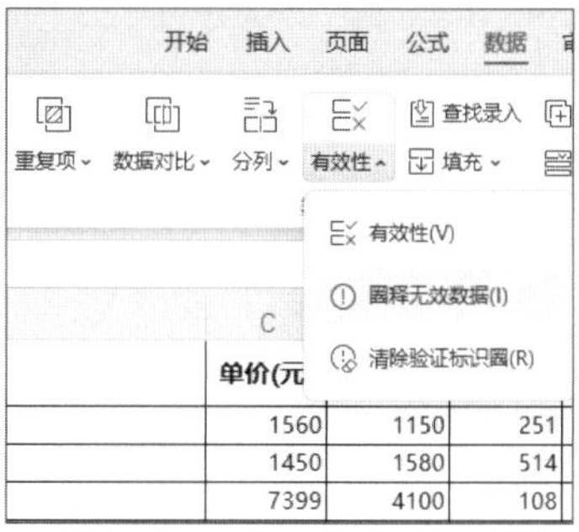

图 2-34　选择"圈释无效数据"命令

（7）圈释出工作表中的无效数据，并显示圈释结果，如图 2-35 所示。

（8）选择无效数据，重新输入正确数据"2580"，如图 2-36 所示。

2. 处理表格中的无效数据

（1）在工作表中选择任意单元格，在"开始"选项卡的"数据处理"面板中，单击"查找"右侧的下拉按钮，展开列表框，选择"定位"命令，如图 2-37 所示。

（2）打开"定位"对话框，选择"空值"单选按钮，如图 2-38 所示。

（3）单击"定位"按钮，即可定位选择工作表中的所有空格，如图 2-39 所示。

（4）输入数值"0"，按快捷键 Ctrl+Enter，即可为所有的空格填充"0"数据，如图 2-40 所示。

观看视频

	A	B	C	D	E	F	G
1	类别	商品名称	单价(元)	库存数量	1月销量	2月销量	3月销量
2	空调	美的 PC-86 空调	1560	1150	251	535	569
3	空调	美的 IMD-201G 空调	1450	1580	514	258	435
4	空调	格力（Haier）IMD-288WSL空调	7399	4100	108	510	593
5	空调	TCL IMD-230MMGF 空调	6841	4700		509	89
6	空调	格力 IMD-268WPCS 空调	7399	5630	517	398	329
7	空调	TCL RSG5VLWJ1/XSC 空调	16899	17680	440	186	138
8	空调	格力 IMD-206TAS 空调	2799	1200	136	143	79
9	空调	格力 PC-130A 空调	(160)	204	536	105	352
10	空调	格力 IMD-186KB 空调	1559	1600	128	266	236
11	空调	格力 IMD-290W 空调	4380	3300	89	79	562
12	空调	美的 IMD-231ZA3BR 空调	3760	2750	278	153	521
13	空调	TCL IMD-268MMVS 空调	5799	4750	179	66	503
14	空调	格力 IMD-301W（专供）空调	6188	5100	510	157	299
15	空调	奥克斯 MP-B20SP2-S 空调	2388	2150	161	343	535
16	空调	奥克斯 MP-C26WP1-W 空调	4367	4820	87	188	245
17	空调	奥克斯 MP-C25WX1-N 空调	5180	6250		124	247
18	空调	海尔 KK25V61TI 空调	3180	2870	283	195	516
19	空调	格力 IMD-133EN 空调	2966	1680	214	519	
20	空调	海尔 KK21V1160W 空调	3599	2750	193	332	588

图 2-35　圈释无效数据

	A	B	C	D	E	F	G
1	类别	商品名称	单价(元)	库存数量	1月销量	2月销量	3月销量
2	空调	美的 PC-86 空调	1560	1150	251	535	569
3	空调	美的 IMD-201G 空调	1450	1580	514	258	435
4	空调	格力（Haier）IMD-288WSL空调	7399	4100	108	510	593
5	空调	TCL IMD-230MMGF 空调	6841	4700		509	89
6	空调	格力 IMD-268WPCS 空调	7399	5630	517	398	329
7	空调	TCL RSG5VLWJ1/XSC 空调	16899	17680	440	186	138
8	空调	格力 IMD-206TAS 空调	2799	1200	136	143	79
9	空调	格力 PC-130A 空调	(2580)	204	536	105	352
10	空调	格力 IMD-186KB 空调	1559	1600	128	266	236
11	空调	格力 IMD-290W 空调	4380	3300	89	79	562
12	空调	美的 IMD-231ZA3BR 空调	3760	2750	278	153	521
13	空调	TCL IMD-268MMVS 空调	5799	4750	179	66	503
14	空调	格力 IMD-301W（专供）空调	6188	5100	510	157	299
15	空调	奥克斯 MP-B20SP2-S 空调	2388	2150	161	343	535
16	空调	奥克斯 MP-C26WP1-W 空调	4367	4820	87	188	245
17	空调	奥克斯 MP-C25WX1-N 空调	5180	6250		124	247
18	空调	海尔 KK25V61TI 空调	3180	2870	283	195	516
19	空调	格力 IMD-133EN 空调	2966	1680	214	519	
20	空调	海尔 KK21V1160W 空调	3599	2750	193	332	588

图 2-36　输入正确数据

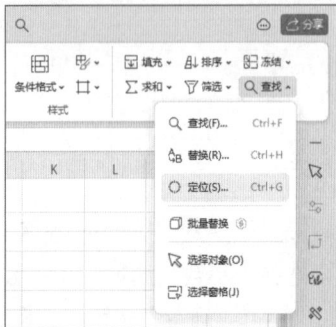

图 2-37　选择"插入工作表"命令

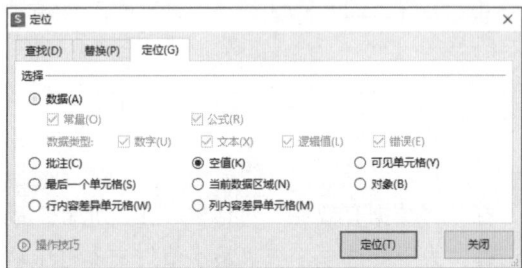

图 2-38　选择"空值"单选按钮

	A	B	C	D	E	F	G
1	类别	商品名称	单价(元)	库存数量	1月销量	2月销量	3月销量
2	空调	美的 PC-86 空调	1560	1150	251	535	569
3	空调	美的 IMD-201G 空调	1450	1580	514	258	435
4	空调	格力（Haier）IMD-288WSL空调	7399	4100	108	510	593
5	空调	TCL IMD-230MMGF 空调	6841	4700		509	89
6	空调	格力 IMD-268WPCS 空调	7399	5630	517	398	329
7	空调	TCL RSG5VLWJ1/XSC 空调	16899	17680	440	186	138
8	空调	格力 IMD-206TAS 空调	2799	1200	136	143	79
9	空调	格力 PC-130A 空调	2580	204	536	105	352
10	空调	格力 IMD-186KB 空调	1559	1600	128	266	236
11	空调	格力 IMD-290W 空调	4380	3300	89	79	562
12	空调	美的 IMD-231ZA3BR 空调	3760	2750	278	153	521
13	空调	TCL IMD-268MMVS 空调	5799	4750	179	66	503
14	空调	格力 IMD-301W（专供）空调	6188	5100	510	157	299
15	空调	奥克斯 MP-B20SP2-S 空调	2388	2150	161	343	535
16	空调	奥克斯 MP-C26WP1-W 空调	4367	4820	87	188	245
17	空调	奥克斯 MP-C25WX1-N 空调	5180	6250		124	247
18	空调	海尔 KK25V61TI 空调	3180	2870	283	195	516
19	空调	格力 IMD-133EN 空调	2966	1680	214	519	
20	空调	海尔 KK21V1160W 空调	3599	2750	193	332	588
21	空调	海尔 KA63DV21TI 空调	16599	19570	587	520	521
22	空调	奥克斯 MP-B23SP1-S 空调	2699	2789	123		282
23	空调	美的 IMD-181MLC 空调	4399	3574	52	280	503
24	空调	海尔 KK28A4650W 空调	8199	7150	315	520	242

图 2-39　定位选择空格

	A	B	C	D	E	F	G
1	类别	商品名称	单价(元)	库存数量	1月销量	2月销量	3月销量
2	空调	美的 PC-86 空调	1560	1150	251	535	569
3	空调	美的 IMD-201G 空调	1450	1580	514	258	435
4	空调	格力（Haier）IMD-288WSL空调	7399	4100	108	510	593
5	空调	TCL IMD-230MMGF 空调	6841	4700	0	509	89
6	空调	格力 IMD-268WPCS 空调	7399	5630	517	398	329
7	空调	TCL RSG5VLWJ1/XSC 空调	16899	17680	440	186	138
8	空调	格力 IMD-206TAS 空调	2799	1200	136	143	79
9	空调	格力 PC-130A 空调	2580	204	536	105	352
10	空调	格力 IMD-186KB 空调	1559	1600	128	266	236
11	空调	格力 IMD-290W 空调	4380	3300	89	79	562
12	空调	美的 IMD-231ZA3BR 空调	3760	2750	278	153	521
13	空调	TCL IMD-268MMVS 空调	5799	4750	179	66	503
14	空调	格力 IMD-301W（专供）空调	6188	5100	510	157	299
15	空调	奥克斯 MP-B20SP2-S 空调	2388	2150	161	343	535
16	空调	奥克斯 MP-C26WP1-W 空调	4367	4820	87	188	245
17	空调	奥克斯 MP-C25WX1-N 空调	5180	6250	0	124	247
18	空调	海尔 KK25V61TI 空调	3180	2870	283	195	516
19	空调	格力 IMD-133EN 空调	2966	1680	214	519	0
20	空调	海尔 KK21V1160W 空调	3599	2750	193	332	588
21	空调	海尔 KA63DV21TI 空调	16599	19570	587	520	521
22	空调	奥克斯 MP-B23SP1-S 空调	2699	2789	123	0	282
23	空调	美的 IMD-181MLC 空调	4399	3574	52	280	503
24	空调	海尔 KK28A4650W 空调	8199	7150	315	520	242

图 2-40　填充"0"数据

（5）选择 E5 单元格，在"开始"选项卡的"单元格"面板中，单击"行和列"右侧的下拉按钮，展开列表框，选择"删除单元格"→"删除行"命令，如图 2-41 所示。

（6）删除"0"数据所在的行对象，其效果如图 2-42 所示。

（7）使用同样的方法，依次删除其他"0"数据所在的行对象，其效果如图 2-43 所示。

【小提示】销售数据不可能为 0，出现空缺的部分要么是因为产品被召回了，要么是数据录入缺失。为了避免数据分析失误，可以不分析这类数据，对这类无效数据进行删除即可。

3. 单元格格式处理

（1）在工作表中选择 A1:G29 单元格区域，在"开始"选项卡的"样式"面板中，单击"套用表格格式"右侧的下拉按钮，展开列表框，选择"主题颜色"为"绿色"，在"预设样

观看视频

图 2-41　选择"删除行"命令

图 2-42　删除行对象

图 2-43　删除其他行

式"选项区中，选择"表样式 3"样式，如图 2-44 所示。

（2）打开"套用表格样式"对话框，勾选"表包含标题"和"筛选按钮"复选框，单击"确定"按钮，如图 2-45 所示。

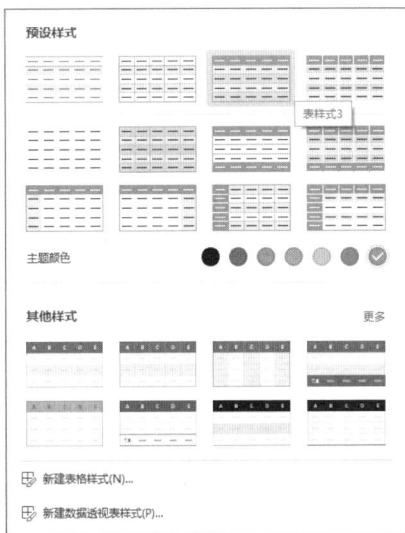

图 2-44　选择"表样式 3"样式

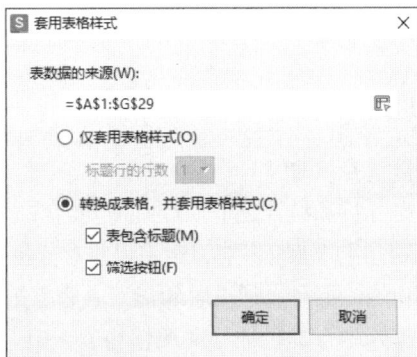

图 2-45　勾选复选框

（3）为工作表区域套用表格样式，其效果如图 2-46 所示。

（4）选择 D2:D29 单元格区域，在"开始"选项卡的"样式"面板中，单击"条件格式"右侧的下拉按钮，展开列表框，选择"数据条"命令，展开子菜单，选择"红色数据条"选项，如图 2-47 所示。

图 2-46　套用表格样式

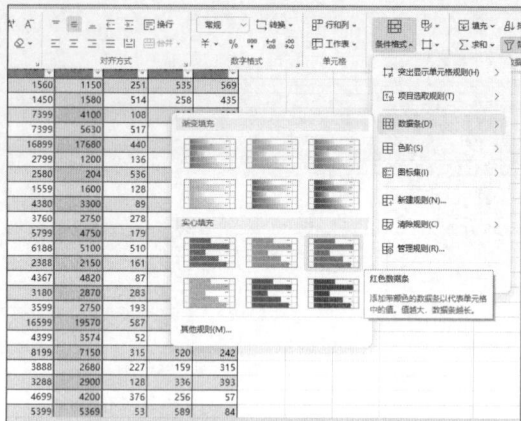

图 2-47　选择"红色数据条"选项

（5）在选择的单元格区域中使用数据条展示库存数据大小进行查看，其效果如图 2-48 所示。

图 2-48　使用数据条显示库存数据大小

─◦AI 助力◦─

1. 智能清空 0 值

在数据分析和统计之前，经常需要清洗原始数据，去除其中的无效或冗余信息。智能清空 0 值可以帮助用户快速识别和删除那些对分析无意义的 0 值记录，提高数据质量。WPS 智能清空 0 值的功能主要可以通过"智能工具箱"来实现，其具体操作步骤如下。

（1）打开本章提供的"房产销售表 .xlsx"工作簿，在"会员专享"选项卡的"表格特色"面板中，单击"智能工具箱"按钮，如图 2-49 所示，即可显示"智能工具箱"选项卡。

（2）在工作表中选择 A1:E8 单元格区域，在"便捷工具"面板中，单击"删除"右侧的下拉按钮，展开列表框，选择"清空 0 值"命令，如图 2-50 所示。

观看视频

图 2-49　单击"智能工具箱"按钮

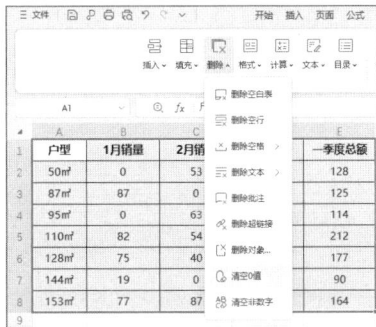

图 2-50　选择"清空 0 值"命令

（3）打开"清空 0 值"提示对话框，提示"已经清空 5 个 0"信息，单击"确定"按钮，即可智能清空单元格中的 0 值，如图 2-51 所示。

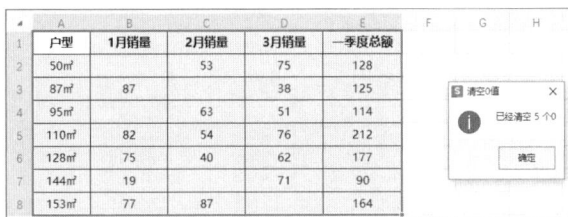

图 2-51　智能清空 0 值后的效果

2. 智能清空非数字值

　　智能清空非数字值，通常指的是在电子表格软件（如 WPS Office、Microsoft Excel 等）中，利用软件内置的智能功能或插件，自动识别和删除单元格中所有非数字类型的字符或内容，仅保留数字部分。这里的"非数字值"可以包括文本字符串、特殊字符、空格、日期（如果被视为非纯数字格式）、时间、公式计算结果（如果它们不是数字格式）等。

　　智能清空非数字值的功能对于数据清洗和预处理非常有用，特别是在处理包含大量混合数据类型的数据集时。通过自动化这一过程，用户可以节省大量手动删除或替换非数字内容的时间，并确保数据的准确性和一致性。例如，在员工档案表中，使用"清空非数字"功能直接将格式错误的日期文本进行清除，其具体操作步骤如下。

　　（1）打开本章提供的"员工档案表 .xlsx"工作簿，在工作表中选择 D2:D15 单元格区域，如图 2-52 所示。

　　（2）在"智能工具箱"选项卡的"便捷工具"面板中，单击"删除"右侧的下拉按钮，展开列表框，选择"清空非数字"命令，如图 2-53 所示。

　　（3）打开"清空非数字"提示对话框，提示"已经清空 3 个非数字单元格"信息，单击"确定"按钮，即可智能清空单元格中的非数字值，如图 2-54 所示。

3. 智能标记重复数据

　　WPS 智能标记重复数据是指在使用 WPS 表格（或其他 WPS 办公软件中的表格功能）时，系统能够自动识别并标记出数据中重复的部分，以便于用户快速发现和处理这些重复项。这一功能在数据处理、数据分析和数据清理等场景中尤为实用，可以显著提高工作效率和准确性。

　　例如，在文章阅读统计表中，通过"标记重复数据"功能可以将购买链接点击数的重复数据标记出来，其具体操作步骤如下。

图 2-52 选择单元格区域

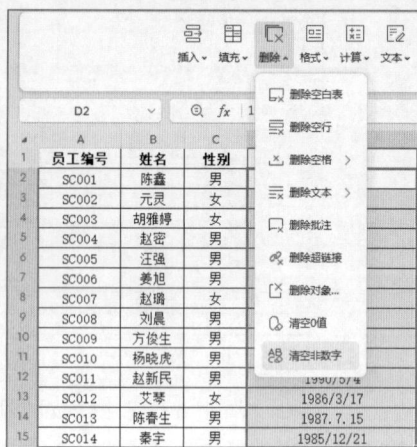

图 2-53 选择"清空非数字"命令

图 2-54 智能清空非数字值后的效果

（1）打开本章提供的"文章阅读统计表.xlsx"工作簿，在工作表中选择 C2:C13 单元格区域，如图 2-55 所示。

（2）在"智能工具箱"选项卡的"合并拆分"面板中，单击"数据对比"右侧的下拉按钮，展开列表框，选择"标记重复数据"命令，如图 2-56 所示。

图 2-55 选择单元格区域

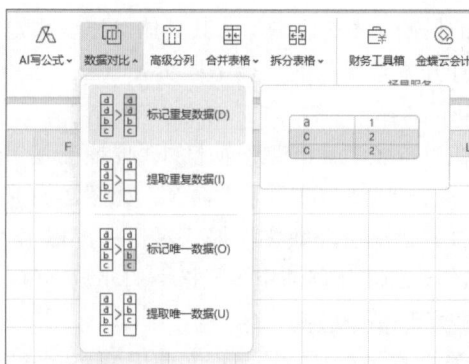

图 2-56 选择"标记重复数据"命令

（3）打开"标记重复数据"对话框，修改列表区域、对比方式和标记颜色，单击"确认标记"按钮，如图 2-57 所示。

（4）在指定的单元格区域中标记出重复的数据，其效果如图 2-58 所示。

图 2-57　修改参数值

图 2-58　标记重复数据

4. 使用 AI 条件格式标记过期日期

AI 条件格式是一种利用人工智能技术来自动设置表格中单元格条件格式的功能。这种功能可以极大地提高数据处理和表格制作的效率，使得用户能够更快速地标记出满足特定条件的数据。

例如，使用 AI 条件格式将员工合同到期的过期日期标记出来，其具体操作步骤如下。

（1）打开本章提供的"合同到期管理提醒 .xlsx"工作簿，单击 WPS AI 按钮，展开列表框，选择"AI 条件格式"命令，如图 2-59 所示。

（2）打开"AI 条件格式"对话框，在文本框中输入条件格式，然后单击"发送"按钮，如图 2-60 所示。

图 2-59　选择"AI 条件格式"命令

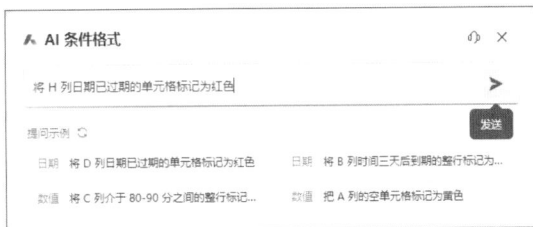

图 2-60　单击"发送"按钮

（3）自动生成条件规则和格式，单击"完成"按钮，如图 2-61 所示。

（4）使用 AI 条件格式自动标记出已经过期日期的单元格，其效果如图 2-62 所示。

5. 使用 AI 条件格式标记空单元格

使用 AI 条件格式可以自动将工作表中的空单元格标记出来，其具体操作步骤如下。

（1）打开本章提供的"电器销售数据 .xlsx"工作簿，在"开始"选项卡的"样式"面板中，单击"条件格式"右侧的下拉按钮，展开列表框，选择"AI 条件格式"命令，如图 2-63 所示。

（2）打开"AI 条件格式"对话框，在文本框中输入条件格式，然后单击"发送"按钮，如图 2-64 所示。

（3）自动生成条件规则和格式，单击"完成"按钮，如图 2-65 所示。

（4）使用 AI 条件格式自动标记出空单元格，其效果如图 2-66 所示。

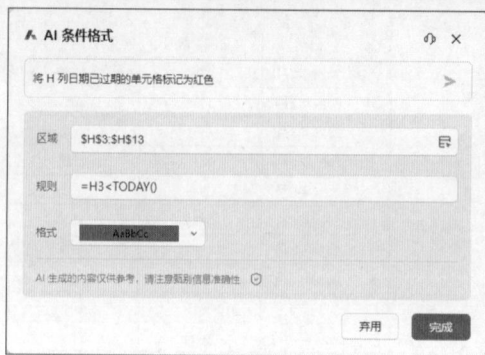

图 2-61 自动生成条件规则和格式

图 2-62 标记出已经过期日期

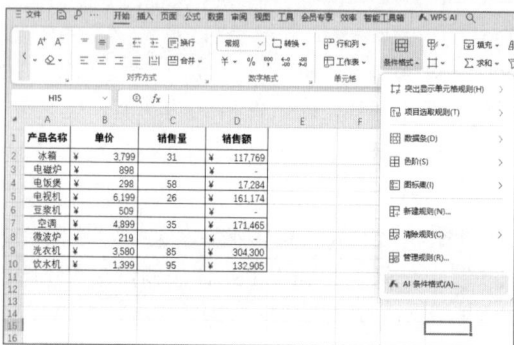

图 2-63 选择"AI 条件格式"命令

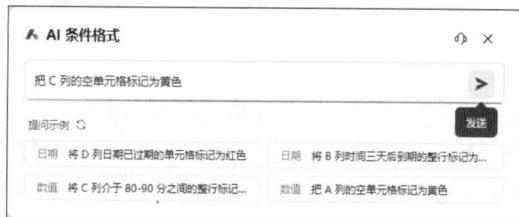

图 2-64 单击"发送"按钮

图 2-65 自动生成条件规则和格式

图 2-66 标记出空单元格

6. 使用 AI 条件格式将介于 80 ～ 90 分的整行进行标记

使用 AI 条件格式可以自动将介于 80 ～ 90 分的数据整行标记出来，其具体的操作步骤如下。

（1）打开本章提供的"考试成绩表 .xlsx"工作簿，在"开始"选项卡的"样式"面板中，单击"条件格式"右侧的下拉按钮，展开列表框，选择"AI 条件格式"命令，如图 2-67 所示。

（2）打开"AI 条件格式"对话框，在文本框中输入条件格式，然后单击"发送"按钮，如图 2-68 所示。

（3）自动生成条件规则和格式，单击"完成"按钮，如图 2-69 所示。

（4）使用 AI 条件格式自动标记介于 80 ～ 90 分的整行数据，其效果如图 2-70 所示。

7. 智能互转数字和文本型数字

文本型数字是 Excel、WPS 等电子表格软件中一种特殊的数据类型，指以文本形式存储的

图 2-67　选择"AI 条件格式"命令

图 2-68　单击"发送"按钮

图 2-69　自动生成条件规则和格式

图 2-70　标记介于 80 ～ 90 分的整行数据

数值数据，具有独特的存储方式、数据特性和转换方法。使用"智能工具箱"下的"格式"功能可以快速转换数字和文本型数字，其具体操作步骤如下。

（1）打开本章提供的"粉丝地域分布 .xlsx"工作簿，选择 B3:B10 单元格区域，在"智能工具箱"选项卡的"便捷工具"面板中，单击"格式"右侧的下拉按钮，展开列表框，选择"数字转为文本型数字"命令，如图 2-71 所示。

（2）将数字转换为文本型数字，并在每个单元格的左上角显示一个绿色的三角形，如图 2-72 所示。

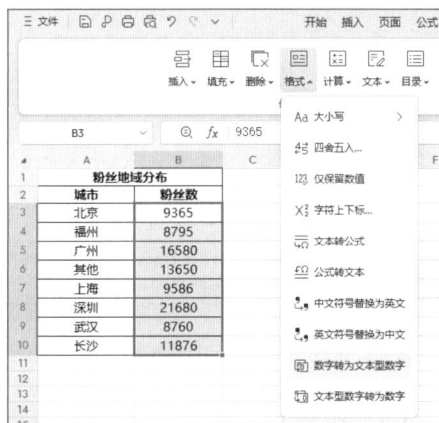

图 2-71　选择"数字转为文本型数字"命令

图 2-72　将数字转换文本型数字

（3）如果要将文本型数字转换为数字，则可以继续选择 B3:B10 单元格区域，在"智能工具箱"选项卡的"便捷工具"面板中，单击"格式"右侧的下拉按钮，展开列表框，选择"文本型数字转为数字"命令，如图 2-73 所示。

（4）即可将数字转换为文本型数字，则每个单元格的左上角将不再显示一个绿色的三角形，如图 2-73 所示。

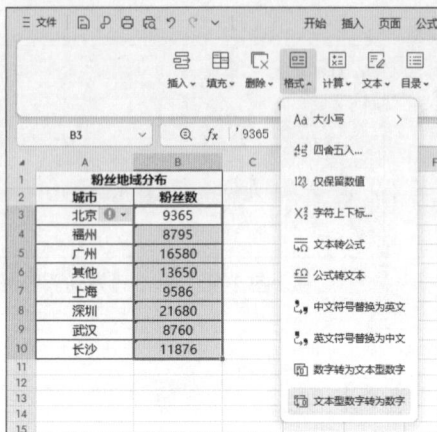

图 2-73　选择"文本型数字转为数字"命令　　图 2-74　将文本型数字转换为数字

观看视频

8. 使用"表格美化"一键整理表格

使用"表格美化"功能可以一键对表格的样式和排版方式进行操作，能够节省表格的整理与美化时间，其具体操作步骤如下。

（1）打开本章提供的"日常费用统计表.xlsx"工作簿，选择 A1:I36 单元格区域，在"会员专享"选项卡的"表格特色"面板中，单击"表格美化"按钮，如图 2-75 所示。

（2）打开"对象美化"任务窗格，选择合适的主题颜色和预设样式，在"表格排版方式"选项区中，单击"紧凑"按钮，如图 2-76 所示。

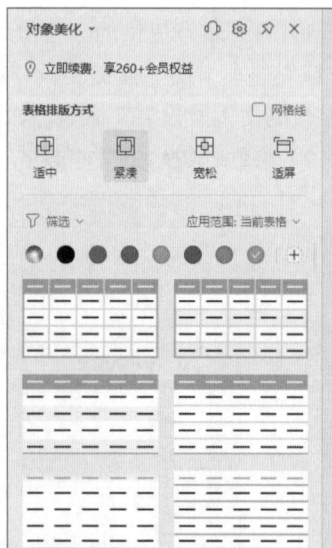

图 2-75　单击"表格美化"按钮　　图 2-76　选择样式和排版方式

（3）一键完成表格的整理与美化操作，其最终效果如图 2-77 所示。

项目小结

本项目详细介绍了数据的清洗与整理方法，旨在帮助读者更全面地处理数据。项目中的每

日常费用统计表								
日期	财务费用		管理费用		销售费用		合计	备注
	用途	金额	用途	金额	用途	金额		
2025/3/1	银行手续费	30.00	办公费	100.00			130.00	
2025/3/2			办公费	95.00			95.00	
2025/3/3	利息净支出	100.00	办公费	20.00			120.00	
2025/3/4					差旅费	1800.00	1800.00	
2025/3/5	汇兑净损失	120.00	办公费	240.00			360.00	
2025/3/6					广告费	1000.00	1000.00	
2025/3/7			招聘费	135.00			135.00	
2025/3/8	银行手续费	30.00	办公费	100.00			130.00	
2025/3/9			办公费	95.00			95.00	
2025/3/10	利息净支出	100.00	办公费	20.00			120.00	
2025/3/11					差旅费	1800.00	1800.00	
2025/3/12	汇兑净损失	120.00	办公费	240.00			360.00	
2025/3/13					广告费	1000.00	1000.00	
2025/3/14			招聘费	135.00			135.00	
2025/3/15	银行手续费	30.00	办公费	100.00			130.00	
2025/3/16			办公费	95.00			95.00	
2025/3/17	利息净支出	100.00	办公费	20.00			120.00	
2025/3/18					差旅费	1800.00	1800.00	
2025/3/19	汇兑净损失	120.00	办公费	240.00			360.00	

图 2-77　整理与美化表格

个知识点的介绍，可以帮助读者快速掌握数据输入前和输入后的处理方法，并掌握单元格格式和表格格式的规范与设置方法，最后通过案例项目实施和 AI 助力，对本项目的知识点进行巩固练习和拓展学习。

课后练习——清洗与整理零售统计表

在零售统计表中，为 D 列中的单支价格设置数据验证为“小数”“介于 0.7 ～ 160”，然后圈释出错误数据，将 D21 单元格数据修改为“1.5”，将 D59 单元格数据修改为“19.2”；再将包含空值的单元格所在行删除；删除表格中的重复数据；为表格套用“橙色，表样式中等深浅 10”表格格式。练习完成后结果如图 2-78 所示。

品　名	规　格	调价	单支	零售价
小芒果布丁	1*50	43.50	0.87	1.50
冰爽奶棒冰	1*60	66.00	1.10	2.00
沁爽西瓜棒冰	1*40	52.00	1.30	2.00
老冰棍	1*50	55.00	1.10	2.00
牧场大布丁	1*40	53.60	1.34	2.00
牛奶提子	1*40	56.00	1.40	2.00
冰可可	1*40	56.00	1.40	2.00
绿色情怡	1*48	91.20	1.90	3.00
巧克力棒	1*40	76.00	1.90	3.00
玉米布丁	1*40	80.00	2.00	3.00
牛奶蜜豆	1*40	76.00	1.90	3.00
奶香绿豆	1*40	76.00	1.90	3.00
草莓红豆	1*50	85.20	1.70	3.00
绿豆炼奶	1*40	85.20	2.13	3.00
山楂	1*40	60.00	1.50	3.00
缤纷果园	1*40	60.00	1.50	3.00
清爽蓝莓	1*40	60.00	1.50	3.00
冰果柠檬	1*40	60.00	1.50	3.00
炫果冰	1*40	88.00	2.20	4.00
果纷呈	1*30	78.00	1.95	4.00
冰橘茉莉棒冰	1*40	88.00	2.20	4.00
果酱层趣	1*40	96.00	2.40	5.00
巧帝雪糕	1*40	90.00	2.25	5.00
四个甜心圈	1*30	84.00	2.80	5.00
苦咖啡	1*30	84.00	2.80	5.00
菠萝红枣牛奶	1*30	84.00	2.80	5.00
草莓球顶蛋筒	1*30	78.00	2.60	5.00

图 2-78　零售统计表效果

项目 3 数据的筛选、排序与分类汇总：制作"商品采购表"

数据的排序、筛选与分类汇总都属于数据的基础分析工作。对数据进行基础分析后，可以得到数据的大致轮廓和基本结论，为后续的深入分析做好方向性的准备工作。WPS 表格中进行基础数据分析的方法不少，但常用的也就这么几个，掌握了它们就足够了。有了基础之后，其他分析方法可以在实际工作中轻松学会。

本项目将详细讲解 WPS 表格中数据的筛选、排序与分类汇总方法，通过本项目的学习，读者可以快速掌握数据的筛选、排序和分类汇总的操作，并通过所学的知识点，快速制作出"商品采购表"。

学习目标

▶ 掌握数据的筛选方法。
▶ 掌握数据的排序方法。
▶ 掌握数据的分类汇总方法。

知识准备

知识点 1 数据筛选

WPS 2023 的数据筛选功能不仅能够帮助用户从大量数据中快速提取符合特定条件的数据，还能对数据进行深入分析和清晰展示。

> **向 Kimi 提问：** 在 WPS 2023 中，数据筛选的类型有哪些？

Kimi 回复：

在 WPS 2023 中，数据筛选功能允许用户根据单一特定条件来查看数据子集。以下是一些常见的数据筛选类型。

（1）自动筛选：直接应用筛选中已有的方式进行筛选，同时，设置条件往往只有一个，让WPS 自动根据条件筛选显示符合要求的数据，隐藏不符合条件的数据。允许用户快速根据列中的值进行筛选，例如，选择、排序或排除特定的项。

（2）自定义筛选：提供更复杂的筛选条件，用户可以设置一个或多个筛选规则，如大于、小于、等于、不等于等。

（3）文本筛选：专门用于文本数据的筛选，可以按照文本的开头、结尾、包含或不包含特定文本等条件进行筛选。

（4）数字筛选：用于数字数据，可以筛选出特定的数值范围、特定的数值、特定的条件（如大于、小于）等。

（5）日期筛选：允许用户根据日期进行筛选，可以选择特定的日期、日期范围或使用日期条件（如今天、昨天、上周等）。

（6）颜色筛选：根据单元格的颜色进行筛选，这在视觉上帮助用户快速识别和筛选数据。

（7）高级筛选：允许用户设置多列的筛选条件，可以同时根据多个列的值进行筛选。

（8）模糊筛选：使用通配符（如星号 * 和问号 ?）来筛选部分匹配的文本项。

（9）切片器筛选：在数据透视表中使用切片器进行筛选，可以快速选择多个项目来过滤数据视图。

下面将介绍几种最常用的数据筛选类型的使用方法。

1. 日期筛选

使用“日期筛选”功能可以直接筛选出某天、某周、某月或某年的数据记录。例如，在采购表中筛选出 12 月的采购数据，其具体操作是：在打开的工作表中选中任意单元格，在“数据”选项卡的“筛选排序”面板中，单击“筛选”按钮，开启“筛选”功能，此时表头的单元格中将出现一个下拉按钮，说明筛选功能已经启用。因为只想筛选 12 月的数据，单击表格中“采购日期”右侧的下拉按钮，在弹出的筛选框中，只选中“12 月”复选框，如图 3-1 所示，单击“确定”按钮，即可使用“日期筛选”功能筛选出 12 月的采购数据，如图 3-2 所示。

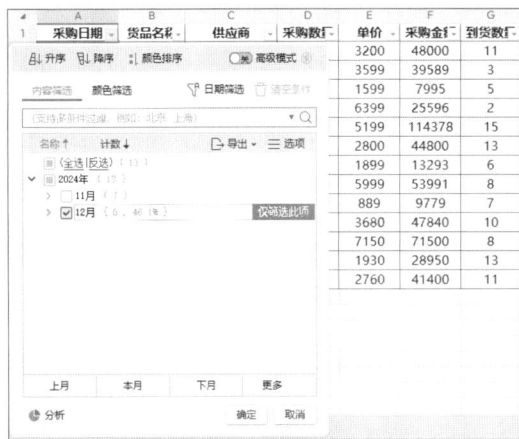

图 3-1　勾选“12 月”复选框

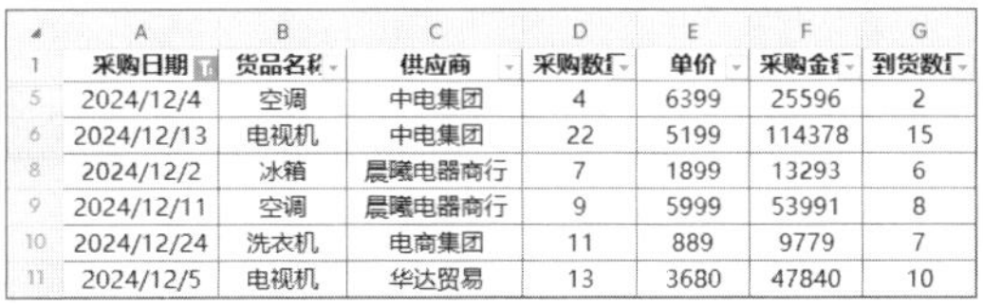

	采购日期	货品名称	供应商	采购数量	单价	采购金额	到货数量
5	2024/12/4	空调	中电集团	4	6399	25596	2
6	2024/12/13	电视机	中电集团	22	5199	114378	15
8	2024/12/2	冰箱	晨曦电器商行	7	1899	13293	6
9	2024/12/11	空调	晨曦电器商行	9	5999	53991	8
10	2024/12/24	洗衣机	电商集团	11	889	9779	7
11	2024/12/5	电视机	华达贸易	13	3680	47840	10

图 3-2　筛选日期数据

【小提示】注意，在默认情况下，所有的待筛选数据都是被选中的，如果数据太多而又只需要其中极少数几项，那么可以先单击“全选”复选框，取消对所有数据的选择，然后再直接选择需要显示的几项数据即可，这样操作起来会比逐一取消不显示的数据要简便很多。

在进行日期筛选数据时，还可以在筛选框中，单击“日期筛选”按钮，展开列表框，选择“自定义筛选”命令，如图 3-3 所示，打开“自定义自动筛选方式”对话框，修改筛选条件和筛选数值，单击“确定”按钮，即可筛选出指定数据内的日期数据，如图 3-4 所示。

【小提示】在筛选数据后，如果要清除筛选数据，则可以在筛选框中单击“清空条件”按钮进行筛选数据的清除操作。

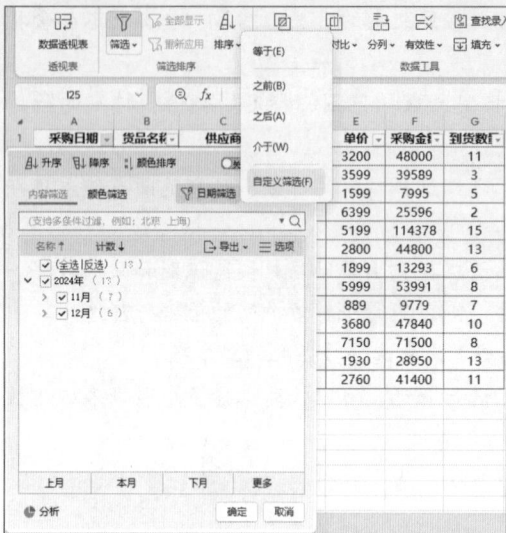

图 3-3　选择"自定义筛选"命令

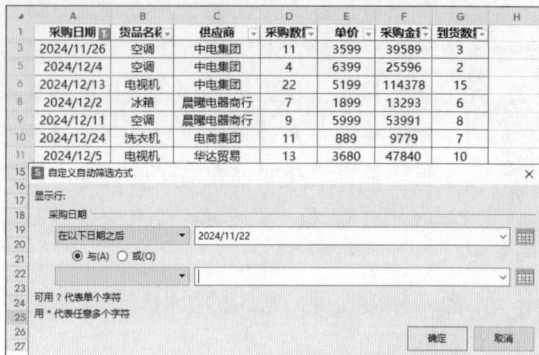

图 3-4　筛选出指定数据内的日期数据

2. 数字筛选

使用"数字筛选"功能可以筛选出数值。例如，在销售数据表格中，要筛选出所有销量在500件（不包含500件）以上的商品进行显示，以便统计与分析。

数字筛选数据的具体方法是：在打开的工作表中选中任意单元格，在"数据"选项卡的"筛选排序"面板中，单击"筛选"按钮，开启"筛选"功能，单击"售价（元）"单元格右侧的下拉按钮，展开筛选框，单击"数字筛选"按钮，展开列表框，选择"大于"命令，如图 3-5 所示，打开"自定义自动筛选方式"对话框，在"大于"文本框中输入 500，单击"的"按钮，即可筛选出所有销量在 500 件（不包含 500 件）以上的商品，如图 3-6 所示。

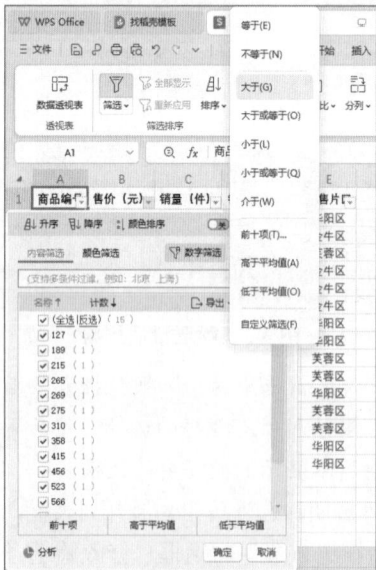

图 3-5　选择"大于"命令

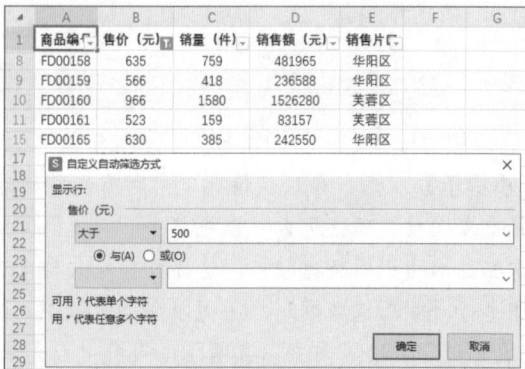

图 3-6　筛选出销量在 500 件以上的商品

【小提示】在"数据有效性"对话框中，单击左下角的"全部清除"按钮，可以删除所选单元格中设置的所有数据验证限制、提示和错误警告信息。

3. 文本筛选

文本筛选就是按照指定的文本来筛选。例如，想筛选货品名称中带"机"的采购记录，其具体操作步骤是：在打开的工作表中选中任意单元格，在"数据"选项卡的"筛选排序"面板中，单击"筛选"按钮，开启"筛选"功能，然后单击"货品名称"右侧的下拉按钮，在展开的筛选框中，选择"文本筛选"命令，展开列表框，选择"包含"命令，如图 3-7 所示，打开"自定义自动筛选方式"对话框，在"包含"文本框中输入"机"，单击"确定"按钮，即可筛选出货品名称中带"机"的采购记录，如图 3-8 所示。

图 3-7　选择"包含"命令

图 3-8　筛选出带"机"的采购记录

4. 单元格格式筛选

日期筛选、文本筛选和数据筛选三种筛选的类型，都是依据单元格中的数据来筛选的。在进行筛选数据时，还可以依据单元格格式进行筛选。单元格格式筛选是根据单元格的颜色、图标等格式进行筛选。

在进行单元格格式筛选时，有以下两种方法。

1）按单元格颜色筛选

按单元格颜色筛选数据可以通过单元格的颜色进行筛选，其具体方法是：在工作表中开启"筛选"功能，单击"供应商名称"单元格右侧的下拉按钮，在展开的筛选框中，选择"按颜色筛选"命令，展开列表框，选择蓝色颜色，如图 3-9 所示，即可按照单元格颜色筛选出数据，并显示筛选结果，如图 3-10 所示。

图 3-9　选择单元格颜色

图 3-10　显示筛选数据

2）按照单元格图标筛选

按单元格图标筛选数据可以按照单元格中的图标样式进行筛选，其具体方法是：在工作表中开启"筛选"功能，单击"到货状态"单元格右侧的下拉按钮，在展开的筛选框中，选择"按颜色筛选"命令，展开列表框，在"按单元格图标筛选"选项区中，选择绿色图标，如图 3-11 所示，这样可以筛选出到货状态都标注绿色图标的单元格数据，如图 3-12 所示。

图 3-11　选择绿色图标

图 3-12　显示筛选数据

5. 自定义筛选

前面介绍的方法只能针对一列数据进行筛选，但在实际工作中，常常要对两列及更多列的数据筛选，此时可以通过"自定义筛选"功能进行筛选。例如，在销售数据表格中，同时基于销量、销售额和销售片区进行筛选，以便进行统计分析。其具体操作步骤是：在打开的工作表中选中任意单元格，在"数据"选项卡的"筛选排序"面板中，单击"筛选"按钮，开启"筛选"功能，然后单击"销售片区"右侧的下拉按钮，在展开的筛选框中，勾选"华阳区"和"金牛区"复选框，单击"确定"按钮，如图 3-13 所示，即可按照销售片区筛选数据。单击"销售额（元）"右侧的下拉按钮，展开筛选框，单击"数字筛选"按钮，展开列表框，选择"大于"命令，打开"自定义自动筛选方式"对话框，在"大于"文本框中输入 250000，单击"确定"按钮，如图 3-14 所示，即可筛选出指定销售片区内的销售额大于 250000 的数据。

图 3-13　设置第一个筛选条件

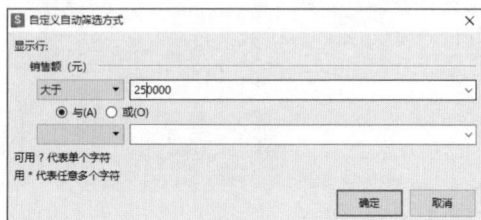

图 3-14　设置第二个筛选条件

单击"销量（件）"右侧的下拉按钮，展开筛选框，单击"数字筛选"按钮，展开列表框，选择"高于平均值"命令，即可筛选出指定销售片区内的销售额大于 250000，且高于平均值的数据，如图 3-15 所示，从图中可见有三个漏斗图标，表示这个结果是对三列数据进行了筛选后得到的。

	A	B	C	D	E
	商品编号	售价（元）	销量（件）	销售额（元）	销售片区
	FD00152	265	950	251750	华阳区
	FD00153	275	1156	317900	金牛区
	FD00158	635	759	481965	华阳区

图 3-15　用多列条件筛选数据

【小提示】在设置筛选条件时，要特别注意">"和"≥"，以及"<"和"≤"的区别。如当想要"请将大于 100 的数据筛选出来"，这时一定要确认是否包含 100 本身，不要因为一个符号的差错而导致工作失误。

6. 高级筛选

前面介绍的方法只能逐步设置筛选条件，筛选结果也是直接显示在现有数据表中，这在某些时候可能不符合实际需求。例如，实际工作中，有时会遇到较多的条件，逐一手工设置比较烦琐，需要一次性输入所有条件；而且往往还需要将筛选结果"移动"到另外的空白区域，便于对结果进行进一步的计算，而不会改变原数据区域。例如，如果在表格中单独输入筛选条件"商品编号由'FD0016'开头，且售价在 400 元以上（不包含 400），销量超过 400 件（不包含 400）"，并将筛选结果输出到空白的单元格区域中，其具体的操作步骤是：在打开的工作表中，输入筛选条件，在"数据"选项卡的"筛选排序"面板中，单击"筛选"右侧的下拉按钮，展开列表框，选择"高级筛选"命令，如图 3-16 所示，打开"高级筛选"对话框，选择"将筛选结果复制到其他位置"单选按钮，修改列表区域、条件区域和复制到参数，如图 3-17 所示。

图 3-16　设置第一个筛选条件　　　　图 3-17　修改高级筛选条件

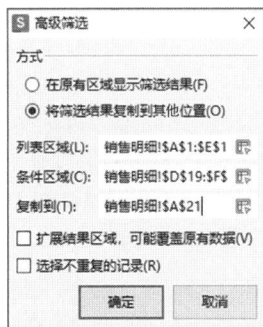

单击"确定"按钮，即可使用"高级筛选"功能筛选出数据，如图 3-18 所示。

	A	B	C	D	E	F
17						
18						
19				商品编号	售价（元）	销量（件）
20				FD0016	>400	>400
21	商品编号	售价（元）	销量（件）	销售额（元）	销售片区	
22	FD00160	966	1580	1526280	芙蓉区	
23	FD00163	415	752	312080	芙蓉区	
24						

图 3-18　高级筛选数据

知识点 2　数据排序

排序的目的是让表格数据显得更加有条理，便于使用者查看，例如，网店销售统计表本是按照月份排序，但根据需要可按照访客数量由高到低进行排序，方便经营者快速统计出哪些月份访客数量较高。

> **向讯飞星火提问**：排序的作用与规则是什么？

🔥 **讯飞星火回复**：

排序的作用在于能够快速对数据进行整理和分析。在生活中，排名无处不在。比如，在学生时代，考试成绩要排名；工作了以后，业绩也要排名。还有很多的 TOP 排行榜：世界 500 强、福布斯富豪榜等。除了排名以外，对数据进行排序，不仅可以方便归类整理数据，而且可以使图表更加直观，更具有冲击力。排序使得无序的数据变得有序，变得容易理解。

排序的规则主要有升序、降序和自定义排序三种，下面将分别进行介绍。

▶ 升序：对数字来说就是从小到大的顺序进行排序；对文本来说，就是从 a 首字母到 z 首字母来排序；对日期来说就是从越早的时间到越晚的时间进行排序。

▶ 降序：对数字来说就是从大到小的顺序进行排序；对文本来说，就是从 z 首字母到 a 首字母来排序；对日期来说就是从越晚的时间到越早的时间进行排序。

▶ 自定义排序：就是按照用户自己设定一种排序规则来进行排序，谁排在前，谁排在后，都由用户预先设定好。

【小提示】有时候会遇到表格中的日期数据无法正确排序，其原因是此时表格中的日期数据属于文本型数据而不是数值型数据，而真正的日期格式是数据型数据，可以直接按照日期的排序规则进行排序。因此，当遇到这种无法排序的日期时，最简单的处理方法便是先将日期数据转换成数值型数据，然后再对日期数据进行排序。

1. 升序与降序排序

升序是指将数字从小到大、字母从 a 到 z、汉字以拼音首字母从 a 到 z 排列、日期从前往后排列；降序是指将数字从大到小、字母从 z 到 a、汉字以拼音首字母从 z 到 a 排列、日期从前往后排列。

对数据按照升序或降序排序是最常用的操作，只需要简单的两步就能完成。例如，要把"销售完成表"中"完成率"列的数据按照降序进行排序，其具体操作是：在打开的工作表的 D 列中选择任意单元格，在"数据"选项卡的"筛选排序"面板中，单击"排序"右侧的下拉按钮，展开列表框，选择"降序"命令，即可降序排序数据，如图 3-19 所示。

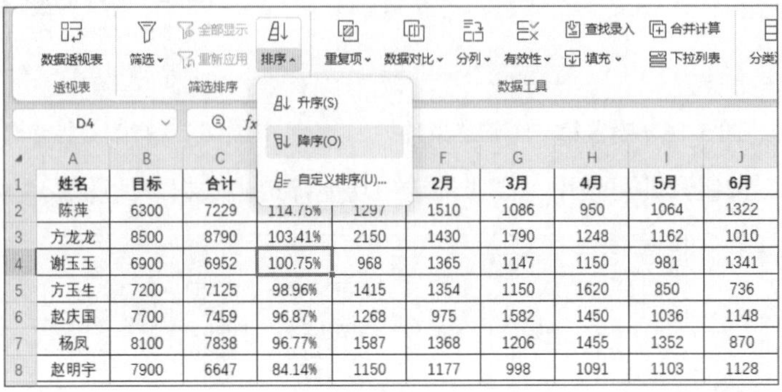

图 3-19　降序排序数据

2. 按单一条件排序

在上一个知识点中介绍的升序、降序排列，其实就是默认对单元格值进行排序。除了单元格值，在 WPS 表格中还可以对单元格颜色、字体颜色与条件图标进行排序，这 4 个排序条件都在一个对话框中进行操作。例如，要将"目标"列的数据以蓝色单元格排序到最上面为例，其具体操作是：在打开的工作表中选择 B 列中的任意单元格，在"数据"选项卡的"筛选排序"面板中，单击"排序"右侧的下拉按钮，展开列表框，选择"自定义排序"命令，如图 3-20 所示，打开"排序"对话框，在"主要关键字"列表框中选择"目标"选项，在"排序依据"列表框中选择"单元格颜色"选项，在"次序"列表框中选择"浅蓝"颜色，单击"确定"按钮，即可按照单元格颜色排序数据，如图 3-21 所示。

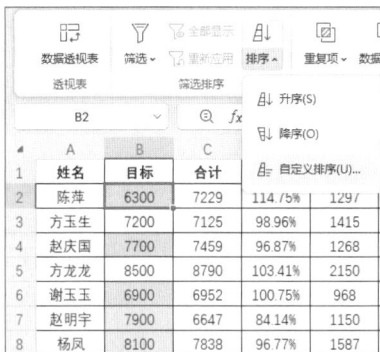

图 3-20　选择"自定义排序"命令

图 3-21　按单元格颜色排序数据

3. 按多个条件排序

多个条件排序也可称为复杂的排序，也就是按多个关键字对数据进行排序，打开"排序"对话框，然后在"主要关键字"和"次要关键字"选项组中编辑排序的条件等以实现对数据进行复杂的排序。

主要关键字：第一个排序关键字。

次要关键字：第二个及之后的排序关键字。

在实际工作中，有时排序条件可能会有两个或更多个，要求先按第一个条件排序，第一个条件相同的数据有多个的话，则将它们按照第二个条件排序，以此类推。例如，在销售完成表中，可以依次按照目标和完成率进行降序排序，其具体操作是：在打开的工作表中选择任意单元格，在"数据"选项卡的"筛选排序"面板中，单击"排序"右侧的下拉按钮，展开列表框，选择"自定义排序"命令，打开"排序"对话框，单击"添加条件"按钮，添加一个次要关键字条件，依次设置好主要关键字和次要关键字的排序条件，单击"确定"按钮，即可按多个条件排序数据，如图 3-22 所示。

知识点 3　数据分类汇总

数据分类汇总是指按照某一字段对数据信息进行分类，以便统一同一类的数据信息。需要注意的是，在对数据进行分类汇总之前，用户需要对工作表中的数据进行排序。

向讯飞星火提问：在 WPS Office 2023 中，快速分类汇总数据的方法有哪些？

🌀 **讯飞星火回复：**

在 WPS Office 2023 中，快速分类汇总数据的方法主要包括使用基本分类汇总功能、多字

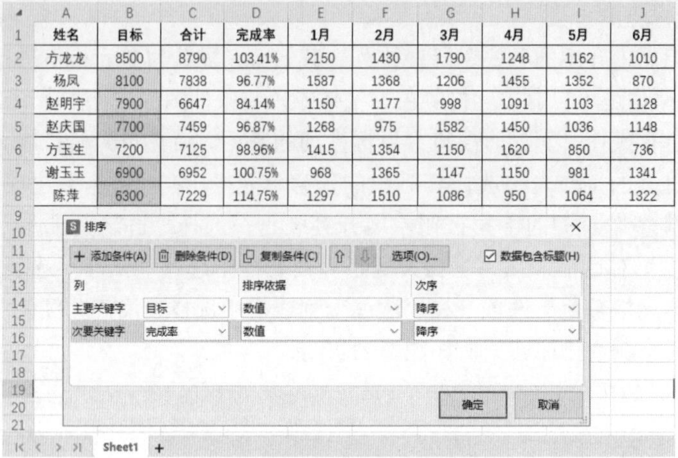

图 3-22　按多个条件排序数据

段分类汇总、数据透视表汇总、快捷统计工具等方法。

（1）基本分类汇总：选择数据区域，使用"开始"选项卡下的"排序"功能对数据进行升序或降序的排列，确保数据按照汇总的关键字有序。在"数据"选项卡下找到"分类汇总"，选择需要汇总的字段如货物名称，选定汇总方式如求和，并勾选需要汇总的数据项，如出库数量，单击"确定"按钮即可得到汇总结果。

（2）多字段分类汇总：如果需要在多个字段上进行分类汇总，首先进行多级排序，例如，先按货物名称排序，然后按出库人排序，确保数据按照多个条件有序。分别对每个字段应用分类汇总，并在第二次及以后的汇总时不勾选"替换当前分类汇总"复选框，以实现嵌套的分类汇总效果。

（3）使用数据透视表：选择数据源，插入数据透视表，将需要汇总的字段拖放到行标签区域，将数据项拖放到值区域，选择合适的汇总方式。可以根据需要调整数据透视表的设置，显示或隐藏明细数据，以灵活地展示汇总结果。

（4）利用快捷统计工具：使用开始选项卡的统计功能。例如，单击"开始"选项卡下的"求和"按钮可以快速计算某列数据的总和，适用于简单的数据统计需求。

（5）使用函数公式：通过输入特定的函数公式，如 SUMIF、COUNTIF 等，可以实现对特定条件下的数据进行快速的汇总统计。

1. 基本分类汇总

使用分类汇总可以选择需要汇总的字段以及汇总的方式，如求和方式、平均值方式。但是有一点需要注意，如果在原始表格中，数据是分散排列的，就需要先进行排序处理，将相同的数据归并在一起。

对单类数据进行分类汇总是最常用的操作，整个操作步骤分为两步走，先排序数据，再设置分类字段和汇总方式。这里将把表格中的数据按照产品名称进行分类，并汇总销量和销售额数据。

基本分类汇总数据的具体操作是：在打开的工作表中，将"产品名称"列以"降序"方式排序数据，选择任意单元格，在"数据"选项卡的"分级显示"面板中，单击"分类汇总"按钮，打开"分类汇总"对话框，修改"分类字段"为"产品名称"、"汇总方式"为"求和"，勾选"销量"和"销售额（元）"复选框，如图 3-23 所示，单击"确定"按钮，即可基本分类汇总数据，如图 3-24 所示。

图 3-23　设置分类汇总条件

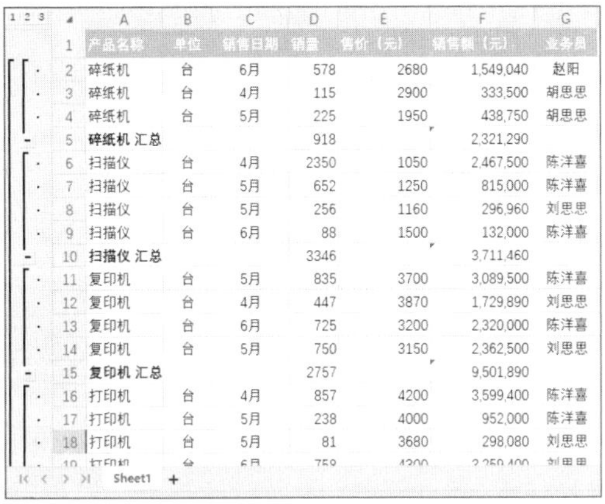

图 3-24　分类汇总数据

【小提示】对数据进行分类汇总后，工作表中的数据将以分级方式显示汇总数据和明细数据，并在工作表行标签左侧显示出一个折叠区域，其上方显示着 ①、②、③、…用于显示不同级别分类汇总的按钮，单击它们可以显示不同级别的分类汇总。要更详细地查看分类汇总数据，还可以单击工作表左侧的 ⊞ 按钮。

2. 多字段分类汇总

前面介绍的方法只能对单类数据进行分类汇总，在实际工作中，有时需要对多个字段进行分类并汇总。如销售数据表中，为了分析出不同产品类型，不同月份下的销量和销售总额，就需要汇总每种产品的销量和销售总额，在相同的产品下，再汇总不同月份的销量和销售总额。这种对项目下面的子项目再次进行汇总的操作，也被称为多重分类汇总。

多字段分类汇总数据的操作步骤总的来说还是分为两步：排序、设置分类字段和汇总方式。只不过这里的排序关键字需要和分类字段的主次关系一一对应。即先使用"自定义排序"功能，将"产品名称"作为排序主要关键字，将"销售日期"作为排序次要关键字，进行排序。排序后，再对产品名称的销量和销售额进行汇总。接着，再次打开"分类汇总"对话框，对销售日期的销量和销售额进行汇总。多字段分类汇总后的效果如图 3-25 所示。

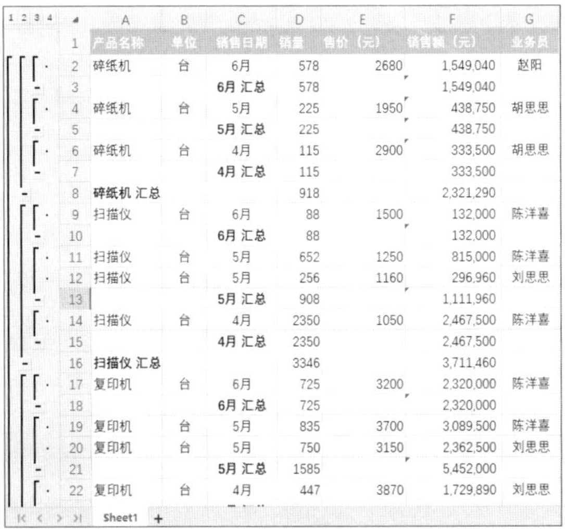

图 3-25　多重分类汇总数据

【小提示】在进行多重分类汇总时，一定要记得除了第一次外的其他汇总设置时，都需要取消选中“分类汇总”对话框中的“替换当前分类汇总”复选框。否则，就会用本次设置的分类汇总效果替换前期设置的分类汇总效果，达不到多重分类汇总效果。

3. 清除分类汇总

在创建好分类汇总数据后，如果要对分类汇总数据进行删除，则可以在“分类汇总”对话框的左下角，单击“全部删除”按钮，即可清除分类汇总数据。

项目实施

本项目希望从采购记录中一目了然地了解各产品的采购数量，还希望对表格中的各个数据进行排序和筛选。然后将采购商品通过货品名称、供应商等进行分类汇总。

本项目的最终效果如图 3-26 所示，整个制作步骤分为以下 4 步。

（1）筛选 9 月的采购记录。

（2）筛选采购单价大于 100、小于 300 的采购记录。

（3）对供应商进行自定义排序。

（4）分类汇总数据。

1. 筛选 9 月的采购记录

观看视频

（1）启动 WPS Office 软件，打开本项目提供的“店铺商品采购表 .xlsx”工作簿，该工作簿中包含“筛选数据”“排序数据”“汇总数据”三张工作表，切换至“筛选数据”工作表，如图 3-27 所示。

	A	B	C	D	E	F
1	采购日期	货品名称	供应商	采购数	单价	采购金额
3	2024/9/26	风衣外套	慕尚女装	90	210	18900
4	2024/9/15	针织衫	乖女孩服饰	55	165	9075
9	2024/9/22	连衣裙	果果女孩服饰	150	156	23400
17	2024/9/6	针织衫	慕尚女装	155	256	39680
18	2024/9/20	冲锋衣外套	慕尚女装	118	230	27140
19	2024/9/22	卫衣	慕尚女装	320	170	54400
24	2024/9/25	针织衫	迷购女装	204	260	53040
27	2024/9/29	卫衣	慕尚女装	105	105	11025
28	2024/9/13	风衣外套	果果女孩服饰	93	165	15345
29	2024/9/27	风衣外套	果果女孩服饰	115	290	33350
35	2024/9/22	针织衫	果果女孩服饰	170	235	39950
41	2024/9/19	冲锋衣外套	乖女孩服饰	187	230	43010
44	2024/9/8	卫衣	果果女孩服饰	116	169	19604

	A	B	C	D	E	F	G	H	I
1	采购日期	货品名称	供应商	采购数量	单价	采购金额			供应商
2	2024/11/20	连衣裙	慕尚女装	150	105	15750			慕尚女装
3	2024/9/26	风衣外套	慕尚女装	90	210	18900			乖女孩服饰
4	2024/11/4	风衣外套	慕尚女装	95	260	24700			果果女孩服饰
5	2024/11/13	冲锋衣外套	慕尚女装	205	350	71750			迷购女装
6	2024/9/28	长裤	慕尚女装	165	89	14685			
7	2024/9/6	针织衫	慕尚女装	155	256	39680			
8	2024/9/20	冲锋衣外套	慕尚女装	118	230	27140			
9	2024/9/22	卫衣	慕尚女装	320	170	54400			
10	2024/11/31	连衣裙	慕尚女装	95	86	8170			
11	2024/9/5	冲锋衣外套	慕尚女装	96	430	41280			
12	2024/11/4	长裤	慕尚女装	78	90	7020			
13	2024/9/29	卫衣	慕尚女装	105	105	11025			
14	2024/11/6	卫衣	慕尚女装	165	130	21450			
15	2024/9/29	连衣裙	慕尚女装	215	95	20425			
16	2024/11/18	针织衫	慕尚女装	254	215	54610			
17	2024/11/20	冲锋衣外套	慕尚女装	56	540	30240			
18	2024/9/15	针织衫	乖女孩服饰	55	165	9075			
19	2024/11/2	连衣裙	乖女孩服饰	68	168	30240			
20	2024/11/9	风衣外套	乖女孩服饰	78	275	11424			
21	2024/11/13	长裤	乖女孩服饰	180	120	21600			
22	2024/11/31	长裤	乖女孩服饰	177	105	18585			
23	2024/9/19	冲锋衣外套	乖女孩服饰	187	230	43010			
24	2024/11/31	针织衫	乖女孩服饰	136	165	22440			
25	2024/11/9	长裤	乖女孩服饰	157	240	37680			

筛选数据　排序数据　汇总数据

图 3-26　店铺商品采购表

图 3-26 （续）

（2）在工作表中选中任意单元格，在"数据"选项卡的"筛选排序"面板中，单击"筛选"右侧的下拉按钮，展开列表框，选择"筛选"命令，如图 3-28 所示。

图 3-27　切换至"筛选数据"工作表

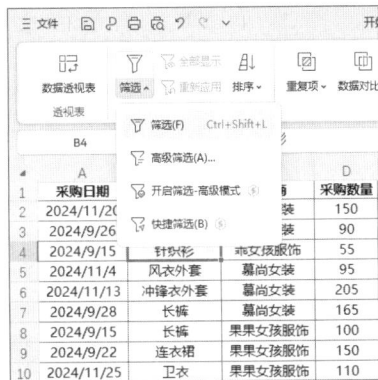

图 3-28　选择"筛选"命令

（3）开启"筛选"功能，单击"采购日期"右侧的下拉按钮，展开筛选框，只勾选"9月"复选框，如图 3-29 所示。

（4）单击"确定"按钮，即可筛选出 9 月的采购记录，如图 3-30 所示。

2. 筛选采购单价大于 100、小于 300 的采购记录

（1）单击"单价"右侧的下拉按钮，展开筛选框，单击"数字筛选"按钮，展开列表框，选择"自定义筛选"命令，如图 3-31 所示。

观看视频

（2）打开"自定义自动筛选方式"对话框，设置第 1 个筛选条件为"大于"和 100，第 2 个筛选条件为"小于"和 300，如图 3-32 所示。

（3）单击"确定"按钮，筛选出采购单价大于 100，小于 300 的采购记录，如图 3-33 所示。

63

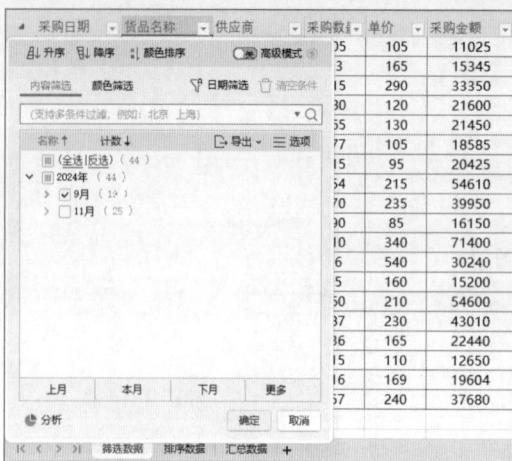

图 3-29 只勾选 "9 月" 复选框

图 3-30 筛选出 9 月的采购记录

图 3-31 选择 "自定义筛选" 命令

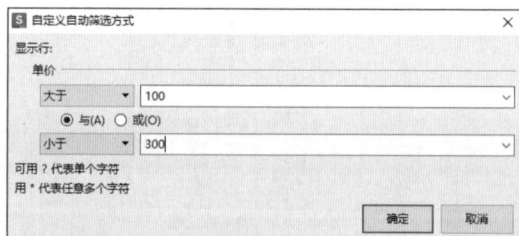

图 3-32 设置筛选条件

图 3-33 筛选单价大于 100，小于 300 的采购记录

3. 对供应商进行自定义排序

（1）在 "店铺商品采购表 .xlsx" 工作簿中，单击 "排序数据" 工作表标签，切换至该工作表。

（2）在功能区左上角单击 "文件" 按钮，在展开的列表框中，选择 "选项" 命令，如图 3-34 所示。

（3）打开 "选项" 对话框，在左侧列表框中选择 "自定义序列" 选项，在右侧列表框的

观看视频

"从单元格导入序列"选项区中，单击"从单元格导入序列"按钮，如图 3-35 所示。

图 3-34　选择"选项"命令

图 3-35　单击"从单元格导入序列"按钮

（4）打开"自定义序列"对话框，在工作表中按住鼠标左键并拖曳，选择 I2:I5 单元格区域，单击对话框右侧的按钮，如图 3-36 所示。

（5）返回到"选项"对话框，单击"导入"按钮，显示自定义序列的添加，如图 3-37 所示，单击"确定"按钮即可。

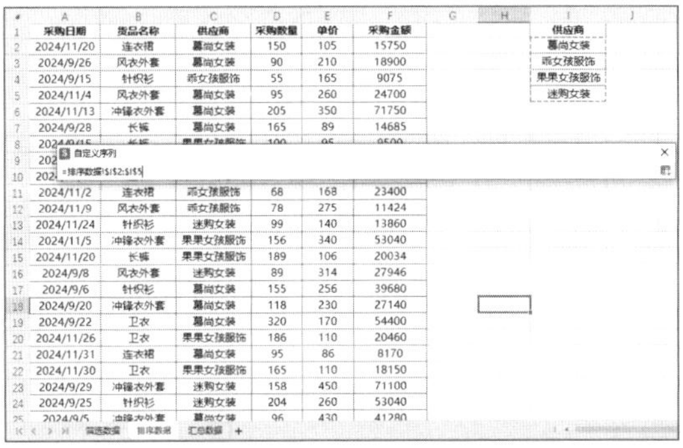

图 3-36　选择序列区域

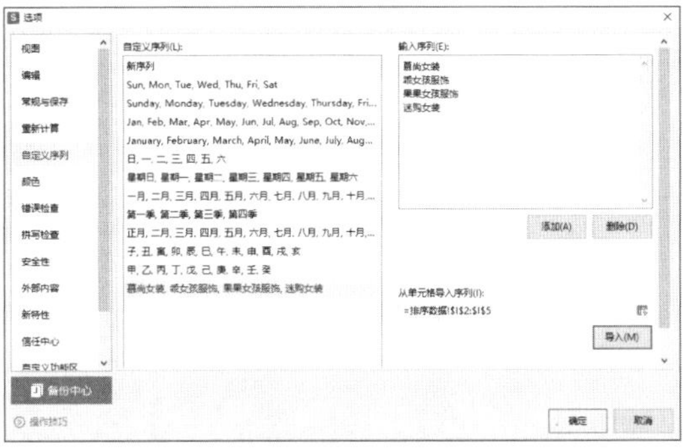

图 3-37　添加自定义序列

（6）选择工作表中的任意单元格，在"数据"选项卡的"筛选排序"面板中，单击"排序"右侧的下拉按钮，展开列表框，选择"自定义排序"命令，如图 3-38 所示。

（7）打开"排序"对话框，设置"主要关键字"为"供应商"，"排序依据"为"数值"，在"次序"列表框中选择"自定义序列"命令，如图 3-39 所示。

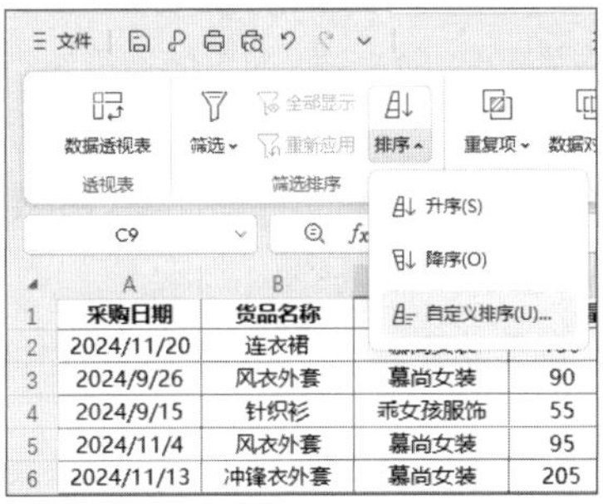

图 3-38　选择"自定义序列"命令

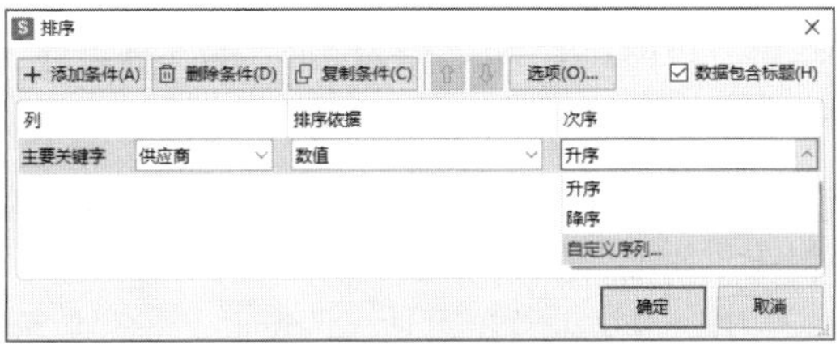

图 3-39　设置排序条件

（8）打开"自定义序列"对话框，在"自定义序列"列表框中选择已经定义好的序列，单击"确定"按钮，如图 3-40 所示。

（9）返回到"排序"对话框，在"次序"列表框中将显示自定义的序列，单击"确定"按钮，如图 3-41 所示。

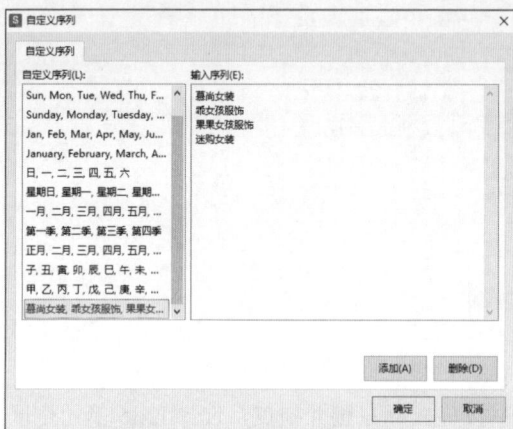

图 3-40　选择自定义序列

图 3-41　显示自定义序列

（10）通过自定义排序方式排序"供应商"数据，其排序结果如图 3-42 所示。

图 3-42　显示数据排序结果

4. 分类汇总数据

（1）在"店铺商品采购表 .xlsx"工作簿中，单击"汇总数据"工作表标签，切换至该工作表。

（2）在工作表的"货品名称"列中选择 B2 单元格，在"数据"选项卡的"筛选排序"面板中，单击"排序"右侧的下拉按钮，展开列表框，选择"升序"命令，如图 3-43 所示。

（3）对"货品名称"列中的数据进行升序排序，其结果如图 3-44 所示。

（4）选择工作表中的任意单元格，在"数据"选项卡的"分级显示"面板中，单击"分类汇总"按钮，如图 3-45 所示。

（5）打开"分类汇总"对话框，设置"分类字段"为"货品名称"、"汇总方式"为"求和"，在"选定汇总项"列表框中，只勾选"采购数量"和"采购金额"复选框，如图 3-46 所示。

观看视频

图 3-43 选择"升序"命令

图 3-44 升序排序数据

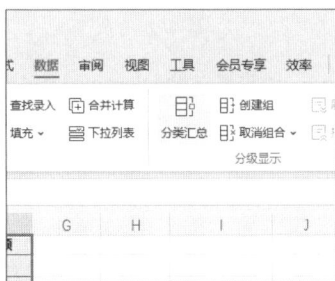

图 3-45 单击"分类汇总"按钮

图 3-46 设置分类汇总条件

（6）单击"确定"按钮，完成数据的分类汇总操作，效果如图 3-47 所示。

图 3-47 分类汇总数据

AI 助力

1. 通过快捷筛选筛选高于平均值的销售额

快捷筛选是 WPS 表格中的一个功能，它允许用户通过简单地设置条件来快速筛选出满足这些条件的数据。这一功能在处理大量数据时尤为有用，可以显著提高数据处理的效率。

（1）打开本项目提供的"销售数据表 .xlsx"工作簿，选择 A1:E16 单元格区域，在"数据"选项卡的"筛选排序"面板中，单击"筛选"右侧的下拉按钮，展开列表框，选择"快捷筛选"命令，如图 3-48 所示。

（2）开启"快捷筛选"功能，单击"销售额（元）"右侧的下拉按钮，展开筛选框，单击"高于平均值"按钮，如图 3-49 所示。

图 3-48　选择"快捷筛选"命令　　　　图 3-49　单击"高于平均值"按钮

（3）快捷筛选出高于平均值的销售额数据，其筛选结果如图 3-50 所示。

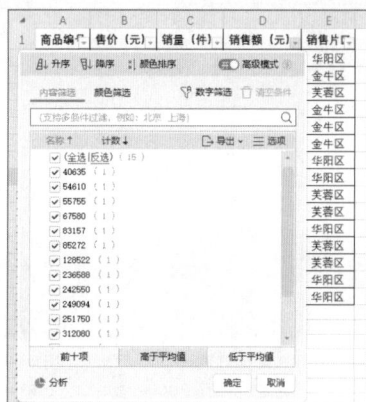

图 3-50　筛选出高于平均值的销售额数据

2. 使用"高级筛选"一秒删除重复记录

"高级筛选"工具中最简单快捷的应用是删除数据表中的重复数据。下面将使用"文心一言"AI 工具来介绍具体的操作方法。

文心一言回复：

（1）你的 WPS 程序已经打开，并且你已经打开了包含需要删除重复记录的工作表。

（2）选中包含重复记录的数据区域。这通常是一个连续的单元格范围，包括表头（如果有的话）。

（3）在"数据"选项卡的"筛选排序"面板中，单击"筛选"右侧的下拉按钮，展开列表框，选择"快捷筛选"命令。

（4）在"高级筛选"对话框中，需要选择"将筛选结果复制到其他位置"或"在原有区域显示筛选结果"。为了删除重复记录，建议选择"在原有区域显示筛选结果"。确保"列表区域"已经正确选中了你的数据区域。还有最关键的一步，在"高级筛选"对话框中，勾选"选择不重复的记录"复选框。

（5）配置好所有选项后，单击"确定"按钮。WPS 表格将执行高级筛选，并在原数据区域中显示不重复的记录，同时删除所有重复的记录。

下面将参照上述方法，通过具体的案例来进行操作练习。

（1）打开本项目提供的"销售数据表.xlsx"工作簿，选择 A1:E16 单元格区域，在"数据"选项卡的"筛选排序"面板中，单击"筛选"右侧的下拉按钮，展开列表框，选择"快捷筛选"命令，如图 3-51 所示。

（2）打开"高级筛选"对话框，勾选"选择不重复的记录"复选框，如图 3-52 所示。

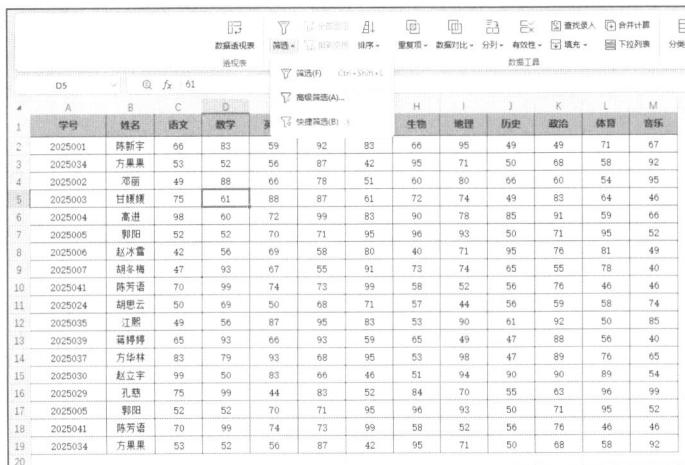

图 3-51　选择"快捷筛选"命令

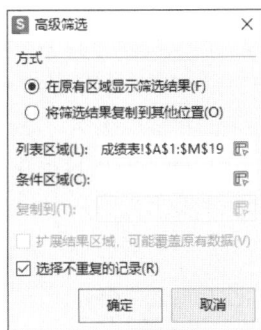

图 3-52　勾选复选框

（3）单击"确定"按钮，即可使用"高级筛选"功能一秒删除重复记录，其效果如图 3-53 所示。

图 3-53　删除重复记录

3. 运用"合并计算"汇总多表数据

在 WPS 中，除了"分类汇总"工具，也可以用"合并计算"工具对数据进行分类汇总操作。通过"合并计算"功能，用户可以轻松地将多个工作表中的数据汇总到一个单独的工作表中，从而简化数据分析和报告编制工作。这不仅提高了工作效率，也避免了手动计算中的错误风险。下面将使用"讯飞星火"AI 工具来介绍具体的操作方法。

观看视频

🔥 讯飞星火回复：

在 WPS Office 中，运用"合并计算"功能汇总多表数据是一种非常实用的操作。它允许用户将多个工作表中的数据快速汇总到一个单一的工作表中，从而便于分析和总结。运用"合并计算"汇总多表数据的具体方法如下。

（1）创建汇总工作表：需要新建一个空白的汇总工作表，这将成为存储所有汇总数据的位置，并在新建的汇总工作表中，选择一个空白单元格，用于放置合并计算的结果。

（2）使用"合并计算"功能：在汇总工作表中，单击"数据"选项卡下的"合并计算"按钮，打开"合并计算"对话框，首先选择函数类型，如"求和"。然后，依次添加每个工作表中需要汇总的数据区域。例如，如果需要汇总不同月份的销售数据，就分别选中每个月份工作表的数据区域并添加到引用位置。

（3）设置标签位置：在"合并计算"对话框中，勾选"标签位置"复选框，确保汇总表的首行和最左列的内容被保留。这有助于明确数据的分类。完成数据区域的添加后，单击"确定"按钮，系统会自动将所有添加的数据进行汇总计算，并将结果显示在之前选定的单元格内。

（4）核对汇总结果：完成合并计算后，应仔细检查汇总表中的数据是否准确无误，确认各个工作表的数据都已正确累加到对应的类别中。如果需要，可以对汇总表进行格式上的调整，如字体、边框、背景等，以提高数据的可读性和打印效果。

下面将参照上述方法，通过具体的案例来进行操作练习。

（1）打开本项目提供的"电子设备销售表.xlsx"工作簿，在工作簿中新建一张工作表，并将其重命名为"4～6月汇总表"，选中 A1 单元格，在"数据"选项卡的"数据工具"面板中，单击"合并计算"按钮，如图 3-54 所示。

（2）打开"合并计算"对话框，单击"引用位置"文本框右侧的"引用"按钮，如图 3-55 所示。

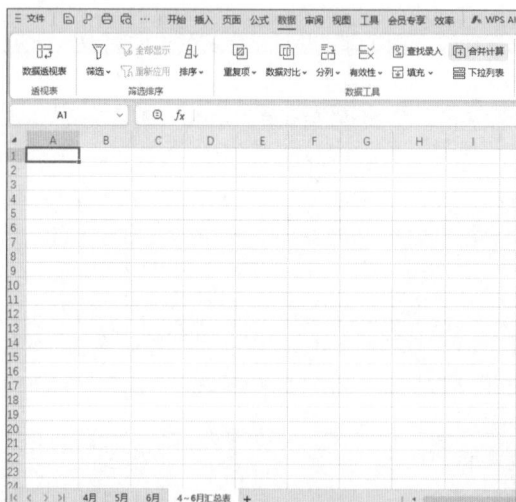

图 3-54 单击"合并计算"按钮

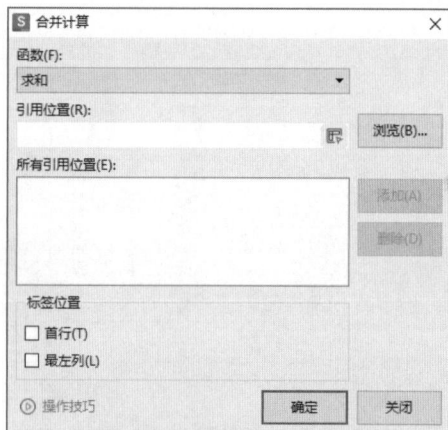

图 3-55 单击"引用"按钮

（3）切换至"4月"工作表，打开"合并计算-引用位置"对话框，引用合适的单元格区域，然后单击其右侧的按钮，如图 3-56 所示。

（4）回到"合并计算"对话框，在"引用位置"文本框中将显示引用的位置，单击"添加"按钮，如图 3-57 所示。

（5）添加引用位置，并在"所有引用位置"列表框中显示，如图 3-58 所示。

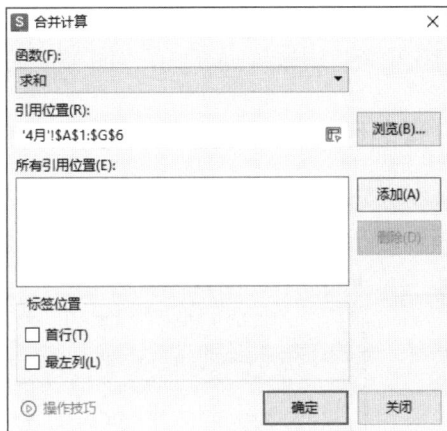

图 3-56　引用单元格区域

图 3-57　单击"添加"按钮

（6）使用同样的方法，依次引用并添加其他的单元格区域位置，然后在"标签位置"选项区中，勾选"首行"和"最左列"复选框，如图 3-59 所示。

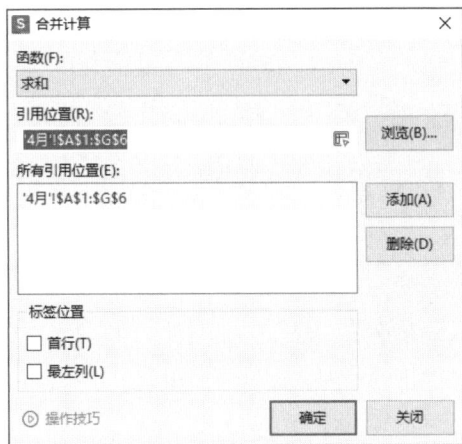

图 3-58　添加引用位置

图 3-59　添加其他引用位置

（7）单击"确定"按钮，即可使用"合并计算"功能汇总各个工作表中的电子设备的销售数据，如图 3-60 所示。

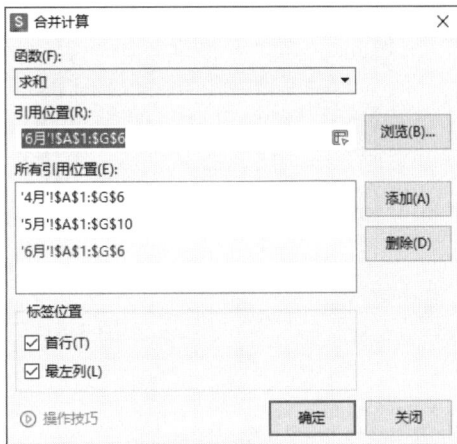

	单位	销售日期	销量	售价（元）	销售额（元）	业务员
打印机			1934	16180	8108880	
扫描仪			3346	4960	3711460	
传真机			1276	15550	3848500	
复印机			2757	13920	9501890	
碎纸机			918	7530	2321290	

图 3-60　使用"合并计算"功能汇总多表数据

项目小结

本项目详细介绍了数据的筛选、排序与分类汇总方法，旨在帮助读者更全面地处理数据。

通过项目中的每个知识点的介绍，读者可以快速掌握数据的各种筛选、排序和汇总方式，最后通过案例项目实施和 AI 助力，对本项目的知识点进行巩固练习和拓展学习。

课后练习——汇总与筛选员工工资表

在员工工资表中，分类汇总各部门工资，然后筛选出销售部门工资不足 6500 元的员工进行销售技巧培训。练习完成后结果如图 3-61 所示。

	A	B	C	D	E	F	G	H	I	J	K	L
1	姓名	性别	年龄	部门	应发工资			部门	应发工资			
2	陈雅婷	女	37	业务部	4105			销售部	<=6500			
3	赵丽丽	女	22	业务部	4958							
4	谢洋	男	34	业务部	9650			姓名	性别	年龄	部门	应发工资
5	邹浩	男	43	业务部	9740							
6	陶婷婷	女	29	业务部	9233			俞心语	女	26	销售部	5135
7	杨明明	男	41	业务部	5563			许浩瀚	男	22	销售部	4358
8	苏宇	男	32	业务部	4380			滕斯婧	女	31	销售部	4956
9	罗昊	男	35	业务部	5138							
10	黄依林	女	26	业务部	7681							
11	郝鸿祺	男	24	业务部	6350							
12	赵琳	女	19	业务部	5790							
13				业务部 汇总	72588							
14	俞心语	女	26	销售部	5135							
15	喻韦伟	男	35	销售部	9097							
16	尤玉	女	34	销售部	8812							
17	杨泽胜	男	26	销售部	7540							
18	严芳	女	21	销售部	7156							
19	许浩瀚	男	22	销售部	4358							
20	吴琴	女	28	销售部	8435							
21	滕斯婧	女	31	销售部	4956							
22	陶映秀	女	38	销售部	8718							
23	陈欣欣	女	29	销售部	9125							
24	皮弘霖	男	25	销售部	8765							
25	赵胜华	男	27	销售部	9410							
26	罗君翔	男	20	销售部	9969							
27	方云	女	21	销售部	8178							
28	梁世杰	男	32	销售部	7568							

图 3-61　员工工资表效果

项目 4　公式与函数的应用：制作"员工工资表"

　　数据处理和分析的过程中常常需要进行各种计算，WPS 表格中的大部分计算工作都要依靠公式和函数来完成。WPS 表格中的公式与日常使用的数学公式类似，掌握输入规律后就能正确输入公式了。常用的函数其实也就那么几个，掌握了它们就能极大地提高数据分析的效率。

　　本项目将详细讲解 WPS 表格中公式与函数的应用方法，通过本项目的学习，读者可以快速掌握数据的公式、函数的操作，并通过所学的知识点，快速制作出"员工工资表"。

▷ 学习目标 ◁

▶ 制作"员工工资表"的技术要点。

▶ 熟悉公式及基本操作。

▶ 熟悉函数及基本操作。

▶ 掌握单元格的引用方法。

▶ 掌握名称的定义操作。

▶ 熟悉常用函数解析。

▷ 知识准备 ◁

知识点 1　制作"员工工资表"的技术要点

> **向文心一言提问**：在 WPS Office 2023 中，制作"员工工资表"的技术要点有哪些？

　　◉ **文心一言回复**：

　　制作员工工资表的技术要点涉及多方面，包括数据的收集与处理、表格的设计与排版、公式的使用与计算，以及数据的安全与保密等。以下是一些关键的技术要点。

　　1. 数据收集与处理

　　（1）数据源确认：明确工资表所需的数据来源，如员工基本信息表、考勤记录表、绩效考核表等。

　　（2）数据准确性：确保收集到的数据准确无误，避免在后续计算中出现错误。

　　（3）数据清洗：对收集到的数据进行清洗，去除无效或错误的数据项。

2. 表格设计与排版

（1）表头设计：表头应包含公司名称、统计周期（如月份、季度等）、工资发放日期等基本信息，并明确列出各项工资明细的标题。

（2）列宽与行高：根据内容需要调整列宽和行高，确保表格内容清晰可读。

（3）字体与格式：统一字体、字号和格式，保持表格的整体美观性和专业性。

（4）边框与底纹：为表格添加合适的边框和底纹，以提高可读性并区分不同的数据区域。

3. 公式使用与计算

（1）基础公式：熟练掌握加、减、乘、除等基本运算公式，用于计算各项工资明细。

（2）复杂函数：使用 WPS 表格等电子表格软件中的内置函数（如 SUM、IF、ROUND 等）进行更复杂的计算和条件判断。

（3）数据引用：学会使用单元格引用（包括相对引用、绝对引用和混合引用）来引用其他单元格或区域的数据进行计算。

（4）自动填充：利用电子表格软件的自动填充功能快速填充公式和数据。

4. 数据安全与保密

（1）权限设置：为工资表设置合适的访问权限，确保只有相关人员能够查看和编辑工资数据。

（2）加密保护：对工资表进行加密保护，防止数据泄露或被未经授权的人员访问。

（3）定期备份：定期备份工资表数据，以防数据丢失或损坏。

5. 其他注意事项

（1）遵循法规：在制作工资表时，应遵守国家相关劳动法律法规和税收政策。

（2）清晰明了：确保工资表的内容清晰明了，便于员工理解和核对。

（3）及时更新：根据公司的实际情况和员工的变动情况及时更新工资表。

综上所述，制作员工工资表需要综合考虑多个方面的技术要点，以确保工资表的准确性和高效性。同时，还需要注意数据的安全与保密问题，以保护员工的个人隐私和公司的商业机密。

知识点 2 公式及基本操作

公式是实现数据计算的重要方式之一，运用公式可以使各类数据处理工作变得便捷起来。例如，销售统计表中如果记录了销量和售价数据，就可以通过公式计算出销售额。

1. 认识公式

公式是以等号"="开始，其后由数值或字符串、函数及参数、运算符、单元格地址等元素构成，并自动得到结果的表达式。

WPS 表格中最简单的公式就是数学公式，可以是一个数字，也可以是常见的数学运算，如图 4-1 所示。

WPS 表格的长处就在于可以实现自动计算。公式就是能够让 WPS 表格"看懂"计算要求的算式。例如，只统计了出生日期的表格中，可以通过计算得出年龄；只有销售额的表格中，可以根据销售提成算法计算出对应的提成数据；有计划完成目标和实际完成情况的表格中，可以计算出实际完成率……

计算值	公式
3	=3
10	=2*5
15	=A6
22	=A6+A4
56	=SUM(A3:A7)

图 4-1　数学公式

WPS 表格中的公式以字符等号"="开头，后面跟公式主体。公式主体主要由等号、运算符、数据、单元格引用、函数、括号 6 大部分组成。其中，运算符号包括加（+）、减（−）、乘（*）、除（/）、乘方（^）等，如图 4-2 所示。

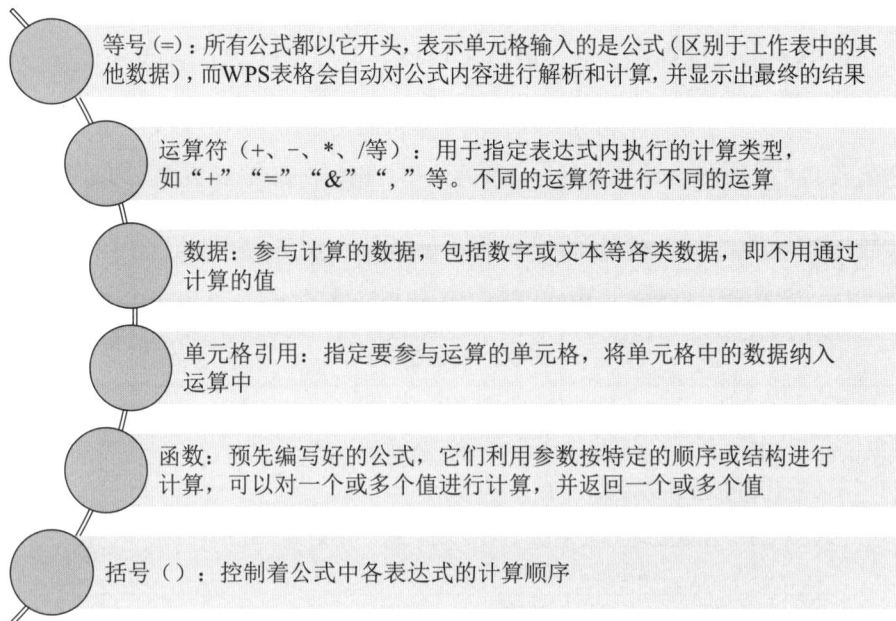

等号（=）：所有公式都以它开头，表示单元格输入的是公式（区别于工作表中的其他数据），而 WPS 表格会自动对公式内容进行解析和计算，并显示出最终的结果

运算符（+、−、*、/等）：用于指定表达式内执行的计算类型，如"+""=""&"","等。不同的运算符进行不同的运算

数据：参与计算的数据，包括数字或文本等各类数据，即不用通过计算的值

单元格引用：指定要参与运算的单元格，将单元格中的数据纳入运算中

函数：预先编写好的公式，它们利用参数按特定的顺序或结构进行计算，可以对一个或多个值进行计算，并返回一个或多个值

括号（）：控制着公式中各表达式的计算顺序

图 4-2　公式运算符

使用公式计算实际上就是使用运算符，通过等式的方式对工作表中的数值、文本、单元格引用、函数等进行计算。例如，公式"=A1+B1+C1+200"就表示对 A1、B1 和 C1 这三个单元格中的数据求和，其结果再加上 200。

【小提示】公式虽然由这 6 部分组成，但并不是每一个公式都必须包含这 6 部分。一个公式既可以包含这 6 部分中的全部，也可以只包含其中的某几部分。

2. 公式的常用运算符

WPS 表格中的公式除了基本的加减乘除等运算规则外，还有三种运算方式：比较运算、文本连接运算、引用运算。每一种运算方式都包含相应的运算符。

1）算术运算符

算术运算是最常见的运算方式，也就是进行加、减、乘、除等数学运算，并生成数值结果，是所有类型运算符中使用频率最高的。在 WPS 表格中可以使用的算术运算符如表 4-1 所示。

表 4-1　算术运算符

算术运算符	符 号 说 明	应用示例	运算结果
+（加号）	进行加法运算	9+3	12
−（减号）	进行减法运算	9−3	6
*（乘号）	进行乘法运算	9×3	27
/（除号）	进行除法运算	9÷3	3
%（百分号）	进行百分比运算，将一个数缩小为原来的 1/100	9%	0.09
^（求幂）	进行乘方运算	9^3	729

【小提示】WPS 表格中的计算公式与日常使用的数学计算式相比，运算符号有所不同，其

中，算术运算符中的乘号和除号分别用"*"和"/"符号表示，请注意区别于数学中的 × 和 ÷。

2）比较运算符

在了解比较运算时，首先需要了解两个特殊类型的值，一个是"TRUE"，另一个是"FALSE"，它们分别表示逻辑值"真"和"假"，或者理解为"对"和"错"也可以。例如，某人说 1 是大于 2 的，那么这个说法是错误的，可以使用逻辑值"FALSE"来表示这个结果，这样规定是为了方便 WPS 表格据此进行后续的计算，例如，在 IF 函数中，可以根据返回的值是"TRUE"还是"FALSE"来进行不同的计算操作。

当需要比较数据的大小或进行判断时，就需要使用比较运算符，而比较运算得到的结果就是逻辑值"TRUE"或"FALSE"。WPS 表格中的比较运算符如表 4-2 所示。

表 4-2 比较运算符

比较运算符	符 号 说 明	应用示例	运算结果
＝（等号）	判断＝左右两边的数据是否相等，如果相等返回 TRUE，不相等返回 FALSE	=18=10	FALSE
＞（大于号）	判断＞左边的数据是否大于右边的数据，如果大于返回 TRUE，小于则返回 FALSE	=18＞10	TRUE
＜（小于号）	判断＜左边的数据是否小于右边的数据，如果小于返回 TRUE，大于则返回 FALSE	=18＜10	FALSE
＞=（大于或等于号）	判断＞=左边的数据是否大于或等于右边的数据，如果大于或等于返回 TRUE，否则返回 FALSE	=18＞=10	TRUE
＜=（小于或等于号）	判断＜=左边的数据是否小于或等于右边的数据，如果小于或等于返回 TRUE，否则返回 FALSE	=18＜=10	FALSE
＜＞（不等于号）	判断＜＞左边的数据是否不等于右边的数据，如果不等于返回 TRUE，否则返回 FALSE	=18＜＞10	TRUE

【小提示】比较运算符也适用于文本比较。例如，A1 单元格中包含 Amy，A2 单元格中包含 David，则"=A1<A2"公式将返回"TRUE"，因为 Amy 在字母顺序上排在 David 的前面。

3）文本连接运算符

WPS 表格中的文本运算符只有一个——"&"，用于连接一个或多个文本字符串，以生成一个新的文本字符串。使用文本运算符"&"可以连接下面三种类型的数据，用法举例说明如表 4-3 所示。

表 4-3 文本运算符用法举例

连接内容	注 意 事 项	应用示例	示例的简单解释
连接文本内容	需要为文本内容加上英文引号，以表示该内容为文本	="学习"&"WPS"	将两个文本字符串"学习"和"WPS"连接为一段文字，最后公式得到的结果为一个新的字符串"学习 WPS"
连接数字	数字可以直接输入，不用再添加引号了	=2024&0031	将两个数字"2024"和"0031"连接为一个字符串，最后公式得到的结果为"20240031"
连接单元格中的数据	直接输入单元格地址即可	=A1&A2	将 A1 和 A2 单元格中的内容连接在一起（而不是相加），假设 A1 单元格中包含 2024，A2 单元格中包含 0031，则公式得到的结果为"20240031"

4）引用运算符

引用运算符是"告诉"WPS 用户想要引用哪些单元格的运算符。引用运算符主要包括范围运算符、联合运算符和交集运算符三个，具体说明如表 4-4 所示。

表 4-4　引用运算符用法举例

引用运算符	符 号 说 明	应用示例	运 算 结 果
:（冒号）	范围运算符，可以引用一个矩形的单元格区域	A1:B3	引用 A1、A2、A3、B1、B2、B3 共 6 个单元格中的数据。A1 是这个矩形区域的最左上单元格，B3 是最右下的单元格
,（逗号）	联合运算符，可以引用无规则的任意个数的单元格	A1，D8，B3:D3	引用 A1、D8、B3、C3、D3 共 5 个单元格中的数据
（空格）	交集运算符，引用两个区域（或单元格）中共有的部分	B3:E4 D1:D5	引用 B3:E4 单元格区域与 D1:D5 单元格区域的共有单元格中的数据，即引用 D3 和 D4 单元格中的数据

5）运算符的优先顺序

为了保证公式结果的单一性，WPS 表格中内置了运算符的优先次序，从而使公式按照这一特定的顺序从左到右计算公式中的各操作数，并得出计算结果。运算符的优先顺序如表 4-5 所示。

表 4-5　运算符的优先顺序

优先顺序	运 算 符	说 明
1	:，	引用运算符：冒号，单个空格和逗号
2	－	算术运算符：负号（取得与原值正负号相反的值）
3	%	算术运算符：百分比
4	∧	算术运算符：乘幂
5	* 和 /	算术运算符：乘和除
6	＋和－	算术运算符：加和减
7	&	文本运算符：连接文本
8	=，<，>，<=，>=，<>	比较运算符：比较两个值

例如，公式"=A2+B2*C2*D2>E2"在运算过程中，会先计算"B2*C2*D2"的结果，然后将结果加上 A2，最后与 E2 中的数据进行比较，得到的结果是一个逻辑值。

3. 输入公式

输入公式，看起来是一件很简单的工作，但实际上从这里开始就能拉开工作效率的差距。输入公式的 4 个基本步骤如下。

（1）输入法切换到用英文半角模式（若发现当前为全角模式，请务必切换至半角）。

（2）从"="开始输入。

（3）用鼠标选择需要计算的单元格，快速引用单元格，输入公式；也可以直接在英文状态下输入单元格名称。

（4）按 Enter 键确定输入。

例如，要在销售记录中输入公式计算出表格中"KH006785"产品当日的销售额，其具体操作是：在打开的工作表中选择 E2 单元格，输入公式符号"="，引用 C2 和 D2 单元格，中间输入运算符"*"，被引用的单元格会变成彩色线框，如图 4-3 所示，按 Enter 键确定输入，即可使用公式计算数据，如图 4-4 所示。

图 4-3　输入公式

图 4-4　使用公式计算数据

【小提示】输入公式前，需要厘清公式制作逻辑。可以先用文字加运算符的方式将公式表示出来，再将文字转换成对应的单元格地址，这样不容易出错。例如，本例需要计算的是产品销售额，先用文字加运算符的方式列出公式，然后将中文换成单元格引用名称，如图 4-5 所示。

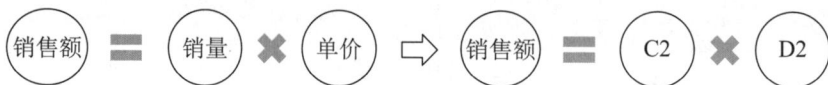

图 4-5　公式制作逻辑

4. 复制公式

工作表中经常需要对一些数据进行类似的计算。例如，需要在"销售金额"列中计算出不同产品的销售额。它们的计算公式基本相同，只是需要调用的单元格位置不同。如果已经输入公式计算了其中一个产品的销售额，此时若逐个输入公式再计算结果，就会增加计算的工作量。而对公式进行复制，只需要简单的两步就能完成。例如，要在销售记录表中为表格中"销售金额"列计算不同产品的销售额，其具体操作是：在打开的工作表中选择 E2 单元格，将鼠标移至单元格的右下角，当鼠标指针呈黑色十字形状时，按住鼠标左键并向下拖曳，如图 4-6 所示，至 E10 单元格后，释放鼠标左键，即可完成公式的复制，并计算出其他的销售额数据，如图 4-7 所示。

图 4-6　向下拖曳鼠标

图 4-7　复制公式并计算数据

【小提示】如果需要将公式复制到不相邻的单元格中，可以先按 Ctrl+C 组合键复制包含公式的单元格内容，然后选择要复制公式的单元格，单击"粘贴"按钮下方的下拉按钮，在弹出的下拉列表中选择"公式"选项即可。

知识点 3　函数及其基本操作

在表格中对数据进行计算分析时，虽然使用公式也能完成部分工作，但涉及较为复杂的计算时公式的实现过程可能相对复杂，此时使用函数则可以简化计算过程。函数是 WPS 表格中被定义好的公式模块，通过参数和运算方式得出结果，是计算数据的一大利器。

1. 认识函数

函数除了可以简化公式，更高效地计算数据以外，还可以实现一些用公式较难完成或无法完成的功能。例如，提取一组数据中的最大值；让数据在大于某个值时执行一种计算方式，否则执行另一种计算方式等。

WPS 表格中提供了大量的函数，每个函数的功能都不相同，都代表着一个复杂的运算过程，但各函数的结构还是大同小异的。具体结构示意图如图 4-8 所示。

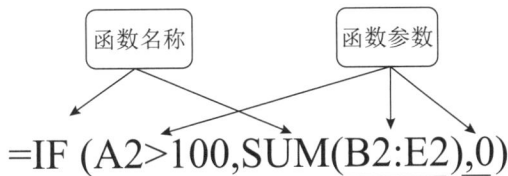

图 4-8　函数结构示意图

WPS 表格的函数结构大体相同，都是由几个关键部分构成：等号、函数名、括号、单元格地址、参数、运算符和数值等。其中，等号、函数名、括号、参数是必须具有的，各常用结构的含义如图 4-9 所示。

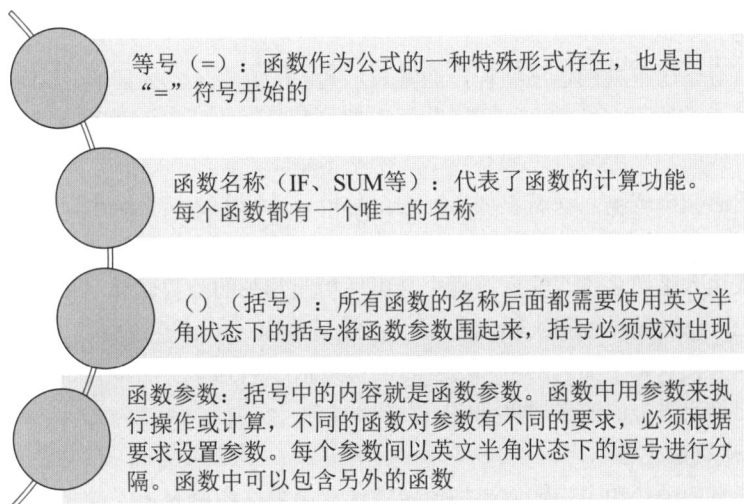

图 4-9　WPS 表格的函数结构含义

【小提示】函数中的参数可以是数字、文本、逻辑值数组、错误值或单元格引用，也可以是常量、公式或其他函数。函数的参数个数有所不同，个别函数没有参数，如 NOW（）、TODAY（）、RAND（）等，有些只有一个参数，有些有固定数量的参数，有些函数又有数量不确定的参数，还有些函数中的参数是可选的。

WPS 表格中有几百个函数，虽然不需要完全掌握就能解决绝大部分问题，但是在学习之前，还是应该知道 WPS 表格到底有哪几类函数，它们都能实现什么运算，后期要运用时也不至于找不到大方向。

根据函数功能，主要将函数分为 11 个类别，在函数使用过程中，可以根据这种分类进行函数定位。

▶ 逻辑函数：用于测试某个条件，返回逻辑值 TRUE 或 FALSE。如果要对数字进行逻辑判断，则 0=FALSE，所有非 0 数值 =TRUE。逻辑函数的结果如要参与到数值运算中，则 TRUE=1，FALSE=0。

▶ 文本函数：处理文本字符串的函数。主要进行截取、查找文本字符等，也可以改变文本的编写状态，如将数值转换为文本。

▶ 数学和三角函数：用于各种数学计算和三角函数计算。

▶ 统计函数：用于对一组或多组数据进行统计学分析，例如，计算平均值、标准偏差等。

▶ 日期和时间函数：用于分析或处理公式中的日期和时间值。

▶ 财务函数：用于财务统计和计算，是财务人员减轻日常工作量的好帮手。

▶ 查找与引用函数：用于在数据清单或工作表中查询特定数值，或某个单元格引用。

▶ 工程函数：常用于工程应用中，可以处理复杂的数字，在不同的计数体系和测量体系之间转换，如将十进制转换为二进制。

▶ 多维数据集函数：用于返回多维数据集中的相关信息，如返回多维数据集中的成员属性的值。

▶ 信息函数：用于确定单元格中数据的类型，也可以使单元格在满足一定条件时返回逻辑值。

▶ 数据库函数：用于对存储在数据清单或数据库中的数据进行分析，判断是否符合某些特定条件。

2. 输入函数

每个函数都有一个单独的语法结构，通常表示为"= 函数名（参数 1，参数 2，…）"。

只要掌握了函数的语法结构，知道函数的有效参数是哪些，输入函数也就非常简单了。输入函数与输入公式的步骤类似，主要有以下 5 个基本步骤。

（1）用半角英文模式输入（若发现当前为全角模式，请务必切换至半角）。

（2）从"="开始输入。

（3）选择或输入函数名称，输入过程中会出现相同开头的函数候补名单，此时可以从名单中选择函数，也可以继续进行手工输入。

（4）直接在英文状态下输入括号和各参数的有效值，遇到要引用单元格时，也可以用鼠标选择需要计算的单元格，快速引用单元格。

（5）按 Enter 键确定输入。

例如，要在平均销售额表中输入平均值函数计算出表格中所有员工的平均销售额，其具体操作是：在打开的工作表中选择 B16 单元格，在"开始"选项卡的"数据处理"面板中，单击"求和"右侧的下拉按钮，展开列表框，选择"平均值"命令，如图 4-10 所示，即可在选中的单元格中显示"平均值"函数，引用 E2:E15 单元格区域，按 Enter 键确定，即可计算出平均值，如图 4-11 所示。

【小提示】在不熟悉函数的用法时，可以求助于 WPS 表格的解释。单击"公式"选项卡"函数库"组中的"插入函数"按钮，在打开的"插入函数"对话框中，有对函数的作用以及每个参数含义的介绍供用户参考。

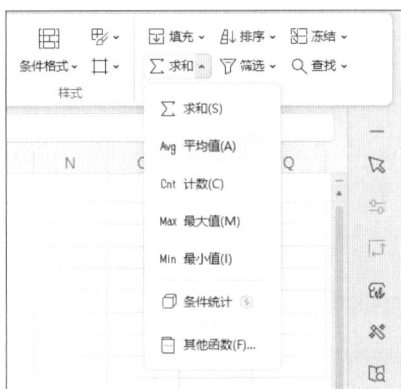

图 4-10　选择“平均值”命令

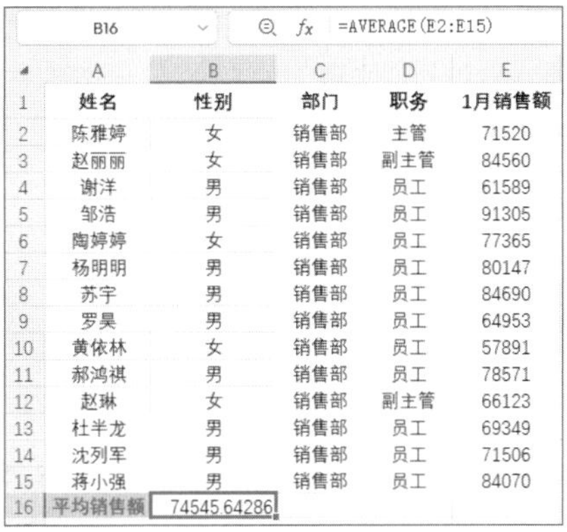

B16　=AVERAGE(E2:E15)

	A	B	C	D	E
1	姓名	性别	部门	职务	1月销售额
2	陈雅婷	女	销售部	主管	71520
3	赵丽丽	女	销售部	副主管	84560
4	谢洋	男	销售部	员工	61589
5	邹浩	男	销售部	员工	91305
6	陶婷婷	女	销售部	员工	77365
7	杨明明	男	销售部	员工	80147
8	苏宇	男	销售部	员工	84690
9	罗昊	男	销售部	员工	64953
10	黄依林	女	销售部	员工	57891
11	郝鸿祺	男	销售部	员工	78571
12	赵琳	女	销售部	副主管	66123
13	杜半龙	男	销售部	员工	69349
14	沈列军	男	销售部	员工	71506
15	蒋小强	男	销售部	员工	84070
16	平均销售额	74545.64286			

图 4-11　使用函数计算平均值

知识点 4　单元格的引用

前面已经提到了，公式中可以直接指定使用哪个单元格中的数据，这就叫作“引用单元格”。在 WPS 表格中引用单元格时，不仅可以引用同个工作表中的单元格，还可以跨工作表或工作簿进行单元格的引用。

1. 引用同工作表中的单元格

在 WPS 表格中，同工作表中的单元格引用方式有相对引用、绝对引用和混合引用三种方法。

1）相对引用

相对引用是 WPS 表格中单元格引用的一种常用方法，指引用的单元格的相对位置，用“列字母 + 行数字”的格式表示，如 C2。如果公式所在单元格的位置改变，则引用也随之改变。复制的公式具有相对引用的特点，如果多行或多列地复制公式，则复制的公式中的单元格引用会自动调整。默认情况下，新公式使用的是相对引用。

采用相对引用后，如果多行或多列地复制公式，则引用的单元格的行列位置也会随之发生等距的变化。例如，在销售记录表中计算销售额时，在 E2 单元格的公式中引用了 C2 和 D2 单元格，如图 4-12 所示，将 E2 中的公式复制公式到下面的单元格中后，公式中引用的单元格随之发生了等距的变化，如 E3 单元格中的公式会自动成为“=C3*D3”，如图 4-13 所示。

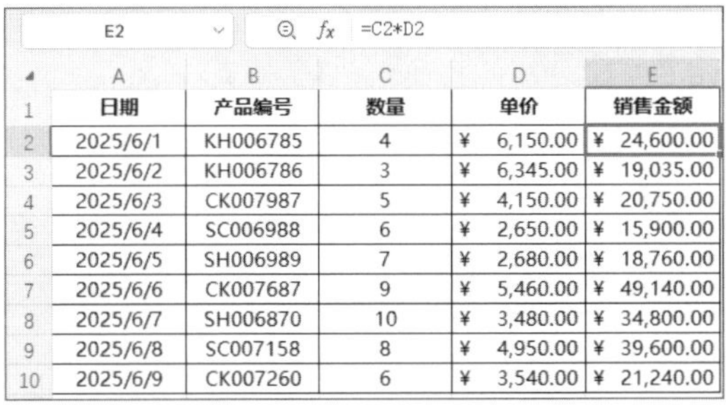

E2　=C2*D2

	A	B	C	D	E
1	日期	产品编号	数量	单价	销售金额
2	2025/6/1	KH006785	4	¥ 6,150.00	¥ 24,600.00
3	2025/6/2	KH006786	3	¥ 6,345.00	¥ 19,035.00
4	2025/6/3	CK007987	5	¥ 4,150.00	¥ 20,750.00
5	2025/6/4	SC006988	6	¥ 2,650.00	¥ 15,900.00
6	2025/6/5	SH006989	7	¥ 2,680.00	¥ 18,760.00
7	2025/6/6	CK007687	9	¥ 5,460.00	¥ 49,140.00
8	2025/6/7	SH006870	10	¥ 3,480.00	¥ 34,800.00
9	2025/6/8	SC007158	8	¥ 4,950.00	¥ 39,600.00
10	2025/6/9	CK007260	6	¥ 3,540.00	¥ 21,240.00

图 4-12　引用单元格

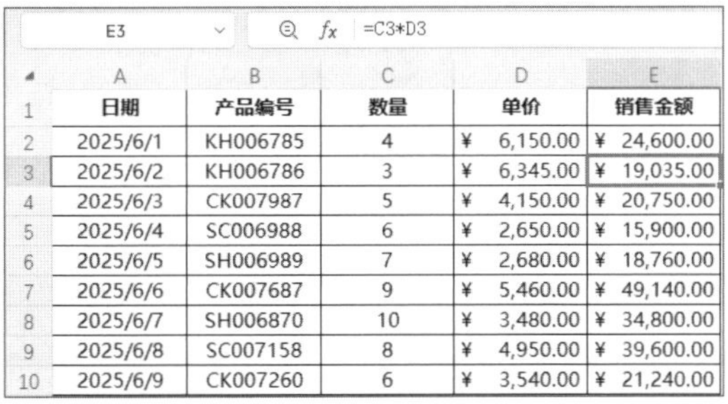

E3　=C3*D3

	A	B	C	D	E
1	日期	产品编号	数量	单价	销售金额
2	2025/6/1	KH006785	4	¥ 6,150.00	¥ 24,600.00
3	2025/6/2	KH006786	3	¥ 6,345.00	¥ 19,035.00
4	2025/6/3	CK007987	5	¥ 4,150.00	¥ 20,750.00
5	2025/6/4	SC006988	6	¥ 2,650.00	¥ 15,900.00
6	2025/6/5	SH006989	7	¥ 2,680.00	¥ 18,760.00
7	2025/6/6	CK007687	9	¥ 5,460.00	¥ 49,140.00
8	2025/6/7	SH006870	10	¥ 3,480.00	¥ 34,800.00
9	2025/6/8	SC007158	8	¥ 4,950.00	¥ 39,600.00
10	2025/6/9	CK007260	6	¥ 3,540.00	¥ 21,240.00

图 4-13　相对引用单元格

2）绝对引用

绝对引用是指引用固定的单元格，即使公式所在单元格的位置发生了改变，绝对引用的单元格始终保持不变。绝对引用需要在单元格的列标和行号前面加上 $ 符号（例如 $A$2），例如，在 C2 单元格中输入公式“=$A$2”，表示在 C2 单元格中绝对引用 A2 单元格。多行或多列地复制绝对引用的公式，绝对引用将不做调整，也就是说，无论将C2单元格中的“=$A$2”复制到表格中的任何位置，复制的单元格的内容都不会改变，始终是“=$A$2”。

采用绝对引用后，即使多行或多列地复制公式，引用的单元格也不会发生变化。例如，在统计各产品的销售额占比时，计算公式为“各产品的销售额/总销售额”，其中，总销售额数据在E11单元格，它的位置是固定不变的，在公式中表示为$E$11。这样，复制的公式才能正确地引用E11单元格的数据，得到正确的结果，如图4-14所示。

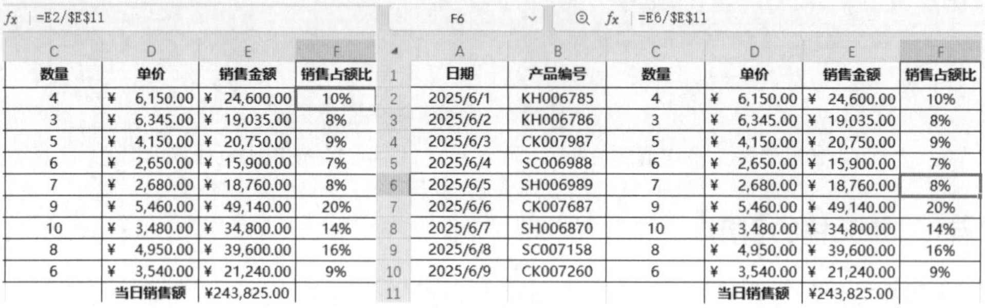

fx =E2/$E$11

C	D	E	F
数量	单价	销售金额	销售占额比
4	¥ 6,150.00	¥ 24,600.00	10%
3	¥ 6,345.00	¥ 19,035.00	8%
5	¥ 4,150.00	¥ 20,750.00	9%
6	¥ 2,650.00	¥ 15,900.00	7%
7	¥ 2,680.00	¥ 18,760.00	8%
9	¥ 5,460.00	¥ 49,140.00	20%
10	¥ 3,480.00	¥ 34,800.00	14%
8	¥ 4,950.00	¥ 39,600.00	16%
6	¥ 3,540.00	¥ 21,240.00	9%
	当日销售额	¥243,825.00	

F6 fx =E6/$E$11

	A	B	C	D	E	F
1	日期	产品编号	数量	单价	销售金额	销售占额比
2	2025/6/1	KH006785	4	¥ 6,150.00	¥ 24,600.00	10%
3	2025/6/2	KH006786	3	¥ 6,345.00	¥ 19,035.00	8%
4	2025/6/3	CK007987	5	¥ 4,150.00	¥ 20,750.00	9%
5	2025/6/4	SC006988	6	¥ 2,650.00	¥ 15,900.00	7%
6	2025/6/5	SH006989	7	¥ 2,680.00	¥ 18,760.00	8%
7	2025/6/6	CK007687	9	¥ 5,460.00	¥ 49,140.00	20%
8	2025/6/7	SH006870	10	¥ 3,480.00	¥ 34,800.00	14%
9	2025/6/8	SC007158	8	¥ 4,950.00	¥ 39,600.00	16%
10	2025/6/9	CK007260	6	¥ 3,540.00	¥ 21,240.00	9%
11				当日销售额	¥243,825.00	

图4-14　绝对引用单元格

3）混合引用

混合引用是指在一个单元格引用中既有相对引用部分，也有绝对引用部分。混合引用具有绝对列和相对行、绝对行和相对列两种形式。绝对列和相对行采用“$+列字母+行数字”的格式表示，如$A1、$B1，可以概括为“行变列不变”；绝对行和相对列采用“列字母+$+行数字”的格式表示，如A$1、B$1，可以概括为“列变行不变”。

例如，要计算不同定价和销量情况下的销售额，计算公式为“=定价*销量”，其中，定价显示在第2行的三个单元格中，销量显示在A列的多个单元格中。在复制公式计算结果时，需要让横向的复制保持始终选择A列中该行的单元格，让竖向的复制保持始终选择该列中的第2个单元格，所以输入公式“=$A3*B$2”，此后通过复制公式才能得到正确的各定价与销量对应的销售额，如图4-15所示。

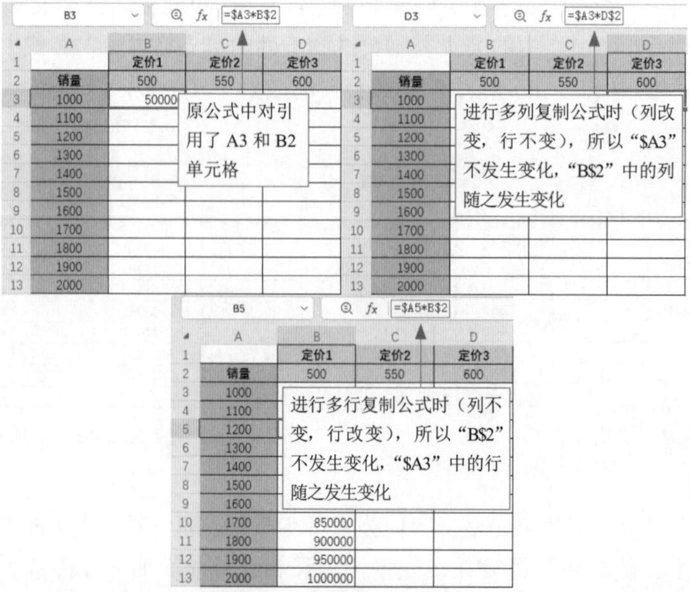

图4-15　混合引用单元格

【小提示】在 WPS 表格中创建公式时，可能需要在公式中使用不同的单元格引用方式。按 F4 键可以快速在相对引用、绝对引用和混合引用之间进行切换。例如，输入默认的引用方式 A1，然后反复按 F4 键时，就会在 \$A\$1、A\$1、\$A1 和 A1 之间快速切换。

2. 引用同一工作簿中其他工作表的单元格

工作中有时还需要引用同一工作簿中其他工作表的单元格，此时只需要切换到需要的工作表并进行引用即可。例如，在进行销售额预估时，如果在其他表格中对各种定价各种销量情况下的数据进行了预估，则进行方案递交时，可以直接调用合适的数据项用于计算。

引用同一工作簿中其他工作表的单元格的具体操作是：打开一个工作簿，在“方案”工作表中选择 D2 单元格，输入公式“=C2−”，切换至工作簿中的“销售额计算”工作表，引用该工作表中的 C3 单元格，如图 4-16 所示，按 Enter 键确认，返回原工作表中，显示计算结果，如图 4-17 所示。

【小提示】跨表引用的单元格可以直接用于公式和函数计算。只需要在完成单元格的引用后，返回公式所在的工作表中继续编辑公式或函数即可。

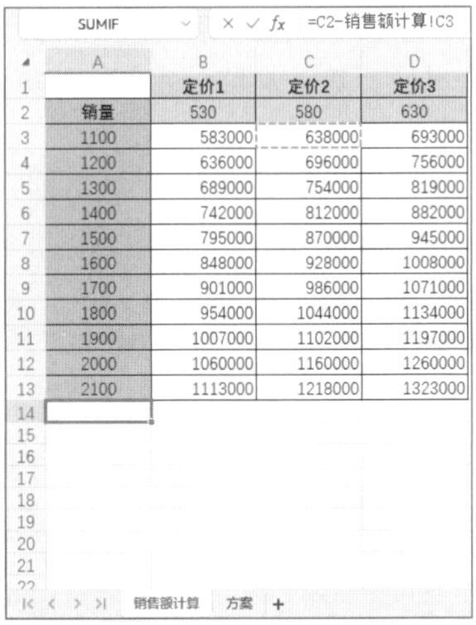
SUMIF　=C2-销售额计算!C3

	A	B	C	D
1		定价1	定价2	定价3
2	销量	530	580	630
3	1100	583000	638000	693000
4	1200	636000	696000	756000
5	1300	689000	754000	819000
6	1400	742000	812000	882000
7	1500	795000	870000	945000
8	1600	848000	928000	1008000
9	1700	901000	986000	1071000
10	1800	954000	1044000	1134000
11	1900	1007000	1102000	1197000
12	2000	1060000	1160000	1260000
13	2100	1113000	1218000	1323000

销售额计算　方案

图 4-16　跨工作表引用单元格

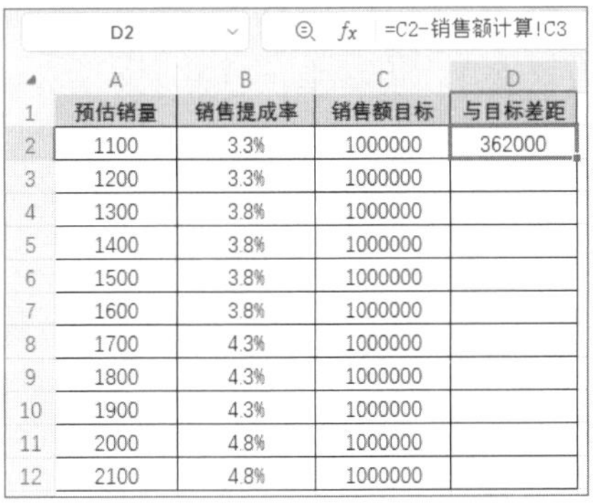
D2　=C2-销售额计算!C3

	A	B	C	D
1	预估销量	销售提成率	销售额目标	与目标差距
2	1100	3.3%	1000000	362000
3	1200	3.3%	1000000	
4	1300	3.8%	1000000	
5	1400	3.8%	1000000	
6	1500	3.8%	1000000	
7	1600	3.8%	1000000	
8	1700	4.3%	1000000	
9	1800	4.3%	1000000	
10	1900	4.3%	1000000	
11	2000	4.8%	1000000	
12	2100	4.8%	1000000	

图 4-17　显示计算结果

3. 引用其他工作簿中的单元格

如果需要引用其他工作簿中的单元格，其方法与引用同一工作簿中其他工作表单元格类似。只不过需要先打开要引用单元格的其他工作簿，然后通过“切换窗口”的方式来选择其他工作簿中的单元格。

引用其他工作簿中的单元格的具体操作是：打开“跨簿引用”和“1 月销售额”两个工作簿，在“跨簿引用”工作簿中选择 F2 单元格，输入公式“=95000−”，切换至“1 月销售额”工作簿中，引用该工作簿中的 G2 单元格，如图 4-18 所示，按 Enter 键确认，返回原工作簿中，显示计算结果，如图 4-19 所示。

【小提示】跨工作簿引用单元格时，默认采用绝对引用方式，同样可以按照前面介绍的方法手工改变单元格的引用方式。

知识点 5　定义名称

在制作表格时，总是离不开各种各样的公式设置。一旦公式设置多了，查错也就成了一个大麻烦。例如，发现了一个数据计算错了，在编辑栏中看到公式为“=G2+H2*0.9−W2”，要分

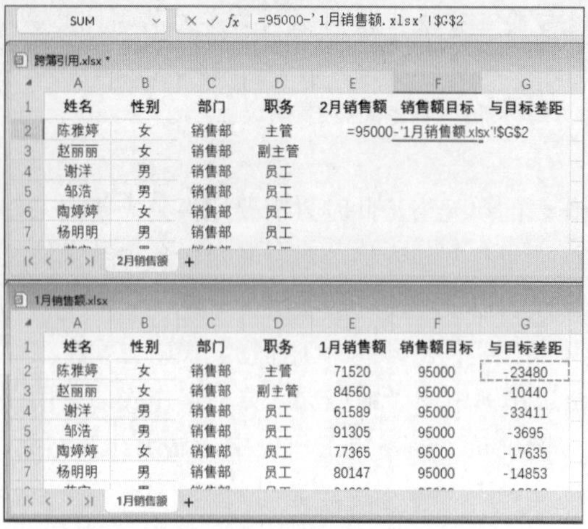

图 4-18　跨工作簿引用单元格

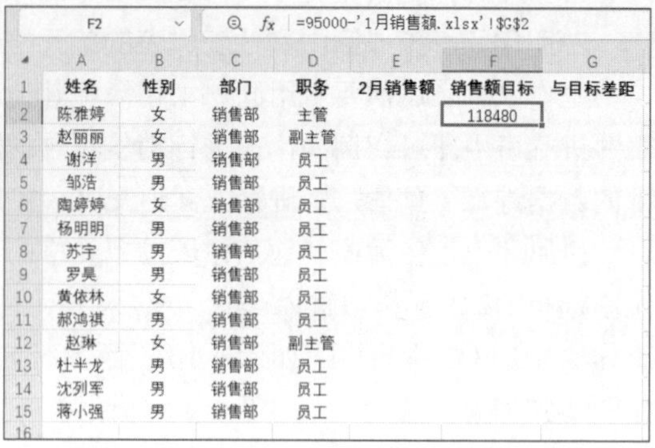

图 4-19　显示计算结果

析错误出在哪里，还要先查看 G2、H2、W2 单元格中到底是什么数据，理解公式的设计原理，检查错误所在后，然后再转换为相应的单元格数据，整个流程非常烦琐。想让公式变得更容易理解和维护，可以为参与公式计算的单元格、单元格区域、数据常量、公式等定义名称，便于后期"望名知义"。

1. 认识名称

在 WPS 表格中，名称是我们建立的一个易于记忆的标识符，它可以引用单元格、值、单元格区域或公式。一旦采用了在工作簿中使用名称的做法，便可轻松地在公式与函数中引用、更新、审核和管理这些名称，有助于提高数据分析的工作效率。

具体来讲，使用名称有以下优点。

▶ 使用名称的公式比使用单元格引用位置的公式更直观，易于阅读和记忆。例如，前面列举的公式"=G2+H2*0.9–W2"，如果编写为"= 基本工资 + 销售额 * 提成率 – 扣除工资"，就更直观了，即使不是工作表制作者也能看懂这个计算公式设计是否有误。

▶ 为单元格命名后，即使单元格分散在不同的区域，也可以通过名称统一调用。

▶ 如果某个数据经常变动，将其定义为名称后，就可以进行同一修改，而不用一处一处修改了，可以减少很多的工作量。

▶ 一旦定义名称之后，其使用范围通常是在本工作簿中，也就是说，可以在同一个工作簿中的多个工作表中使用这个名称，这样更便于选择和操作，也减少了公式的出错率。

▶ 当改变工作表结构（如插入或删了一行）后，很多公式引用的单元格可能就会发生变化，从而出现错误。如果公式中引用了单元格的名称，则可以直接更新名称的引用位置，这样所有使用这个名称的公式都能得到自动更新，省去用户逐个手工修改公式的麻烦。

▶ 为公式命名后，就不必将该公式放入单元格中了，有助于减小工作表的大小，还能代替重复循环使用相同的公式，缩短公式长度。

在 WPS 表格定义名称时，应该尽量采用一些有特定含义的名称，这样有利于分析公式的设计结构。但也并不是任意字符都可以作为名称的，还需要遵循一定的规则，否则就会弹出对话框，提示"输入的名称无效"，这说明定义不成功。具体需要注意以下几点。

▶ 名称可以包含字母、汉字、数字，以及"_""."" ? "三种符号。

▶ 名称必须以字母、汉字或下画线"_"作为开头。

- 名称不能以数字开头，更不能使用纯数字。
- 名称不能与单元格引用相同，如不能定义为“A4”和“C$12”等。不能以字母“C”“c”“R”“r”作为开头，后面加数字的形式，因为“R”“r”“C”“c”在 R1C1 单元格引用样式中表示工作表的行、列。也不能使用“cat1”之类的区域名称，因为存在一个 CAT1 单元格。简单来说，就是不能包含 WPS 表格内部的名称。
- 名称中不能包含空格。直接定义名称不能包含空格或其他无效字符。如果使用“根据所选内容创建”来创建区域名称，并且名称中包含空格，WPS 表格会插入下画线“_”来填充空格。例如，名称 Pro 1 将被创建成 Pro_1。
- 名称字符长度不能超过 255 个字符。一般情况下，名称应该便于记忆且尽量简短。
- 名称中的字母不区分大小写，如 A 和 a 是一样的。

2. 单元格名称

在 WPS 表格编辑栏的左边有一个下拉列表框，它就是名称框。当选择某个单元格时，就会在名称框中显示出所选单元格的地址。

WPS 表格给每个单元格都定义了一个默认的名字，其命名规则是列标加行号，例如，D5 表示第 4 列、第 5 行的单元格。这种方式虽然能准确定位各单元格或单元格区域在工作表中的位置，但是这个名称不能体现单元格中数据的相关信息。其实还可以给选中的单元格再取一个好记的“别名”。

在为单元格定义名称后，可以直接引用单元格名称，其具体操作是：打开工作簿，选择 H1 单元格，将其单元格名称修改为“圆周率”，并在 E2 单元格中输入公式，公式中直接引用了“圆周率”单元格，如图 4-20 所示。

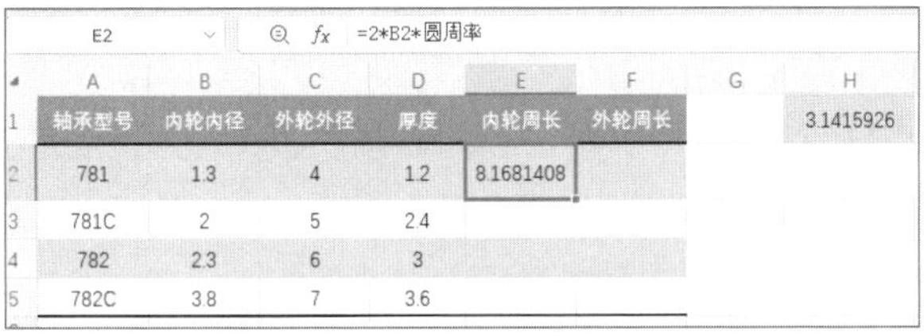

	A	B	C	D	E	F	G	H
1	轴承型号	内轮内径	外轮外径	厚度	内轮周长	外轮周长		3.1415926
2	781	1.3	4	1.2	8.1681408			
3	781C	2	5	2.4				
4	782	2.3	6	3				
5	782C	3.8	7	3.6				

图 4-20　引用单元格名称

【小提示】 跨工作簿引用单元格时，默认采用绝对引用方式，同样可以按照前面介绍的方法手工改变单元格的引用方式。

3. 数据区域名称

名称框除了可以显示和定义单元格名称，还可以用来快速选择单元格或者单元格区域，只需要在名称框中输入单元格或单元格区域的名称，按 Enter 键即可快速选择对应的单元格或区域。

1）为数据区域命名的普通方式

为数据区域定义名称时，可以像为单个单元格命名一样，先选择需要命名的多个单元格或单元格区域，然后在名称框中输入自定义的名称后按 Enter 键即可。例如，表格中需要计算的支出数据比较多，又存放在分散的单元格中，就可以先为这些不连续的单元格定义一个名称，然后在公式中直接运用名称来引用单元格。

为数据区域命名的具体方法是：在按住 Ctrl 键的同时，依次选中表格中 D4、D5、D7、D10 和 D11 这 5 个单元格，修改其名称为“支出”即可，如图 4-21 所示。

图 4-21　命名数据区域

【小提示】选择需要定义名称的数据区域后，单击"公式"选项卡"定义名称"面板中的"名称管理器"按钮，也可以为数据区域自定义名称。

2）指定单元格以列标题或行标题为名称

因为日常使用中的表格都具有一定的格式，如工作表中的第一行为表头数据，或第一列中放置的是各行数据的标题，而公式计算的数据也都是以列或行为单位进行有规律的计算。为了简化公式的制作，可以为这些单元格区域以列或行标题命名。此种情况下，不用一个一个名称进行定义，完全可以让 WPS 表格自动进行命名。

例如，在销售额统计表格中，销售额＝销量 × 单价，可以为销量和单价列按照列标题进行命名，分别定义为"销量"和"单价"。

指定单元格以行标题或列标题为名称的具体操作是：在打开的工作表中选择 D2:D11 单元格区域，在"公式"选项卡的"定义名称"面板中，单击"指定"按钮，如图 4-22 所示，打开"指定名称"对话框，只勾选"首行"复选框，单击"确定"按钮即可，再次选择 D2:D11单元格区域，可以看到该区域应用了该列首个单元格中的数据作为名称，如图 4-23 所示。

图 4-22　单击"指定"按钮

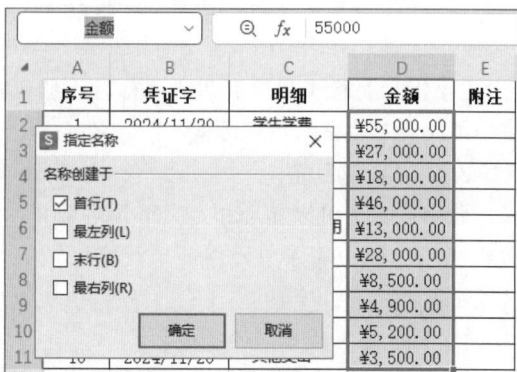

图 4-23　显示列标题名称

【小提示】如果表格制作得比较规范，使用"指定"功能自动创建名称更快捷，尤其在需要定义大批量名称时，该方法更能显示出优越性。"指定"功能还可以根据所选区域的最后一行和最右一列定义名称。

4. 数据常量名称

在 WPS 表格中，不但可以给文本或数字所在的单元格或单元格区域定义一个名称，还可以直接为文本或者数字常量取个好记的名字。比如在前面的例子中，不必把 3.1415926 存储在单元格中，而是在 WPS 表格中直接给这个数值取一个名称，让 WPS 表格"记住"它。

再如，提成率、税率等相对固定又经常会用到的常量，也可以为它们定义名称。如果什么时候需要修改了，直接编辑名称中定义的内容即可实现全局修改。例如，在为销售统计表中的提成率定义名称，可以假设提成率为 6%。

在 WPS 表格中，定义数据常量名称的具体操作是：在打开的工作表中选择 F2 单元格，在"公式"选项卡的"定义名称"面板中，单击"公式管理器"按钮，打开"名称管理器"对话框，单击"新建"按钮，如图 4-24 所示，打开"新建名称"对话框，修改名称和引用位置，如图 4-25 所示，单击"确定"按钮即可。

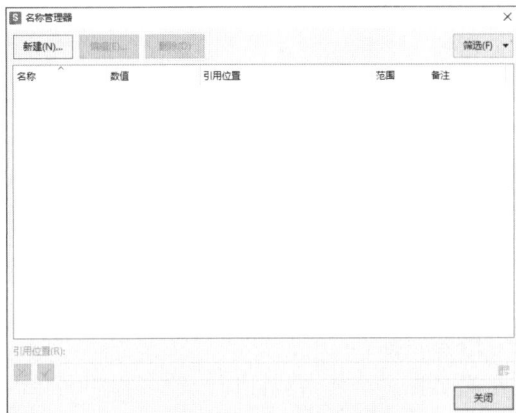

图 4-24　单击"新建"按钮　　　　　　图 4-25　修改名称参数

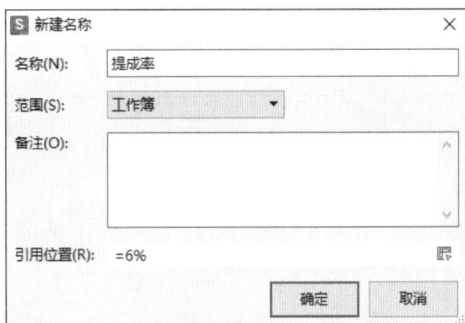

【小提示】在"新建名称"对话框中，可以发现名称的引用位置始终是以"="符号开头的，这正是 WPS 表格中公式的标志，因此可以将名称理解为一个有名字的公式。

5. 公式名称

WPS 表格中，公式可以取名，通过名称方便地调用公式，而不必每次都输入长长的公式。为公式定义名称只需要在"新建名称"对话框的"引用位置"文本框中输入需要的公式即可，但是要注意一点，在"新建名称"对话框中定义的公式是针对当前活动单元格来设计的。例如，在表格中设计了一个计算年龄的公式，可以在 E2 单元格中输入公式"=YEAR（TODAY（））–YEAR（D2）"，再复制到下方的单元格中。如果还可能在当前工作表的其他地方重复使用该公式，则可以把该公式定义为一个简短的名称。

定义公式名称的操作方法与定义数据常量名称的操作类似，只是在"新建名称"对话框的"引用位置"文本框中输入公式，如图 4-26 所示，单击"确定"按钮即可定义公式名称。

【小提示】公示命名之后，只能用在定义名称的工作表中使用，如果命名公式在其他工作表中使用，可能会引用不正确的数据。如上面这个例子在 Sheet1 工作表中定义了公式"=YEAR（TODAY（））–YEAR（D2）"的名称，单击"确定"按钮后，WPS 表格会自动在公式中的"D2"前面加上"Sheet1"字样，变成"=YEAR（TODAY（））–YEAR（Sheet1！D2）"。如果在其他工作表中调用这个公式，就会始

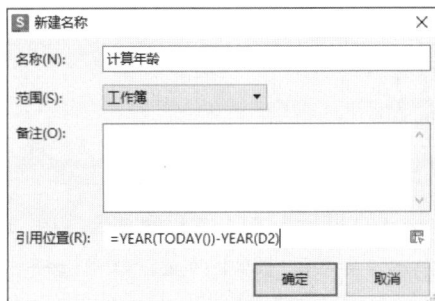

图 4-26　输入公式

终从 Sheet1 工作表的 D2 单元格中调用数据，而不会从该表本身的 D2 单元格中调用数据。

6. 引用名称

定义名称后，就可以用直观的名称取代枯燥难记的单元格地址、不连续单元格位置、常量和公式了。在公式和函数中使用名称主要有以下两种方法。

1）直接输入

定义名称后，还是可以像输入普通公式和函数一样来输入，只是用名称替代原来的单元格地址、不连续单元格位置、常量和公式等即可。例如，要在前面定义了"支出"名称的表格中统计出支出总金额，则可以直接在工作表中选择单元格，输入公式和定义的名称即可，如图 4-27 所示。

序号	凭证字	明细	金额	附注
1	2024/11/20	学生学费	¥55,000.00	
2	2024/11/20	政府支持	¥27,000.00	
3	2024/11/20	教学研究	¥18,000.00	
4	2024/11/20	图书类	¥46,000.00	
5	2024/11/20	场地设备使用	¥13,000.00	
6	2024/11/20	教学设备	¥28,000.00	
7	2024/11/20	财务收入	¥8,500.00	
8	2024/11/20	其他收入	¥4,900.00	
9	2024/11/20	财务支出	¥5,200.00	
10	2024/11/20	其他支出	¥3,500.00	
		支出总额	¥209,100.00	

图 4-27　输入公式和定义名称

2）选择并插入名称

使用输入名称的方法还不是最快捷的，在 WPS 表格中为了防止在引用名称时输入错误，可以通过在列表中选择名称并插入公式中。例如，要在前面计算出销售额的表格中定义了"销量"和"单价"名称，相应的列表中就会出现销量和单价的选项，通过鼠标可以进行选择，减少手工输入导致错误的可能性。

7. 编辑名称

定义名称后，还可以随时修改名称的名字，如果发现名称定义的引用位置出错，也可以进行修改。当不需要名称了，还可以将其删除。

例如，在为常量定义名称后，可以通过修改名称的定义实现对表格中大量计算公式的快速修改。这里在前面定义了"提成率"名称的表格中，将提成率修改为 5.5%，并重新统计销售提成，其具体操作是：打开"名称管理器"对话框，选择需要修改的名称，单击"编辑"按钮，如图 4-28 所示，打开"编辑名称"对话框，在对话框中重新修改引用位置，如图 4-29 所示，单击"确定"按钮，即可编辑名称。

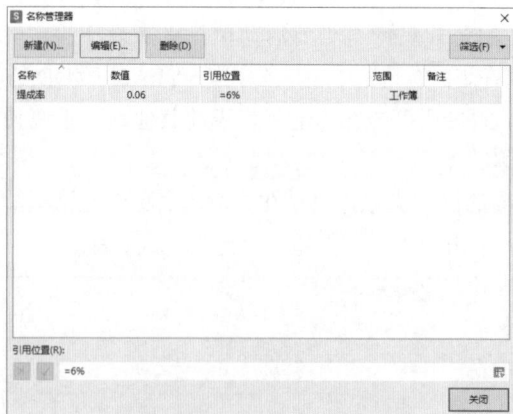

图 4-28　单击"编辑"按钮　　　　图 4-29　编辑名称

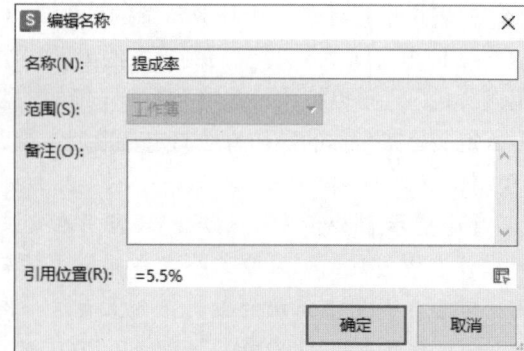

【小提示】在"名称管理器"对话框中可以查看、创建、编辑和删除名称。要管理名称，首先需要在该对话框的主窗口中选择要编辑的名称，然后单击"编辑"按钮进行编辑，在打开的"编辑名称"对话框的"名称"文本框中可以修改名称；在"名称管理器"对话框中单击

"删除"按钮后会永久地删除选择的名称，此时 WPS 表格会先发出警告，因为这种操作是不能撤销的。由于 WPS 表格不能用单元格引用替换删除的名称，因此使用了已删除名称的公式，将会显示为 #NAME? 错误。

知识点 6   常用函数解析

> **向文心一言提问：** 制作员工工资表需要用到哪些函数？

📄 文心一言回复：

制作员工工资表时，通常需要用到多种 WPS 表格函数来确保数据的准确性和计算的便捷性。以下是一些常用的函数及其应用场景。

（1）SUM 函数：用于计算指定范围内的数字总和。在制作工资表时，SUM 函数常用于计算员工的应发工资总额，包括基本工资、奖金、补贴等各项收入之和。

（2）IF 函数：根据条件返回不同的结果。在工资表中，IF 函数可用于处理各种条件判断，如根据员工的考勤情况判断是否扣除奖金，或者根据员工的收入判断是否需要缴纳个人所得税等。

（3）AVERAGE 函数：计算指定范围内数字的平均值。虽然直接用于工资表计算的情况较少，但可用于计算员工绩效评分的平均分等辅助分析。

（4）VLOOKUP 函数：根据一个条件在另一个表格中查找对应的数据，并返回找到的数据。在工资表中，VLOOKUP 函数常用于根据员工编号、姓名或其他唯一标识符查找员工的薪资标准、部门信息等。

（5）日期和时间函数（如 NETWORKDAYS、YEAR、MONTH、DAY、TODAY 等）：虽然不直接用于工资计算，但在处理员工入职日期、工资发放日期、员工出勤天数等方面非常有用。这些函数可以帮助计算员工的工龄、工资发放周期等信息。

除了上述函数外，根据具体需求，还可能会用到其他函数，如 INDEX、MATCH、RAND 等。在制作工资表时，应根据实际情况选择合适的函数组合，以实现高效、准确的数据处理和分析。

常用的函数有逻辑函数、文本函数、数学和三角函数、统计函数、日期与时间函数、财务函数，以及查找与引用函数等，下面将对这些常用函数分别进行解析。

1. 逻辑函数

> **向文心一言提问：** 在 WPS 2023 中，财务人员必须要掌握哪些逻辑函数？

📄 文心一言回复：

财务人员在日常工作中，为了高效、准确地处理和分析财务数据，必须掌握一系列的逻辑函数。这些逻辑函数在 WPS 等电子表格软件中尤为重要，它们能够帮助财务人员根据特定条件对数据进行筛选、判断和处理。财务人员必须掌握的逻辑函数主要包括以下几个。

（1）IF 函数：根据指定的条件对数值进行真假判断，并返回相应的结果。在工资表中，IF 函数可用于根据员工的考勤情况、绩效评分等条件判断是否需要扣除奖金或调整薪资；在财务分析中，可用于判断某项指标是否达标，并据此进行后续处理。

（2）AND 函数：所有参数的逻辑值为真时，返回 TRUE；只要有一个参数的逻辑值为假，即返回 FALSE。在工资计算中，可能需要同时满足多个条件才能给予某项奖励或补贴，此时可使用 AND 函数进行判断；在财务分析中，也常用于多条件筛选和判断。

（3）OR 函数：只要参数组中有一个参数逻辑值为真，即返回TRUE；只有当所有参数的逻辑值都为假时，才返回FALSE。在工资计算中，如果满足多个条件中的任意一个即可给予某项奖励或补贴，此时可使用OR 函数进行判断；在财务分析中，也常用于灵活设置筛选条件。

（4）NOT 函数：对参数的逻辑值取反。虽然NOT 函数在工资计算和财务分析中的直接应用相对较少，但在处理一些特殊逻辑判断时仍然非常有用。例如，当需要排除某些特定条件的数据时，可以使用NOT 函数与其他逻辑函数结合使用。

这些逻辑函数在处理复杂的财务问题时非常有用，可以帮助财务人员快速进行数据分析和决策。

在 WPS 表格中提供了 7 个用于进行逻辑判断的函数，虽然数量不多，但应用却十分广泛。其中，逻辑函数中的 IF 函数是使用最频繁的函数，它可以进行简单的条件判断，并根据逻辑计算的真假值返回不同结果，其语法结构为

IF（logical_test，[value_if_true]，[value_if_false]）

其中，logical_test 是必需参数，表示计算结果为 TRUE 或 FALSE 的任意值或表达式。value_if_true 和 value_if_false 为可选参数，value_if_true 表示 logical_test 为 TRUE 时要返回的值，可以是任意数据；value_if_false 表示 logical_test 为 FALSE 时要返回的值，也可以是任意数据。

例如，要在"逻辑函数"的工作表中，使用 IF 函数对表格中的"请假类别"列进行判断，如果为"病假"，则不扣除工资，其他原因的休假扣除 300 元，其具体的操作步骤是：在打开的工作表中选择 D2 单元格，在"公式"选项卡的"函数库"面板中，单击"逻辑"右侧的下拉按钮，展开列表框，选择 IF 函数，如图 4-30 所示，打开"函数参数"对话框，依次输入各个参数，单击"确定"按钮，即可使用 IF 函数判断请假类别，其计算结果如图 4-31所示。

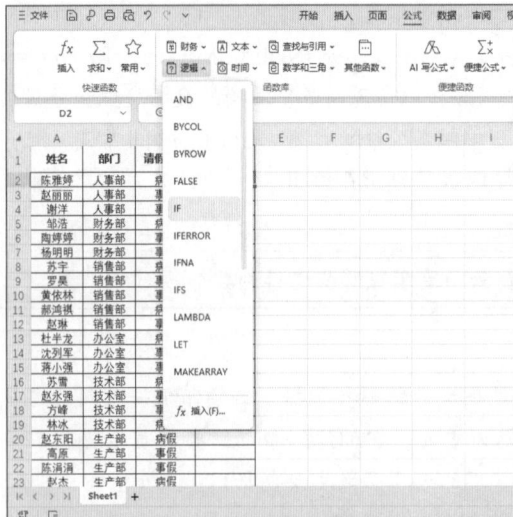

图 4-30　选择 IF 函数

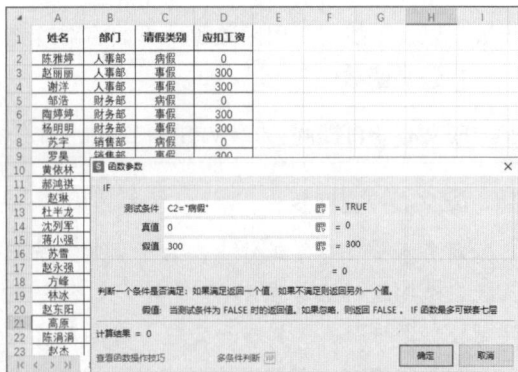

图 4-31　使用 IF 函数判断请假类别

除了 IF 函数，逻辑函数中的 AND、OR、NOT 等函数也很常用，而且常常是嵌套到其他函数中进行运用的。下面对常用的逻辑函数进行举例说明，如表 4-6 所示。

表 4-6　常用逻辑函数

函　数　语　法	功　　能	应　用　示　例	示例的简单解释
AND（logical1，[logical2]，…）	判断是否同时满足多个条件，如是即返回 TRUE，否则返回 FALSE	=IF（AND（D3>6，E3>80），"优秀"，""）	判断 D3 单元格是否大于 6，同时 E3 单元格是否大于 80，如果两个条件都满足，则 IF（）函数返回"优秀"，否则 IF（）函数将返回空文本
OR（logical1，[logical2]，…）	判断是否满足多个条件中的任意一个，如是即返回 TRUE，如果都不满足则返回 FALSE	=IF（OR（D3>6，E3>80），"优秀"，""）	判断 D3 单元格是否大于 6，E3 单元格是否大于 80，只要满足其中一个条件，则 IF（）函数返回"优秀"，如果两个条件都不满足，则 IF（）函数返回空文本
NOT（logical）	用于对参数值求反	=IF（NOT（A2+2=4），A2，4）	判断 A2 单元格数据加 2 是否等于 4，如果不等于 4，则 IF（）函数返回 A2 单元格数据，否则 IF（）函数返回"4"
IFERROR（value，value_if_error）	用于捕获和处理公式中的错误	=IFERROR（A2，"公式出错"）	检查 A2 单元格是否存在错误的公式，如果有则返回"公式出错"，否则直接计算出结果

2. 文本函数

WPS 表格中提供了多个用于处理文本的函数，这些函数的主要功能包括截取、查找或搜索文本中的某个（些）特殊字符，转换文本格式，以及获取文本的其他信息等。其中，截取、查找或搜索文本类函数应用的频率比较高，下面以截取类文本函数中的 MID 函数为例进行讲解。

MID 函数能够从文本指定位置起提取指定个数的字符，其语法结构为

MID（text，start_num，num_chars）

其中，text 为必需参数，代表包含要提取字符的文本字符串。start_num 代表文本中要提取的第一个字符的位置。文本中第一个字符的 start_num 为 1，以此类推。num_chars 用于指定希望 MID 函数从文本中返回字符的个数。

例如，要想使用 MID 函数从表格中的身份证号码中提取出生日期，由于身份证号码中的第 7 位开始后面 8 个数字代表出生日期，所以按照位置提取这 8 个数就可以得知身份证所有者的出生日期，其具体操作是：在打开的工作表中选择 D2 单元格，在"公式"选项卡的"函数库"面板中，单击"文本"右侧的下拉按钮，展开列表框，选择 MID 函数，如图 4-32 所示，打开"函数参数"对话框，依次输入各个参数，单击"确定"按钮，即可使用 MID 函数提取出身份证号码中的出生日期，其计算结果如图 4-33 所示。

除了 MID 函数，文本函数中的 EXACT、LEFT、RIGHT 等函数也很常用。下面对常用的文本函数进行举例说明，如表 4-7 所示。

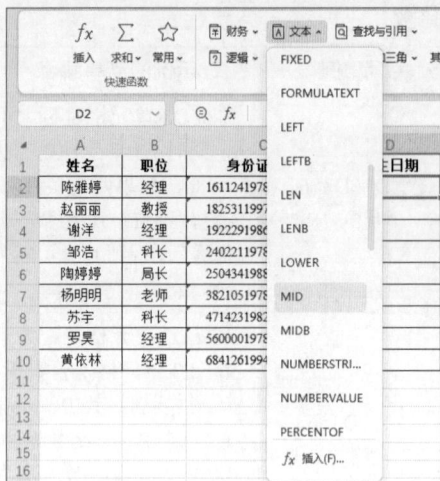

图 4-32 选择 MID 函数

图 4-33 使用 MID 函数提取出生日期

表 4-7 常用文本函数

函 数 语 法	功 能	应 用 示 例	函数的简单解释
EXACT（text1，text2）	用于比较两个字符串是否相同	=IF（EXACT（A1，B1），100，0）	判断 A1 和 B1 单元格中的字符是否完全相同，相同则返回"100"，否则返回"0"
LEFT（text，[num_chars]）	从文本左侧起提取指定个数的字符	=LEFT（A1）	提取 A1 单元格数据中的第 1 个字符
RIGHT（text，[num_chars]）	从文本右侧起提取指定个数的字符	=RIGHT（A1，3）	提取 A1 单元格数据中最后 3 个字符
TEXT（value，format_text）	将数值转换为文本，并可使用户通过使用特殊格式字符串来指定显示格式	=TEXT（3.1415，"#.00"）	将数值"3.1415"转换为两位小数形式，返回"3.14"
FIND（find_text，within_text，[start_num]）	以字符为单位并区分大小写地查找指定字符的位置	=FIND（"M"，A2，3）	从 A2 单元格的第 3 个字符开始查找第 1 个"M"的位置
SEARCH（find_text，within_text，[start_num]）	以字符为单位查找指定字符的位置	=SEARCH（"e"，A2，6）	A2 单元格中的字符串中，从第 6 个位置起，查找第 1 个"e"的位置

【小提示】FIND 函数和 SEARCH 函数都是以字符为单位查找指定字符的位置，不同的是，SEARCH 函数在比较文本时不区分大小写，但是它可以在 find_text 参数中使用通配符"？"和"*"进行比较。通配符是一种特殊符号，用于替代任意字符，实现模糊搜索。其中，问号"？"仅代表单个字符串，星号"*"可以代表任何个数的字符。如输入"computer*"，就可以

找到"computer、computers、computerised、computerized"等内容，而输入"comp?ter"，则只能找到"computer、compater、competer"等内容。

3. 数学和三角函数

WPS 表格中提供的数学和三角函数基本上包含平时经常使用的各种数学公式和三角函数，使用这些函数，可以完成各种常见的数学运算和数据舍入等。数学和三角函数经常用在专业的数学数据处理中，相较而言，数据舍入类的函数使用场景比较多。数据舍入类的函数中 INT 函数是经常使用的，而且常常用于对除法运算的结果数据进行取整。下面就以该函数为例进行讲解。

INT 函数可以依照给定数的小数部分的值，将其向下舍入到最接近的整数，也可以简单地理解为砍掉一个数的小数部分，其语法结构为

INT（number）

其中，number 代表要进行舍入操作的数据。使用 INT 函数得到的永远是最接近于原数字但小于原数字的整数。

例如，如果想使用 INT 函数对表格中积分兑换数据取整，积分兑换公式为"拥有积分/50"，表示每 50 个积分可以兑换一张优惠券，其具体操作是：在打开的"数学和三角函数"工作表中选择 C2:C12 单元格区域，输入函数公式"=INT（B2/50）"，如图 4-34 所示，按快捷键 Ctrl+Enter，即可为选中的单元格区域计算出所有的积分兑换数据，如图 4-35 所示。

图 4-34　输入函数公式 　　　图 4-35　计算积分兑换数据

除了 INT 函数，数学和三角函数中的 ABS、PRODUCT、MOD 等函数也很常用，而且常常是嵌套到其他函数中进行运用的。下面对常用的数学和三角函数进行举例说明，如表 4-8 所示。

表 4-8　常用的数学和三角函数

函 数 语 法	功　能	应 用 示 例	函数的简单解释
ABS（number）	计算数字的绝对值	=ABS（A1–A2）	对 A1、A2 单元格的差值取绝对值
PRODUCT（number1，[number2]，…）	计算函数所有参数的乘积	=PRODUCT（A1:A3，C1:C3）	计算 A1、A2、A3、C1、C2、C3 这 6 个单元格数据的乘积
MOD（number，divisor）	计算两数相除的余数	=MOD（A1，B1）	得到 A1 单元格数据除以 B1 单元格数据后的余数

续表

函 数 语 法	功　　能	应 用 示 例	函数的简单解释
Rand（）	该函数没有参数，用于返回了一个大于或等于 0 且小于 1 的平均分布的随机实数	=RAND（）*100	返回大于或等于 0 且小于 100 的随机数字，每次计算工作表时都会返回一个新的随机实数
TRUNC（number，[num_digits]）	返回数字的整数部分	=TRUNC（3.1415）	返回 3.1415 的整数部分，即“3”
ROUND（number，num_digits）	按指定位数对数字进行四舍五入	=ROUND（3.1415，3）	对 3.1415 进行四舍五入为 3 位小数，返回“3.142”

【小提示】 INT 函数与 TRUNC 函数类似，都可以用来返回整数。它们在处理正数时，结果是相同的，但在处理负数时就明显不同了。如使用 INT 函数返回 8.025 的整数部分，输入“=INT（8.025）”即可，返回“8”。如果使用 INT 函数返回 –8.025 的整数部分，输入“=INT（–8.025）”，将返回“–9”，因为 –9 是小于 –8 但最接近 –8 的整数；而使用 TRUNC 函数则直接返回 –8.965 的整数部分，即“–8”。

4. 统计函数

WPS 表格中提供了丰富的统计函数，根据函数的功能，主要可分为数理统计函数、分布趋势函数、线性拟合和预测函数、假设检验函数和排位函数。掌握常用的统计函数，可以方便地处理各种数据统计问题，是每一个学习 WPS 表格的用户都应该掌握的。尤其像 SUM、AVERAGE、MAX、MIN、COUNT 等最常用的函数，必须掌握。前面在介绍函数输入的部分已经以 AVERAGE 函数为例讲解了一个案例，下面以 SUM 函数为例进行讲解。

SUM 函数可以对所选单元格或单元格区域进行求和计算，其语法结构为

SUM（number1，[number2]，…）

其中，number1，number2，…表示 1 ～ 255 个需要求和的参数，number1 是必需的参数，number2，…为可选参数。

例如，要计算 1 月销售额的总和，需要用 SUM 函数求各销售人员的销售额之和，其具体操作是：在打开的“统计函数”工作表中选择 B16 单元格，输入函数公式“=SUM（E2:E15）”，如图 4-36 所示，按 Enter 键，即可为计算出销售人员的总销售额，如图 4-37 所示。

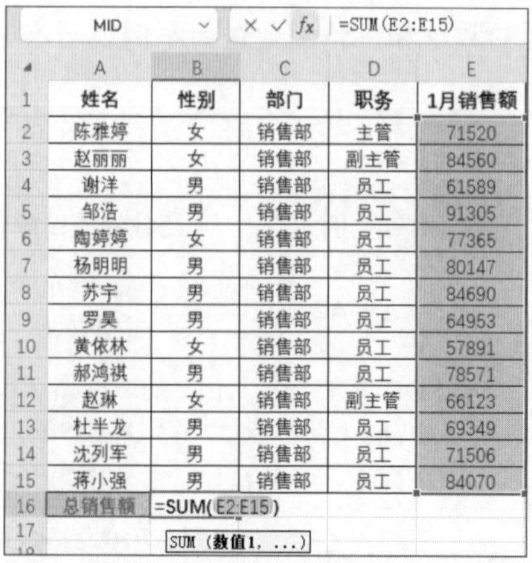

	A	B	C	D	E
1	姓名	性别	部门	职务	1月销售额
2	陈雅婷	女	销售部	主管	71520
3	赵丽丽	女	销售部	副主管	84560
4	谢洋	男	销售部	员工	61589
5	邹浩	男	销售部	员工	91305
6	陶婷婷	女	销售部	员工	77365
7	杨明明	男	销售部	员工	80147
8	苏宇	男	销售部	员工	84690
9	罗昊	男	销售部	员工	64953
10	黄依林	女	销售部	员工	57891
11	郝鸿祺	男	销售部	员工	78571
12	赵琳	女	销售部	副主管	66123
13	杜半龙	男	销售部	员工	69349
14	沈列军	男	销售部	员工	71506
15	蒋小强	男	销售部	员工	84070
16	总销售额	=SUM(E2:E15)			

图 4-36　输入函数公式

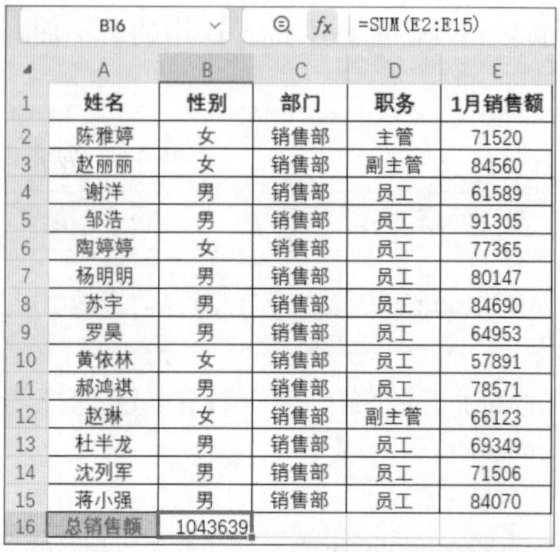

	A	B	C	D	E
1	姓名	性别	部门	职务	1月销售额
2	陈雅婷	女	销售部	主管	71520
3	赵丽丽	女	销售部	副主管	84560
4	谢洋	男	销售部	员工	61589
5	邹浩	男	销售部	员工	91305
6	陶婷婷	女	销售部	员工	77365
7	杨明明	男	销售部	员工	80147
8	苏宇	男	销售部	员工	84690
9	罗昊	男	销售部	员工	64953
10	黄依林	女	销售部	员工	57891
11	郝鸿祺	男	销售部	员工	78571
12	赵琳	女	销售部	副主管	66123
13	杜半龙	男	销售部	员工	69349
14	沈列军	男	销售部	员工	71506
15	蒋小强	男	销售部	员工	84070
16	总销售额	1043639			

图 4-37　计算出销售人员的总销售额

除了 SUM 和 AVERAGE 函数，统计函数中的 COUNT、MAX、MIN 等函数也很常用，下面对常用的统计函数进行举例说明，如表 4-9 所示。

表 4-9 常用统计函数

函　数　语　法	功　　　能	应　用　示　例	函数的简单解释
COUNT（value1，[value2]，…）	获取某单元格区域或数字数组中数字字段中条目的个数	=COUNT（A3:A20）	计算 A3:A20 单元格区域中数字的个数，如果此区域中有 5 个单元格包含数字，则计算结果为 5
MAX（number1，[number2]，…）	计算一组数据中的最大值	=MAX（A3:A20）	求出 A3:A20 单元格区域中的最大值
MIN（number1，[number2]，…）	计算一组数据中的最小值	=MIN（A3:A20）	求出 A3:A20 单元格区域中的最小值
SUMIF（range，criteria，[sum_range]）	用于根据指定的单个条件对区域中符合该条件的值求和	=SUMIF（A3:A20，">5"）	对 A3:A20 单元格区域中大于 5 的数值求和
SUMIFS（sum_range，criteria_range1，criteria1，[criteria_range2，criteria2]，…）	用于计算满足多个条件的全部参数的总量	=SUMIFS（A3:A20，B3:B20，"= 香 *"，C3:C20，" 泸州 "）	计算 B3:B20 单元格区域中以"香"字开头并且 C3:C20 单元格区域为"泸州"的对应在 A3:A20 单元格区域中的数据的总和
COUNTA（value1，[value2]，…）	计算区域中所有不为空的单元格的个数	=COUNTA（A3:A20）	统计 A3:A20 单元格区域中所有非空值单元格的个数

【小提示】SUMIF 函数是做二维汇总表的经典公式，它兼具了 SUM 函数的求和功能和 IF 函数的条件判断功能。其语法结构中的 range 和 criteria 为必需参数，range 代表用于条件计算的单元格区域；criteria 代表用于确定对哪些单元格求和的条件。当求和区域即为参数 range 所指定的区域时，可省略参数 sum_range。

5. 日期与时间函数

日期和时间序列号是 WPS 表格用于日期和时间计算的日期 - 时间代码。WPS 表格中的日期和时间本质上是以天为单位的数值形式存储的，更准确地说，是以序列号进行存储的。默认情况下，WPS 表格将 1900/1/1 0:00:00 存储为 1（即序列号为 1），将此后的每一个时刻存储为该时刻与 1900/1/1 0:00:00 的差值。例如，2021/3/14 12:32:03 与 1900/1/1 0:00:00 的差值是 44268.52（以天为单位，整数部分代表天，小数部分代表的是时间，是通过除以 24 得出的，即按二十四进制进行计算）。

由于日期和时间的记数进制不同，许多人在使用 WPS 表格处理日期和时间数据时容易出错。要避免出错，除了需要掌握设置单元格格式为日期和时间格式外，还需要掌握相应的日期与时间函数来完成对日期和时间的计算和统计。其中的 TODAY 函数是应用最多的，但是它一般需要与其他日期与时间函数结合起来使用，下面以 TODAY 和 YEAR 函数为例进行讲解。

TODAY 函数用于返回当前日期的序列号，不包括具体的时间值。其语法结构为 TODAY（），该函数不需要设置参数。例如，当前是 2020 年 9 月 9 日，输入公式"=TODAY（）"，即可返回

“2020-9-9”。如果使用选择性粘贴功能只粘贴返回的单元格数据的值，可得到数字“44083”，表示2020年9月9日距1900年1月1日有44083天。

【小提示】如果在输入TODAY函数之前单元格格式为“常规”，WPS表格会将单元格格式更改为“日期”。若要显示为序列号，则必须将单元格格式更改为“常规”或“数字”。

YEAR函数可以返回某日期对应的年份，返回值的范围是1900～9999的整数。其语法结构为

YEAR（serial_number）

其中，参数serial_number是一个包含要查找年份的日期值，这个日期应使用TODAY函数或其他结果为日期的函数或公式来设置，而不能利用文本格式的日期。例如，使用函数DATE（2025，6，3）输入2025年6月3日，应按“=YEAR（DATE（2025，6，3））”的方式进行输入，而形如YEAR（"2025-6-3"）的方式则会出错。

例如，表格中统计了相关人员的出生年月，需要根据当前系统时间计算出他们当前的年龄。此时就需要结合使用TODAY和YEAR函数来进行计算。首先使用TODAY函数返回当前日期，再将返回结果作为YEAR函数的参数，得到当前年份数据，减去对应的出生日期中提取的年份数据，就可以得到相关人员的当前年龄了。其具体操作是：在打开的“日期与时间函数”工作表中选择E2:E15单元格区域，输入函数公式“=YEAR（TODAY（））–YEAR（D2）”，如图4-38所示，按快捷键Ctrl+Enter，即可计算出所有员工的年龄，如图4-39所示。

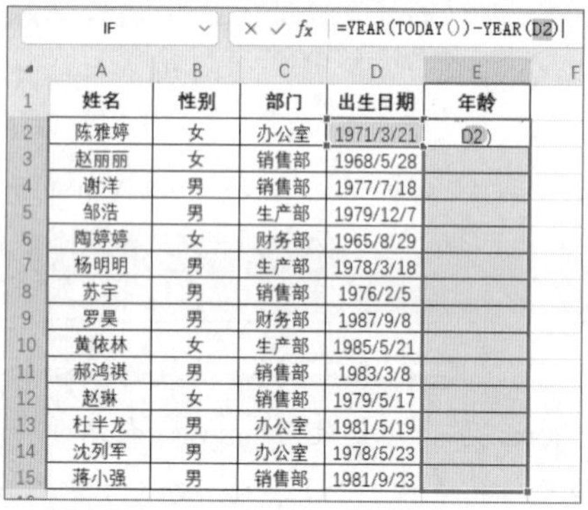

IF　=YEAR(TODAY())-YEAR(D2)

	A	B	C	D	E
1	姓名	性别	部门	出生日期	年龄
2	陈雅婷	女	办公室	1971/3/21	D2)
3	赵丽丽	女	销售部	1968/5/28	
4	谢洋	男	销售部	1977/7/18	
5	邹浩	男	生产部	1979/12/7	
6	陶婷婷	女	财务部	1965/8/29	
7	杨明明	男	生产部	1978/3/18	
8	苏宇	男	销售部	1976/2/5	
9	罗昊	男	财务部	1987/9/8	
10	黄依林	女	生产部	1985/5/21	
11	郝鸿祺	男	销售部	1983/3/8	
12	赵琳	女	销售部	1979/5/17	
13	杜半龙	男	办公室	1981/5/19	
14	沈列军	男	办公室	1978/5/23	
15	蒋小强	男	销售部	1981/9/23	

图4-38　输入函数公式

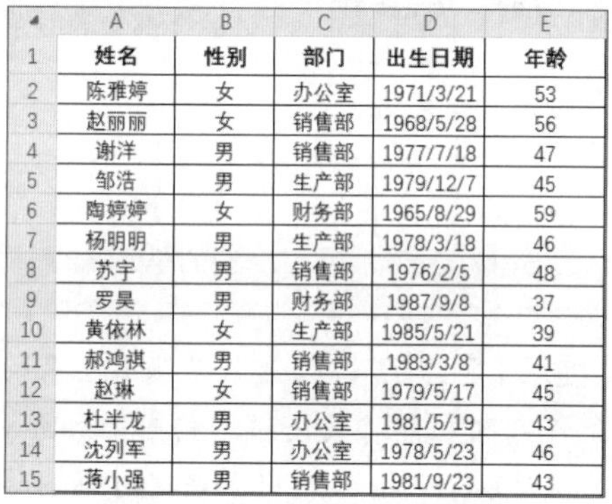

	A	B	C	D	E
1	姓名	性别	部门	出生日期	年龄
2	陈雅婷	女	办公室	1971/3/21	53
3	赵丽丽	女	销售部	1968/5/28	56
4	谢洋	男	销售部	1977/7/18	47
5	邹浩	男	生产部	1979/12/7	45
6	陶婷婷	女	财务部	1965/8/29	59
7	杨明明	男	生产部	1978/3/18	46
8	苏宇	男	销售部	1976/2/5	48
9	罗昊	男	财务部	1987/9/8	37
10	黄依林	女	生产部	1985/5/21	39
11	郝鸿祺	男	销售部	1983/3/8	41
12	赵琳	女	销售部	1979/5/17	45
13	杜半龙	男	办公室	1981/5/19	43
14	沈列军	男	办公室	1978/5/23	46
15	蒋小强	男	销售部	1981/9/23	43

图4-39　计算出所有员工年龄

除了TODAY和YEAR函数，日期与时间函数中的NOW、MONTH、DAY等函数也很常用。下面对常用的日期与时间函数进行举例说明，如表4-10所示。

表4-10　常用日期与时间函数

函数语法	功能	应用示例	函数的简单解释
NOW（）	返回当前日期和时间的序列号	=NOW（）–2.25	返回2天6小时前的日期和时间
MONTH（serial_number）	返回以序列号表示的日期中的月份，返回值的范围是1（一月）～12（十二月）的整数	=MONTH（TODAY（））	返回一年中的当前月份。例如，如果当前月份为五月，则会返回5
DAY（serial_number）	返回以序列号表示的某日期的天数，返回值的范围是1～31的整数	=DAY（TODAY（））	返回一月中的当前日期，例如，如果当前日期为2021/1/6，则会返回6

续表

函 数 语 法	功　　能	应 用 示 例	函数的简单解释
DATE（year，month，day）	返回表示特定日期的连续序列号	=DATE（A2，B2，C2）	如果将日期中的年、月、日分别记录在 A2、B2、C2 单元格中了，就可以通过该公式返回一个完整的日期序列

6. 财务函数

财务函数是一类专门用于财务领域的函数，如计算贷款的支付额、投资的未来值或净现值，以及债券或息票的价值。财务人员都需要掌握财务函数，才能更快地计算出相关数据，使领导的决策更理性、准确。财务函数需要掌握一定财务理论知识才能更好地运用起来，下面以 PMT 函数为例进行讲解。

PMT 函数用于根据固定付款额和固定利率计算贷款的付款额，其语法结构为

PMT（rate，nper，pv，[fv]，[type]）

其中，rate、nper、pv 为必需参数，fv 和 type 为可选参数。rate 代表投资或贷款的利率；nper 代表总投资期或贷款期，即该项投资或贷款的付款期总数；pv 代表从该项投资（或贷款）开始计算时已经入账的款项，或一系列未来付款当前值的累积和；fv 代表在最后一次付款可以获得的现金余额。若省略 fv 参数，则假设其值为 0；type 可以是逻辑值 0 或 1，用以指定付款时间是在期初还是期末。

这里使用 PMT 函数计算想要在 20 年以后有一笔 ￥600000 的年金，从现在开始每个月需要存入的金额。在这个财务问题中，假设目前的年利率为 7%，需要计算每个月的存入金额，即按月支付，需要将年利率除以 12 得到每个月的利率；支付的期数也该统一为月份数，即 20 年 ×12 月；现值为 0；未来值想要达到 600000；代入 PMT 函数的语法结构中，就可以计算出想要的结果了，其具体操作是：在打开的"财务函数"工作表中选择 B5 单元格，在"公式"选项卡的"快速函数"面板中，单击"插入"按钮，打开"插入函数"对话框，在"财务"列表框中，选择 PMT 函数，如图 4-40 所示，单击"确定"按钮，打开"函数参数"对话框，输入参数，单击"确定"按钮，计算每月需存入金额，如图 4-41 所示。

图 4-40　选择 PMT 函数

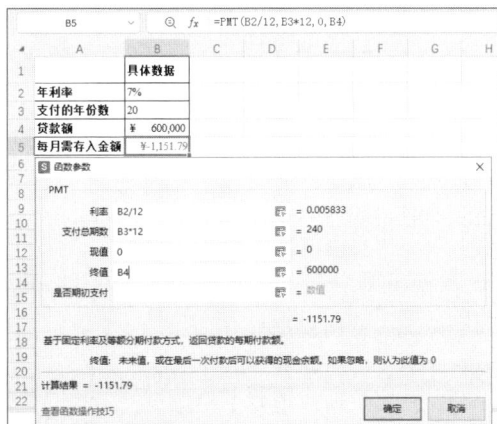

图 4-41　计算每月需存入金额

【小提示】使用财务函数计算数据时，需要注意统一期数的计算方式，即 rate 和 nper 参数单位的一致性，是按年、季度、月、日……中的哪种计算方式，然后将相关的参数统一到一个

单位上。例如，本例中的支付方式为月，则需要把年利率折算成月利率，将支付期数换算成月份。如果要以年为单位计算各期的支付额，则应输入公式"=PMT（B2，B3，0，B4）"。

除了 PMT 函数，财务函数中的 PV、FV、RATE 等函数也很常用，下面对它们进行举例说明，如表 4-11 所示。

表 4-11　常用财务函数

函数语法	功能	应用示例	函数的简单解释
PV（rate，nper，pmt，[fv]，[type]）	用于根据固定利率计算贷款或投资的现值	=PV（A3/12，12*A4，A2，0）	假设在 A2 单元格中输入了每月底一项保险年金的支出数据，在 A3 单元格中输入了投资收益率，在 A4 单元格中输入了付款的年限，使用该公式可以计算出在 A2:A4 单元格区域中设置的条件下年金的现值
FV（rate，nper，pmt，[pv]，[type]）	用于根据固定利率计算投资的未来值	=FV（A2/12，A3，A4，A5，A6）	假设在 A2 单元格中输入了年利率，在 A3 单元格中输入了付款期总数，在 A4 单元格中输入了各期应付的金额，在 A5 单元格中输入了现值，在 A6 单元格中输入 1，表示各期的支付时间在期初，则使用该公式可以计算出在 A2:A6 单元格区域中设置的条件下投资的未来值
RATE（nper，pmt，pv，[fv], [type], [guess]）	返回每期年金的利率	=RATE（A2*12，A3，A4）	假设在 A2 单元格中输入了贷款期限，在 A3 单元格中输入了每月支付的金额，在 A4 单元格中输入了贷款总额，则使用该公式可以计算出在 A2:A4 单元格区域中设置的条件下贷款的月利率
NPER（rate，pmt，pv，[fv]，[type]）	基于固定利率及等额分期付款方式，返回某项投资的总期数	=NPER（A2/12，A3，A4，A5，1）	假设在 A2 单元格中输入了年利率，在 A3 单元格中输入了各期所付的金额，在 A4 单元格中输入了现值，在 A5 单元格中输入了未来值，在 A6 单元格中输入 1，表示各期的支付时间在期初，则使用该公式可以计算出在 A2:A6 单元格区域中设置的条件下投资的总期数
IPMT（rate，per，nper，pv，[fv]，[type]）	基于固定利率及等额分期付款方式，返回给定期数内对投资的利息偿还额	=IPMT（A2，3，A4，A5）	假设在 A2 单元格中输入了年利率，在 A3 单元格中输入了用于计算要支付的利息数额的期数，在 A4 单元格中输入了贷款的年限，在 A5 单元格中输入了贷款的现值，则使用该公式可以计算出在 A2:A5 单元格区域中设置的条件下贷款最后一年的利息（按年支付）
PPMT（rate，per，nper，pv，[fv]，[type]）	返回根据定期固定付款和固定利率而定的投资在已知期间内的本金偿付额	=PPMT（A2/12,1,A3*12，A4）	假设在 A2 单元格中输入了年利率，在 A3 单元格中输入了贷款期限，在 A4 单元格中输入了贷款额，则使用该公式可以计算出在 A2:A4 单元格区域中设置的条件下贷款第 1 个月的本金偿付额

续表

函 数 语 法	功　　能	应 用 示 例	函数的简单解释
IRR（values，[guess]）	返回由数值代表的一组现金流的内部收益率。这些现金流不必为均衡的，但作为年金，它们必须按固定的间隔产生，如按月或按年	=IRR（A2:A6）	假设在 A2 单元格中输入了某项业务的初期成本费用，在 A3、A4、A5、A6 单元格中分别输入了前 4 年每年的净收入，使用该公式可以计算出投资 4 年后的内部收益率

【小提示】在财务函数公式中，常用的参数有 rate、nper、pv、fv、type，其代表的含义基本相同。对于财务理论不太熟悉的用户使用财务函数进行数据计算时容易出错，所以最好通过"函数参数"对话框来插入函数，一边查看各参数的意义，一边设计参数的具体数据。

7. 查找与引用函数

查找与引用函数是一类比较重要和常用的函数，主要可以在单元格区域内查找特定的数值，并进行相应的操作。这类函数可以节省大量的数据处理时间，如果用在 WPS 表格建模中，能让 WPS 表格模型变得异常灵活和强大。但是这类函数的参数稍多，容易出现函数误用的情况。查找与引用函数中的 VLOOKUP 函数是相当出名的，下面就以该函数为例进行讲解。

VLOOKUP 函数可以在表格或数值数组的首列沿垂直方向查找指定的值，并返回表格或数组中同一行中的其他值。其语法结构为

VLOOKUP（lookup_value，table_array，col_index_num，[range_lookup]）

其中，参数 lookup_value 用于设定需要在表的第一列中进行查找的值，可以是数值，也可以是文本字符串或引用；参数 table_array 用于设置要在其中查找数据的数据表，可以使用区域或区域名称的引用；参数 col_index_num 为在查找之后要返回的匹配值的列序号；参数 range_lookup 是一个逻辑值，用于指明函数在查找时是精确匹配还是近似匹配。如果为 TRUE 或被忽略，则返回一个近似的匹配值（如果没有找到精确匹配值，就返回一个小于查找值的最大值）。如果该参数是 FALSE，函数就查找精确的匹配值。如果这个函数没有找到精确的匹配值，就会返回错误值"#N/A"。

VLOOKUP 函数相当于"查字典"，根据另一个数据表中的第一列数据查找匹配值，查找到以后再提取对应列数据到当前数据表中。这里假设某商城需要根据输入的用户积分卡编号，快速得知用户拥有的对应积分和可以换取的优惠券数量。使用 VLOOKUP 函数就可以轻松解决这个问题，方法是在原始表格中以要进行查询的积分卡编号作为查询区域的第一列数据，然后新建一个表格用于放置进行查询的相关数据。使用 VLOOKUP 函数快速查找用户拥有的对应积分和可以换取的优惠券数量的具体操作是：在打开的"查找与引用函数"工作表中选择 F2 单元格，在"公式"选项卡的"快速函数"面板中，单击"插入"按钮，打开"插入函数"对话框，在"财务"列表框中，选择 VLOOKUP 函数，单击"确定"按钮，打开"函数参数"对话框，输入参数，如图 4-42 所示，单击"确定"按钮，即可查找出积分，选择 G2 单元格，继续输入公式，然后在 E2 单元格中输入积分卡号，即可查找出对应数据，如图 4-43 所示。

【小提示】需要注意的是，VLOOKUP 函数只能对某个区域中第一列的数据单元格区域进行查询，返回其他列的数据。所以使用时要注意对数据区域的列进行合理的排序，不要让要返

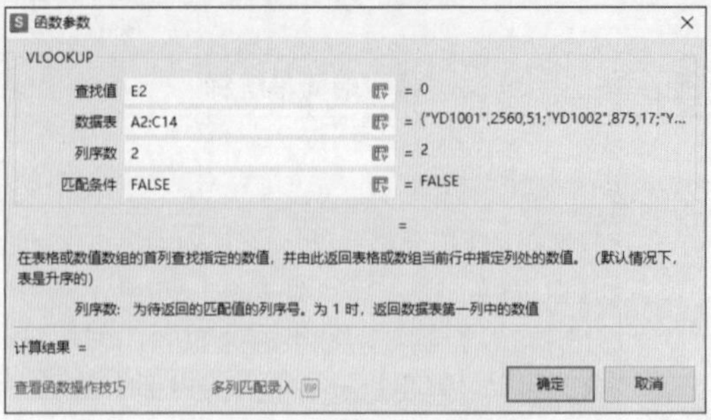

图 4-42　输入函数参数

图 4-43　查找对应数据

回的值放在被查询值所在列的左侧。而且，用于放置查找数据的表格也应该设计成垂直的表格，即表头在查询数据放置区域的第一行。

除了 VLOOKUP 函数，查找与引用函数中的 HLOOKUP、LOOKUP、INDEX 等函数也很常用，下面对它们进行举例说明，如表 4-12 所示。

表 4-12　常用查找与引用函数

函 数 语 法	功　　能	应 用 示 例	函数的简单解释
HLOOKUP（lookup_value, table_array, row_index_num, [range_lookup]）	在表格或数值数组的首行沿水平方向查找指定的值，并返回表格或数组中指定行的同一列中的其他值	=HLOOKUP（"B", A1:C4, 3，TRUE）	在首行查找 B，并返回同列中第 3 行的值。如果找不到 B 的完全匹配项，将使用第 1 行 A 列中小于 B 的最大值
LOOKUP（lookup_value, lookup_vector, [result_vector]）	从单行或单列区域（称为"向量"）中查找值，然后返回第二个单行区域或单列区域中相同位置的值	=LOOKUP（5.75, A2:A6, B2:B6）	在 A 列中查找 5.75，然后返回 B 列中同一行内的值。如果找不到 5.75 的完全匹配项，将使用 A 列中与 5.75 最接近的较小值进行匹配
LOOKUP（lookup_value, array）	在数组的第一行或第一列中查找指定的值，然后返回数组的最后一行或最后一列中相同位置的值	=LOOKUP（"C", {"a", "b", "c", "d"; 1，2，3，4}）	在数组的第一行中查找"C"，查找小于或等于它的最大值（"c"），然后返回最后一行中同一列内的值，即"3"
INDEX（array, row_num, [column_num]）	以数组形式返回表格或数组中指定位置的内容	=INDEX（{1,2;3,4},0,2）	返回数组 {1，2;3，4} 中第一行第 2 列的数值，即"2"
INDEX（reference, row_num, [column_num], [area_num]）	以引用形式返回指定行与列交叉处的单元格中的内容	=INDEX（（A1:C3, A5:C12）, 2，4，2）	从第二个区域"A5:C12"中选择第 4 行和第 2 列的交叉处，即 B8 单元格的内容
MATCH（lookup_value, lookup_array, [match_type]）	在单元格区域中搜索指定项，然后返回该项在单元格区域中的相对位置	=MATCH（41, B2:B5, 0）	返回 B2:B5 单元格区域中值为 41 的位置

函 数 语 法	功　　能	应 用 示 例	函数的简单解释
OFFSET（reference，rows，cols，[height]，[width]）	以指定的引用为参照系，通过给定偏移量得到新的引用，并可以指定返回的行数或列数	=OFFSET（D3，3，–2，1，1）	显示 B6 单元格中的值

【小提示】HLOOKUP 函数与 VLOOKUP 函数的工作原理和使用方法类似，不同的是 HLOOKUP 函数是通过在某个单元格区域的首行沿水平方向查找指定的值，然后返回同一列中的其他值。

项目实施

在"员工工资表"工作簿中，包含 10 月工资表、岗位工资查询表、考勤表、节假日、奖金和项目补贴 6 张表，我们需要运用所学的函数知识和原始数据表中的数据计算出 10 月每个员工的工资。

本项目的最终效果如图 4-44 所示，整个制作步骤分为以下 9 步。

（1）匹配员工工资表。

（2）计算应出勤天数。

（3）计算实际出勤天数。

（4）计算带薪假天数。

（5）计算实际计薪天数。

（6）计算应付考勤工资。

（7）匹配员工奖金发放情况。

（8）匹配员工项目补贴。

（9）计算应付工资总额。

#	A 部门	B 员工姓名	C 职级	D 基本工资	E 岗位工资	F 应出勤天数	G 实际出勤天数	H 有薪天数	I 实际计薪天数	J 应付考勤工资	K 奖金	L 项目补贴	M 应付工资总额
1													
2	技术部	陈宇	M1	2,500	3,200	23	18	7	25	6,196	500	2,300	8,996
3	财务部	赵雅婷	M3	2,500	5,400	23	17	7	24	8,243	600		8,843
4	市场部	陈国民	M4	2,500	6,500	23	18	7	25	9,783	700	2,300	12,783
5	运营部	杨芳芳	O3	2,500	5,000	23	18	7	25	8,152	1,500	2,300	11,952
6	运营部	李敏	O3	2,500	5,000	23	36	7	43	14,022	1,800	2,300	18,122
7	市场部	方倩倩	T1	2,500	4,000	23	18	7	25	7,065	600	2,300	9,965
8	综合部	赵丽婷	C1	2,500	3,500	23	18	7	25	6,522	1,200	2,300	10,022
9	运营部	陈新宇	O2	2,500	4,000	23	18	7	25	7,065	1,300	2,300	10,665
10	运营部	邹强	O1	2,500	3,000	23	18	7	25	5,978	1,500	2,300	9,778
11	市场部	陈晨	T2	2,500	6,000	23	18	7	25	9,239	2,500	2,300	14,039
12	财务部	陈欣彤	F1	2,500	3,100	23	18	7	25	6,087	2,100		8,187
13	财务部	王艳	F1	2,500	3,100	23	18	7	25	6,087	2,400		8,487
14	运营部	赵彤彤	O1	2,500	3,000	23	18	7	25	5,978	400	2,300	8,678
15	综合部	王晶晶	C2	2,500	4,500	23	18	7	25	7,609	300	2,300	10,209
16	市场部	杨丽娟	M2	2,500	4,300	23	18	7	25	7,391	800	2,300	10,491
17													
18													
19													

10月工资表　岗位工资查询表　考勤表　节假日　奖金　项目补贴　+

图 4-44　员工工资表

1. 匹配员工工资表

（1）打开本项目提供的"员工工资表 .xlsx"工作簿，该工作簿中包含"10 月工资表""岗位工资查询表""考勤表""节假日" 6 张工作表，单击"10 月工资表"工作表标签，切换工作表，如图 4-45 所示。

观看视频

（2）选中 E2 单元格，输入公式"=VLOOKUP（）"，输入第 1 个参数查找关键字为 C2 单元格；输入第 2 个参数为查询范围，单击"岗位工资查询表"工作表，框选 A、B 两列，直接输入逗号；输入第 3 个参数列序号为 2；输入第 4 个参数精确查询为 0，输入的完整公式为"=VLOOKUP（C2，岗位工资查询表!$A:$B，2，0）"，如图 4-46 所示。

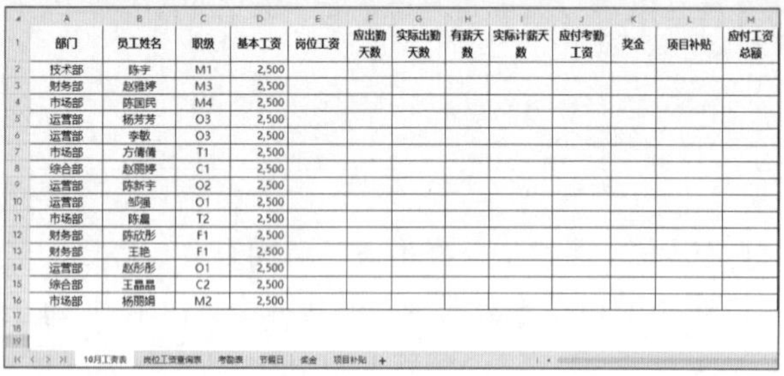

图 4-45　切换至"10 月工资表"工作表

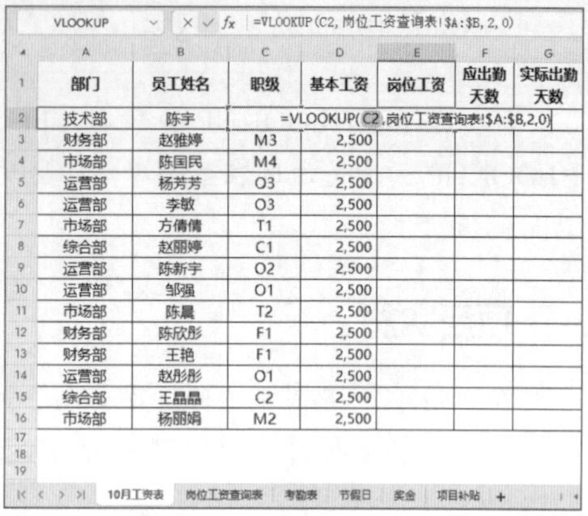

图 4-46　输入函数公式

（3）按 Enter 键确定，即可匹配第一个员工的岗位工资，如图 4-47 所示。

（4）选中 E2 单元格，双击鼠标左键，自动填充公式，匹配其他员工的岗位工资，如图 4-48 所示。

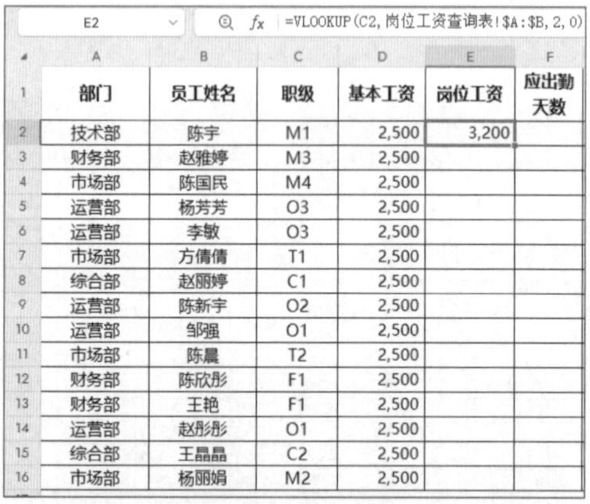

图 4-47　匹配第一个员工的岗位工资

图 4-48　匹配其他员工的岗位工资

2. 计算应出勤天数

（1）选中 F2 单元格，输入公式"=NETWORKDAYS（）"，输入第 1 个参数每月第一天，单击节假日表中的 B1 单元格，按 F4 键绝对引用，直接输入逗号；输入第 2 个参数每月最后一天，单击节假日表中的 B2 单元格，按 F4 键绝对引用，输入的完整公式为"=NETWORKDAYS（节假日!$B$1，节假日!$B$2）"，如图 4-49 所示。

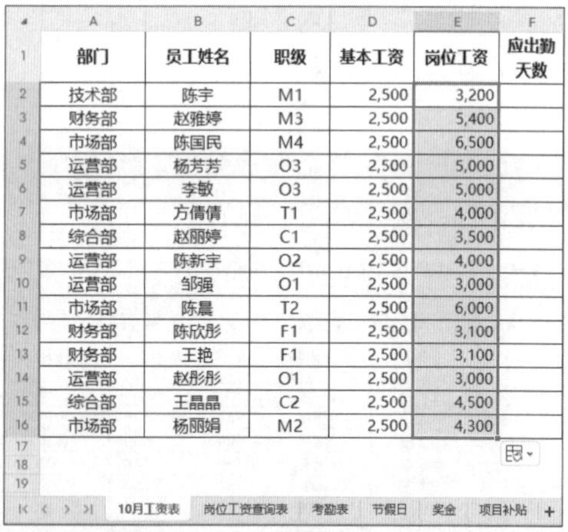

（2）按 Enter 键确定，即可计算第一个员工应出勤天数，如图 4-50 所示。

（3）选中 F2 单元格，双击鼠标左键，自动填充公式，即可计算其他员工应出勤天数，如图 4-51 所示。

3. 计算实际出勤天数

（1）输入公式。选中 G2 单元格，输入函数公式"=COUNTIFS（）"，确定需要满足三个条件。

观看视频

观看视频

图 4-49　输入函数公式

图 4-50　计算第一个员工应出勤天数

图 4-51　计算其他员工应出勤天数

（2）输入第 1 个参数。输入第 1 个参数，条件区域 1，考勤员工姓名范围，单击"考勤表"工作表，框选 B 列，直接输入逗号。

（3）输入第 2 个参数。输入第 2 个参数，条件 1，对应考勤员工姓名，直接输入 B2，输入逗号。

（4）输入第 3 个参数。输入第 3 个参数，条件区域 2，上班打卡状态范围，单击"考勤表"工作表，框选 D 列，直接输入逗号。

（5）输入第 4 个参数。输入第 4 个参数，条件 2，判断打卡状态是否正常，直接输入 " 正常 "，输入逗号。

（6）输入第 5 个参数。输入第 5 个参数，条件区域 3，下班打卡状态范围，单击"考勤表"工作表，框选 E 列，直接输入逗号。

（7）输入第 6 个参数。输入第 6 个参数，条件 3，判断打卡状态是否正常，直接输入 " 正常 "，输入的完整公式为 "=COUNTIFS（考勤表 !B:B,'10 月工资表 '!B2，考勤表 !D:D， " 正常 "，考勤表 !E:E， " 正常 "）"，如图 4-52 所示。

（8）按 Enter 键确定，即可计算第一个员工实际出勤天数，如图 4-53 所示。

（9）选中 G2 单元格，双击鼠标左键，自动填充公式，即可计算其他员工实际出勤天数，如图 4-54 所示。

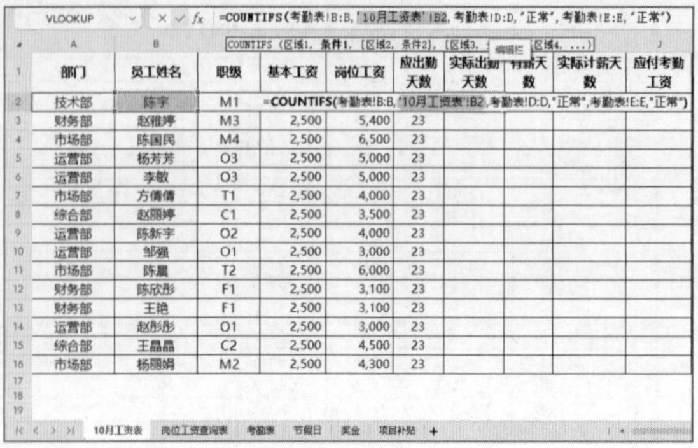

部门	员工姓名	职级	基本工资	岗位工资	应出勤天数	实际出勤天数	有薪天数	实际计薪天数	应付考勤工资
技术部	陈宇	M1	=COUNTIFS(考勤表!B:B,'10月工资表'!B2,考勤表!D:D,"正常",考勤表!E:E,"正常")						
财务部	赵雅婷	M3	2,500	5,400	23				
市场部	陈国民	M4	2,500	6,500	23				
运营部	杨芳芳	O3	2,500	5,000	23				
运营部	李敏	O3	2,500	5,000	23				
市场部	方倩倩	T1	2,500	4,000	23				
综合部	赵丽婷	C1	2,500	3,500	23				
运营部	陈新宇	O2	2,500	4,000	23				
运营部	邹强	O1	2,500	3,000	23				
市场部	陈晨	T2	2,500	6,000	23				
财务部	陈欣彤	F1	2,500	3,100	23				
财务部	王艳	F1	2,500	3,100	23				
运营部	赵彤彤	O1	2,500	3,000	23				
综合部	王晶晶	C2	2,500	4,500	23				
市场部	杨丽娟	M2	2,500	4,300	23				

图 4-52　输入函数公式

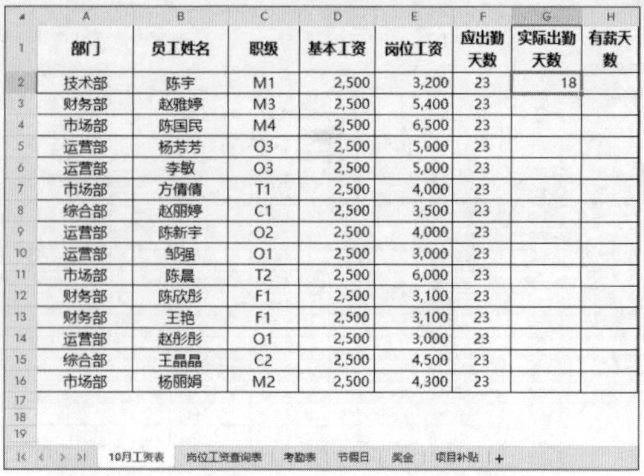

部门	员工姓名	职级	基本工资	岗位工资	应出勤天数	实际出勤天数	有薪天数
技术部	陈宇	M1	2,500	3,200	23	18	
财务部	赵雅婷	M3	2,500	5,400	23		
市场部	陈国民	M4	2,500	6,500	23		
运营部	杨芳芳	O3	2,500	5,000	23		
运营部	李敏	O3	2,500	5,000	23		
市场部	方倩倩	T1	2,500	4,000	23		
综合部	赵丽婷	C1	2,500	3,500	23		
运营部	陈新宇	O2	2,500	4,000	23		
运营部	邹强	O1	2,500	3,000	23		
市场部	陈晨	T2	2,500	6,000	23		
财务部	陈欣彤	F1	2,500	3,100	23		
财务部	王艳	F1	2,500	3,100	23		
运营部	赵彤彤	O1	2,500	3,000	23		
综合部	王晶晶	C2	2,500	4,500	23		
市场部	杨丽娟	M2	2,500	4,300	23		

图 4-53　计算第一个员工实际出勤天数

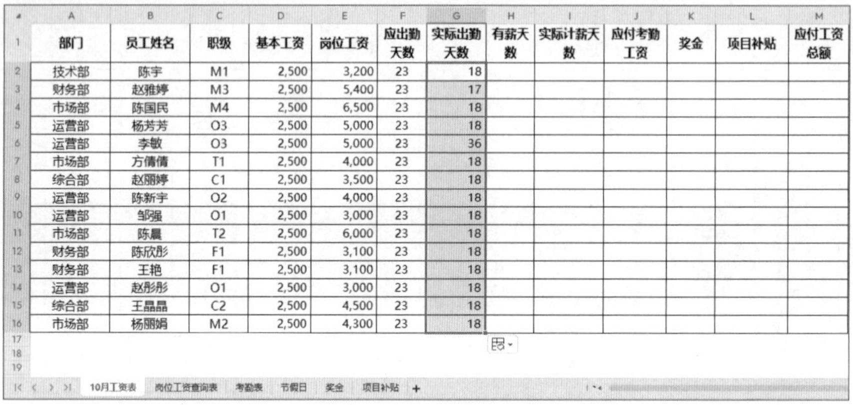

部门	员工姓名	职级	基本工资	岗位工资	应出勤天数	实际出勤天数	有薪天数	实际计薪天数	应付考勤工资	奖金	项目补贴	应付工资总额
技术部	陈宇	M1	2,500	3,200	23	18						
财务部	赵雅婷	M3	2,500	5,400	23	17						
市场部	陈国民	M4	2,500	6,500	23	18						
运营部	杨芳芳	O3	2,500	5,000	23	18						
运营部	李敏	O3	2,500	5,000	23	36						
市场部	方倩倩	T1	2,500	4,000	23	18						
综合部	赵丽婷	C1	2,500	3,500	23	18						
运营部	陈新宇	O2	2,500	4,000	23	18						
运营部	邹强	O1	2,500	3,000	23	18						
市场部	陈晨	T2	2,500	6,000	23	18						
财务部	陈欣彤	F1	2,500	3,100	23	18						
财务部	王艳	F1	2,500	3,100	23	18						
运营部	赵彤彤	O1	2,500	3,000	23	18						
综合部	王晶晶	C2	2,500	4,500	23	18						
市场部	杨丽娟	M2	2,500	4,300	23	18						

图 4-54　计算其他员工实际出勤天数

4. 计算带薪假天数

观看视频

（1）选中 H2 单元格，绝对引用“节假日”工作表的法定节假日天数，即 B3 单元格，输入公式为“= 节假日 ! $B$3”，按 Enter 键确定，即可计算出第一个员工带薪假天数，如图 4-55 所示。

（2）选中 H2 单元格，双击鼠标左键，自动填充公式，即可计算其他员工带薪假天数，如图 4-56 所示。

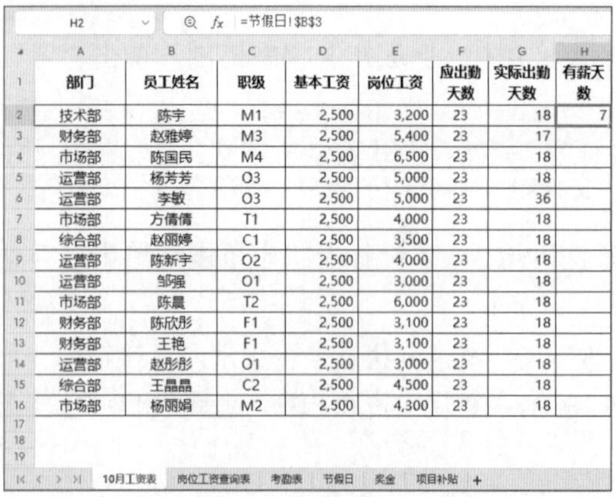

部门	员工姓名	职级	基本工资	岗位工资	应出勤天数	实际出勤天数	有薪天数
技术部	陈宇	M1	2,500	3,200	23	18	7
财务部	赵雅婷	M3	2,500	5,400	23	17	
市场部	陈国民	M4	2,500	6,500	23	18	
运营部	杨芳芳	O3	2,500	5,000	23	18	
运营部	李敏	O3	2,500	5,000	23	36	
市场部	方倩倩	T1	2,500	4,000	23	18	
综合部	赵丽婷	C1	2,500	3,500	23	18	
运营部	陈新宇	O2	2,500	4,000	23	18	
运营部	邹强	O1	2,500	3,000	23	18	
市场部	陈晨	T2	2,500	6,000	23	18	
财务部	陈欣彤	F1	2,500	3,100	23	18	
财务部	王艳	F1	2,500	3,100	23	18	
运营部	赵彤彤	O1	2,500	3,000	23	18	
综合部	王晶晶	C2	2,500	4,500	23	18	
市场部	杨丽娟	M2	2,500	4,300	23	18	

图 4-55　计算第一个员工带薪假天数

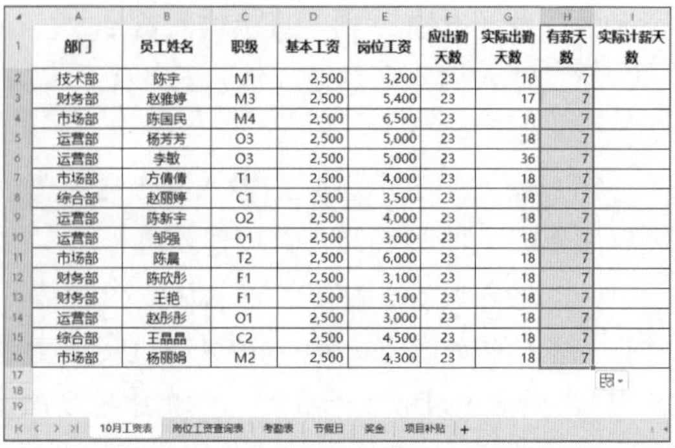

部门	员工姓名	职级	基本工资	岗位工资	应出勤天数	实际出勤天数	有薪天数	实际计薪天数
技术部	陈宇	M1	2,500	3,200	23	18	7	
财务部	赵雅婷	M3	2,500	5,400	23	17	7	
市场部	陈国民	M4	2,500	6,500	23	18	7	
运营部	杨芳芳	O3	2,500	5,000	23	18	7	
运营部	李敏	O3	2,500	5,000	23	36	7	
市场部	方倩倩	T1	2,500	4,000	23	18	7	
综合部	赵丽婷	C1	2,500	3,500	23	18	7	
运营部	陈新宇	O2	2,500	4,000	23	18	7	
运营部	邹强	O1	2,500	3,000	23	18	7	
市场部	陈晨	T2	2,500	6,000	23	18	7	
财务部	陈欣彤	F1	2,500	3,100	23	18	7	
财务部	王艳	F1	2,500	3,100	23	18	7	
运营部	赵彤彤	O1	2,500	3,000	23	18	7	
综合部	王晶晶	C2	2,500	4,500	23	18	7	
市场部	杨丽娟	M2	2,500	4,300	23	18	7	

图 4-56　计算其他员工带薪假天数

5. 计算实际计薪天数

观看视频

（1）选中 I2 单元格，输入公式“=G2+H2”，按 Enter 键确定，即可计算第一个员工实际计薪天数，如图 4-57 所示。

（2）选中 I2 单元格，双击鼠标左键，自动填充公式，即可计算其他员工实际计薪天数，如图 4-58 所示。

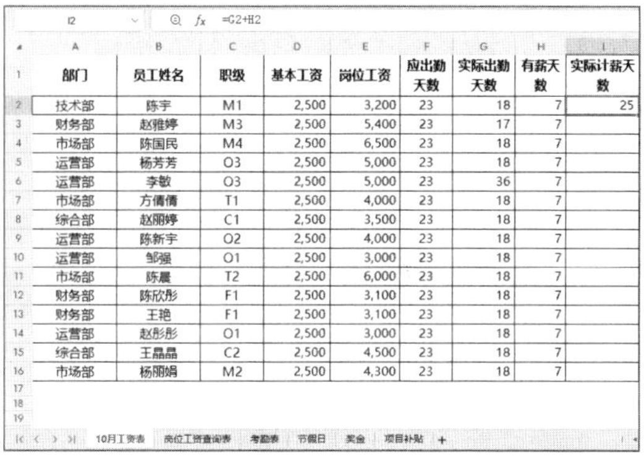

I2　=G2+H2

部门	员工姓名	职级	基本工资	岗位工资	应出勤天数	实际出勤天数	有薪天数	实际计薪天数
技术部	陈宇	M1	2,500	3,200	23	18	7	25
财务部	赵雅婷	M3	2,500	5,400	23	17	7	
市场部	陈国民	M4	2,500	6,500	23	18	7	
运营部	杨芳芳	O3	2,500	5,000	23	18	7	
运营部	李敏	O3	2,500	5,000	23	36	7	
市场部	方倩倩	T1	2,500	4,000	23	18	7	
综合部	赵丽婷	C1	2,500	3,500	23	18	7	
运营部	陈新宇	O2	2,500	4,000	23	18	7	
运营部	邹强	O1	2,500	3,000	23	18	7	
市场部	陈晨	T2	2,500	6,000	23	18	7	
财务部	陈欣彤	F1	2,500	3,100	23	18	7	
财务部	王艳	F1	2,500	3,100	23	18	7	
运营部	赵彤彤	O1	2,500	3,000	23	18	7	
综合部	王晶晶	C2	2,500	4,500	23	18	7	
市场部	杨丽娟	M2	2,500	4,300	23	18	7	

图 4-57　计算第一个员工实际计薪天数

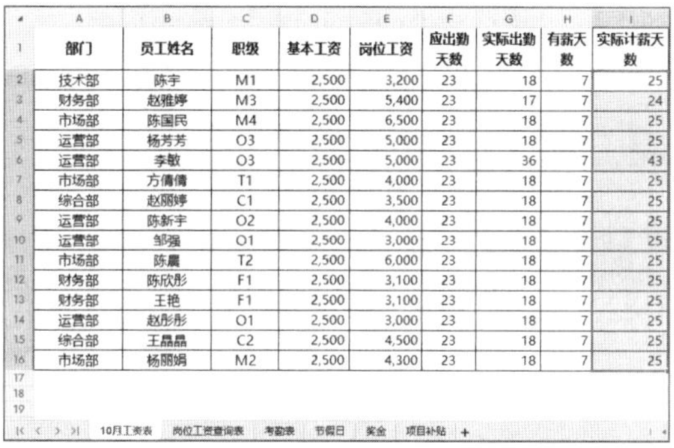

部门	员工姓名	职级	基本工资	岗位工资	应出勤天数	实际出勤天数	有薪天数	实际计薪天数
技术部	陈宇	M1	2,500	3,200	23	18	7	25
财务部	赵雅婷	M3	2,500	5,400	23	17	7	24
市场部	陈国民	M4	2,500	6,500	23	18	7	25
运营部	杨芳芳	O3	2,500	5,000	23	18	7	25
运营部	李敏	O3	2,500	5,000	23	36	7	43
市场部	方倩倩	T1	2,500	4,000	23	18	7	25
综合部	赵丽婷	C1	2,500	3,500	23	18	7	25
运营部	陈新宇	O2	2,500	4,000	23	18	7	25
运营部	邹强	O1	2,500	3,000	23	18	7	25
市场部	陈晨	T2	2,500	6,000	23	18	7	25
财务部	陈欣彤	F1	2,500	3,100	23	18	7	25
财务部	王艳	F1	2,500	3,100	23	18	7	25
运营部	赵彤彤	O1	2,500	3,000	23	18	7	25
综合部	王晶晶	C2	2,500	4,500	23	18	7	25
市场部	杨丽娟	M2	2,500	4,300	23	18	7	25

图 4-58　计算其他员工实际计薪天数

6. 计算应付考勤工资

（1）选中 J2 单元格，输入公式“=（D2+E2）/F2*I2”，按 Enter 键确定，即可计算第一个员工应付考勤工资，如图 4-59 所示。

观看视频

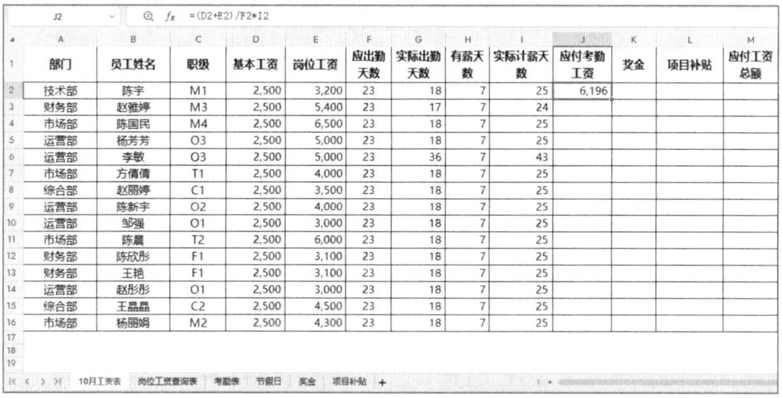

J2　=(D2+E2)/F2*I2

部门	员工姓名	职级	基本工资	岗位工资	应出勤天数	实际出勤天数	有薪天数	实际计薪天数	应付考勤工资	奖金	项目补贴	应付工资总额
技术部	陈宇	M1	2,500	3,200	23	18	7	25	6,196			
财务部	赵雅婷	M3	2,500	5,400	23	17	7	24				
市场部	陈国民	M4	2,500	6,500	23	18	7	25				
运营部	杨芳芳	O3	2,500	5,000	23	18	7	25				
运营部	李敏	O3	2,500	5,000	23	36	7	43				
市场部	方倩倩	T1	2,500	4,000	23	18	7	25				
综合部	赵丽婷	C1	2,500	3,500	23	18	7	25				
运营部	陈新宇	O2	2,500	4,000	23	18	7	25				
运营部	邹强	O1	2,500	3,000	23	18	7	25				
市场部	陈晨	T2	2,500	6,000	23	18	7	25				
财务部	陈欣彤	F1	2,500	3,100	23	18	7	25				
财务部	王艳	F1	2,500	3,100	23	18	7	25				
运营部	赵彤彤	O1	2,500	3,000	23	18	7	25				
综合部	王晶晶	C2	2,500	4,500	23	18	7	25				
市场部	杨丽娟	M2	2,500	4,300	23	18	7	25				

图 4-59　计算第一个员工应付考勤工资

（2）选中 J2 单元格，双击鼠标左键，自动填充公式，即可计算其他员工应付考勤工资，如图 4-60 所示。

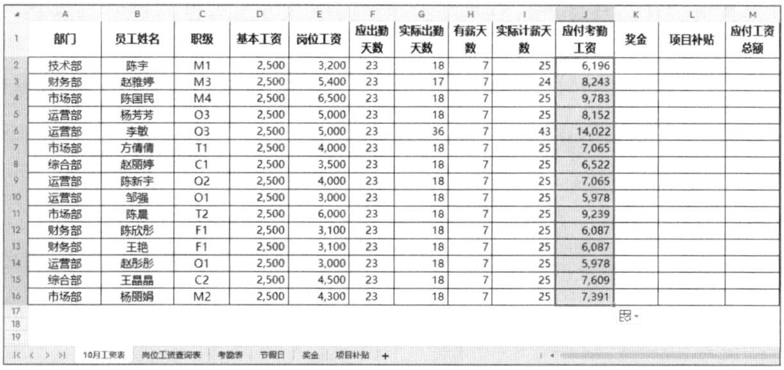

部门	员工姓名	职级	基本工资	岗位工资	应出勤天数	实际出勤天数	有薪天数	实际计薪天数	应付考勤工资	奖金	项目补贴	应付工资总额
技术部	陈宇	M1	2,500	3,200	23	18	7	25	6,196			
财务部	赵雅婷	M3	2,500	5,400	23	17	7	24	8,243			
市场部	陈国民	M4	2,500	6,500	23	18	7	25	9,783			
运营部	杨芳芳	O3	2,500	5,000	23	18	7	25	8,152			
运营部	李敏	O3	2,500	5,000	23	36	7	43	14,022			
市场部	方倩倩	T1	2,500	4,000	23	18	7	25	7,065			
综合部	赵丽婷	C1	2,500	3,500	23	18	7	25	6,522			
运营部	陈新宇	O2	2,500	4,000	23	18	7	25	7,065			
运营部	邹强	O1	2,500	3,000	23	18	7	25	5,978			
市场部	陈晨	T2	2,500	6,000	23	18	7	25	9,239			
财务部	陈欣彤	F1	2,500	3,100	23	18	7	25	6,087			
财务部	王艳	F1	2,500	3,100	23	18	7	25	6,087			
运营部	赵彤彤	O1	2,500	3,000	23	18	7	25	5,978			
综合部	王晶晶	C2	2,500	4,500	23	18	7	25	7,609			
市场部	杨丽娟	M2	2,500	4,300	23	18	7	25	7,391			

图 4-60　计算其他员工应付考勤工资

观看视频

7. 匹配员工奖金发放情况

（1）选中K2单元格，输入公式“=VLOOKUP（）”，输入第1个参数查询关键字，员工姓名-陈宇，即B2单元格；输入第2个参数查询范围，单击“奖金”工作表，框选B列到D列，直接输入逗号；输入第3个参数列序号为3；输入第4个参数精确查询为0，输入的完整公式为“=VLOOKUP（B2，奖金！$B:$D，3，0）”，如图4-61所示。

（2）按Enter键确定，即可匹配第一个员工奖金发放情况，如图4-62所示。

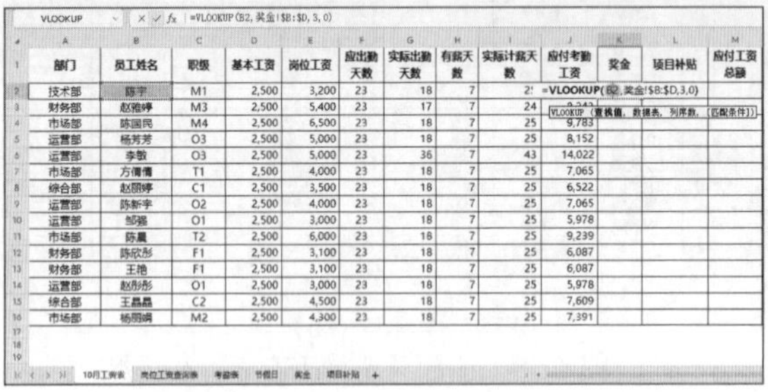
VLOOKUP =VLOOKUP(B2, 奖金!$B:$D, 3, 0)

部门	员工姓名	职级	基本工资	岗位工资	应出勤天数	实际出勤天数	有薪天数	实际计薪天数	应付考勤工资	奖金	项目补贴	应付工资总额
技术部	陈宇	M1	2,500	3,200	23	18	7	2!	=VLOOKUP(B2,奖金!$B:$D,3,0)			
财务部	赵雅婷	M3	2,500	5,400	23	17	7	24	8,243			
市场部	陈国民	M4	2,500	6,500	23	18	7	25	9,783			
运营部	杨芳芳	O3	2,500	5,000	23	18	7	25	8,152			
运营部	李敏	O3	2,500	5,000	23	36	7	43	14,022			
市场部	方倩倩	T1	2,500	4,000	23	18	7	25	7,065			
综合部	赵丽婷	C1	2,500	3,500	23	18	7	25	6,522			
运营部	陈新宇	O2	2,500	4,000	23	18	7	25	7,065			
运营部	邹强	O1	2,500	3,000	23	18	7	25	5,978			
市场部	陈晨	T2	2,500	6,000	23	18	7	25	9,239			
财务部	陈欣彤	F1	2,500	3,100	23	18	7	25	6,087			
财务部	王艳	F1	2,500	3,100	23	18	7	25	6,087			
运营部	赵彤彤	O1	2,500	3,000	23	18	7	25	5,978			
综合部	王晶晶	C2	2,500	4,500	23	18	7	25	7,609			
市场部	杨丽娟	M2	2,500	4,300	23	18	7	25	7,391			

VLOOKUP（查找值，数据表，列序数，[匹配条件]）

10月工资表 岗位工资查询表 考勤表 节假日 奖金 项目补贴

图4-61　输入函数公式

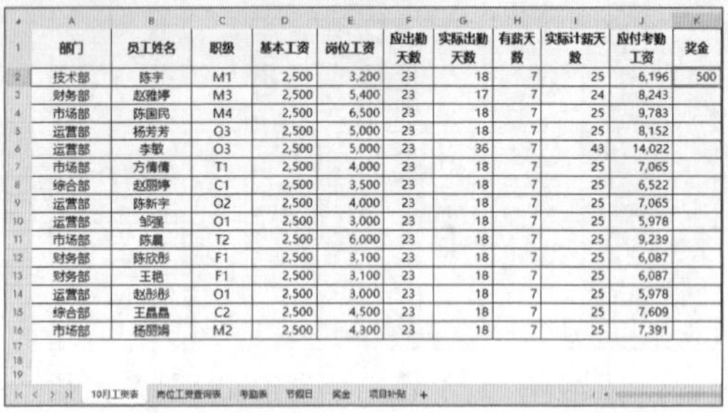

部门	员工姓名	职级	基本工资	岗位工资	应出勤天数	实际出勤天数	有薪天数	实际计薪天数	应付考勤工资	奖金
技术部	陈宇	M1	2,500	3,200	23	18	7	25	6,196	500
财务部	赵雅婷	M3	2,500	5,400	23	17	7	24	8,243	
市场部	陈国民	M4	2,500	6,500	23	18	7	25	9,783	
运营部	杨芳芳	O3	2,500	5,000	23	18	7	25	8,152	
运营部	李敏	O3	2,500	5,000	23	36	7	43	14,022	
市场部	方倩倩	T1	2,500	4,000	23	18	7	25	7,065	
综合部	赵丽婷	C1	2,500	3,500	23	18	7	25	6,522	
运营部	陈新宇	O2	2,500	4,000	23	18	7	25	7,065	
运营部	邹强	O1	2,500	3,000	23	18	7	25	5,978	
市场部	陈晨	T2	2,500	6,000	23	18	7	25	9,239	
财务部	陈欣彤	F1	2,500	3,100	23	18	7	25	6,087	
财务部	王艳	F1	2,500	3,100	23	18	7	25	6,087	
运营部	赵彤彤	O1	2,500	3,000	23	18	7	25	5,978	
综合部	王晶晶	C2	2,500	4,500	23	18	7	25	7,609	
市场部	杨丽娟	M2	2,500	4,300	23	18	7	25	7,391	

10月工资表 岗位工资查询表 考勤表 节假日 奖金 项目补贴

图4-62　匹配第一个员工奖金发放情况

（3）选中K2单元格，双击鼠标左键，自动填充公式，即可匹配其他员工奖金发放情况，如图4-63所示。

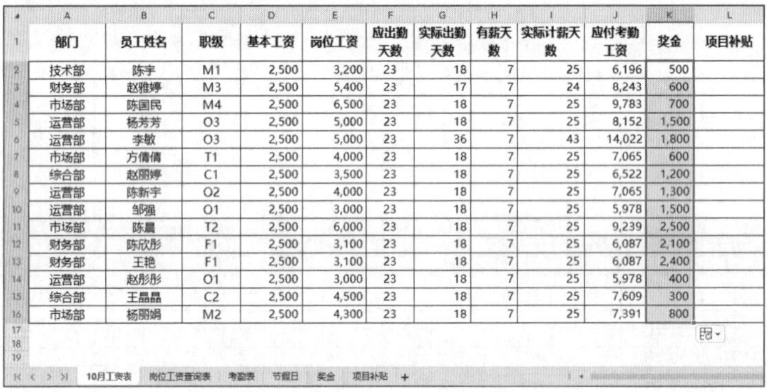

部门	员工姓名	职级	基本工资	岗位工资	应出勤天数	实际出勤天数	有薪天数	实际计薪天数	应付考勤工资	奖金	项目补贴
技术部	陈宇	M1	2,500	3,200	23	18	7	25	6,196	500	
财务部	赵雅婷	M3	2,500	5,400	23	17	7	24	8,243	600	
市场部	陈国民	M4	2,500	6,500	23	18	7	25	9,783	700	
运营部	杨芳芳	O3	2,500	5,000	23	18	7	25	8,152	1,500	
运营部	李敏	O3	2,500	5,000	23	36	7	43	14,022	1,800	
市场部	方倩倩	T1	2,500	4,000	23	18	7	25	7,065	600	
综合部	赵丽婷	C1	2,500	3,500	23	18	7	25	6,522	1,200	
运营部	陈新宇	O2	2,500	4,000	23	18	7	25	7,065	1,300	
运营部	邹强	O1	2,500	3,000	23	18	7	25	5,978	1,500	
市场部	陈晨	T2	2,500	6,000	23	18	7	25	9,239	2,500	
财务部	陈欣彤	F1	2,500	3,100	23	18	7	25	6,087	2,100	
财务部	王艳	F1	2,500	3,100	23	18	7	25	6,087	2,400	
运营部	赵彤彤	O1	2,500	3,000	23	18	7	25	5,978	400	
综合部	王晶晶	C2	2,500	4,500	23	18	7	25	7,609	300	
市场部	杨丽娟	M2	2,500	4,300	23	18	7	25	7,391	800	

10月工资表 岗位工资查询表 考勤表 节假日 奖金 项目补贴

图4-63　匹配其他员工奖金发放情况

观看视频

8. 匹配员工项目补贴

（1）选中L2单元格，输入公式“=VLOOKUP（）”，输入第1个参数查询关键字，员工姓名-陈宇，即B2单元格；输入第2个参数查询范围，单击“项目补贴”工作表，框选B、C两列，直接输入逗号；输入第3个参数列序号为2；输入第4个参数精确查询为0。

（2）用IFERROR函数避免报错符号出现，输入第1个参数公式，匹配员工项目补贴的VLOOKUP函数公式；输入第2个参数，错误显示值，显示空，输入英文状态下引号""，输入的完整公式为“=IFERROR（VLOOKUP（B2，项目补贴！$B$1:$C$13，2，0），""）”，如图4-64所示。

（3）按Enter键确定，即可匹配第一个员工项目补贴发放情况，如图4-65所示。

（4）选中L2单元格，双击鼠标左键，自动填充公式，即可匹配其他员工项目补贴发放情况，如图4-66所示。

观看视频

9. 计算应付工资总额

（1）选中M2单元格，输入公式“=SUM（J2:L2）”，如图4-67所示。

（2）按Enter键确定，即可计算第一个员工的应付工资总额，如图4-68所示。

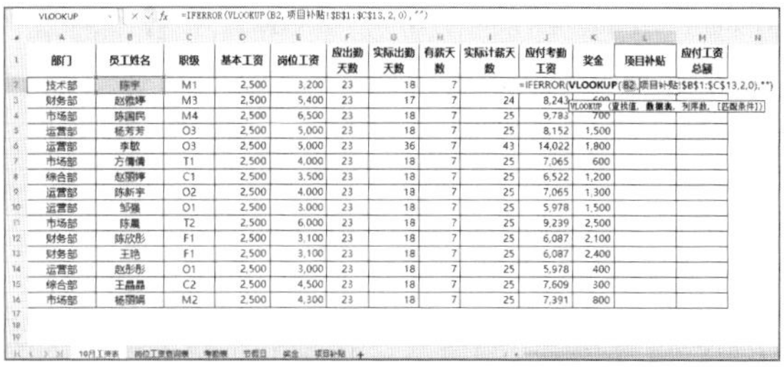

图 4-64　输入函数公式

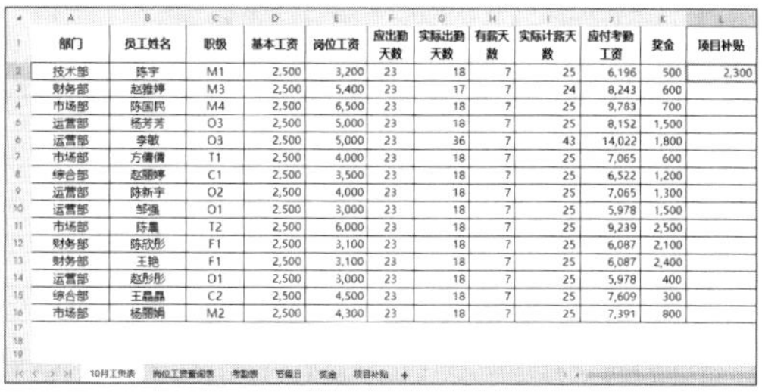

图 4-65　匹配第一个员工项目补贴发放情况

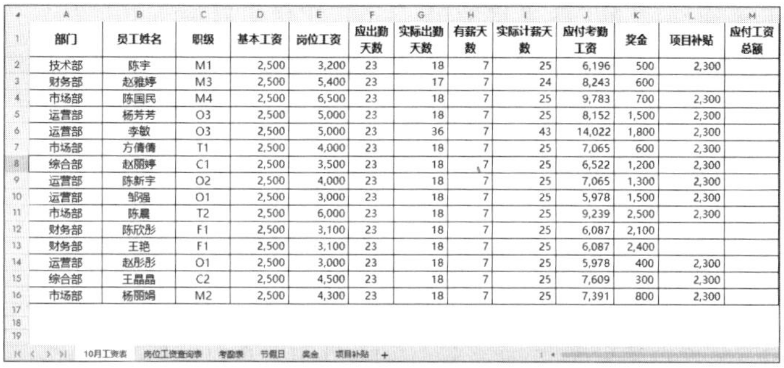

部门	员工姓名	职级	基本工资	岗位工资	应出勤天数	实际出勤天数	有薪天数	实际计薪天数	应付考勤工资	奖金	项目补贴	应付工资总额
技术部	陈宇	M1	2,500	3,200	23	18	7	25	6,196	500	2,300	
财务部	赵雅婷	M3	2,500	5,400	23	17	7	24	8,243	600		
市场部	陈国民	M4	2,500	6,500	23	18	7	25	9,783	700	2,300	
运营部	杨芳芳	O3	2,500	5,000	23	18	7	25	8,152	1,500	2,300	
运营部	李敏	O3	2,500	5,000	23	36	7	43	14,022	1,800	2,300	
市场部	方倩倩	T1	2,500	4,000	23	18	7	25	7,065	600	2,300	
综合部	赵丽婷	C1	2,500	3,500	23	18	7	25	6,522	1,200	2,300	
运营部	陈新宇	O2	2,500	4,000	23	18	7	25	7,065	1,300	2,300	
运营部	邹强	O1	2,500	3,000	23	18	7	25	5,978	1,500	2,300	
市场部	陈晨	T2	2,500	6,000	23	18	7	25	9,239	2,500	2,300	
财务部	陈欣彤	F1	2,500	3,100	23	18	7	25	6,087	2,100		
财务部	王艳	F1	2,500	3,100	23	18	7	25	6,087	2,400		
运营部	赵彤彤	O1	2,500	3,000	23	18	7	25	5,978	400	2,300	
综合部	王晶晶	C2	2,500	4,500	23	18	7	25	7,609	300	2,300	
市场部	杨丽娟	M2	2,500	4,300	23	18	7	25	7,391	800	2,300	

图 4-66　匹配其他员工项目补贴发放情况

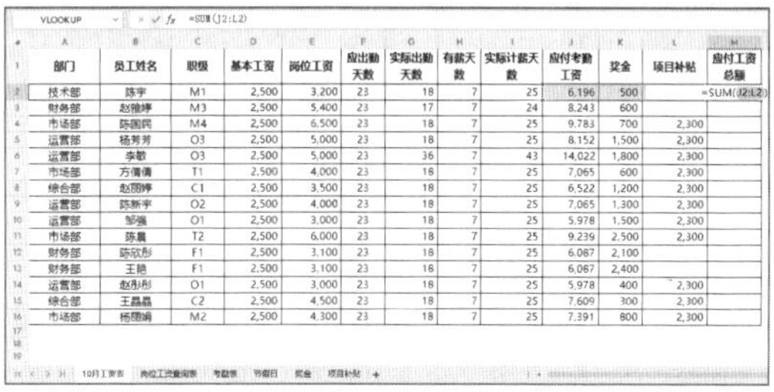

图 4-67　输入函数公式

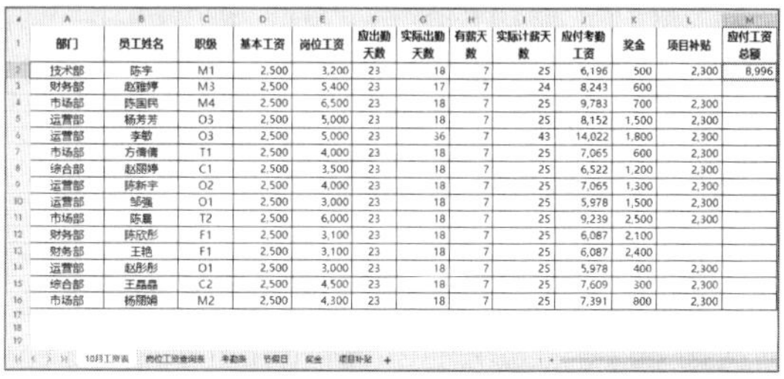

图 4-68　计算第一个员工应付工资总额

（3）选中 M2 单元格，双击鼠标左键，自动填充公式，即可计算其他员工的应付工资总额，如图 4-69 所示。

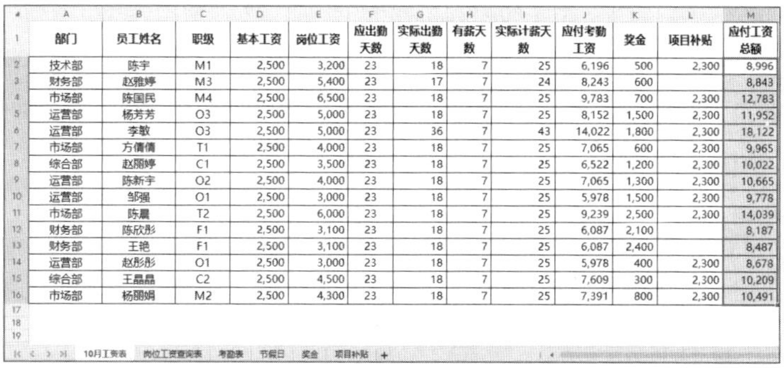

部门	员工姓名	职级	基本工资	岗位工资	应出勤天数	实际出勤天数	有薪天数	实际计薪天数	应付考勤工资	奖金	项目补贴	应付工资总额
技术部	陈宇	M1	2,500	3,200	23	18	7	25	6,196	500	2,300	8,996
财务部	赵雅婷	M3	2,500	5,400	23	17	7	24	8,243	600		8,843
市场部	陈国民	M4	2,500	6,500	23	18	7	25	9,783	700	2,300	12,783
运营部	杨芳芳	O3	2,500	5,000	23	18	7	25	8,152	1,500	2,300	11,952
运营部	李敏	O3	2,500	5,000	23	36	7	43	14,022	1,800	2,300	18,122
市场部	方倩倩	T1	2,500	4,000	23	18	7	25	7,065	600	2,300	9,965
综合部	赵丽婷	C1	2,500	3,500	23	18	7	25	6,522	1,200	2,300	10,022
运营部	陈新宇	O2	2,500	4,000	23	18	7	25	7,065	1,300	2,300	10,665
运营部	邹强	O1	2,500	3,000	23	18	7	25	5,978	1,500	2,300	9,778
市场部	陈晨	T2	2,500	6,000	23	18	7	25	9,239	2,500	2,300	14,039
财务部	陈欣彤	F1	2,500	3,100	23	18	7	25	6,087	2,100		8,187
财务部	王艳	F1	2,500	3,100	23	18	7	25	6,087	2,400		8,487
运营部	赵彤彤	O1	2,500	3,000	23	18	7	25	5,978	400	2,300	8,678
综合部	王晶晶	C2	2,500	4,500	23	18	7	25	7,609	300	2,300	10,209
市场部	杨丽娟	M2	2,500	4,300	23	18	7	25	7,391	800	2,300	10,491

图 4-69　计算其他员工应付工资总额

AI 助力

1. 函数公式为什么会返回乱码

日常工作中，财务人员在 WPS 表格中运用函数设置公式时，时常会发生一些不易察觉的操作失误而导致公式结果返回各种"乱码",例如,"#N/A""#DIV/0""#NUM!"等。对此,大多数公式基础薄弱的财务人员只知道公式出错,却不知道出错的原因,因此也就对函数公式知识始终一知半解,发生此类错误时只能通过反复的测试来修正公式,影响了工作效率。那么,究竟是什么原因会导致函数公式返回乱码呢?下面先让 AI 工具"讯飞星火"来解疑释惑。

向讯飞星火提问: WPS 函数公式为什么有时会返回乱码?

🔘**讯飞星火回复:**

WPS 函数公式在实际应用中极大地提高了数据处理的效率与准确性,但有时也会因为各种原因导致公式返回乱码。乱码的产生通常意味着公式计算过程中出现了错误或异常情况,理解并正确处理这些错误对于提高表格操作技能至关重要。下面将详细分析 WPS 函数公式返回乱码的原因。

1)语法错误

(1)错误的公式结构:如果公式的语法不正确,WPS 无法解析和执行,就会返回错误代码,常见的有 #VALUE!、#NAME?、#NUM! 等。

(2)运算符使用不当:在公式中使用了不适当的或位置错误的运算符,可以导致公式无法正确计算,出现乱码。

(3)错误的单元格引用:公式中引用的单元格如果因为删除或其他操作变成无效,也会导致错误代码 #REF! 的出现。

2)数据类型不匹配

(1)文本与数字混算:当公式中的数字与文本进行运算时,由于类型不匹配,会返回 #VALUE! 错误。

(2)数据源格式问题:公式中引用的数据源,如果因为格式不对或者数据类型被误改,同样会引发 #N/A 等错误代码。

3)空值或空字符串问题

(1)空字符串引发错误:公式中如果引用了包含空字符串的单元格,在计算时会产生 #VALUE! 错误。

(2)空白单元格影响:参与计算的单元格如果为空,也可能引起计算错误,产生乱码。

4)数组公式不正确

(1)缺失大括号:在 WPS 中进行数组计算时,必须使用 Ctrl+Shift+Enter 组合键来确认公式,并且公式需要用花括号括起来,否则会出现 #VALUE! 错误。

(2)数组常量问题:公式中的数组常量如果未正确设置,可能导致计算结果出现乱码。

5)查找函数错误

(1)VLOOKUP 函数错误:在使用 VLOOKUP 等查找匹配类函数时,如果查找区域、数据类型不匹配或公式本身有错误,会返回 #N/A 或 #VALUE! 错误。

(2)数据源引用问题:公式中的数据源引用如果因为相对引用变动导致查找失败,同样会产生乱码。

6)公式中的错误值

使用错误值的公式:如果公式中引用了其他含有错误值的单元格,那么该公式的计算结果也可能是错误的,显示为乱码。

7）迭代计算错误

（1）数值大小问题：在使用 RATE 和 IRR 函数时，如果计算的数值太大或太小，超出了 WPS 的计算范围，会出现 #NUM！错误。

（2）参数有效性：公式中使用了无效的参数，如负数的平方根，将导致 #NUM！错误。

8）软件版本兼容性问题

版本更新导致的公式变化：WPS 表格在不同版本间可能存在兼容性问题，新版本打开旧版本文件时公式可能自动添加 @ 符号，影响计算结果。

通过上述回复可以看出，大多数的函数公式返回乱码，大多是操作人员在编写公式时出现的人为差错。所以，只要预先了解和学习，函数公式“乱码”问题是完全可以防患于未然的。即便是出现了“乱码”，也能够对症下药及时更正。

在 WPS 表格中，根据不同公式设置时的出错点，通常会返回“#N/A”“#DIV/0”“#VALUE!”“#NAME?”“#NUM!”“#NULL!”“#REF!”“####”8 种乱码。下面将介绍出现这些“乱码”的具体原因和解决方法。

（1）“#N/A”乱码。

如果公式中所引用的某个单元格中的数值对函数或公式不可用，即会出现“#N/A”乱码，这种乱码通常出现在查找引用类公式结果中，如 VLOOKUP 函数中的查找值在查找区域中不存在。如图 4-70 所示为出现的“#N/A”乱码。

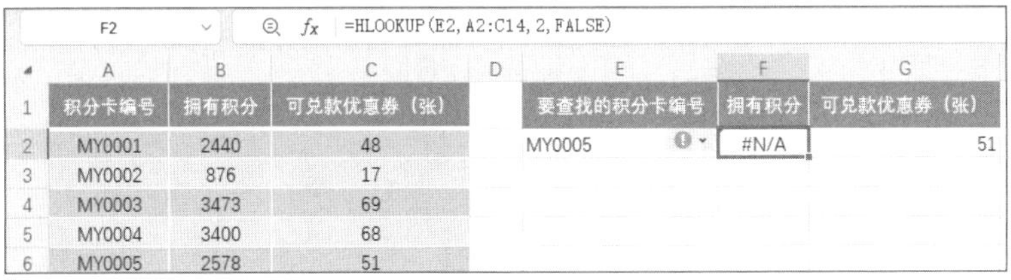
F2 fx =HLOOKUP(E2,A2:C14,2,FALSE)

	A	B	C	D	E	F	G
1	积分卡编号	拥有积分	可兑款优惠券（张）		要查找的积分卡编号	拥有积分	可兑款优惠券（张）
2	MY0001	2440	48		MY0005	#N/A	51
3	MY0002	876	17				
4	MY0003	3473	69				
5	MY0004	3400	68				
6	MY0005	2578	51				

图 4-70　出现“#N/A”乱码

为了解决这个乱码，可以采用以下方法解决问题。

①检查查找值是否确实存在于查找区域中。

②使用 IFERROR 函数将错误值替换为其他内容。

③确保查找区域的首列包含查找依据。

④检查数据类型是否匹配，如查找值是文本类型，数据源也必须是文本类型。

（2）“#DIV/0”乱码。

“#DIV/0”乱码通常出现在包含除法的数学计算公式中，当公式被零除就会出现。如图 4-71 所示为出现的“#DIV/0”乱码。

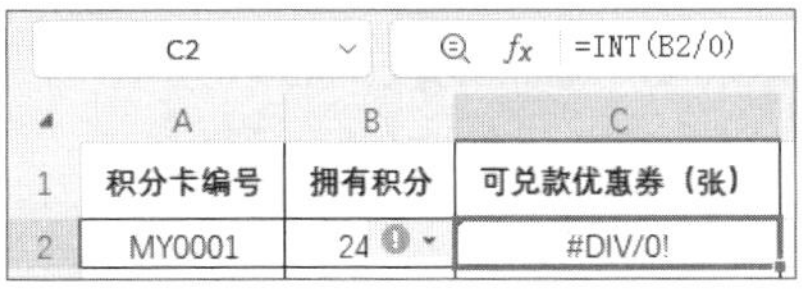
C2 fx =INT(B2/0)

	A	B	C
1	积分卡编号	拥有积分	可兑款优惠券（张）
2	MY0001	24	#DIV/0!

图 4-71　出现“# DIV/0”乱码

为了解决这个乱码，可以采用以下方法解决问题。

①检查除数是否为零或空白单元格，并修改为非零值。

②使用 IF 函数控制除数，如 =IF（C2=0，""，B2/C2）。

（3）"#VALUE!"乱码。

出现"#VALUE!"乱码是因为公式中使用了错误的参数或运算对象类型，如图 4-72 所示为出现的"#VALUE!"乱码。

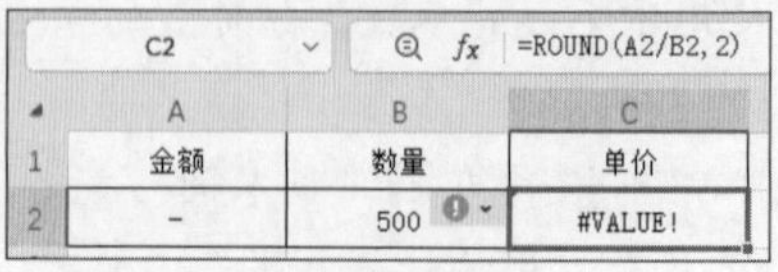

图 4-72　出现"#VALUE!"乱码

为了解决这个乱码，可以采用以下方法解决问题。

①确认公式或函数所需的运算符或参数正确。

②检查是否将文本输入到了需要数字或逻辑值的单元格中。

③使用 SUM 等函数忽略文本，如 =SUM（A1:A10）。

（4）"#NAME?"乱码。

出现"#NAME?"乱码是因为公式中使用了 WPS 无法识别的文本，如图 4-73 所示为出现的"#NAME?"乱码。

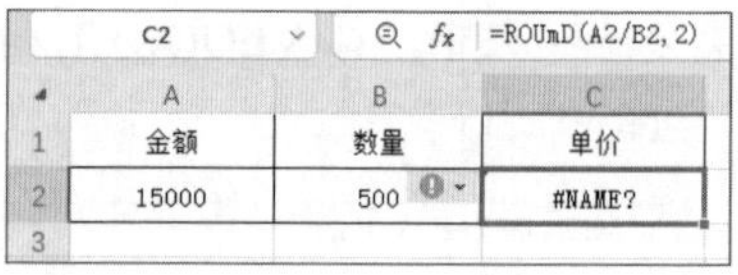

图 4-73　出现"#NAME?"乱码

为了解决这个乱码，可以采用以下方法解决问题。

①检查名称是否拼写错误。

②确认使用的名称确实存在，可以通过"公式"→"定义名称"→"名称管理器"来查看和定义名称。

③在公式中输入文本时，确保使用双引号括起来。

（5）"#NUM!"乱码。

出现"#NUM!"乱码是因为公式或函数中产生了无效的数字，如图 4-74 所示为出现的"#NUM!"乱码。

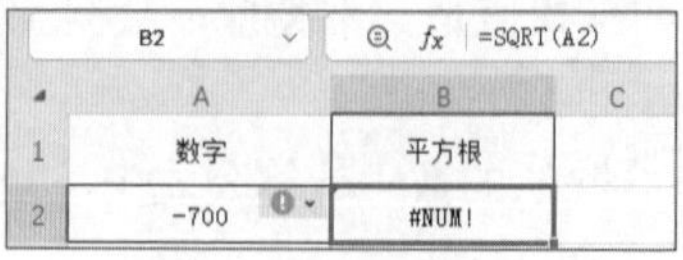

图 4-74　出现"#NUM!"乱码

为了解决这个乱码，可以采用以下方法解决问题。

①确保数值在有效范围内（如 WPS 表格中的数字范围）。

②检查单元格格式是否与数值类型匹配。

③修改公式以避免产生过大或过小的数字。

（6）"#NULL!"乱码。

出现"#NULL!"乱码是因为公式中引用了无效的单元格区域，如图 4-75 所示为出现的"#NULL!"乱码。

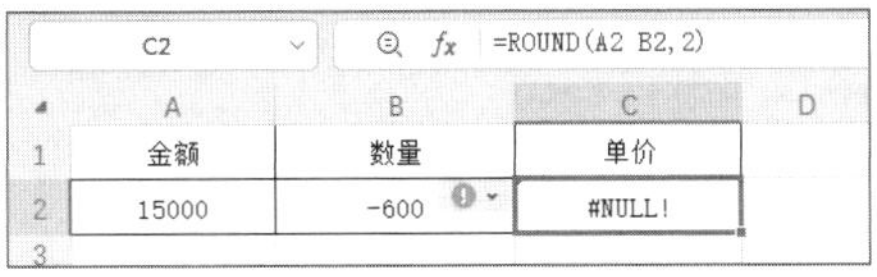

图 4-75　出现"#NULL!"乱码

为了解决这个乱码，可以检查公式中的单元格引用是否正确，确保使用了正确的区域运算符（如冒号用于连续区域，逗号用于不相交区域）。

（7）"#REF!"乱码。

出现"#REF!"乱码是因为公式中引用了无效的单元格或区域，通常是因为这些单元格或区域已被删除或移动，如图 4-76 所示为出现的"#REF!"乱码。

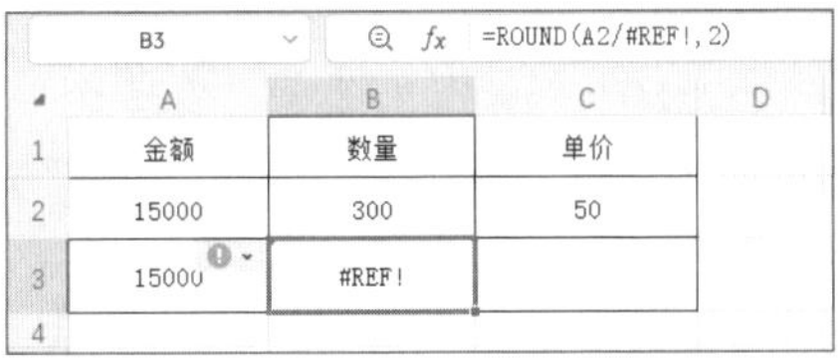

图 4-76　出现"#REF!"乱码

为了解决这个乱码，可以采用以下方法解决问题。

①使用撤销操作（Ctrl+Z）恢复被删除或移动的单元格。

②修改公式中的引用，确保它们指向有效的单元格或区域。

③使用 IFERROR 函数捕获错误，如 =IFERROR（公式，" 无效引用 "）。

（8）"####"乱码。

出现"####"乱码通常是因为单元格宽度不足以显示全部内容，如图 4-77 所示为出现的"####"乱码。

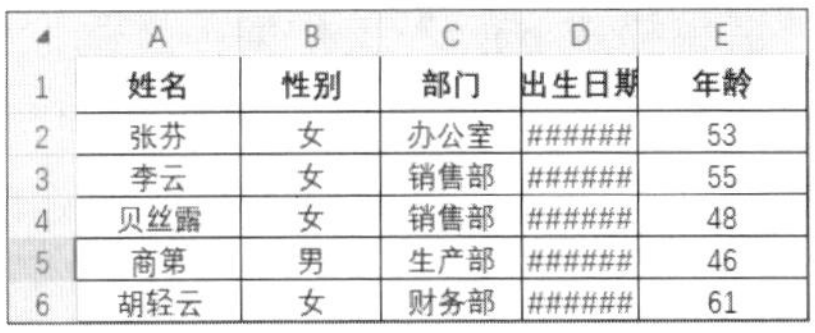

图 4-77　出现"####"乱码

为了解决这个乱码，可以采用以下方法解决问题。

①调整列宽以显示全部内容。

②更改单元格格式以适应内容，如将日期或时间格式更改为更长的格式。

2. 通过 AI 公式自动计算优质客户数

WPS AI 公式是指结合 WPS 办公软件中的人工智能技术，根据用户的自然语言描述或表格数据，智能生成、解释和优化公式的一种功能。这种功能不仅限于传统的数学公式，还包括数据分析、文本处理、日期计算等多个领域的公式。

观看视频

例如，使用 AI 公式可以自动计算出工作表中的优质客户数量，其具体的操作步骤如下。

（1）打开本项目提供的"优质客户数 .xlsx"工作簿，选择 E2 单元格，在"公式"选项卡的"便捷函数"面板中，单击"AI 写公式"右侧的下拉按钮，展开列表框，选择"AI 写公式"命令，如图 4-78 所示。

（2）打开"AI 公式"对话框，在文本框中输入公式条件，然后单击"发送"按钮，如图 4-79 所示。

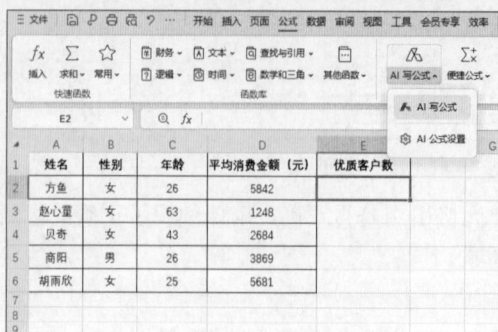

图 4-78　选择"AI 写公式"命令

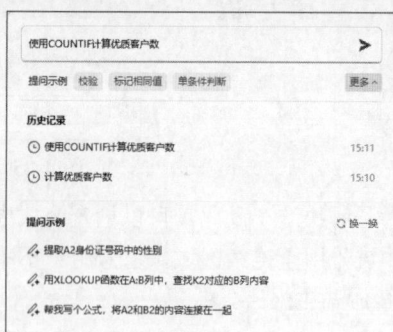

图 4-79　输入公式条件

（3）显示出自动编写的 AI 公式，单击"完成"按钮，如图 4-80 所示。

（4）使用 AI 公式自动计算优质客户数，并显示出计算结果，如图 4-81 所示。

图 4-80　显示自动编写的 AI 公式

图 4-81　显示计算结果

3. 通过 AI 公式计算出提成率为 5% 的销售提成

WPS AI 公式能够自动理解用户的自然语言指令，并根据这些指令生成相应的公式。这种智能化特性使得用户无须手动编写复杂的公式，大大提高了工作效率。例如，使用 AI 公式可以在指定提成率为 5% 的情况下，自动计算出销售提成数据，其具体的操作步骤如下。

（1）打开本项目提供的"销售提成 .xlsx"工作簿，选择 F2 单元格，在"公式"选项卡的"便捷函数"面板中，单击"AI 写公式"右侧的下拉按钮，展开列表框，选择"AI 写公式"命令，打开"AI 公式"对话框，在文本框中输入公式条件，然后单击"发送"按钮，如图 4-82 所示。

（2）显示出自动编写的 AI 公式，单击"完成"按钮，如图 4-83 所示。

图 4-82　输入公式条件

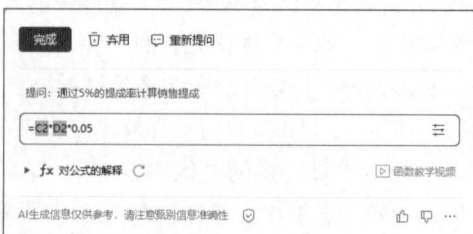

图 4-83　显示自动编写的 AI 公式

观看视频

（3）使用 AI 公式自动计算出提成率为 5% 的销售提成，并显示出计算结果，然后双击 F2 单元格，计算出其他的产品的销售提成数据，如图 4-84 所示。

▲	A	B	C	D	E	F
1	日期	产品编号	销量	单价	进货价	销售提成
2	2025/6/1	KH006785	4	¥ 6,150.00	¥ 4,630.00	¥ 1,230.00
3	2025/6/2	KH006786	3	¥ 6,345.00	¥ 4,150.00	¥ 951.75
4	2025/6/3	CK007987	5	¥ 4,150.00	¥ 3,600.00	¥ 1,037.50
5	2025/6/4	SC006988	4	¥ 2,650.00	¥ 2,000.00	¥ 795.00
6	2025/6/5	SH006989	7	¥ 2,680.00	¥ 2,150.00	¥ 938.00
7	2025/6/6	CK007687	9	¥ 5,460.00	¥ 1,350.00	¥ 2,457.00
8	2025/6/7	SH006870	10	¥ 3,480.00	¥ 3,900.00	¥ 1,740.00
9	2025/6/8	SC007158	8	¥ 4,950.00	¥ 2,560.00	¥ 1,980.00
10	2025/6/9	CK007260	6	¥ 3,540.00	¥ 2,300.00	¥ 1,062.00

图 4-84　显示计算结果

4. 隐身编辑栏中的公式

在 WPS 表格中，编辑栏（也称为公式栏）通常用于显示当前选中单元格的内容或公式。如果希望让编辑栏中的公式"隐身"，即不显示任何内容，实际上这是不可能的，因为编辑栏的设计初衷就是让用户能够查看和编辑单元格的内容或公式。不过，可以通过一些方法来间接达到类似的效果，尽管这些方法并不是真正让编辑栏"隐身"。

下面先让 AI 工具"文心一言"来解疑释惑。

向文心一言提问： WPS 如何隐藏编辑栏中的公式？

🔘 文心一言回复：

如果只是想隐藏单元格中的公式，但保留其计算结果，可以将单元格的格式设置为"显示为数值"而不是"显示为公式"。这可以通过在"公式"选项卡下的"显示公式"按钮（通常是一个带有等号的图标）来切换，但这会全局影响所有单元格的显示方式，而不是单独隐藏某个单元格的公式。

对于单个单元格或一组单元格，可以使用"设置单元格格式"对话框中的"保护"选项卡来隐藏公式，但这需要结合工作表保护来使用。首先，选择单元格或区域，设置单元格格式为隐藏公式，然后保护工作表。这样，用户就无法在编辑栏中看到这些单元格的公式了，但他们仍然可以看到计算结果。

下面将通过上面的方法通过具体案例详细讲解操作方法。

（1）打开本项目提供的"销售提成 .xlsx"工作簿，按快捷键 Ctrl+A，全选工作表，按快捷键 Ctrl+1，打开"设置单元格格式"对话框，切换至"保护"选项卡，勾选"锁定"和"隐藏"复选框，如图 4-85 所示，单击"确定"按钮，即可完成工作表的锁定与隐藏。

（2）在"审阅"选项卡的"保护"面板中，单击"保护工作表"按钮，打开"保护工作表"对话框，保持默认参数设置，在"密码（可选）"文本框中输入密码（如 123456），单击"确定"按钮，如图 4-86 所示。

（3）打开"确认密码"对话框，在"重新输入密码"文本框中再次输入相同的密码，单击"确定"按钮，如图 4-87 所示。

（4）隐藏编辑栏中的公式，在选择带公式的单元格后，则编辑栏中将不显示公式，如图 4-88 所示。

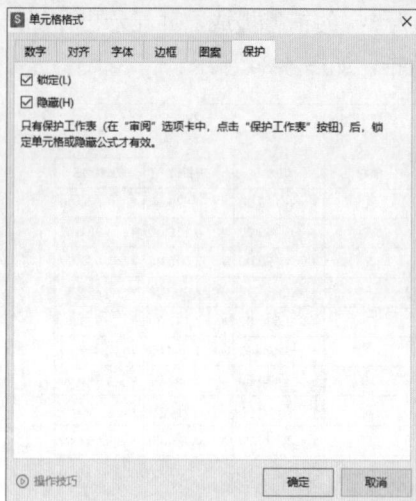

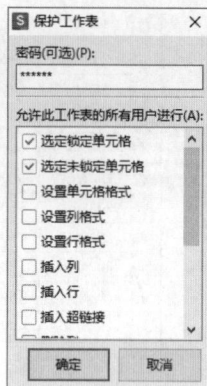

图 4-85　勾选复选框　　　　　　　　　图 4-86　输入密码

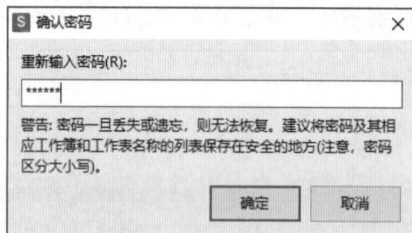

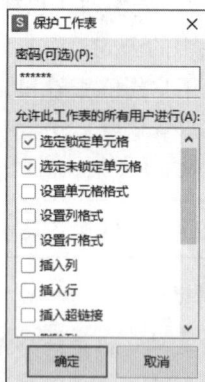

图 4-87　输入公式条件　　　　　　　图 4-88　隐藏编辑栏公式

5. 通过便捷公式计算排名

WPS Office 的"便捷公式"功能可以很快速地进行条件判断与统计，还可以快速提取出身份信息，计算出排名等数据。例如，在员工销售业绩排名表中，使用"便捷公式"可以快速地计算出排名，其具体的操作步骤如下。

（1）打开本项目提供的"员工销售业绩排名 .xlsx"工作簿，选择 D2:D15 单元格区域，在"公式"选项卡的"便捷公式"面板中，单击"便捷公式"右侧的下拉按钮，展开列表框，选择"计算排名"命令，如图 4-89 所示。

（2）打开"便捷公式"任务窗格，在"排名区域"文本框中，单击其右侧的"引用"按钮 ，如图 4-90 所示。

（3）打开"输入"对话框，在工作表中选择 C3:C15 单元格区域，单击"确定"按钮，如图 4-91 所示。

（4）返回到"便捷公式"任务窗格，即可引用排名区域，使用同样的方法，引用输出位置区域，如图 4-92 所示。

（5）单击"确定"按钮，即可计算出销售业绩排名，如图 4-93 所示。

图 4-89　选择"计算排名"命令

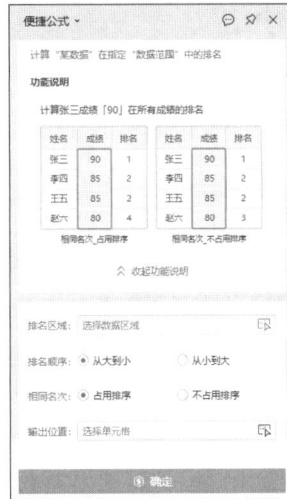

图 4-90　单击"引用"按钮

图 4-91　选择单元格区域

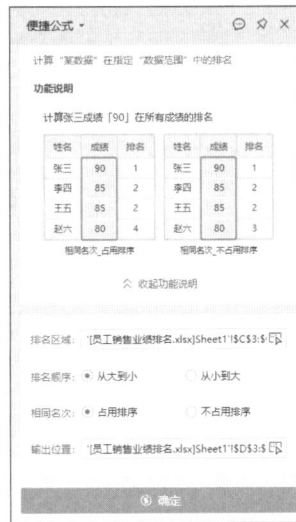

图 4-92　单击"引用"按钮

编号	姓名	销售额	名次
20250301	史弘	￥546,515	10
20250302	陈扬	￥59,400	13
20250303	刘甫	￥659,455	2
20250304	陈虞	￥548,715	7
20250305	何清扬	￥548,425	9
20250306	刘悠	￥639,425	4
20250307	罗熙	￥610,505	5
20250308	郑颉	￥541,620	11
20250309	黄平	￥548,568	8
20250310	邓琴	￥654,894	3
20250311	王轲	￥596,401	6
20250312	刘荆	￥487,656	12
20250313	谭崇	￥676,505	1

图 4-93　计算销售业绩排名

─○**项目小结**○─

本项目详细介绍了数据的筛选、排序与分类汇总方法，旨在帮助读者更全面地处理数据。通过项目中的每个知识点的介绍，读者可以快速掌握数据的各种筛选、排序和汇总方式，最后通过案例项目实施和 AI 助力，对本项目的知识点进行巩固练习和拓展学习。

─○**课后练习——使用函数制作服装销售表**○─

在服装销售表计算出各类产品 8 月和 9 月的环比增长率，并统计 8 月和 9 月总产品的平均值、总值、最大值和最小值，最后制作一个简易的查询系统，要求输入产品类别时，就可以查询到相关的明细数据。制作过程中，注意为所有环比数据设置百分比格式，练习完成后结果如图 4-94 所示。

类别	8月	9月	环比增长率		请在下方输入类别	8月	9月	环比增长率
连衣裙	150	416	177.33%		风衣	4689	1448	-69%
卫衣	1890	1365	-27.78%					
针织衫	136	85	-37.50%					
羊绒衫	569	918	61.34%					
休闲裤	3180	3468	9.06%					
牛仔裤	315	169	-46.35%					
短外套	369	678	83.74%					
羊绒毛呢	256	699	173.05%					
轻薄羽绒	615	1050	70.73%					
休闲西装	695	2905	317.99%					
中长羽绒服	1560	2789	78.78%					
牛仔外套	290	150	-48.28%					
棒球服	2490	1650	-33.73%					
风衣	4689	1448	-69.12%					
休闲衬衫	6580	978	-85.14%					
打底衫	960	156	-83.75%					
西装裤	3150	884	-71.94%					
阔腿裤	3560	2458	-30.96%					
工装裤	1560	359	-76.99%					
旗袍	168	2478	1375.00%					
礼服	236	809	242.80%					
孕妇裙	2980	1450	-51.34%					
平均值	1654.4545	1243.7273	88%					
总值	36398	27362						
最大值	36398	27362						
最小值	136	85						

图 4-94　服装明细表效果

项目 5　数据透视表的应用: 制作"店铺商品统计表"

　　数据分析常常需要从多个维度查看数据，才能得到一组数据的全貌。WPS 表格中的数据透视表正是最符合数据分析的工具，它可以灵活切换查看数据的维度，并可以设置数据的统计方式，还可以对数据进行排序和筛选，让整个数据分析过程变得灵动起来，掌握了它就足够进行日常的数据分析工作。

　　本项目将详细讲解 WPS 表格中数据透视表的应用方法，通过对本项目的学习，读者可以快速掌握数据透视表和数据透视图的操作，并通过所学的知识点，快速制作出"店铺商品统计表"。

─○学习目标○─

▶ 制作"店铺商品统计表"的技术要点。

▶ 认识数据透视表。

▶ 设置数据透视表字段。

▶ 设置数据透视表格式。

▶ 更新数据透视表的数据源。

▶ 筛选数据透视表中的数据。

▶ 数据透视图的应用。

─○知识准备○─

知识点 1　制作"店铺商品统计表"的技术要点

　　向文心一言提问: 在 WPS Office 2023 中，制作"店铺商品统计表"的技术要点有哪些?

　　文心一言回复:

　　制作"店铺商品统计表"的技术要点主要包括以下几方面。

　　1. 明确统计目的与需求

　　(1) 确定报表使用者: 了解报表的使用者是谁，如店铺管理者、销售人员、财务人员等，以便根据他们的需求定制报表内容。

　　(2) 明确统计目的: 明确统计表的目的，是为了监控销售情况、分析商品利润、评估促销效果还是其他目的。

2. 设计表格结构与布局

（1）标题清晰：确保表格标题简洁明了，能够直接反映统计内容。

（2）列与行设置：根据统计需求，合理设置表格的列与行。通常包括商品名称、规格型号、进货价格、销售价格、进货数量、销售数量、库存数量、销售额、毛利等字段。

（3）格式统一：保持表格中字体、颜色、格式的统一，提高表格的美观度和易读性。

3. 选择关键统计指标

（1）销售指标：如销售额、销售量、销售增长率等，用于评估商品的销售情况。

（2）库存指标：如库存数量、库存周转率、库龄等，用于监控库存状况，避免积压或短缺。

（3）利润指标：如毛利率、毛利额等，用于分析商品的营利能力。

4. 确保数据准确性与完整性

（1）数据来源可靠：确保统计数据的来源可靠，避免使用错误或误导性的数据。

（2）数据更新及时：定期更新统计数据，确保报表反映最新情况。

（3）数据验证：在录入数据后，进行必要的验证和核对，确保数据的准确性和完整性。

5. 增加标注与说明

（1）标注单位：在表格中标注各项数据的单位，如数量单位（个、件）、金额单位（元、万元）等。

（2）数据说明：对于重要的数据或指标，可以添加简短的说明或注释，帮助读者更好地理解数据背后的含义。

6. 使用图表辅助展示

（1）图表选择：根据统计内容选择合适的图表类型，如柱状图、折线图、饼图等，以更直观地展示数据。

（2）图表布局：将图表与统计表相结合，形成图文并茂的报表，提高信息的传递效率。

7. 考虑报表的扩展性与可维护性

（1）模块化设计：将报表设计成模块化的结构，便于后续的修改和扩展。

（2）自动化处理：利用数据库、WPS 表格、Excel 等工具实现数据的自动化处理，减少人工操作，提高工作效率。

综上所述，制作"店铺商品统计表"需要综合考虑统计目的、表格结构、统计指标、数据准确性、标注说明、图表展示以及报表的扩展性与可维护性等多方面。通过遵循这些技术要点，可以制作出既美观又实用的统计表，为店铺的经营管理提供有力的支持。

知识点2　认识数据透视表

WPS 表格中的表对象相当于一个小型的数据库，前面介绍的各种功能和技巧都是在对这个数据库进行整理和平面化分析，而数据透视表是一种对大量数据进行快速汇总和建立交叉列表的交互式的表，可以简单地将其理解成一个基于数据库产生的动态报告。数据透视表可以动态地改变数据库中的数据布局位置，根据字段对数据进行多种形式的汇总，还不需要使用函数来汇总分析数据，对不懂函数的用户非常友好。

1. 数据透视表的功能

一个 WPS 表格通常含有巨量的数据，直接查看的话，难以进行精确统计与分析。例如，某公司 10 年来的商品销售表，可能含有几十万上百万条记录，要对其进行分析的话，就必须进行各种分类与汇总，而且要求分类汇总的结果能根据原始表格数据的变化而相应改变。要达到这个目的，可以采用在原始表格上建立数据透视表的方法来进行。换言之，数据透视表是用于快速分类与汇总原始表格的数据的工具，是在原始表格上建立的若干"二次表格"，而且此表格还能根据原始表格中的数据变化而动态地变化，无须重建表格。

例如，下面是一张销售统计表，表格中数据量较大，难以直观分析。如果根据这张表格中的数据制作数据透视表，则可以更加灵活地查看、分析数据，如图 5-1 所示。

序号	单号	日期	购货单位	货物名称	品牌	性状	规格	数量	单价	金额	收费方式	业务员
1	0149523	2025/9/1	诚信商贸	B 圆珠笔（黑色）0.25MM	B	黑色	0.25MM	55	22	1210	支付宝	钟琴
2	0149524	2025/9/1	众城科技	A 圆珠笔（黑色）0.5MM	A	黑色	0.5MM	156	90	14040	现金	方芸
3	0149525	2025/9/1	诚信商贸	B 中性笔（红色）0.8MM	B	红色	0.8MM	39	35	1365	微信	胡杨
4	0149526	2025/9/2	诚信商贸	C 中性笔（黑色）0.5MM	C	黑色	0.5MM	28	58	1624	现金	赵明明
5	0149527	2025/9/2	众城科技	A 中性笔（蓝色）0.35MM	A	蓝色	0.35MM	29	35	1015	POS机	汪玲
6	0149528	2025/9/3	诚信商贸	A 中性笔（黑色）0.5MM	A	黑色	0.5MM	35	105	3675	支付宝	江辰
7	0149529	2025/9/4	普金物业	C 中性笔（黑色）0.5MM	C	黑色	0.5MM	49	78	3822	POS机	路遥遥
8	1923258	2025/9/5	德信物流	B 中性笔（红色）0.8MM	B	红色	0.8MM	69	65	4485	微信	刘琴琴
9	1923259	2025/9/5	诚信商贸	A 圆珠笔（蓝色）0.35MM	A	蓝色	0.35MM	158	26	4108	转账	陈珂
10	0139470	2025/9/6	诚信商贸	C 中性笔（黑色）0.5MM	C	黑色	0.5MM	175	65	11375	现金	赵婷
11	0139471	2025/9/7	长琴贸易	A 圆珠笔（红色）0.38MM	A	红色	0.38MM	36	26	936	支付宝	杨明
12	0139472	2025/9/8	长琴贸易	A 圆珠笔（红色）0.38MM	A	红色	0.38MM	68	224	15232	微信	方爱
13	0139473	2025/9/9	德信物流	A 圆珠笔（黑色）0.5MM	A	黑色	0.5MM	89	26	2314	POS机	沈齐雪
14	0139474	2025/9/9	长琴贸易	C 铅笔（黑色）2B	C	黑色	2B	87	18	1566	支付宝	梁萌萌
15	0139475	2025/9/9	长琴贸易	B 中性笔（红色）0.8MM	B	红色	0.8MM	65	37	2405	微信	胡馨月
16	0139476	2025/9/10	长琴贸易	A 圆珠笔（红色）0.38MM	A	红色	0.38MM	105	29	3045	POS机	艾黎

购货单位	求和项:数量
诚信商贸	490
德信物流	158
普金物业	49
长琴贸易	361
众城科技	185
总计	1243

数据透视表 ◄

原始数据表 ▲

图 5-1　销售统计数据透视表

1）查询海量数据

数据透视表的基本功能之一就是查询数据。无论原始数据中包含多少个数据字段，建立数据透视表后都可以选择性地查看指定字段的数据。例如，这里为图 5-1 中的原始数据创建数据透视表，并在"数据透视表字段"任务窗格中选择"日期""购货单位""金额"三个字段。那么数据透视表中只会显示所选择的这三个字段数据，如图 5-2 所示。在"数据透视表字段"任务窗格中，还可以再次选择其他字段进行查看，从而实现数据的灵活查询。

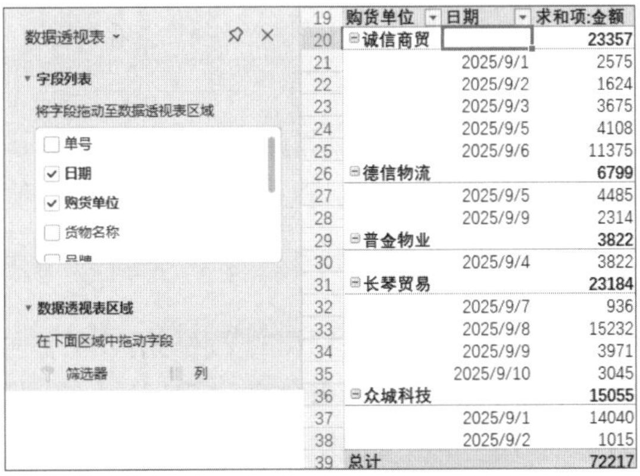

购货单位	日期	求和项:金额
⊟诚信商贸		23357
	2025/9/1	2575
	2025/9/2	1624
	2025/9/3	3675
	2025/9/5	4108
	2025/9/6	11375
⊟德信物流		6799
	2025/9/5	4485
	2025/9/9	2314
⊟普金物业		3822
	2025/9/4	3822
⊟长琴贸易		23184
	2025/9/7	936
	2025/9/8	15232
	2025/9/9	3971
	2025/9/10	3045
⊟众城科技		15055
	2025/9/1	14040
	2025/9/2	1015
总计		72217

图 5-2　查询海量数据

2）灵活分类汇总数据

数据透视表可以对选择的数据字段按分类和子分类对相关数据进行分类汇总。例如，这里为前面例子中的原始数据创建数据透视表，并让"值"字段中的金额数据以"求和"的方式汇总，而“单价”字段以“平均值”的方式汇总。可以得到如图 5-3 所示的透视结果，即对各购货单位的消费金额求和，及消费单价求平均值。

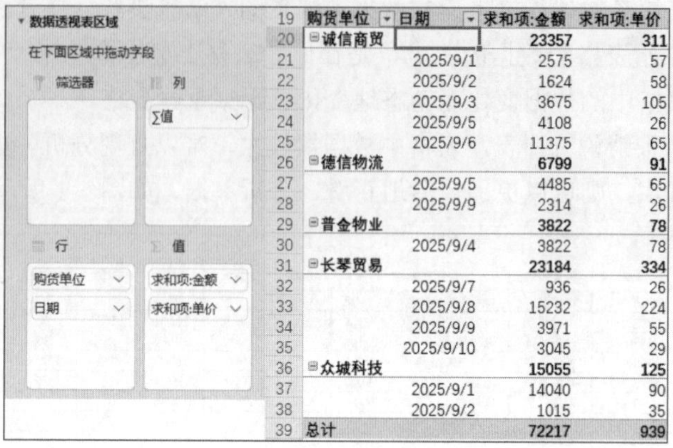

	购货单位	日期	求和项:金额	求和项:单价
20	⊟诚信商贸		23357	311
21		2025/9/1	2575	57
22		2025/9/2	1624	58
23		2025/9/3	3675	105
24		2025/9/5	4108	26
25		2025/9/6	11375	65
26	⊟德信物流		6799	91
27		2025/9/5	4485	65
28		2025/9/9	2314	26
29	⊟普金物业		3822	78
30		2025/9/4	3822	78
31	⊟长琴贸易		23184	334
32		2025/9/7	936	26
33		2025/9/8	15232	224
34		2025/9/9	3971	55
35		2025/9/10	3045	29
36	⊟众城科技		15055	125
37		2025/9/1	14040	90
38		2025/9/2	1015	35
39	总计		72217	939

图 5-3　灵活分类汇总数据

3）选择性查看数据

在数据透视表中，可以通过展开或折叠按钮选择性查看数据。如图 5-4 所示，为前面例子中的原始数据创建数据透视表，并单击“德信物流”前的折叠按钮，即可将该购货单位下各日期的明细数据折叠起来，仅显示该项的总数据。

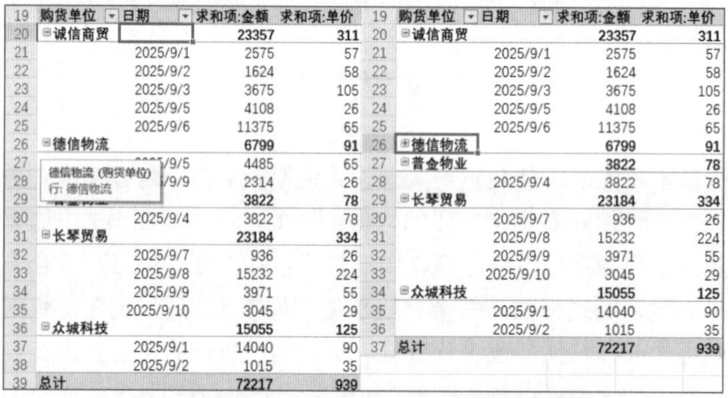

	购货单位	日期	求和项:金额	求和项:单价
20	⊟诚信商贸		23357	311
21		2025/9/1	2575	57
22		2025/9/2	1624	58
23		2025/9/3	3675	105
24		2025/9/5	4108	26
25		2025/9/6	11375	65
26	⊟德信物流		6799	91
27		2025/9/5	4485	65
28		2025/9/9	2314	26
29			3822	78
30		2025/9/4	3822	78
31	⊟长琴贸易		23184	334
32		2025/9/7	936	26
33		2025/9/8	15232	224
34		2025/9/9	3971	55
35		2025/9/10	3045	29
36	⊟众城科技		15055	125
37		2025/9/1	14040	90
38		2025/9/2	1015	35
39	总计		72217	939

	购货单位	日期	求和项:金额	求和项:单价
20	⊟诚信商贸		23357	311
21		2025/9/1	2575	57
22		2025/9/2	1624	58
23		2025/9/3	3675	105
24		2025/9/5	4108	26
25		2025/9/6	11375	65
26	⊞德信物流		6799	91
27	⊟普金物业		3822	78
28		2025/9/4	3822	78
29	⊟长琴贸易		23184	334
30		2025/9/7	936	26
31		2025/9/8	15232	224
32		2025/9/9	3971	55
33		2025/9/10	3045	29
34	⊟众城科技		15055	125
35		2025/9/1	14040	90
36		2025/9/2	1015	35
37	总计		72217	939

图 5-4　通过展开或折叠按钮选择性查看数据

4）分析数据

在数据透视表中，还可以对数据进行筛选、排序，或使用透视图、切片器、日程表进行数据分析。如图 5-5 所示，是对数据透视表中的数据进行“升序”排序，以便发现数据规律。如图 5-6 所示，是利用数据透视表中的筛选列表对数据进行快速筛选，方便留下需要重点关注的数据项。

5）交互式汇报数据

数据透视表最大的优点就是，可以根据数据源的变化进行变动，再加上前面介绍的那些强大功能，就可以对大量数据进行快速汇总及动态查询，实现交互式汇报数据的功能。

因此，可以将数据透视表看作一份基于原始数据表生成的动态报告，当汇报需求发生变化时，不用改动原始数据，直接调整数据透视表即可。如图 5-7 所示，是为前面例子中的原始数据选择不同的字段时，数据透视表呈现的结果。

2. 数据透视表的结构

数据透视表是具有强大分析功能的工具。当表格中有大量数据时，利用数据透视表可以更

图 5-5 排序数据

图 5-6 筛选数据

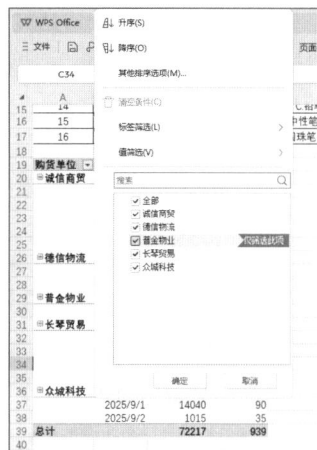

图 5-7 选择不同字段呈现不同的数据透视表

加直观地查看数据，并且能够方便地对数据进行对比和分析。为了更好地使用数据透视表，首先需要了解数据透视表的结构。一个完整的数据透视表主要由数据库、字段列表、报表筛选字段等部分组成，如图 5-8 所示。

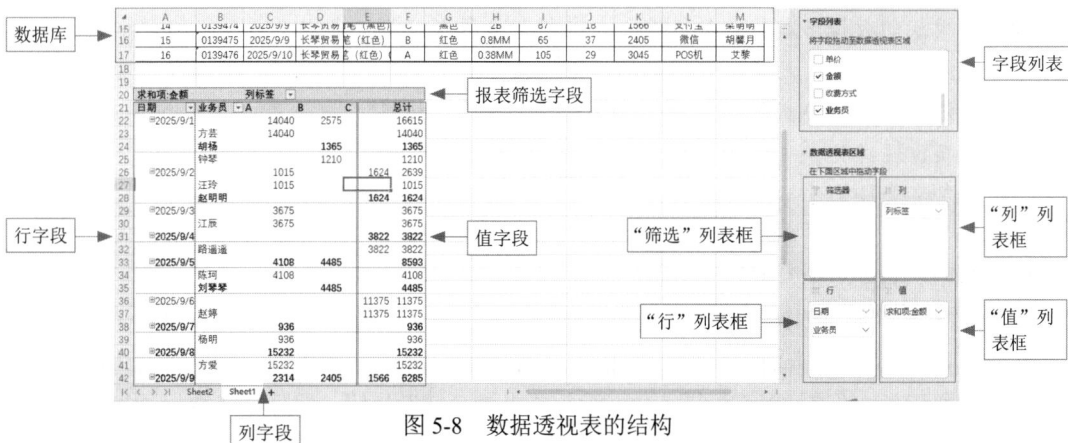

图 5-8 数据透视表的结构

下面将对数据透视表结构的各部分进行详细介绍。

（1）数据库（原始数据）：创建数据透视表的原始数据，可以保存在工作簿中或一个外部文件中。

（2）"字段列表"列表框：字段列表框中包含数据透视表中所有的数据字段。在该列表框中选中或取消选中字段标题对应的复选框，可以对数据透视表进行透视。

（3）报表筛选字段：又称为页字段，用于筛选表格中需要保留的项。

（4）"筛选"列表框：移动到该列表框中的字段即为报表筛选字段，将在数据透视表的报表筛选区域显示。

（5）列字段：显示信息的种类，等价于数据清单中的列。

（6）"列"列表框：移动到该列表框中的字段即为列字段，将在数据透视表的列字段区域显示。

（7）行字段：显示信息的种类，等价于数据清单中的行。

（8）"行"列表框：移动到该列表框中的字段即为行字段，将在数据透视表的行字段区域显示。

（9）值字段：根据设置的求值方式对选择的字段项进行求值。数值和文本的默认汇总方式分别是"求和"和"计数"。

（10）"值"列表框：移动到该列表框中的字段即为值字段，将在数据透视表的求值项区域显示。

【小提示】用于创建数据透视表的原始数据必须具备基本的规范，才不会在创建透视表或后期进行数据分析时出现错误。主要应注意以下几方面。

▶ 要分析的数据尽量放在一张表格里，因为数据透视表的数据分析来自同一张工作中的数据。

▶ 数据透视表的原始数据应该是一维表格，即表的第一行是表头（字段名），下面是字段对应的数据。不能包含多层表头，或是在数据记录中插入标题行。

▶ 原始数据不要出现空行或空列，这会导致建表错误。如果数据没有，或为"0"值，建议输入"0"，而非留下空白单元格。

▶ 原始数据中不要有合并单元格存在，否则容易导致透视分析错误。如果原始数据出现合并单元格，应该取消单元格合并再创建数据透视表。

▶ 原始数据中如果有重复数据，会影响数据透视表中统计结果的正确性。

▶ 不规范的数据格式会给数据透视表分析带来很多麻烦，所以，原始数据表中的数据格式要正确设置，尤其是日期数据，不能设置成"文本"数据格式，否则无法使用透视表汇总统计日期数据，在使用日程表进行数据分析时，日程表也难以识别日期数据，从而出现错误。

3. 创建数据透视表

数据透视表是一种交互式表格，它可以根据实际需求进行计算，如求和、计数等，进行的计算与数据跟数据透视表中的排列有关。

在 WPS 表格中，创建数据透视表的具体操作是：在打开的工作表中选择 A1:M17 单元格区域，在"插入"选项卡的"表格"面板中，单击"数据透视表"按钮，打开"创建数据透视表"对话框，修改放置位置，如图 5-9 所示，单击"确定"按钮，即可创建数据透视表，并在新工作表中显示，如图 5-10 所示。

4. 改变透视表的字段布局

改变数据透视表的字段布局，可以改变数据透视表的整体效果，以便从不同的视角进行数

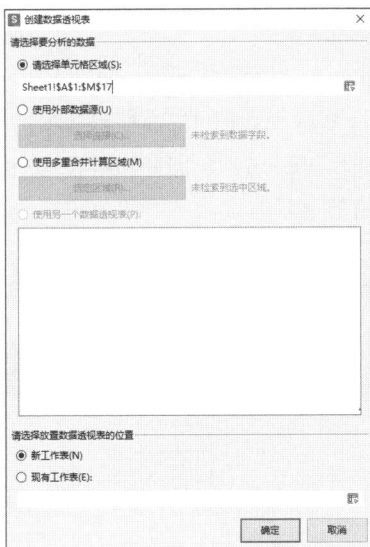

图 5-9　修改放置位置

图 5-10　创建数据透视表

据分析。

　　对字段布局主要是将字段从"字段列表"列表框中直接拖曳添加到下方的各列表框中。只需要在"字段列表"列表框中选中字段，往下拖动，拖动到合适的列表框中后再松开鼠标，就完成了字段布局。操作很简单，重要的是思想。将不同的字段拖动到不同的列表框中会产生截然不同的数据透视表效果，所以需要在理解的基础上，清楚当前的数据分析案例需要设置哪些字段，结合自己的需求进行字段设置。

　　例如，保持所选字段相同，改变透视表的字段布局，就可以得到另一个数据透视表。在改变透视表的字段布局时，可以通过拖曳字段的位置进行字段布局调整，其具体操作是：在数据透视表中，将"值"列表框中的"数量"字段拖曳至"列"列表框中，如图 5-11 所示，即可改变透视表的字段布局，如图 5-12 所示。

图 5-11　拖曳"数量"字段

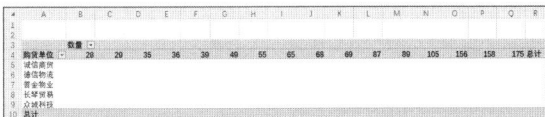

图 5-12　改变字段布局

　　【小提示】在进行字段选择与设置时，数据透视表中的效果会随之发生改变。因此，在调整字段时，可以对照着透视表区域的数据，看看数据显示是否符合分析需要，如果不符合分析需要，可以再进行字段设置。"数据透视表字段"任务窗格中选中的字段可以在下方的 4 个列表框中随意拖动改变字段布局位置。

知识点 3　设置数据透视表字段

通过数据透视表，用户可以灵活地分析数据，方便之处主要是字段可以随意进行调整。字段作为数据透视表中最重要的元素，其操作技巧也相对多一点。要想提高使用数据透视表分析数据的水平，就应该掌握字段的相关设置技巧，如自定义字段名称、展开和折叠活动字段、隐藏字段标题、删除字段、设置字段的汇总方式、更改值的显示方式。

1. 自定义字段名称

前面了解到了数据透视表的强大数据分析功能，有一点不足的是每次的值字段标题都带有"求和项""计数项""平均值项"等内容，虽然这些内容可以指明正在采用的统计方式，但实在影响表格美观。通过自定义字段名称可以修改字段名，例如，将数据透视表中的"求和项：数量"修改为"数量"，其具体操作是：在"求和项：数量"字段上双击，打开"值字段设置"对话框，在"自定义名称"文本框中输入新名称，单击"确定"按钮即可自定义字段名称，如图 5-13 所示。

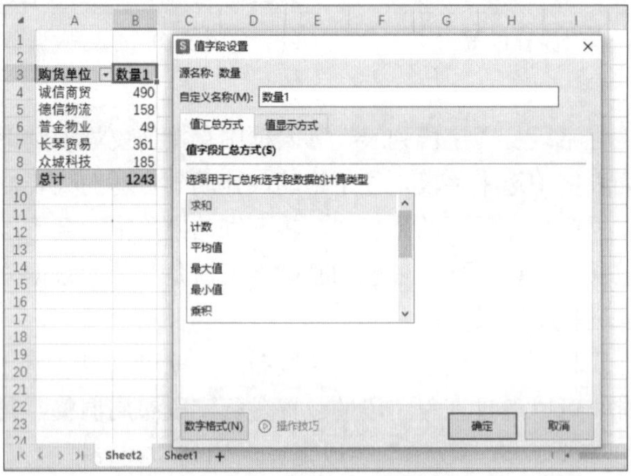

图 5-13　自定义字段名称

【小提示】通过自定义字段名称，还可以修改数据透视表中错误或重复的字段名称。当数据透视表（包括原始数据）中的字段名设置重复时，会打开提示对话框，如图 5-14 所示，提示"已有相同数据透视表字段名存在"。所以，自定义字段名称时，应注意字段名称的内容，尽量避免冲突。如果为了保证字段名称的一致性，又要避免冲突，就在名称前后添加空格。

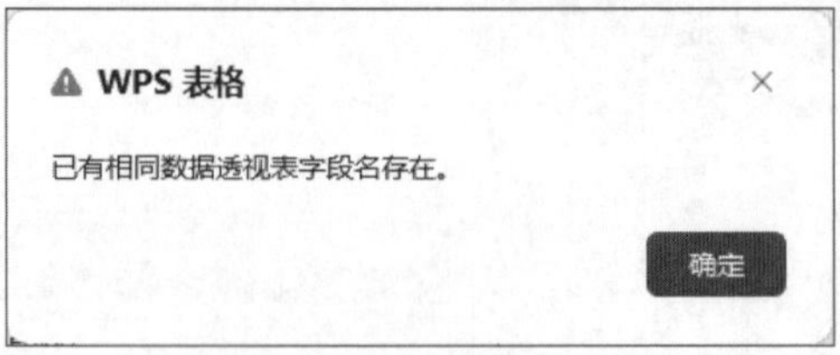

图 5-14　提示对话框

2. 展开和折叠活动字段

在对一些复杂数据进行分析时，通过数据透视表显示的结果可能存在多层数据汇总，为了能更直观地看到需要的结果，避免看错或看漏数据，可以折叠不需要查看的数据分类中的明细数据，只显示当前需要查看的汇总数据，直到需要查看明细数据时，再将其展开显示出来。例如，在数据透视表中只展开 9 月 7 日和 9 月 9 日的明细数据，其具体操作是：在数据透视表中，选中任意单元格，在"分析"选项卡的"活动字段"面板中，单击"折叠"按钮，折叠数据表中的所有字段，如图 5-15 所示，依次单击 9 月 7 日和 9 月 9 日字段左侧的 ⊞ 按钮，即可展开所选字段，如图 5-16 所示。

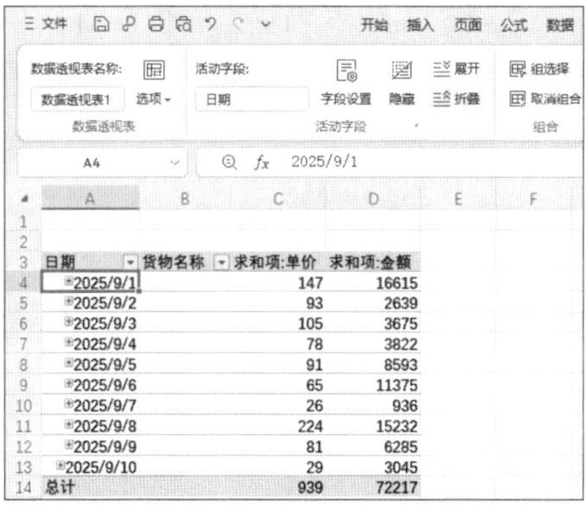

图 5-15　折叠所有字段

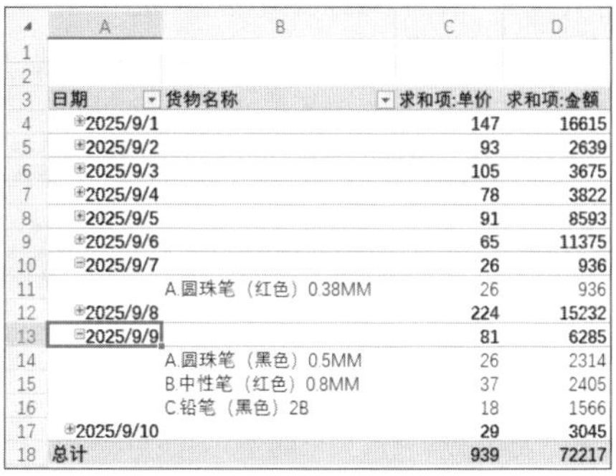

图 5-16　展开指定字段

【小提示】在"分析"选项卡的"活动字段"面板中，单击"展开"/"折叠"按钮，可以快速展开或折叠数据透视表中的所有明细数据。单击数据透视表中各汇总数据项前的 ⊞ 或 ⊟ 按钮，仅能展开或折叠当前汇总数据项下的明细数据。

3. 隐藏字段标题

在 WPS 表格中创建数据透视表后，默认字段标题会显示在数据透视表中，同时还提供了一个下拉按钮以便进行筛选，但这些字段标题有时显得多余，如在打印数据透视表时。通过前面介绍的自定义字段名称并不能对其进行操作，要取消这些多余内容，使数据透视表的外观和 WPS 表格中普通表格的外观更相似，还必须使用"隐藏字段标题"功能。隐藏字段标题的方法很简单，用户只要在数据透视表中的"分析"选项卡的"显示"面板中，单击"字段标题"按钮即可隐藏字段标题，如图 5-17 所示。

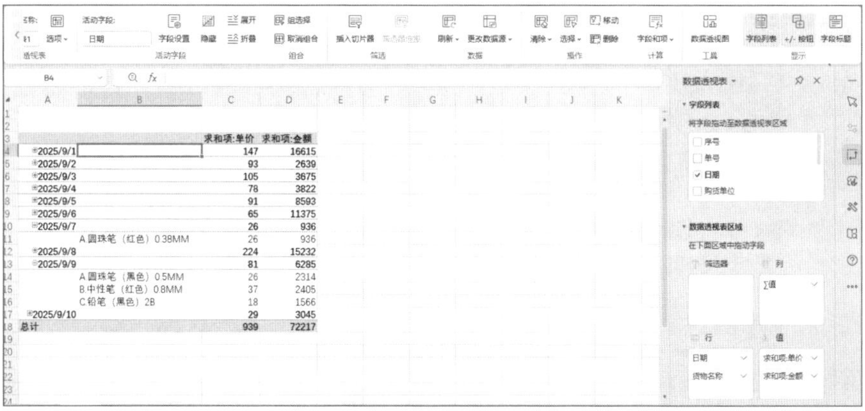

图 5-17　隐藏字段标题

【小提示】在"分析"选项卡的"显示"面板中，再次单击"字段标题"按钮，将在数据透视表中显示出字段标题。单击"显示"面板中的"字段列表"按钮，可以显示或隐藏"数据透视表字段"任务窗格。

4. 删除字段

数据透视表的灵活交互性，让我们可以多维度查看数据，所以在进行数据分析时，最好选择最能突出分析特性的少数字段进行分析即可，在分析数据的另一种特性时，再重新选择相关的几个字段进行分析。不要在一个数据透视表中添加太多关系不大的字段进行整体分析，反而与普通的数据表没有区别了。

例如，如图 5-18 所示的数据透视表中选择了"日期""购货单位""品牌""数量""金额" 5 个字段，制作的数据透视表是一个二维表格，既可以横向分析各购货单位的不同数据，也可以竖向分析不同品牌的金额和数量等数据。

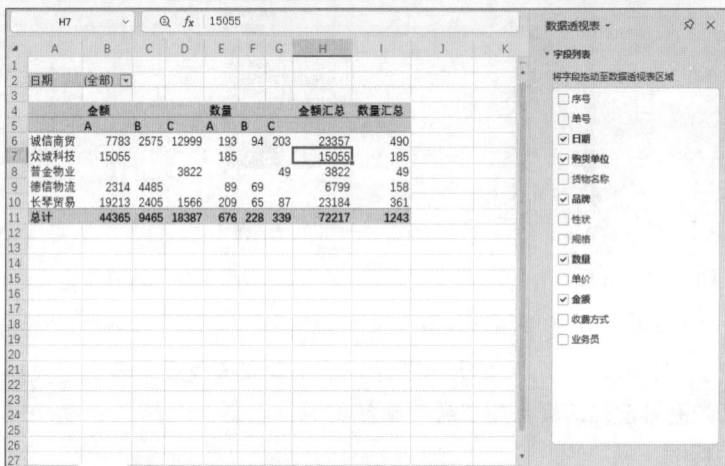

图 5-18　数据透视表选择 5 个字段后的展示效果

在"数据透视表"任务窗格的"字段列表"列表框中，取消勾选"日期"和"品牌"两个字段后，即可删除字段，且制作的数据透视表变成一个一维表格，如图 5-19 所示，反而方便更直观地分析不同购货单位的金额和数量数据。

图 5-19　删除字段后的展示效果

【小提示】在"数据透视表字段"任务窗格中的列表框中选择需要删除的字段名称，并单击其右侧的下拉按钮，在弹出的列表框中，选择"删除字段"命令，也可以删除选择的字段。

5. 设置字段的汇总方式

在使用数据透视表对数据进行分析时，对于某类数据往往需要多种汇总分析结果，如有时要求总和，有时要求平均值。此时可以通过向数据透视表中重复添加某个字段并更改该字段的汇总方式来获得需要的多个分析结果。

在数据透视表中，值字段的汇总方式主要包括“求和”“计数”“平均值”“最大值”“最小值”“乘积”6 种。系统默认的汇总方式为“求和”，用户可以根据分析数据的不同角度来更改字段的汇总方式，如图 5-20 所示。

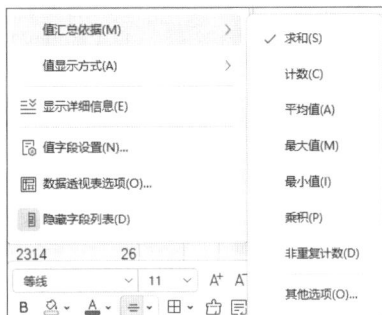

图 5-20　值汇总方式

1）求和

“求和”汇总方式用于对数值进行求和。如果字段包含的项目全部是数值，则该字段的默认汇总方式是“求和”。例如，在数据透视表中，使用“求和”汇总方式计算数量、金额和单价，如图 5-21 所示。

2）计数

“计数”汇总方式用于对数据项的个数进行计数，该方式与 COUNTA 函数相同。如果字段中含有“空单元格”或者“非数值数据”，则该字段默认汇总方式为“计数”。例如，在数据透视表中，可以将“求和项：数量”字段的汇总方式更改为“计数”，如图 5-22 所示。

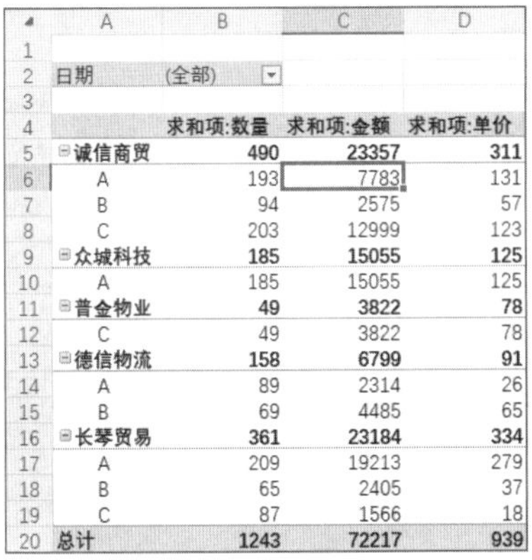

	A	B	C	D
1				
2	日期	(全部)		
3				
4		求和项:数量	求和项:金额	求和项:单价
5	⊟诚信商贸	490	23357	311
6	A	193	7783	131
7	B	94	2575	57
8	C	203	12999	123
9	⊟众城科技	185	15055	125
10	A	185	15055	125
11	⊟普金物业	49	3822	78
12	C	49	3822	78
13	⊟德信物流	158	6799	91
14	A	89	2314	26
15	B	69	4485	65
16	⊟长琴贸易	361	23184	334
17	A	209	19213	279
18	B	65	2405	37
19	C	87	1566	18
20	总计	1243	72217	939

图 5-21　“求和”汇总方式

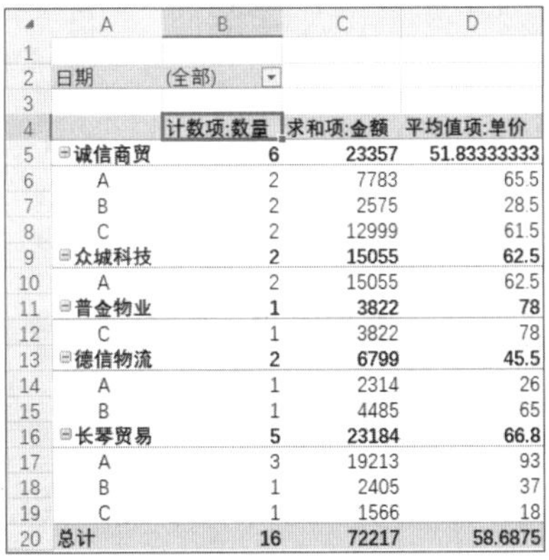

	A	B	C	D
1				
2	日期	(全部)		
3				
4		计数项:数量	求和项:金额	平均值项:单价
5	⊟诚信商贸	6	23357	51.83333333
6	A	2	7783	65.5
7	B	2	2575	28.5
8	C	2	12999	61.5
9	⊟众城科技	2	15055	62.5
10	A	2	15055	62.5
11	⊟普金物业	1	3822	78
12	C	1	3822	78
13	⊟德信物流	2	6799	45.5
14	A	1	2314	26
15	B	1	4485	65
16	⊟长琴贸易	5	23184	66.8
17	A	3	19213	93
18	B	1	2405	37
19	C	1	1566	18
20	总计	16	72217	58.6875

图 5-22　更改为“计数”汇总方式

3）平均值

“平均值”汇总方式用于求一组数据的平均值。例如，在数据透视表中，可以将“求和”汇总方式更改为“平均值”汇总方式来计算单价的平均值，其具体操作是：选择“求和项：单价”字段，右击，在弹出的快捷菜单中选择“值汇总依据”|“平均值”命令，如图 5-23 所示，即可更改汇总方式为“平均值”，如图 5-24 所示。

4）最大值和最小值

“最大值”汇总方式用于求一组数据的最大值。“最小值”汇总方式用于求一组数据的最小值。例如，在数据透视表中统计出“单价”字段的最小值和“金额”字段的最大值，如图 5-25 所示。

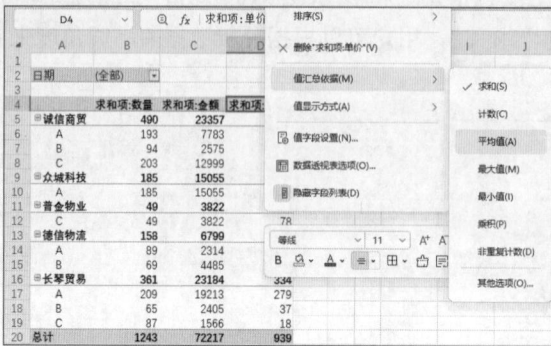

图 5-23　选择"平均值"命令

图 5-24　更改汇总方式

【小提示】在设置字段的汇总方式时，还可以通过在字段上右击，在弹出的快捷菜单中选择"值字段设置"命令，或者在字段上双击，打开"值字段设置"对话框，在"值汇总方式"选项卡的"值字段汇总方式"列表框中进行设置，如图 5-26 所示。

图 5-25　"最大值"和"最小值"汇总方式

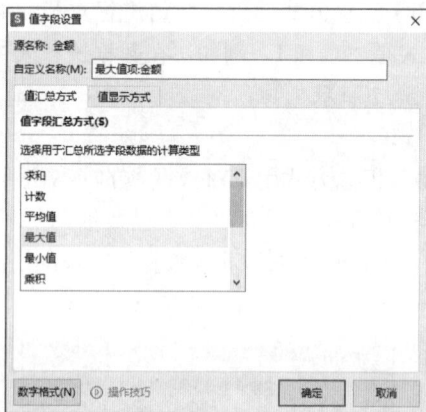

图 5-26　"值字段汇总方式"列表框

6. 更改值的显示方式

除了汇总方式，数据透视表还提供了丰富的值显示方式，如总计的百分比、列汇总百分比、父级汇总百分比、父行汇总百分比等。使用这些功能，可以快速计算每项记录占同行、同列、项目总和的百分比等。

更改值显示方式的方法很简单，用户只要在数据透视表中选择字段，右击，在弹出的快捷菜单中选择"值显示方式"命令，展开子菜单，选择合适的值显示方式即可，如图 5-27 所示。用户还可以在"值字段设置"对话框中，切换至"值显示方式"选项卡，在"值显示方式"列表框中，选择合适的值显示方式即可，如图 5-28 所示。

WPS 表格的数据透视表中提供了 7 种值的百分比显示方式和两种差异化比较显示方式，用户可以根据需要设置值的不同显示方式，以方便对数据进行分析。下面对它们进行简单介绍。

（1）总计的百分比：显示所有值或数据透视表中数据占所有数据总和的百分比。如图 5-29 所示，这种值显示方式以所有项目总值（一般为数据透视表最右下角的单元格数据）为标准，可以衡量出单独项目的数据表现。

（2）列汇总的百分比：每列或系列中的所有值都显示为该列或该系列数据总和的百分比。

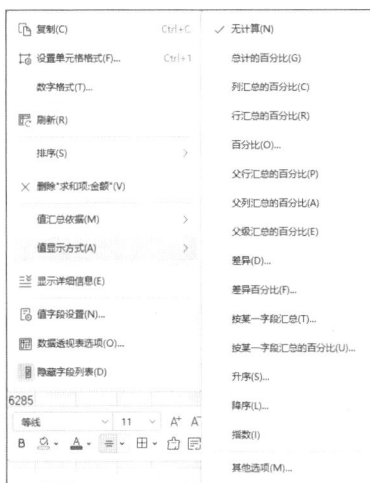

图 5-27 “值显示方式”子菜单

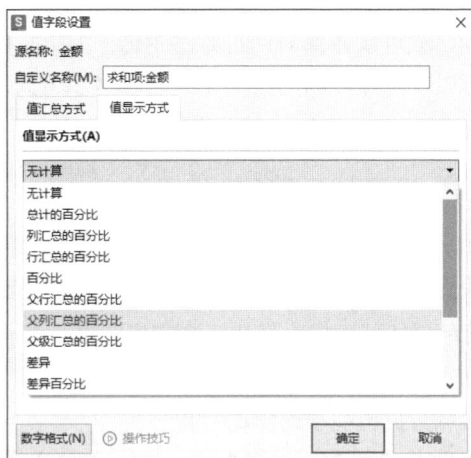

图 5-28 “值显示方式”列表框

如图 5-30 所示，可以分析不同购货单位在不同日期的消费金额占比是多少，以此来衡量购货单位在哪一天中的消费占比最大。

购货单位 (全部)

求和项:金额	列标签						
行标签	0.38MM	0.5MM	0.8MM	2B	0.25MM	0.35MM	总计
2025/9/1	0.00%	19.44%	1.89%	0.00%	1.68%	0.00%	23.01%
2025/9/2	0.00%	2.25%	0.00%	0.00%	0.00%	1.41%	3.65%
2025/9/3	0.00%	5.09%	0.00%	0.00%	0.00%	0.00%	5.09%
2025/9/4	0.00%	5.29%	0.00%	0.00%	0.00%	0.00%	5.29%
2025/9/5	0.00%	0.00%	6.21%	0.00%	0.00%	5.69%	11.90%
2025/9/6	0.00%	15.75%	0.00%	0.00%	0.00%	0.00%	15.75%
2025/9/7	1.30%	0.00%	0.00%	0.00%	0.00%	0.00%	1.30%
2025/9/8	21.09%	0.00%	0.00%	0.00%	0.00%	0.00%	21.09%
2025/9/9	0.00%	3.20%	3.33%	2.17%	0.00%	0.00%	8.70%
2025/9/10	4.22%	0.00%	0.00%	0.00%	0.00%	0.00%	4.22%
总计	26.60%	51.03%	11.43%	2.17%	1.68%	7.09%	100.00%

图 5-29 “总计的百分比”显示方式

购货单位 (全部)

求和项:金额	列标签				
行标签	0.38MM	0.5MM	0.8MM	2B	总计
2021/11/1	0.00%	53.41%	20.59%	0.00%	40.13%
2021/11/2	0.00%	3.69%	11.76%	0.00%	4.12%
2021/11/3	0.00%	10.62%	0.00%	0.00%	7.45%
2021/11/4	0.00%	10.04%	0.00%	0.00%	7.04%
2021/11/5	42.86%	0.00%	30.00%	0.00%	9.46%
2021/11/6	0.00%	16.39%	0.00%	0.00%	11.49%
2021/11/7	7.94%	0.00%	0.00%	0.00%	1.03%
2021/11/8	19.05%	0.00%	0.00%	0.00%	2.46%
2021/11/9	0.00%	5.85%	37.65%	100.00%	12.92%
2021/11/10	30.16%	0.00%	0.00%	0.00%	3.90%
总计	100.00%	100.00%	100.00%	100.00%	100.00%

图 5-30 “列汇总的百分比”显示方式

（3）行汇总的百分比：每行或类别中的所有值都显示为该行或该类别数据总和的百分比，如图 5-31 所示。

购货单位 (全部)

求和项:金额	列标签				
行标签	0.38MM	0.5MM	0.8MM	2B	总计
2021/11/1	0.00%	93.29%	6.71%	0.00%	100.00%
2021/11/2	0.00%	62.69%	37.31%	0.00%	100.00%
2021/11/3	0.00%	100.00%	0.00%	0.00%	100.00%
2021/11/4	0.00%	100.00%	0.00%	0.00%	100.00%
2021/11/5	58.54%	0.00%	41.46%	0.00%	100.00%
2021/11/6	0.00%	100.00%	0.00%	0.00%	100.00%
2021/11/7	100.00%	0.00%	0.00%	0.00%	100.00%
2021/11/8	100.00%	0.00%	0.00%	0.00%	100.00%
2021/11/9	0.00%	31.75%	38.10%	30.16%	100.00%
2021/11/10	100.00%	0.00%	0.00%	0.00%	100.00%
总计	12.92%	70.10%	13.08%	3.90%	100.00%

图 5-31 “行汇总的百分比”显示方式

（4）百分比：以某系列为标准，显示其他系列与该系列的比例。这种显示方式，需要先选择某系列作为参照标准。

（5）父行汇总的百分比：显示某数据占该列分类项目数据总和的百分比。计算原理是：（该项的值）/（行上父项的值）×100%。

（6）父列汇总的百分比：显示某数据占该行分类项目数据总和的百分比。计算原理是：（该项的值）/（列上父项的值）×100%。

（7）父级汇总的百分比：显示每个数据占所在分类数据总和的百分比。计算原理是：（该项的值）/（所选“基本字段”中父项的值）×100%。

（8）差异：用于分析数值之间的差异，需要先选定一个项目作为参照标准，然后就能看到其他项目与参照项目之间的数值差异。

（9）差异百分比：显示某数据与基本字段中所选基本项的值的差异的百分比。可以实现项

目同比 / 环比的计算，但需要数据中有时间项，如果时间是 2025 年 1 月、2025 年 2 月……这样的序列，就可以计算项目的环比变化；如果时间是 2025 年 1 月、2025 年 1 月……这样的序列，就可以计算项目的同比变化。这种显示方式，需要先设置要计算差异百分比的基本字段、基本项。

知识点 4　设置数据透视表格式

默认创建的数据透视表都是白底黑字浅蓝色填充强调字段名称和汇总数据的样式，长期使用会显得枯燥，数据量较大时，密密麻麻的数据还容易让人眼花。此时可以为数据透视表应用系统自带的样式或自定义样式，还可以在数据透视表中运用条件格式，美化表格的同时还有助于数据分析。

1. 套用数据透视表的样式

WPS 表格中为数据透视表预定义了多种样式，我们可以使用样式库轻松更改数据透视表的样式，达到美化数据透视表的效果。还可以在"数据透视表样式选项"组中选择数据透视表样式应用的范围，如列标题、行标题、镶边行和镶边列等。

套用数据透视表样式的具体操作是：在数据透视表中选择任意单元格，在"设计"选项卡的"数据透视表样式"面板中，展开"数据透视表样式"列表框，选择合适的主题颜色和预设样式，即可为数据透视表套用样式，其效果如图 5-32 所示。

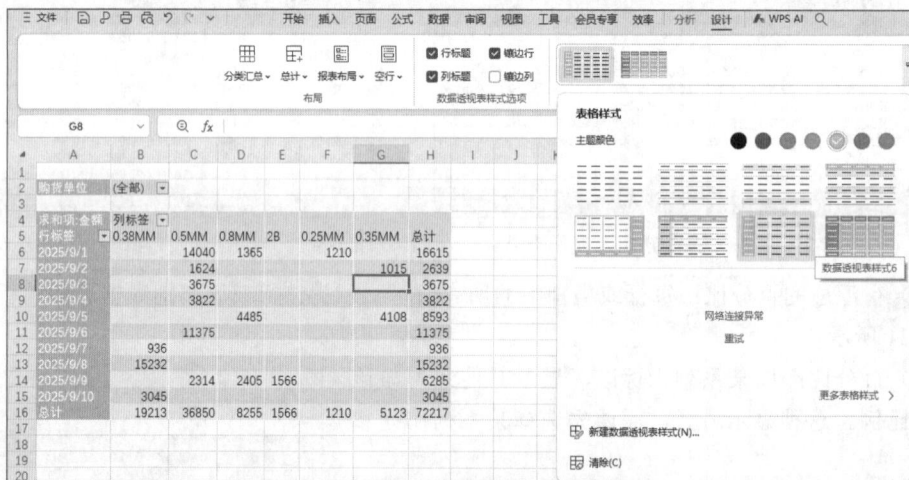

图 5-32　套用数据透视表样式

2. 自定义数据透视表样式

如果系统预定义的数据透视表样式不能满足需要，也可以自定义样式，让数据透视表效果更符合需求。

为数据透视表自定义样式效果的具体操作是：在数据透视表中，选择任意单元格，在"设计"选项卡的"数据透视表样式"面板中，展开"数据透视表样式"列表框，选择"新建数据透视表样式"命令，打开"新建数据透视表样式"对话框，在列表框中选择表元素，如图 5-33 所示，打开"单元格格式"对话框，依次在"字体""边框"和"图案"选项卡中设置数据透视表的边框和填充颜色等，如图 5-34 所示，单击"确定"按钮，即可自定义数据透视表样式。

【小提示】如果经常需要使用自定义的数据透视表样式，可以在数据透视表样式选项上右击，在弹出的快捷菜单中选择"设为默认值"命令，这样，以后创建的数据透视表就会自动套

图 5-33　选择表元素

图 5-34　"单元格格式"对话框

用该样式了。

3. 数据透视表与条件格式

数据透视表还可以在结合条件格式来实现美化的同时，为数据分析提供便捷。例如，可以为数据透视表中的相关字段添加升、降、平的状态标志。

在数据透视表中使用条件格式为"求和项：数量"字段添加升、降、平的状态标志的具体操作是：在打开的数据透视表中，选择"求和项：数量"字段的单元格区域，在"开始"选项卡的"样式"面板中，单击"条件格式"右侧的下拉按钮，展开列表框，选择"三色箭头（彩色）"样式，如图 5-35 所示，即可在单元格区域中添加升、降、平的状态标志，如图 5-36 所示。

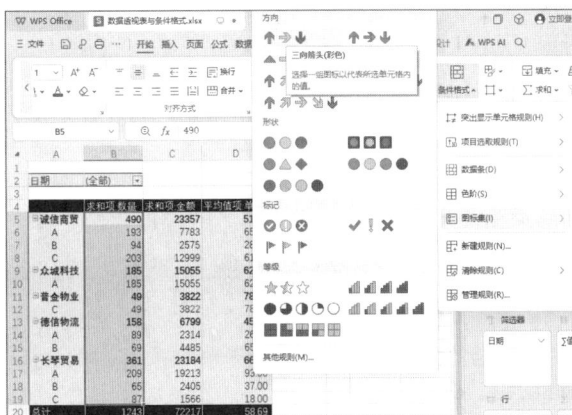

图 5-35　选择图标集样式

图 5-36　添加状态标志

知识点 5　更新数据透视表的数据源

在做数据处理与分析时，最不希望发生的就是原始数据的更改，因为那意味着返工。但是使用数据透视表中的更新数据源功能，可以在不返工的情况下更新数据透视表中的数据。下面从修改数据源、新增数据源、建立超级表三部分详细讲解更新数据透视表中的数据源方法，达到实时同步的效果。

1. 修改数据源

当在数据源表中随意修改某一行的数据，然后在对应的数据透视表中，在"分析"选项卡的"数据"面板中，单击"刷新"下拉按钮，展开列表框，选择"刷新数据"或"全部刷新"命令，如图 5-37 所示，则可以重新修改数据透视表中的数据源。

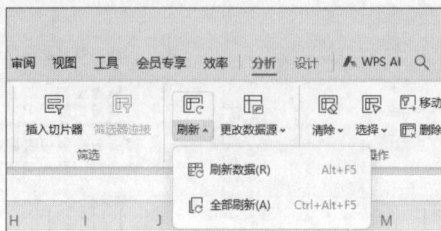

图 5-37　"刷新"列表框

例如，先记住数据透视表中单价为 5~9 元的总销量是 11836，运动饮料的总销量是 2071，如图 5-38 所示。

然后在饮料销售数据源表中，将 D8 单元格中运动饮料的销量改为"130"，E8 单元格的销售额改为 1250，再在数据透视表中，在"分析"选项卡的"数据"面板中，单击"刷新"下拉按钮，展开列表框，选择"刷新数据"命令即可重新更新修改后的数据，则单价 5~9 元的总销量是 11876、运动饮料的总销量数据为 2111，如图 5-39 所示。

图 5-38　数据透视表的原始数据

图 5-39　数据透视表修改后的效果

2. 新增数据源

有时候，我们不是简单地改数字，而是增加了数据源，这时候简单地刷新就不一定能成立，此时需要使用"更改数据源"重新更改数据源的范围进行新增即可。

例如，在数据透视表中，按快捷键 Ctrl+shift+↓，直接定位到数据表最后一行，在表格最后，手动添加一行数据，如图 5-40 所示。

图 5-40　手动添加一行数据

数据源新增好后，单击数据透视表中的任意单元格，在"分析"选项卡的"数据"面板中，单击"更改数据源"右侧的下拉按钮，展开列表框，选择"更改数据源"命令，打开"更改数据透视表数据源”对话框，单击“表 / 区域”右侧的按钮，重新框选区域，按快捷键 Ctrl+shift+↓，定位最后一行，再单击“确定”按钮，即可同步更新数据透视表数据，如图 5-41 所示。

单价	总销量
10-15	1636
0-4	8209
5-9	11876
总计	21721

产品	总销量
数据组5	
七喜	3584
百事	4133
果味汽水	2102
数据组4	
大罐奶茶	764
大罐牛奶	872
数据组1	
金桔茶	2045
绿茶	4076
柠檬茶	2034
运动饮料	
运动饮料	2111
总计	21721

图 5-41 同步更新数据源数据

3. 建立超级表

超级表是一系列设定好格式的表格，它不仅可以管理和分析数据，还可以对数据进行排序、筛选和设置格式等。超级表可以自动更新数据源，当我们在数据源上新增或删减数据时，可以不用手动更改数据源区域，也可以自动更新。

超级表具有自动扩充数据的功能，只要在超级表的末尾行新增数据，超级表会自动扩展，包括颜色和样式也会自动填充到后面的表格。其具体操作方法是：在打开的工作表中选择任意单元格，然后在“插入”选项卡的“表格”面板中，单击“表格”按钮，打开“创建表”对话框，设置好表的数据来源区域，单击“确定”按钮，即可创建超级表，如图 5-42 所示。然后通过已经创建好的超级表创建数据透视表。当在超级表中添加数据后，然后在数据透视表中更新数据，即可将新添加的数据自动同步过来。

日期	产品	单价	销量	销售金额
2025/5/1	百事	4	140	490
2025/5/1	七喜	5	86	401
2025/5/1	绿茶	4	160	640
2025/5/1	金桔茶	7	64	452
2025/5/1	柠檬茶	6	60	460
2025/5/1	果味汽水	7	67	469
2025/5/1	运动饮料	8	130	1250
2025/5/1	大罐奶茶	13	13	144
2025/5/1	大罐牛奶	15	15	424
2025/5/2	百事	4	174	522
2025/5/2	七喜	5	76	266
2025/5/2	绿茶	4	88	452
2025/5/2	金桔茶	7	75	413.5
2025/5/2	柠檬茶	6	76	456
2025/5/2	果味汽水	7	65	455
2025/5/2	运动饮料	8	50	400
2025/5/2	大罐奶茶	13	25	400
2025/5/2	大罐牛奶	15	15	270
2025/5/3	百事	4	102	406

3-饮品销售数据　4-透视表　5-超级表

图 5-42 建立超级表

知识点 6 筛选数据透视表中的数据

使用数据透视表对数据进行了全面汇总后，如果想灵活查看某日期、某分类下的数据，实现更丰富的数据分析方式，就需要对数据进行筛选。WPS 表格中提供了两种数据筛选方式，分别是通过下拉菜单筛选、使用切片器进行筛选。灵活使用它们，可以让数据分析更精准聚焦。

1. 通过下拉菜单筛选报表中的数据

在 WPS 表格中创建的数据透视表，其报表筛选字段、行字段、列字段和值字段会提供相应的下拉按钮，单击相应的按钮，在弹出的下拉菜单中就可以对相应的字段数据进行筛选了，包括手动筛选、标签筛选、值筛选和复选框设置。

1）手动筛选

单击字段名称右侧的下拉按钮后，在弹出的下拉菜单中一般都会包含一个"搜索"文本框，在其中输入要筛选的数据条件，就可以实现手动筛选数据了。

例如，要筛选出数据透视表中胡姓员工的销售数据，其具体操作是：在打开的数据透视表中，单击"行标签"字段右侧的下拉按钮，展开列表框，在搜索框中输入"胡"文本，即可筛选出"胡"姓员工，如图 5-43 所示，单击"确定"按钮，即可筛选出"胡"姓员工的销售数据，如图 5-44 所示。

图 5-43　手动输入筛选条件　　　　图 5-44　显示筛选结果

【小提示】不是所有的数据透视表中的报表筛选字段、行字段和列字段、值字段都会提供相应的下拉按钮，系统会根据相应字段的内容判断是否需要进行筛选，只有可用作筛选依据的数据时才会在字段旁显示出下拉按钮。

2）标签筛选

单击字段名称右侧的下拉按钮后，在弹出的下拉菜单中如果包含"标签筛选"命令，则可以进行标签筛选。筛选时还可以在"标签筛选"命令的子命令中选择筛选的方式。

例如，要筛选出数据透视表中非胡姓员工的销售数据，就可以选择"标签筛选"命令下的"开头不是"子命令，其具体操作是：在打开的数据透视表中，单击"行标签"字段右侧的下拉按钮，展开列表框，选择"标签筛选"命令，展开子菜单，选择"开头不是"命令，如图 5-45 所示，打开"标签筛选（业务员）"对话框，在"开头不是"文本框中输入"胡"，单击"确定"按钮，即可筛选出非"胡"姓员工的销售数据，如图 5-46 所示。

图 5-45 选择"开头不是"命令

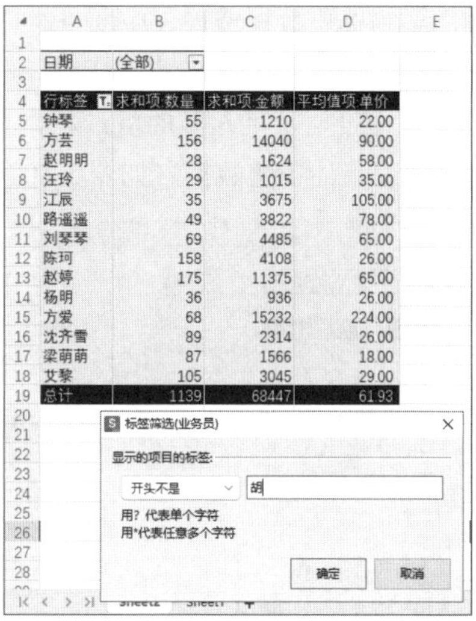

图 5-46 显示筛选结果

3）值筛选

和标签筛选方式一样，单击字段名称右侧的下拉按钮后，在弹出的下拉菜单中如果包含"值筛选"命令，就可以进行值筛选，筛选时也可以在"值筛选"命令的子命令中选择筛选的条件。

例如，要筛选出数据透视表中销售金额大于或等于 3000 的数据，需要选择"值筛选"命令下的"大于或等于"子命令，其具体操作是：在打开的数据透视表中，单击"行标签"字段右侧的下拉按钮，展开列表框，选择"值筛选"命令，展开子菜单，选择"大于或等于"命令，如图 5-47 所示，打开"值筛选（业务员）"对话框，修改筛选条件为"求和项：金额""大于或等于"、3000，单击"确定"按钮，即可筛选出销售金额大于或等于 3000 的数据，如图 5-48 所示。

图 5-47 选择"大于或等于"命令

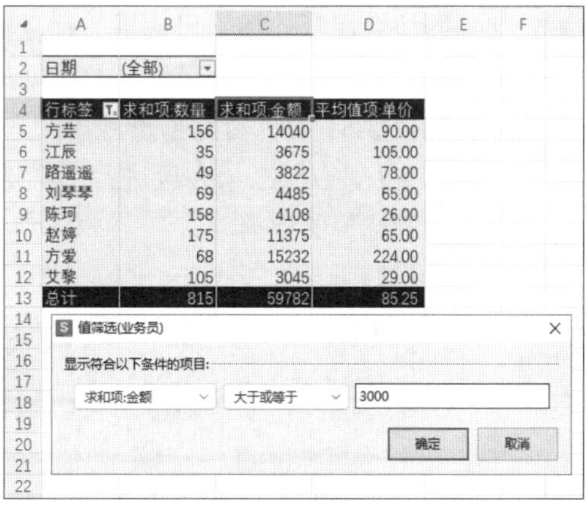

图 5-48 显示筛选结果

4）复选框设置

单击字段名称右侧的下拉按钮后，在弹出的下拉菜单中一般都会包含一个列表框，在其中列出了该字段包含的所有数据，通过选中或取消选中复选框，就可以实现数据的筛选了。

例如，要筛选出数据透视表中 9 月 1 日至 9 月 6 日的销售数据，其具体操作是：在打开的数据透视表中，单击"（全部）"字段右侧的下拉按钮，展开列表框，勾选"选择多项"复选框，勾选 9 月 1 日至 9 月 6 日的复选框，如图 5-49 所示，单击"确定"按钮，即可筛选出 9 月 1 日至 9 月 6 日的销售数据，如图 5-50 所示。

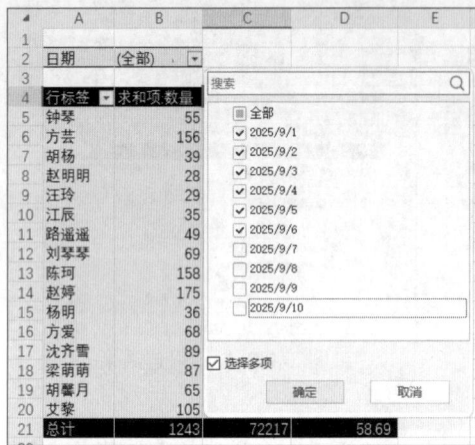

图 5-49　勾选复选框

图 5-50　显示筛选结果

【小提示】在数据透视表中筛选数据的效果是叠加式的，即每一次增加筛选条件都是在基于当前已经筛选过的数据的基础上进一步进行数据筛选。

2. 使用切片器灵活筛选报表中的数据

通过下拉菜单筛选数据透视表中的数据后，很难看到当前的筛选状态，必须打开对应的下拉菜单才能找到有关筛选的详细信息。如果对多个字段进行了筛选，查看起来就比较麻烦，而且有些筛选方式还不能实现。所以，更多的时候会选择使用切片器对数据透视表中的数据进行筛选。

切片器就是一种图形化的筛选方式，它可以单独为数据透视表中的每一个字段创建一个筛选器，浮动在数据透视表上。通过对筛选器中字段的筛选可以实现数据透视表中数据的筛选。此外，切片器还会清晰地标记已应用的筛选器，提供详细信息指示当前筛选状态，从而便于其他用户能够轻松、准确地了解已筛选的数据透视表中所显示的内容。

例如，如图 5-51 所示的数据透视表中，通过切片器就可以一眼分析出对数据透视表中的"品牌""性状""规格"三个字段进行了筛选，筛选器中高亮显示的内容为保留的数据，灰色显示的内容为筛选掉的数据。

图 5-51　通过切片器筛选数据

1）插入切片器

插入切片器的方法很简单，用户只要在数据透视表中选择任意单元格，然后在"分析"选项卡的"筛选"面板中，单击"插入切片器"按钮，如图 5-52 所示，打开"插入切片器"对话框，勾选相应的字段复选框，单击"确定"按钮即可，如图 5-53 所示。

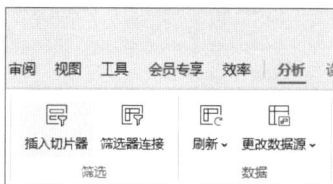

图 5-52 单击"插入切片器"按钮

图 5-53 勾选字段复选框

【小提示】在"插入切片器"对话框中选中与筛选需求相关的字段名称，即可插入对应的切片器。使用切片器进行数据筛选时，单击某切片器右上方的"多选"按钮，还可以在切片器中选择多项筛选条件。如果想清除数据筛选，需要依次单击切片器上方的"清除筛选器"按钮。

2）设置切片器样式

WPS 表格还为切片器提供了预设的切片器样式，可以快速更改切片器的外观，使切片器也变得美美的。

设置切片器样式的具体操作是：在数据透视表中选择切片器，在"选项"选项卡的"样式"面板中，展示"样式"列表框，选择合适的切片器样式即可修改，如图 5-54 所示。

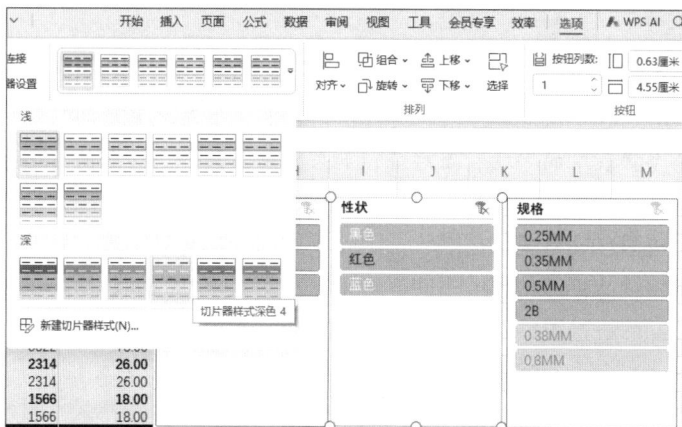

图 5-54 设置切片器样式

【小提示】在"选项"选项卡中还可以对切片器的排列方式、按钮样式和大小等进行设置，设置方法比较简单，与设置图形、图片等对象的方法类似，这里不再赘述。

知识点 7 数据透视图的应用

数据透视图与数据透视表类似，用于透视数据并汇总结果，不同的是数据透视图以图表的形式来展示数据透视的结果，从而可以更直观地查看和分析数据。本节就来介绍数据透视图的相关使用技巧。

1. 根据原始数据创建透视图

在 WPS 表格中，可以根据原始数据一次性创建数据透视图。数据透视图的创建方法与自定义创建数据透视表的方法相似，也需要选择数据表中的字段作为数据透视图中的报表筛选字段、行字段、列字段以及值字段。

根据原始数据创建透视图的具体操作步骤是：在打开的工作表中选择任意单元格，在"插入"选项卡的"表格"面板中，单击"数据透视图"按钮，打开"创建数据透视图"对话框，修改数据单元格区域和放置位置，如图 5-55 所示，单击"确定"按钮，即可创建数据透视表和数据透视图，并在"数据透视图"窗格的"字段列表"列表框中勾选字段复选框即可，如图 5-56 所示。

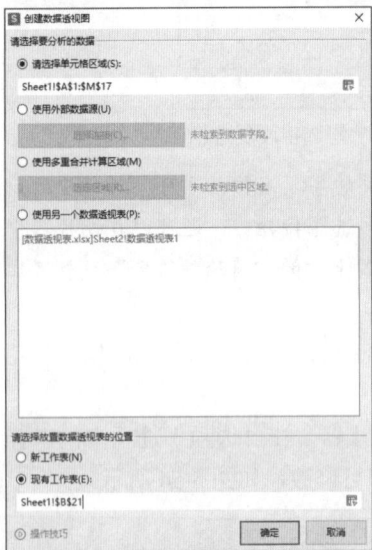

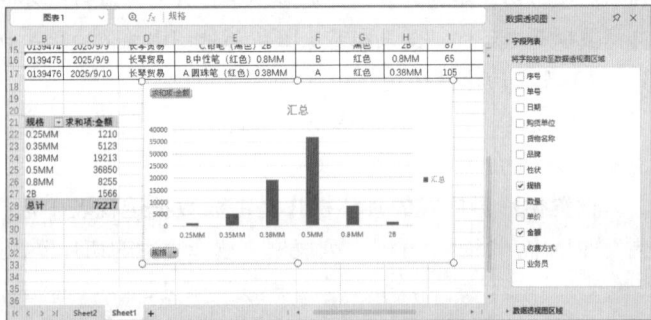

图 5-55　修改参数值　　　　　图 5-56　创建数据透视图和数据透视表

【小提示】从图 5-56 可以看出，数据透视图通常有一个与之关联的、使用了相应透视布局的数据透视表，两个报表中的字段相互对应，如果更改了某一个报表的某个字段位置，则另一个报表中的相应字段也会发生改变。

2. 使用数据透视表创建数据透视图

数据透视图是伴随数据透视表而生的，如果在工作表中已经创建了数据透视表，不妨直接根据数据透视表中的内容快速创建相应的数据透视图，通过数据透视图放大数据特征。

使用数据透视表创建数据透视图的具体操作是：在打开的数据透视表中，选择任意字段，在"分析"选项卡的"工具"面板中，单击"数据透视图"按钮，打开"图表"对话框，在左侧列表框中，选择"条形图"选项，在右侧列表框中，选择合适的图表样式，如图 5-57 所示，即可创建出数据透视图，其效果如图 5-58 所示。

【小提示】数据透视图其实结合了数据透视表和普通图表的功能，有关图表方面的内容将在项目 6 中详细讲解，本项目就点到为止。

3. 更改数据透视图的图表类型

根据原始数据创建的数据透视图默认采用柱形图的形式，而根据数据透视表创建数据透视

图 5-57　选择图表样式

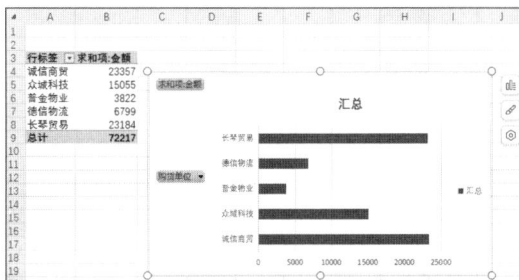

图 5-58　创建数据透视图

图时，需要选择图表类型。只有选择了合适的图表类型才能正确、直观地表达数据所反映的信息，如果对数据透视图的图表类型不满意，还可以在后期进行更改。

　　例如，前面制作的用于展示不同规格产品销售金额的柱形数据透视图，不便于分析各规格销售占比，可以更改为饼图让数据得到更好的诠释。

　　更改数据透视图的图表类型的具体操作是：选择数据透视图，在"图表工具"选项卡的"图表样式"面板中，单击"更改类型"按钮，打开"更改图表类型"对话框，选择需要更改的图表类型，如图 5-59 所示，即可完成更改数据透视图的图表类型，其效果如图 5-60 所示。

图 5-59　选择图表类型

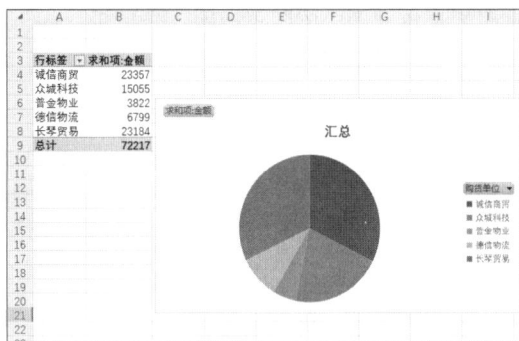

图 5-60　更改数据透视图的图表类型

　　【小提示】在数据透视图上右击，在弹出的快捷菜单中选择"更改图表类型"命令，也可更改数据透视图的图表类型。

4. 调整数据透视图的布局样式

　　数据透视图由图表区、图表标题、坐标轴、绘图区、数据系列、网格线和图例等部分组成。默认情况下创建的数据透视图只包含部分元素，可以调整数据透视图中各元素的位置，以及显示或隐藏何种元素来改变数据透视图的整体布局样式。

　　1）快速应用常规的图表布局格式

　　WPS 表格中将常用的图表布局制作成快速应用样式了，通过选择就可以快速改变数据透视图的整体布局格式。例如，为数据透视图应用预定义的"布局 2"样式，可以改变图例的位置，添加数据标签等。

　　快速应用常规的图表布局格式的具体操作是：选择数据透视图，在"图表工具"选项卡的"图表布局"面板中，单击"快速布局"右侧的下拉按钮，展开列表框，选择"布局 2"样式，即可更改图表的布局格式，其效果如图 5-61 所示。

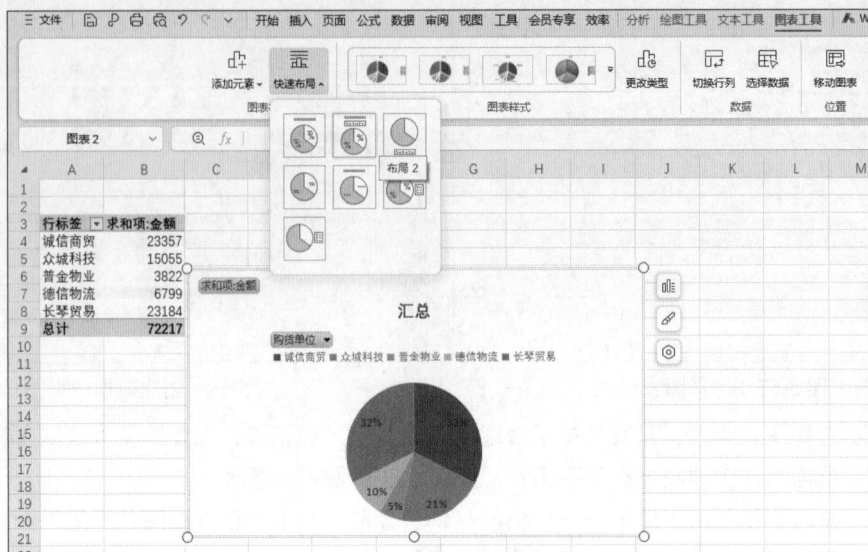

图 5-61　更改图表布局格式

2）手动设置图表元素的布局

对数据透视图进行快速布局可能并不能满足实际需要，想要灵活设置图表元素的布局，可以通过手动方式来决定要显示的图表元素，以及布局的方式。手动设置图表元素的布局，就是针对数据透视图中的图表标题、坐标轴、图例、数据标签和绘图区等元素单独进行设置，主要通过单击"数据透视图工具 设计"选项卡中的"添加图表元素"按钮，或图表右侧的"图表元素"按钮 + 来完成。

例如，可以在前面应用了"快速布局"样式的数据透视图中添加主要垂直网格线，然后将图例删除，让数据透视图的布局效果更符合要求。

手动设置图表元素布局的具体操作是：选择数据透视图，在"图表工具"选项卡的"图表布局"面板中，单击"添加图表元素"右侧的下拉按钮，展开列表框，选择"图例"命令，展开子菜单，选择"顶部"命令，如图 5-62 所示，即可通过手动方式设置"图例"元素的布局位置，如图 5-63 所示。

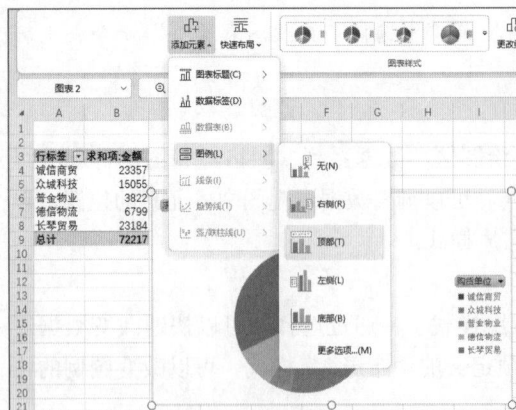

图 5-62　选择"顶部"命令

图 5-63　手动设置图表元素布局

【小提示】在"添加图表元素"下拉菜单中选择需要设置的图表元素名称，在弹出的下级子菜单中可以设置该元素的显示位置或显示方式。在"图表元素"列表框中取消选中某个复选框，就可以取消该图表元素在图表中的显示；单击某个元素名称后的下拉按钮，在弹出的子菜单中也可以设置该元素的显示位置或显示方式。

5. 在数据透视图中筛选数据

如果数据透视图中包含的数据过多，就不便查看和进行数据分析了。此时，可以通过图表筛选的方法，只查看图表中需要分析的目标项目。与数据透视表相同，数据透视图中的数据主要通过下拉菜单、切片器和日程表来进行筛选。

1）通过下拉菜单筛选

数据透视图中除了包含与普通图表相同的元素之外，还包括字段和项，它们以按钮的方式显示在数据透视图中，分为"报表筛选字段按钮""图例字段按钮""坐标轴字段按钮""值字段按钮"，根据数据透视图中设置的数据字段类别的不同来显示。有些按钮中显示了 ▼ 标记，单击即可在弹出的下拉菜单中对该字段数据进行筛选。

例如，筛选数据透视图中非快递购货单位数据，其具体操作是：在数据透视图中，单击"购货单位"字段右侧的下拉按钮，展开列表框，勾选除"德信物流"外的所有复选框，如图 5-64 所示，单击"确定"按钮，即可筛选出非快递购货单位数据，如图 5-65 所示。

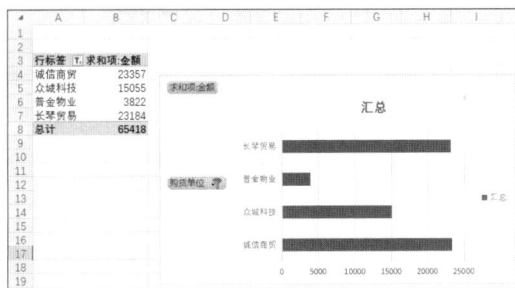

图 5-64　设置筛选条件　　　　图 5-65　筛选出非快递购货单位数据

2）插入切片器筛选未添加的字段

数据透视图中会根据选择的字段添加相应的字段按钮，如果需要对并没有添加的字段进行筛选，就不能通过下拉菜单来实现了。此时，需要插入切片器或日程表来实现，插入的方法与数据透视表中的方法相同，这里不再赘述。

这里举一个插入切片器后进行筛选的例子，讲解切片器和日程表在数据透视图中的应用。例如，筛选出数据透视图中 A 品牌的销售数据进行显示，其具体操作是：选择数据透视图，在"分析"选项卡的"筛选"面板中，单击"插入切片器"按钮，打开"插入切片器"对话框，勾选"品牌"字段复选框，单击"确定"按钮，即可插入"品牌"切片器，在切片器中单击 A 品牌，即可使用切片器筛选未添加的字段，如图 5-66 所示。

6. 设置数据透视图的样式

默认创建的数据透视图都采用一种样式来展示，看得多了就会觉得毫无新意。为了凸显数据透视图要表达的内容，不妨为其设置一种新颖的样式，让数据透视图看起来更加美观。例如，为前面制作的数据透视图快速应用 WPS 表格预定义的图表样式，立刻就改变了数据透视图的整体效果，其具体操作是：选择数据透视图，在"图表工具"选项卡的"图表样式"面板中，展开"图表样式"列表框，选择预设配色和图表样式，如图 5-67 所示，即可设置数据透视图的样式，如图 5-68 所示。

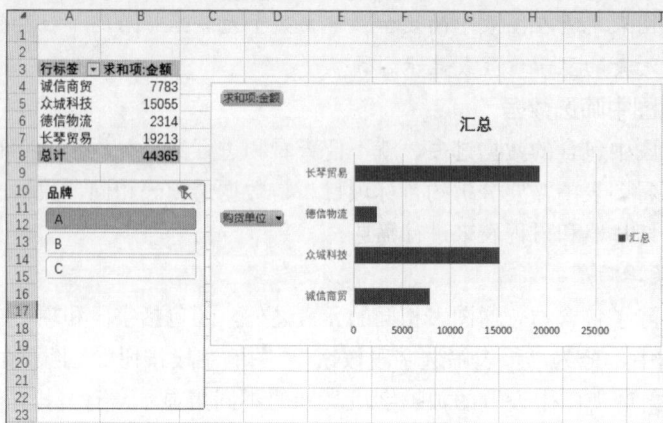

图 5-66　使用切片器筛选未添加的字段

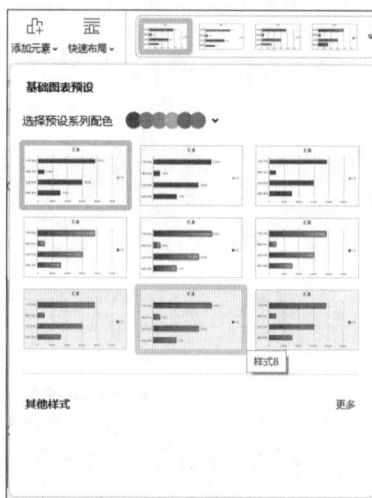

图 5-67　选择图表样式

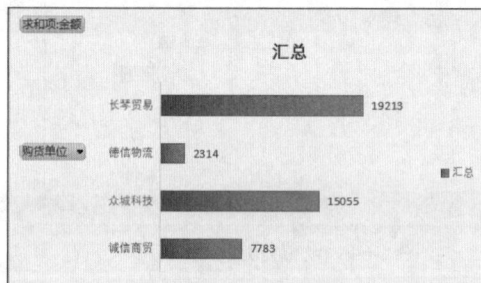

图 5-68　设置数据透视图样式

项目实施

市场部最近获取了某竞争对手的 21 款产品在 10 天内的交易数据，对这 21 款产品的销售数据进行分析将有助于公司的新品规划。现需要通过这些数据推测哪几款产品更容易赚钱。为了更直观地进行数据分析，得出判断结果，这里选择用数据透视表和数据透视图来进行数据分析。

本项目的最终效果如图 5-69 所示，整个制作步骤分为以下三步。

（1）分析不同商品的销量市场占比。

（2）分析不同商品的销售额市场占比。

（3）用切片器查看其他日期下的销量和销售额占比。

1. 分析不同商品的销量市场占比

（1）打开本项目提供的"店铺商品统计表 .xlsx"工作簿，选择工作表中的任意单元格，在"插入"选项卡的"表格"面板中，单击"数据透视表"按钮，如图 5-70 所示。

（2）打开"创建数据透视表"对话框，在"请选择单元格区域"文本框中框选 A1:H62 单元格区域，在"请选择放置数据透视表的位置"选项区中，选择"新工作表"单选按钮，如图 5-71 所示。

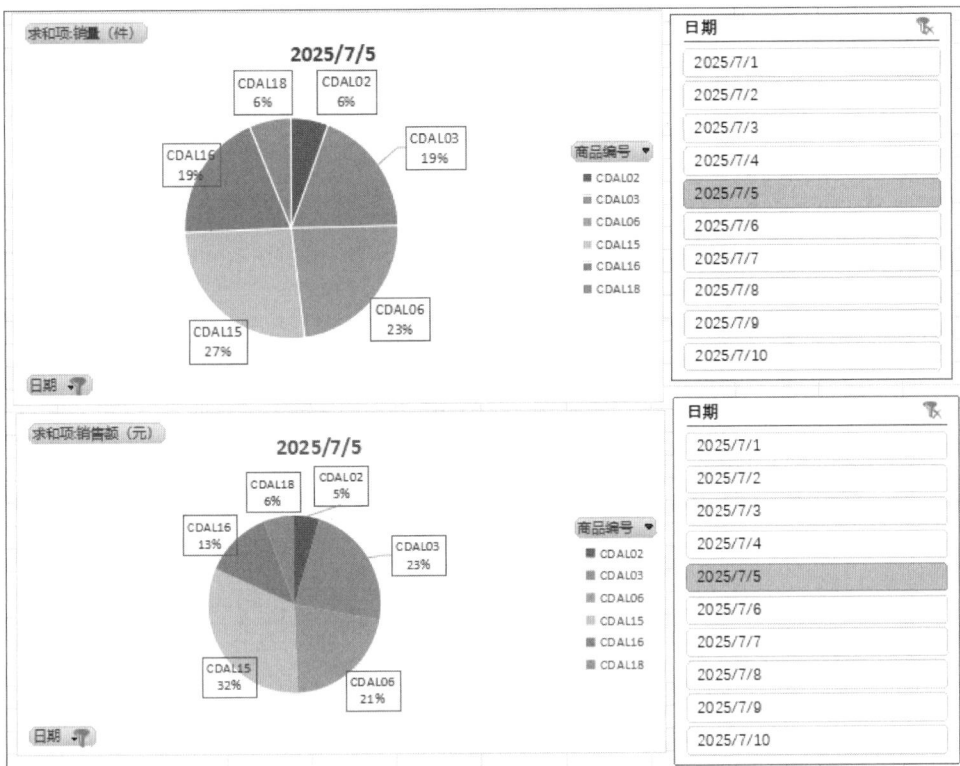

图 5-69　店铺商品统计表

图 5-70　单击"数据透视表"按钮

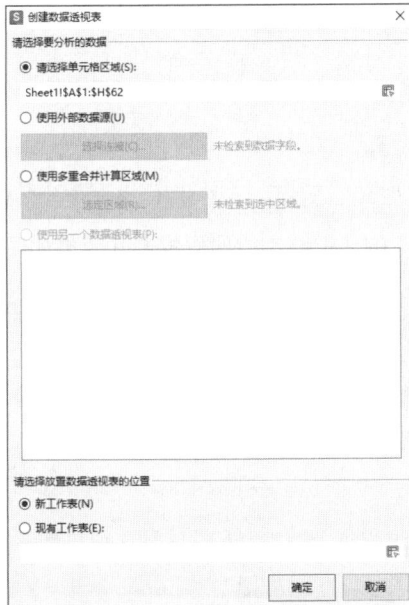

图 5-71　修改参数值

（3）单击"确定"按钮，即可创建数据透视表，如图 5-72 所示。

（4）在"数据透视表"任务窗格的"字段列表"列表框中，勾选"日期""商品编号"和"销量（件）"字段复选框，如图 5-73 所示。

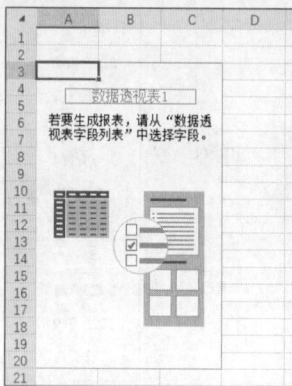

图 5-72　创建数据透视表

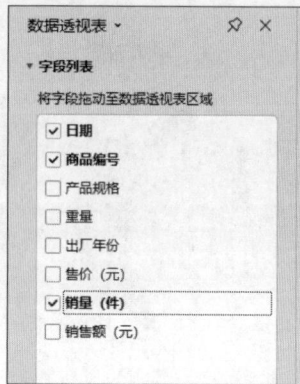

图 5-73　勾选字段复选框

（5）在数据透视表中添加字段，其效果如图 5-74 所示。

（6）在"数据透视表"任务窗格中，将"行"列表框中的"日期"字段拖曳至"列"列表框中，如图 5-75 所示。

图 5-74　添加字段效果

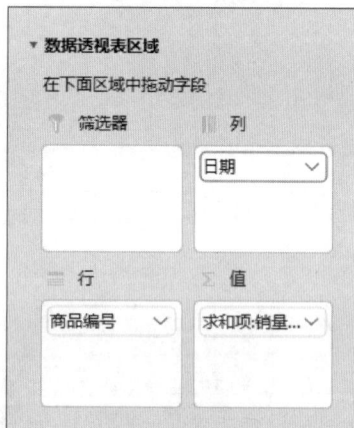

图 5-75　拖曳字段

（7）调整字段的位置，其效果如图 5-76 所示。

商品编号	2025/7/1	2025/7/2	2025/7/3	2025/7/4	2025/7/5	2025/7/6	2025/7/7	2025/7/8	2025/7/9	2025/7/10	总计
CDAL01	350		348			158		741			1597
CDAL02	425		154		169	794			445		1987
CDAL03		452		516	561		635			156	2320
CDAL04	675		158			536		289			1658
CDAL05	169			358			125				652
CDAL06			135		689			689			1513
CDAL07	178	120					139				298
CDAL08		369		159			139				667
CDAL09								785	265	458	1508
CDAL10		815		678							1493
CDAL11	560			147		1458					2165
CDAL12		350	1050					465			1865
CDAL13						258		266		88	612
CDAL14	587					694					1281
CDAL15		369			780						1149
CDAL16			784		570						1354
CDAL17						780		254			1034
CDAL18			241		185		1580				2006
CDAL19									635	199	834
CDAL20						184				95	279
CDAL21							890			78	1304
总计	2944	2475	2870	1858	2954	3404	4827	1792	2933	1519	27576

图 5-76　调整字段的位置

（8）在数据透视表中选择任意单元格，在"分析"选项卡的"工具"面板中，单击"数据透视图"按钮，打开"图表"对话框，在左侧列表框中选择"饼图"选项，在右侧列表框中，选择合适的"饼图"样式，如图 5-77 所示。

（9）创建出一个饼图数据透视图，其效果如图 5-78 所示。

图 5-77 选择"饼图"样式

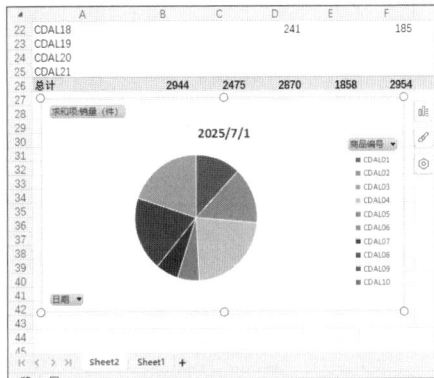

图 5-78 创建饼图数据透视图

（10）选择数据透视图，在"图表工具"选项卡的"图表布局"面板中，单击"添加元素"右侧的下拉按钮，展开列表框，选择"数据标签"命令，展开子菜单，选择"更多选项"命令，如图 5-79 所示。

（11）打开"属性"任务窗格，在"标签"选项下的"标签包括"选项区中，勾选"类别名称""百分比""显示引导线"复选框，在"标签位置"选项区中，选择"数据标签外"单选按钮，如图 5-80 所示。

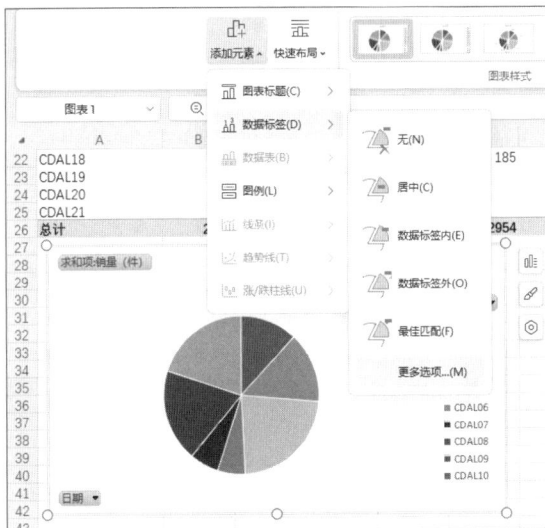

图 5-79 选择"更多选项"命令

图 5-80 修改参数值

（12）在"填充与线条"选项下，展开"线条"选项区，在列表框中，选择合适的线条样式，如图 5-81 所示。

（13）为数据透视图添加图表元素，然后依次调整数据标签的位置，从数据透视图中可以看到 2025 年 7 月 1 日各商品的销量占比，其效果如图 5-82 所示。

2. 分析不同商品的销售额市场占比

（1）在 Sheet1 工作表中，选择任意单元格，在"插入"选项卡的"表格"面板中，单击"数据透视图"按钮，打开"创建数据透视图"对话框，在"请选择单元格区域"文本框中框选 A1:H62 单元格区域，在"请选择放置数据透视表的位置"选项区中，选择"现有工作表"

观看视频

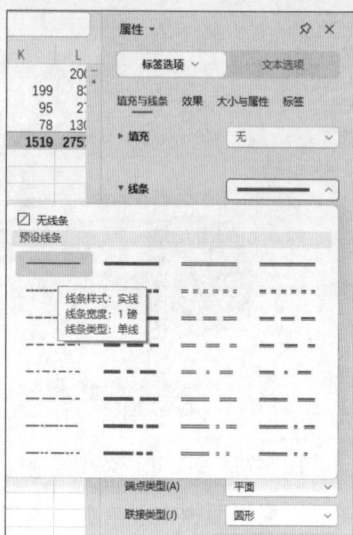

图 5-81　选择线条样式

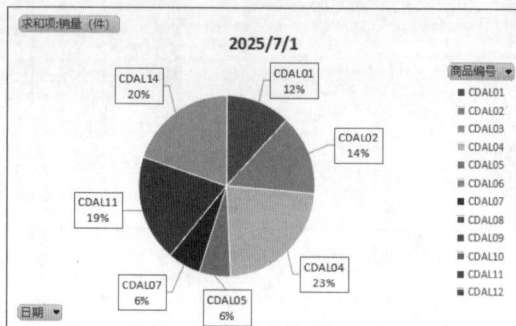

图 5-82　添加图表元素效果

单选按钮，选择 Sheet2 工作表的 A31 单元格为放置位置，如图 5-83 所示。

（2）单击"确定"按钮，即可创建出数据透视表和数据透视图，如图 5-84 所示。

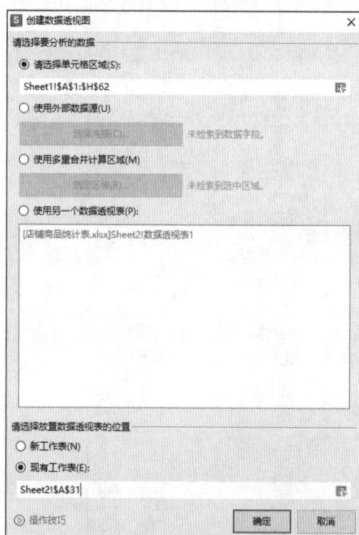

图 5-83　修改参数值

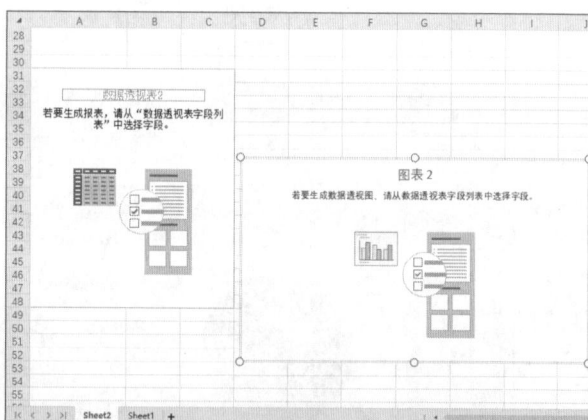

图 5-84　创建数据透视表和数据透视图

（3）在"数据透视图"任务窗格的"字段列表"列表框中，勾选"日期""商品编号"和"销售额（元）"字段复选框，如图 5-85 所示。

（4）为数据透视表和透视图添加字段，其效果如图 5-86 所示。

（5）在"数据透视表"任务窗格中，将"行"列表框中的"日期"字段拖曳至"列"列表框中，即可调整字段位置，其效果如图 5-87 所示。

（6）选择数据透视图，在"图表工具"选项卡的"图表样式"面板中，单击"更改类型"按钮，打开"更改图表类型"对话框，在左侧列表框中选择"饼图"选项，在右侧列表框中选择合适的"饼图"样式，如图 5-88 所示。

（7）更改数据透视图的图表类型，其效果如图 5-89 所示。

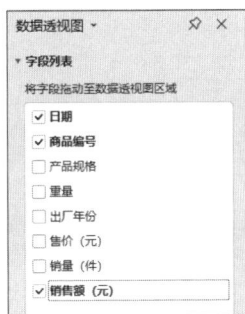

图 5-85　勾选字段复选框

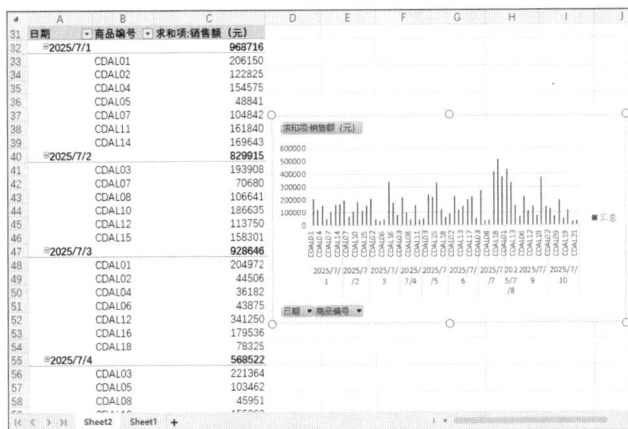

图 5-86　添加字段效果

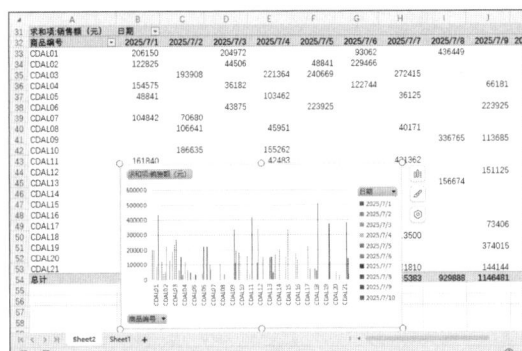

图 5-87　调整字段位置

图 5-88　选择"饼图"样式

（8）选择数据透视图，单击其右侧的"图表元素"按钮，展开列表框，勾选"数据标签"复选框，然后在展开的子菜单中，选择"更多选项"命令，如图 5-90 所示。

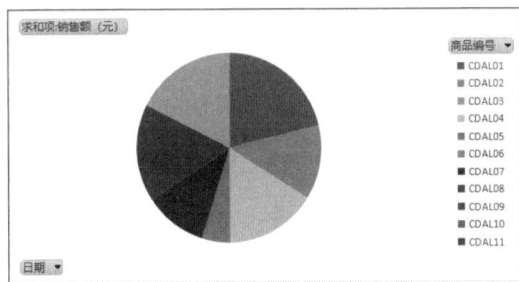

图 5-89　更改图表类型

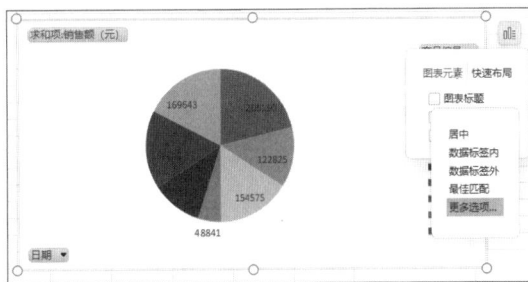

图 5-90　选择"更多选项"命令

（9）打开"属性"任务窗格，在"标签"选项下的"标签包括"选项区中，勾选"类别名称""百分比""显示引导线"复选框，在"标签位置"选项区中，选择"数据标签外"单选按钮，如图 5-91 所示。

（10）在"填充与线条"选项下，展开"线条"选项区，在列表框中，选择合适的线条样式，如图 5-92 所示。

（11）为数据透视图添加图表元素，然后依次调整数据标签的位置。随后为数据透视图添加"图表标题"元素，从数据透视图中可以看到 2025 年 7 月 1 日各商品的销售额占比，其效果如图 5-93 所示。

图 5-91　修改参数值　　　　　图 5-92　选择线条样式

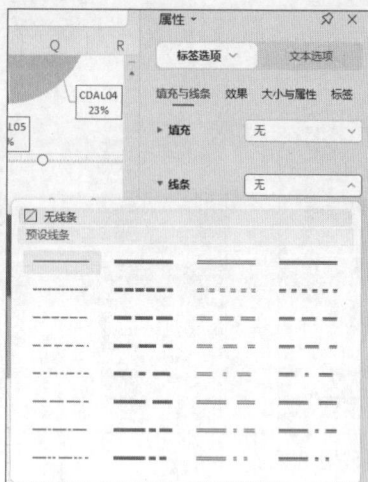

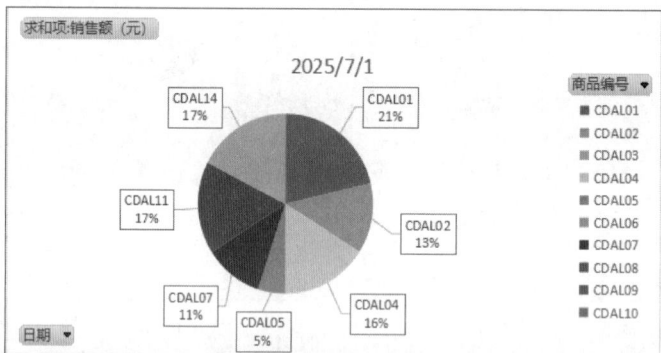

图 5-93　添加图表元素效果

3. 用切片器查看其他日期下的销量和销售额占比

（1）选择第 1 个饼图数据透视图，在"分析"选项卡的"筛选"面板中，单击"插入切片器"按钮，如图 5-94 所示。

（2）打开"插入切片器"对话框，勾选"日期"字段复选框，如图 5-95 所示。

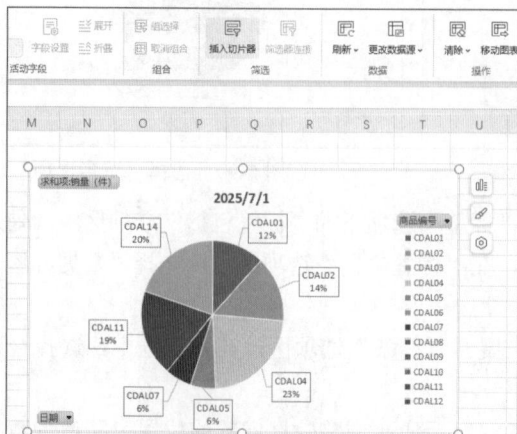

图 5-94　单击"插入切片器"按钮　　　图 5-95　勾选"日期"字段复选框

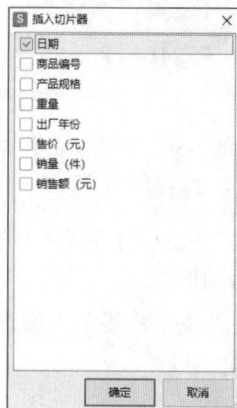

（3）单击"确定"按钮，即可为第 1 个饼图数据透视图添加"日期"切片器，并调整切片

器的大小和位置，如图 5-96 所示。

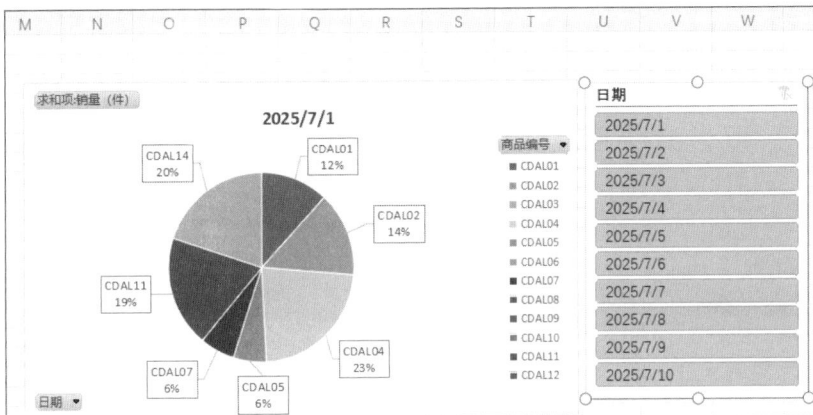

图 5-96　插入切片器效果

（4）使用同样的方法，即可为第 2 个饼图数据透视图添加"日期"切片器，并调整切片器的大小和位置，如图 5-97 所示。

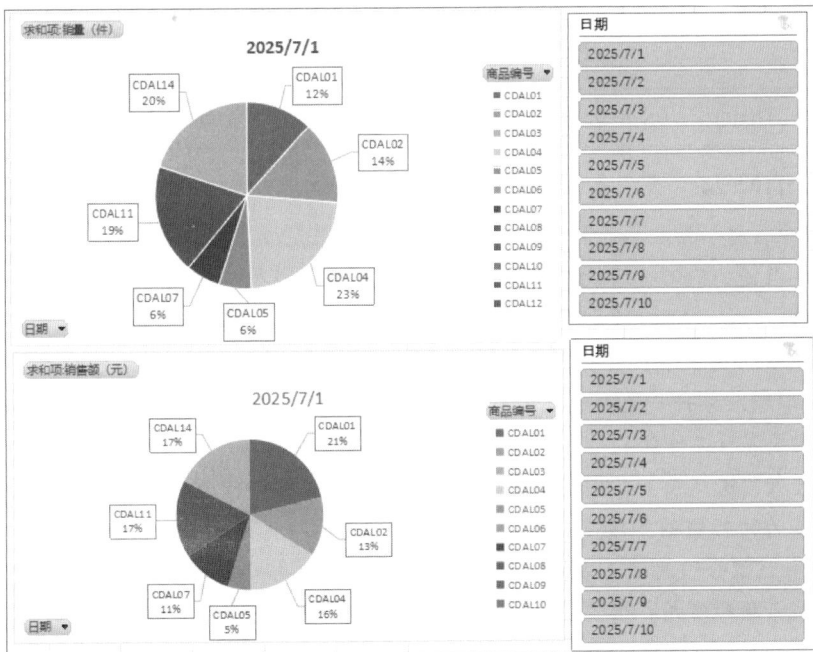

图 5-97　插入切片器效果

（5）在"日期"筛选器中依次单击其他日期按钮，例如，单击"2025/7/5"按钮，即可用切片器查看"2025/7/5"日期下的销量和销售额占比，其效果如图 5-98 所示。

─○ AI 助力 ○─

1. 将一维数据表转换为二维数据表

数据透视表是 WPS 表格中一个强大的数据分析工具，是基于数据源而创建的。因此对数据源有着较为严格的规范性要求，其中最基本要求是数据源结构为一维表格。因此，要学会如何快速转换表格结构的方法。下面先让 AI 工具"文心一言"来解疑释惑。

观看视频

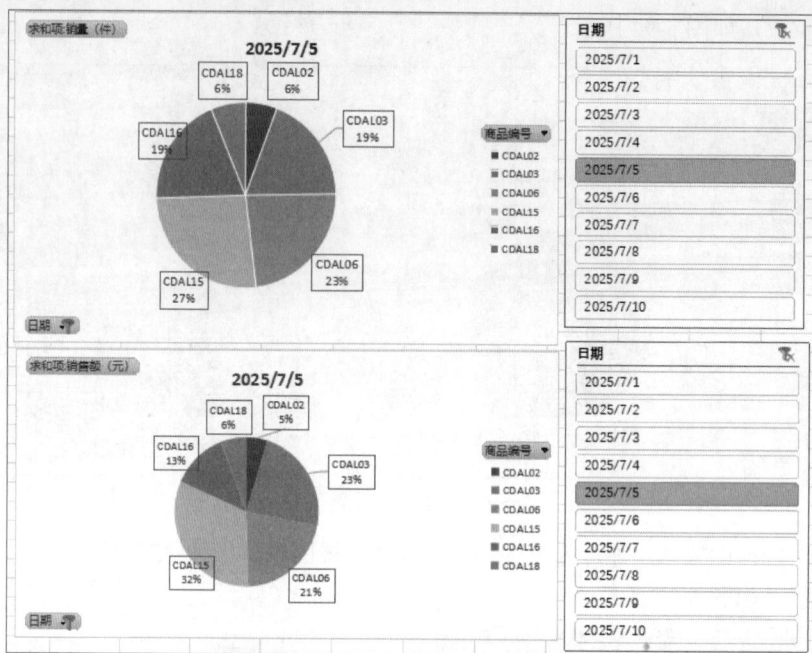

图 5-98　查看 "2025/7/5" 日期下的销量和销售额占比

向文心一言提问： WPS 中如何使用数据透视表将一维数据表转换为二维数据表？

📷 **文心一言回复：**

在 WPS 中，将一维数据表转换为二维数据表可以采用以下方法。

（1）准备数据：确保一维数据表中的数据格式适合转换为二维表。通常，一维表中的数据应该包含可以作为行和列标题的字段，以及需要汇总的数值数据。

（2）插入数据透视表：选中一维数据表中的任意单元格（无须全选整个数据区域）。在"插入"选项卡中，单击"数据透视表"按钮，在弹出的对话框中，选择放置数据透视表的位置（新工作表或现有工作表），然后单击"确定"按钮即可。

（3）配置数据透视表：在数据透视表字段列表中，将需要作为行标题的字段拖到"行"区域。将需要作为列标题的字段（如果有的话）拖到"列"区域。将需要汇总的数值字段拖到"值"区域，并设置合适的汇总方式（如求和、平均值等）。

（4）调整布局和格式：在"设计"选项卡中，可以对数据透视表的布局、样式和格式进行调整。确保行和列标签正确显示，并且数值数据按照预期进行汇总。

下面将参照上述方法，通过具体的案例来进行操作练习。

（1）打开本项目提供的"家庭收支管理.xlsx"工作簿，框选 A2:E13 单元格区域，在"插入"选项卡的"表格"面板中，单击"数据透视表"按钮，如图 5-99 所示。

（2）打开"创建数据透视表"对话框，选择单元格区域和放置位置，单击"确定"按钮，如图 5-100 所示。

（3）创建一个数据透视表，其效果如图 5-101 所示。

（4）在"数据透视表"任务窗格的"字段列表"列表框中，将"摘要"字段拖曳至"行"区域，将"类别"字段拖曳至"列"区域，将"发生余额（元）"字段拖曳至"值"区域，即可生成二维表格报表样式，完成一维数据表转换为二维数据表的操作，如图 5-102 所示。

图 5-99 单击"数据透视表"按钮

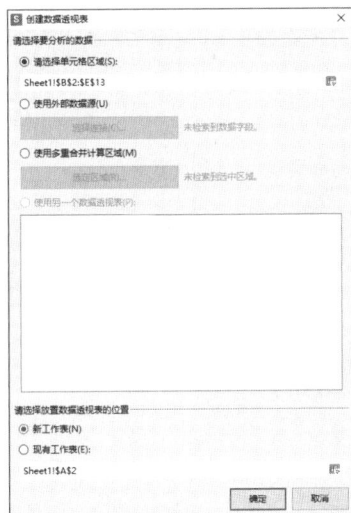

图 5-100 选择单元格区域和放置位置

图 5-101 创建数据透视表

图 5-102 生成二维表格式

2. 手动刷新数据透视表容易忘，怎么办

在创建数据透视表后，当数据源中的数据更新时，需要手动刷新数据透视表，才能使其中的数据与数据源数据同步刷新。而在现实工作中，财务人员常常会忘记手动刷新全部数据透视表。可以将数据透视表设置为自动刷新吗？下面让 AI 工具"讯飞星火"告诉我们答案。

观看视频

向讯飞星火提问：WPS 数据透视表是否可以设置为自动刷新？具体如何操作？

讯飞星火回复：

在 WPS 中，数据透视表的刷新和更改数据源是两个关键操作，它们确保了数据透视表能够反映最新的数据变化。WPS 数据透视表的自动刷新功能是可以通过设置"打开文件时刷新数据"功能实现的。

下面将参照上述方法，通过具体的案例来进行操作练习。

（1）打开上一例的效果"家庭收支管理.xlsx"工作簿，选择数据透视表中的任意单元格，在"分析"选项卡的"数据透视表"面板中，单击"选项"右侧的下拉按钮，展开列表框，选择"选项"命令，如图 5-103 所示。

（2）打开"数据透视表选项"对话框，勾选"打开文件时刷新数据"复选框，如图 5-104 所示，单击"确定"按钮，即可设置打开文件时自动刷新数据透视表。

图 5-103　选择"选项"命令

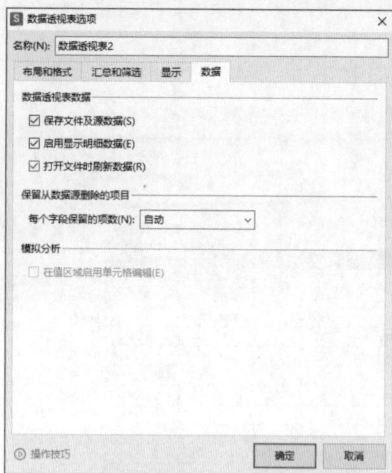

图 5-104　勾选复选框

观看视频

3. 用数据透视表分类汇总数据

在 WPS 表格（或 Microsoft Excel 等其他电子表格软件）中，使用数据透视表进行分类汇总数据是一种非常高效的方法。下面让 AI 工具"文心一言"告诉我们如何用数据透视表分组汇总数据。

> **向文心一言提问：** 在 WPS 中，如何用数据透视表分类汇总数据？

文心一言回复：

数据透视表是一个强大的工具，它可以帮助你快速地从大量数据中提取有用的信息。用数据透视表分类汇总数据的具体方法如下。

（1）选中包含数据的单元格区域，在"插入"选项卡中单击"数据透视表"按钮，在弹出的"创建数据透视表"对话框中，确认选中的数据区域无误，并选择数据透视表的放置位置（新工作表或现有工作表），单击"确定"按钮，创建数据透视表。

（2）在新创建的数据透视表工作表中，添加各种字段效果。

（3）如果数据包含多个分类字段（如地区、产品等），可以将它们也拖动到"行区域"中，以进行更详细的分类。还可以将其他数值字段拖动到"值区域"中，以进行多种汇总。还可以通过"分类汇总"功能来汇总数据。

下面将参照上述方法，通过具体的案例来进行操作练习。

（1）打开本项目提供的"产品生产统计表 .xlsx"工作簿，选择数据透视表中的任意单元格，在"设计"选项卡的"布局"面板中，单击"分类汇总"右侧的下拉按钮，展开列表框，选择"在组的底部显示所有分类汇总"命令，如图 5-105 所示。

（2）通过分类汇总来显示所有透视表数据，其效果如图 5-106 所示。

项目小结

本项目详细介绍了数据透视表和数据透视图的应用方法，旨在帮助读者更全面地分析数据。通过项目中的每个知识点的介绍，可以帮助读者快速掌握数据透视表和数据透视图的创建方法，熟悉数据透视表字段、格式的设置方法，并掌握数据源的更新与筛选方法，最后通过案例项目实施和 AI 助力，对本项目的知识点进行巩固练习和拓展学习。

图 5-105　选择"在组的底部显示所有分类汇总"命令

图 5-106　分类汇总显示数据

课后练习——用数据透视表和数据透视图分析员工销售额

打开本项目提供的"员工销售表 .xlsx"工作簿，通过创建数据透视表和数据透视图分析 1 ~ 3 月各员工的总销售金额，并对数据透视图进行适当美化，练习完成后效果如图 5-107 所示。

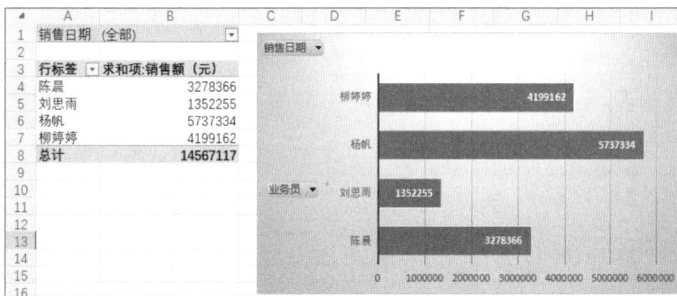

图 5-107　员工销售表效果

项目6　数据可视化处理：制作"产品销售表"

通过"项目5"内容的学习，我们熟知了数据透视图不仅能展示数据分析的结果，还能在分析过程中"放大"数据特征，帮助用户发现更多有价值的信息。针对普通数据表格也可以通过创建图表来直观展示数据，发现数据之间更多内在的联系。创建图表需要根据数据特征选择合适的图表类型和布局，最终才有利于数据的展示。

本项目将详细讲解 WPS 表格中数据可视化的应用方法，通过对本项目的学习，读者可以快速掌握静态图表和动态图表的操作，并通过所学的知识点，快速制作出"产品销售表"。

学习目标

- ▶ 制作"产品销售表"的技术要点。
- ▶ 通过 AI 了解数据可视化处理的作用。
- ▶ 认识图表。
- ▶ 创建与编辑图表。
- ▶ 创建动态图表。
- ▶ 用样式美化图表。

知识准备

知识点1　制作"产品销售表"的技术要点

产品销售表是一份详细记录产品销售情况的报表，它汇总了销售数据，通常包括销量、销售额、退货率和增长率等关键指标。其特点在于能够清晰展示销售趋势，分析产品表现，识别市场动态，并为决策提供数据支持。它通常具备易于理解的格式和图表，以便于快速把握销售绩效。

> **向文心一言提问**：制作"产品销售表"的技术要点有哪些？

🔘**文心一言回复：**

制作"产品销售表"的技术要点主要包括以下几方面。

1. 前期准备

（1）确保数据完整性。

▶ 企业需要拥有完整的销售数据记录，包括销售额、销售量、价格、销售人员业绩等关键信息。

▶ 这些数据通常由销售团队、零售点或在线平台生成，并需确保数据的准确性和及时性。

▶ 对于不同规模的企业，数据的存储方式可能有所不同，但无论规模大小，都需要有系统化的数据记录方式。

（2）明确需求。

▶ 在制作产品销售表之前，需要明确报表的受众群体和他们的需求。

▶ 根据需求确定报表中需要呈现的内容和指标，如销售额、销售增长率、市场份额等。

（3）选择合适的工具。

▶ 根据数据量的大小和复杂性，选择合适的报表制作工具。

▶ 对于小规模数据，可以使用 Excel、WPS 表格等电子表格软件；对于大规模或复杂数据，则可能需要使用专业的报表软件，如 FineReport 等。

2. 数据收集与整理

（1）数据收集。

▶ 根据报表需求，收集相关的销售数据。

▶ 数据可以来源于销售管理系统、数据库、手工记录等多种渠道。

（2）数据整理。

▶ 对收集到的数据进行分类、排序和整理，确保数据的格式一致性和准确性。

▶ 清理无效或异常数据，提高数据质量。

3. 报表设计与制作

（1）设计报表结构。

▶ 根据需求设计报表的结构和布局，包括标题、表头、数据区域等。

▶ 确保报表结构清晰、易于阅读和理解。

（2）选择图表类型。

▶ 根据数据的性质和报表的需求，选择合适的图表类型来展示数据。

▶ 常用的图表类型包括柱状图、折线图、饼图等，这些图表能够直观地展示销售数据的趋势和变化。

（3）设置数据标签和说明。

▶ 为图表设置清晰的数据标签和说明，确保读者能够准确理解图表所呈现的信息。

▶ 使用颜色和字体大小等设计元素来增加报表的美观度和可读性。

4. 数据分析与解读

（1）数据分析。

▶ 对报表中的数据进行深入分析，识别销售趋势、发现潜在问题并提出改进建议。

▶ 计算关键指标和比率，如销售增长率、市场份额等，以提供更全面的数据分析。

（2）数据解读。

▶ 编写简明扼要的报表解读，概述销售情况并提供关键发现和相关建议。

▶ 确保解读内容易于理解，能够为决策者提供有力的支持。

5. 审查与发布

（1）审查报表。

▶ 在发布报表之前，进行仔细地审查和校对，确保数据的准确性、图表的清晰度和文字的准确性。

▶ 修正任何错误或遗漏，以提高报表的有效性和可靠性。

（2）发布报表。

▶ 将制作好的产品销售表发布给相关人员或部门，以便他们能够及时了解销售情况并做出相应的决策。

▶ 可以选择将报表打印成文件供领导查看，或者通过电子邮件、企业内部网络等方式进行分享。

综上所述，制作产品销售表的技术要点包括前期准备、数据收集与整理、报表设计与制作、数据分析与解读以及审查与发布等关键步骤。通过遵循这些要点，可以制作出高质量、有价值的产品销售表，为企业的销售管理和决策提供有力支持。

知识点 2 通过 AI 了解数据可视化处理的作用

向文心一言提问： 数据可视化处理的作用是什么？

◉ 文心一言回复：

数据可视化处理在数据处理与分析中扮演着至关重要的角色，其作用主要体现在以下几方面。

1. 直观展现信息

数据可视化通过图形、图表、图像等形式，将复杂的数据转换为直观、易于理解的视觉表示。这种方式比单纯的数字或文字描述更能吸引人们的注意力，帮助人们快速把握数据的整体情况和关键信息。

2. 增强理解与分析能力

人类大脑对视觉信息的处理能力远强于对文字和数字的处理能力。数据可视化通过图形展示，使得人们能够更容易地发现数据中的模式、趋势、异常值等关键信息，从而增强对数据的理解和分析能力。

3. 辅助决策制定

在商业、政府、科研等领域，决策制定往往依赖于对大量数据的分析。数据可视化能够将复杂的数据分析结果以直观的形式呈现出来，帮助决策者更快速地理解数据背后的含义，从而做出更加明智的决策。

4. 促进沟通与协作

数据可视化能够将复杂的数据信息以简洁明了的方式传达给非专业人士，促进不同背景、不同领域的人员之间的沟通与协作。在团队项目中，数据可视化可以作为团队讨论和交流的共同语言，提高团队的协作效率。

5. 发现隐藏信息与洞察

通过数据可视化，人们可以发现数据中隐藏的规律和趋势，以及不同变量之间的潜在关系。这些洞察和发现有助于揭示数据背后的真相，为进一步的深入研究提供线索和方向。

6. 提高用户体验

在用户界面设计中，数据可视化可以提升用户的体验。通过直观的图表和图形展示，用户可以更方便地获取所需的信息，减少认知负担，提高使用效率。

综上所述，数据可视化处理在数据处理与分析中具有多方面的作用，它不仅能够直观展现信息、增强理解与分析能力，还能辅助决策制定、促进沟通与协作、发现隐藏信息与洞察，以及提高用户体验等。

向文心一言提问： 数据可视化处理的常用方法有哪些?

◎ **文心一言回复：**

数据可视化处理的常用方法多种多样，这些方法可以根据数据的类型、目的和受众进行选择。以下是一些常见的数据可视化处理方法。

（1）静态图表。

静态图表是最常见的数据可视化方法之一，它们通过固定的图形和颜色来展示数据。常见的静态图表包括以下几种。

▶ 折线图：用于展示数据随时间或其他连续变量的变化趋势。

▶ 柱状图：用于比较不同类别或分组的数据量大小。

▶ 饼图：用于展示各部分占总体的比例关系。

▶ 条形图：与柱状图类似，但通常用于水平展示数据。

▶ 面积图：类似于折线图，但下方区域被填充颜色，常用于显示数据量的累积效果。

（2）动态图表。

动态图表能够在时间轴上展示数据的变化，使观众能够更直观地感受到数据的动态特性。常见的动态图表包括以下几种。

▶ 实时更新的折线图：用于展示实时数据的变化趋势。

▶ 动态地图：结合地图展示地理数据的变化，如疫情传播、人口迁移等。

（3）地理可视化。

地理可视化是将数据与地理位置信息相结合，通过地图来展示数据的分布和变化。常见的地理可视化方法包括以下几种。

▶ 热力图：在地图上使用不同颜色表示数据的密度或强度。

▶ 散点图：在地图上使用点来表示数据的位置和数量。

▶ 区域图：通过地图上的不同颜色或形状来表示不同区域的数据情况。

（4）3D 可视化。

3D 可视化通过创建三维图形来展示数据，使观众能够从多个角度观察数据。常见的 3D 可视化方法包括以下几种。

▶ 三维散点图：在三维空间中展示数据点的分布。

▶ 三维曲面图：通过三维曲面来表示数据的连续变化。

（5）交互式可视化。

交互式可视化允许观众通过操作来探索和分析数据，从而更深入地理解数据的内在规律和联系。常见的交互式可视化方法包括以下几种。

▶ 可滑动的时间轴：允许观众在时间轴上滑动以查看不同时间点的数据情况。

▶ 可筛选的数据点：允许观众根据特定条件筛选数据点以进行更详细的分析。

（6）文本可视化。

文本可视化将文本数据转换为图形或图像，以便更好地理解和分析文本内容。常见的文本可视化方法包括以下几种。

▶ 词云：使用不同大小的字体来表示文本中不同词汇的出现频率。

▶ 标签云：类似于词云，但使用标签形式来表示关键词或短语。

（7）尺寸和颜色可视化。

除了上述具体的图表类型外，尺寸和颜色也是常用的数据可视化手段。例如，通过不同的大小来表示数据量的多少，通过不同的颜色来表示数据的分类或强度。

（8）大数据可视化。

随着大数据技术的发展，大数据可视化也变得越来越重要。大数据可视化通过使用专门的工具和技术，将海量数据转换为可视化的形式，以便更好地发现数据中的模式和关系。

综上所述，数据可视化处理的常用方法多种多样，可以根据具体的数据类型、目的和受众进行选择。这些方法旨在使数据更加直观、易于理解和分析，从而帮助人们更好地做出决策和洞察数据背后的规律。

知识点 3　认识图表

项目 5 介绍的数据透视图结合了数据透视表和图表的功能，所以，普通图表相比数据透视图少了交互功能，需要为每一种数据分析角度创建一张图表。但是，数据透视图需要基于相关联的数据透视表存在，而普通图表可以直接链接到工作表单元格中，加上图表布局的灵活性远大于数据透视图，所以，普通图表往往可以做得更美观。总之，数据透视图常用于数据分析，而图表则侧重于数据呈现。

1. 图表的功能

在这个信息爆炸的时代，信息的传递越来越追求碎片化、可视化。图表是将表格中的数据以图形的方式显示出来，本质上是根据工作表中的数据而创建的图表对象。所以，只要表格中的数据保证了正确性，并根据要展示的目的选择了正确的图表类型，那么图表中展示的内容就是正确的。我们不用再查看复杂的数据，就能更快了解到这些数据要传达给我们的意思，完全符合现代人对信息追求的碎片化、可视化。

图表这种表现形式除了符合当下人们对信息的一种追求标准外，也具有独特的功能，这才是它真正被广泛运用的原因。

1）有效传递数据信息

由于人类对图形信息的接收和处理能力远高于对文字和数字的处理能力，所以，将数字转换成恰当的图表，更有助于快速发现数据规律，帮助分析数据信息，最终提炼出有用信息。

如图 6-1 所示为统计的某商品 2023—2024 年不同月份的销量数据，数据量很大，光看着都容易让人眼花，更别说从中发现该商品的销售规律了。如果将这些数据表现为图表，数据特征被放大后就可以快速发现，这款产品在每年的 8—12 月处于销量高峰，也就是说，8 月开始就迎来了该商品的销售旺季。掌握这个规律后，就可以在 8 月前就准备好充足的货源，1 月前尽量减少库存了。

2）塑造可信度

俗话说"有图有真相"，数据分析的成果如果需要展示给他人，仅凭文字描述结论，不仅很难让他人理解，还不免会让人怀疑背后数据的可信度。若是能够配上一份严谨的图表，则能给人带来信赖感，提高数据的可信度，并将结论更直观地传递给他人，减少了说服他人接受自己观点的难度。

例如，一份互联网用户行为调查通过数据收集、清洗加工、分析后得出的结论是，中国用户短视频文化消费习惯已经成熟。那么如何让他人接受自己的观点，且更深刻地理解这个数据

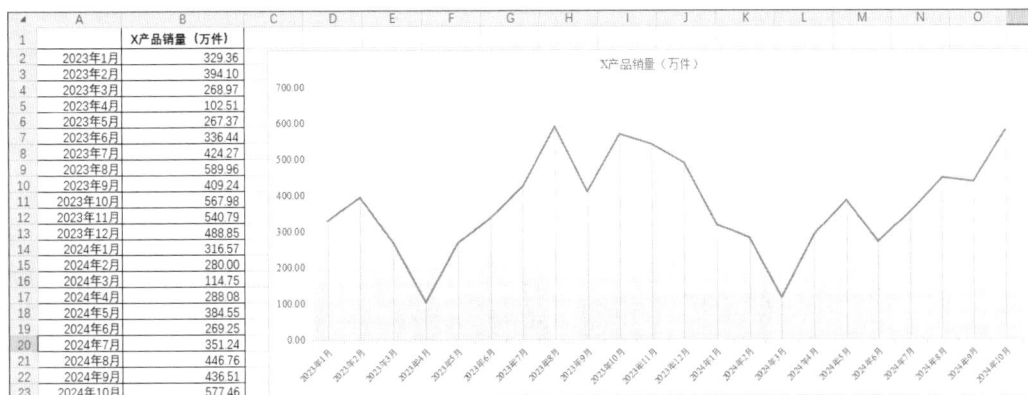

	A	B
1		X产品销量（万件）
2	2023年1月	329.36
3	2023年2月	394.10
4	2023年3月	268.97
5	2023年4月	102.51
6	2023年5月	267.37
7	2023年6月	336.44
8	2023年7月	424.27
9	2023年8月	589.96
10	2023年9月	409.24
11	2023年10月	567.98
12	2023年11月	540.79
13	2023年12月	488.85
14	2024年1月	316.57
15	2024年2月	280.00
16	2024年3月	114.75
17	2024年4月	288.08
18	2024年5月	384.55
19	2024年6月	269.25
20	2024年7月	351.24
21	2024年8月	446.76
22	2024年9月	436.51
23	2024年10月	577.46

图 6-1　用图表分析不同月份的销量数据

结论呢？

此时可以将如图 6-2 所示的数据图表展示出来，借助图表的表达力，可以一目了然地看到，用户在过去接触过的内容形式中，短视频位列首位。

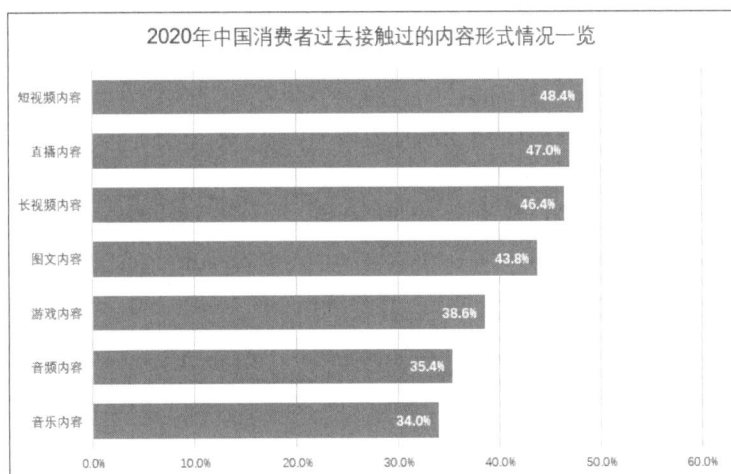

图 6-2　数据图表展示数据

3）体现专业化

当数据分析工作完成后，需要制作数据分析报告时，如果为工作表数据配上专业的图表，则既能让报告看起来更加美观，从视觉上带来全新的美感，还能体现个人职业素养，充分展现出制作者的专业化水平和对工作的态度。

世界顶级咨询公司或商业杂志都有专门的图表设计团队，这些公司制作的图表常常成为行业学习的典范，如麦肯锡咨询公司、《华尔街日报》和《纽约时报》等。

2. 图表的组成

WPS 表格中的图表对象主要由一个或者多个以点、线、矩形或圆形方式显示的数据系列组成，数据系列的外观取决于选择的图表类型。此外，一个完整的图表还包括图表区、绘图区、图表标题、坐标轴等部分。为了更好地理解和运用图表，下面以柱形图为例讲解图表的组成，如图 6-3 所示。

下面将对图表结构的各个部分进行详细介绍。

（1）图表区：整个图表的背景区域，图表的其他组成部分都汇集在图表区中。

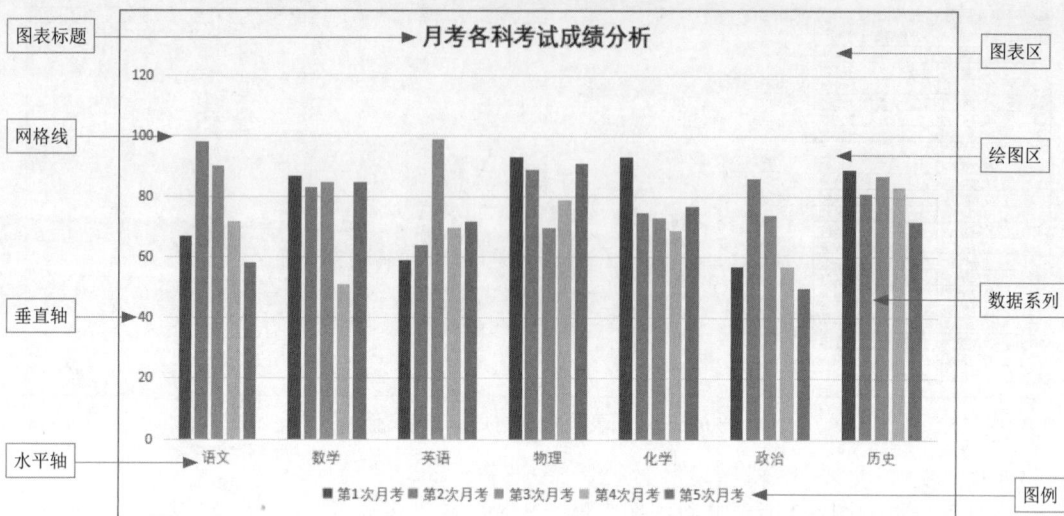

图 6-3　图表结构

（2）绘图区：是图表区中的一部分，即显示图形的矩形区域。其中主要包括数据系列和网格线等。

（3）图表标题：用于说明图表所表述内容的文字。

（4）垂直轴：用于确定图表中垂直坐标轴的最小和最大刻度值。

（5）水平轴：主要用于显示文本标签。一般情况下，水平轴表示数据的分类。

（6）数据系列：在图表中绘制的相关数据点的集合，这些数据源自数据表的同一列或同一行。它是根据用户指定的图表类型以系列的方式显示在图表中的可视化数据。可以在图表中绘制一个或多个数据系列，多个数据系列之间通常采用不同的图案、颜色或符号来区分。

（7）网格线：贯穿绘图区的线条，用于帮助使用者估算数据系列所示值。

（8）图例：为了更好地说明图表中的符号、颜色或形状在定义数据系列时所代表的内容，应当运用图例进行显示。图例由图例标示和图例项两部分构成。其中，图例标示代表数据系列的图案，即不同颜色的小方块或线段。图例项用于说明与图例标示对应的数据系列名称，一种图例标识只能对应一种图例项。

【小提示】有的图表中还会包含单位、注释等信息。当有具体数据时，配上单位信息，才能更好地表达出数据所代表的含义；如果图表中存在不易看懂的内容，就可以添加注释进行补充说明，在商业图表中，还经常会对图表中所用数据的来源进行说明。

3. 图表的类型

WPS 表格中提供了十几大类图表，不同类型的图表有不同的特性，适用情况也各不相同。如果选择了错误的图表类型，后面的工作做得再完美也是南辕北辙。所以，需要先摸清不同类型图表的"脾气"，根据数据的展示目的选择图表类型。

可视化专家 Andrew Abela 基于数据的 4 大展示目的整理出了图表的选择方法，如图 6-4 所示。

从图 6-4 中不难发现，使用图表展示的数据主要有以下 4 种相关关系：比较、构成、分布及联系。

（1）比较：用于比较数据的大小——是差不多，还是一个比另一个更大或更小呢？"大于""小于""大致相等"都是比较相对关系中的常用词。可以是对不同类型的数据进行比较，也可以是对不同时间段的数据进行比较。基于分类的数据比较，常用柱形图或条形图来展示，

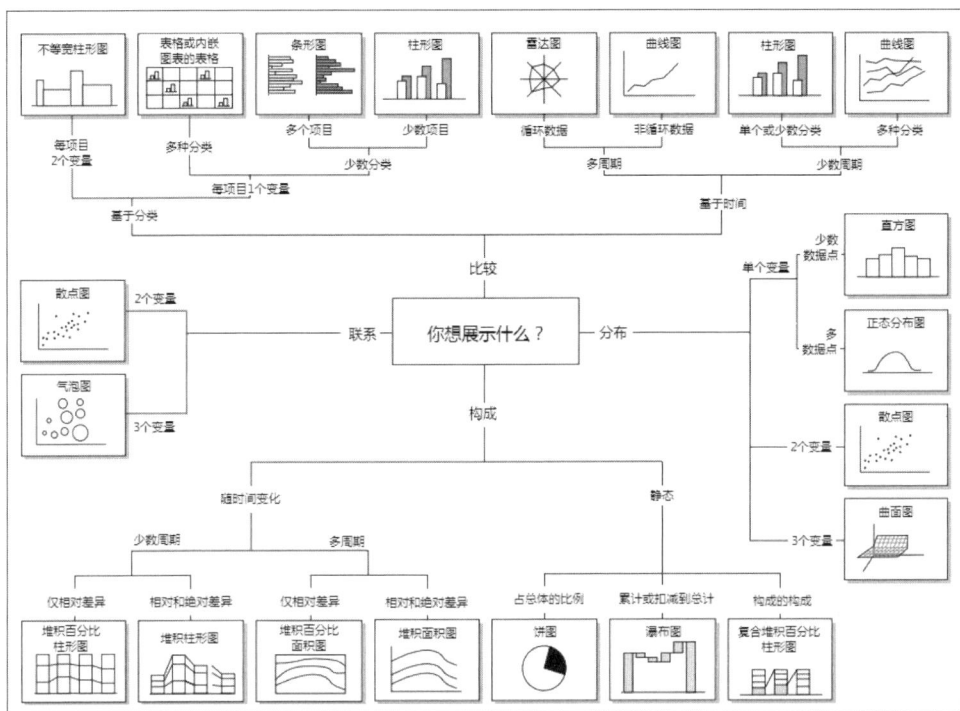

图 6-4 图表的选择方法

当数据名称较长时选择条形图、数据名称较短时选择柱形图；如果关心数据如何随着时间变化而变化，每周、每月、每年的变化趋势是增长、减少、上下波动或基本不变，这时候常用折线图来展示。

（2）构成：主要关注每个部分所占整体的百分比，即数据的构成情况，常用饼图来展示。如果想表达的信息包括"份额""百分比""预计将达到百分之多少"时，可选用饼图，也可以用复合堆积百分比柱形图。如果想要表达的是随着时间变化的数据构成，也可以用堆积百分比柱形图、面积图等。既想体现数据的变化趋势又想体现数据总量的变化，可以选择面积图。

（3）分布：主要关心各数值范围内各包含多少项目，如果想表达的信息包含"集中""频率""分布"等，这时候就可以使用柱形图、曲面图（曲面图是寻找数据最佳组合的最优图表）；同时，还可以根据地理位置数据，通过地图展示不同分布特征。

（4）联系：主要展示一个变量随着另一个变量变化的关系。如果想表达的信息是"与……有关""随……而增长""随……而不同"等，就要用到联系类的图表。如果要查看两个变量之间是否表达出预期所要证明的模式关系，如预期销售额可能随着折扣幅度的增长而增长，这时候可以选择散点图，如果要查看三个变量之间是否存在关系，可以选择气泡图来展示。

知识点 4 创建与编辑图表

图表是 WPS 表格中不可或缺的一种数据分析工具，它直观、简洁、明了的特点深受广大 WPS 表格用户的青睐。要准确使用图表分析数据，首先需要先创建好图表，再对图表进行编辑，才能一步一步掌握图表并最终能使用图表来分析实际工作中的数据。

1. 创建图表

要将 WPS 表格中的数据创建成图表，正确步骤是：选择数据→选择图表→确认图例项、坐标轴数据。

（1）选择数据：就是在表格中选择用于创建图表的数据。如果是选择了工作表中包含数据的某个单元格，则默认将与所选单元格连续构成表格的区域都设置为图表的数据区域。WPS表格中也可以根据部分数据创建图表，只需要在创建图表前先选择这部分数据区域。

（2）选择图表：就是选择要创建的图表类型。在选择数据后，可以直接单击"插入"选项卡"图表"组中的某类图表按钮，再在弹出的下拉列表中选择需要的子图表类型；也可以打开"插入图表"对话框，通过查看图表预览图效果，选择更符合需求的图表类型。

（3）确认图例项、坐标轴数据：一般来说，创建柱形图、饼图、折线图等简单图表时，通常不需要确认图例项、坐标轴数据。但是如果出现创建好的图表不能正确展示数据时，就需要编辑图表的图例项和坐标轴数据了。

例如，在表格中记录了几次月考的各科考试成绩，要将前 5 次的语文、数学、英语成绩制作成柱形图图表，分析不同科目的成绩变动情况。可以先选择前 5 次月考中这三个科目的成绩所在单元格区域，再选择插入柱形图，最后调整行列的位置，其具体操作是：在打开的工作表中选择 A1:D6 单元格区域，在"插入"选项卡的"图表"面板中，单击"插入柱形图"右侧的下拉按钮，展开列表框，选择"簇状柱形图"图表样式，如图 6-5 所示，即可创建柱形图图表，选择新创建的图表，在"图表工具"选项卡的"数据"面板中，单击"切换行列"按钮，即可切换图表的行列位置，其效果如图 6-6 所示。

【小提示】选择图表数据时，还可以按住 Ctrl 键选择多列或多行表格数据来创建图表。选择图表数据后，在"插入"选项卡的"图表"面板中，单击"图表"按钮，可以打开"图表"对话框，在其中可以选择 WPS 表格提供的所有图表类型。

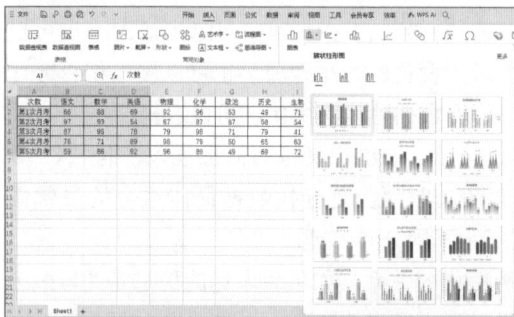

图 6-5　选择"簇状柱形图"图表样式

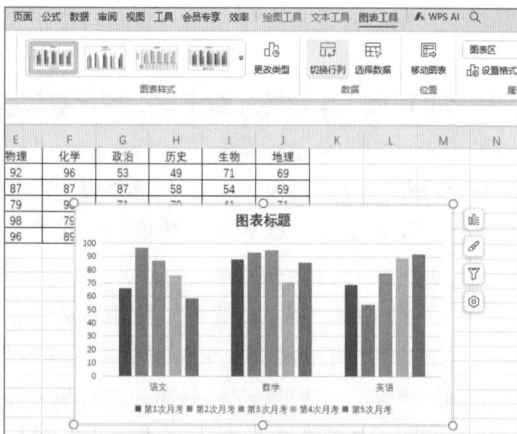

图 6-6　创建柱形图图表

【小提示】一般情况下，创建的图表如果数据显示出错了，通过切换行列的方式就可以让其显示正确。如果图表中要显示的数据相对复杂，则需要通过编辑数据系列和分类标签等方式来完成，相关内容将在下面讲解。

2. 使用系统推荐的图表

通过前面介绍的三步法创建图表可以根据需求灵活展现数据，但是需要对图表类型有一定的熟悉程度，并根据经验做出正确的判断，才不至于选择错误的图表类型。这对于刚接触图表的用户来说确实有难度，因为同样的数据，选择不同的图表类型来展示，得到的效果是完全不一样的。

WPS 表格贴心地为图表新手提供了"智能推荐"功能，它会根据选择的数据特征提供推荐的图表类型，能满足用户的一般性需求，还绝对不会选错图表类型。对图表内容尚需熟悉的新手就可以浏览推荐的图表效果，根据展示目的，结合数据特点，从中选择一种符合需求的类型来创建图表，后期再进行适当调整。

使用"智能推荐"功能查看该表格可以创建为哪些图表，并最终创建各科成绩的累计总分柱形图，分析出强项和弱项科目，具体操作是：在打开的工作表中，选中任意单元格，在"插入"选项卡的"图表"面板中，单击"图表"按钮，打开"图表"对话框，在左侧列表框中选择"智能推荐"选项，在右侧的列表框中选择合适的图表样式，单击"立即使用"按钮，即可使用系统推荐的图表进行创建，如图 6-7 所示。

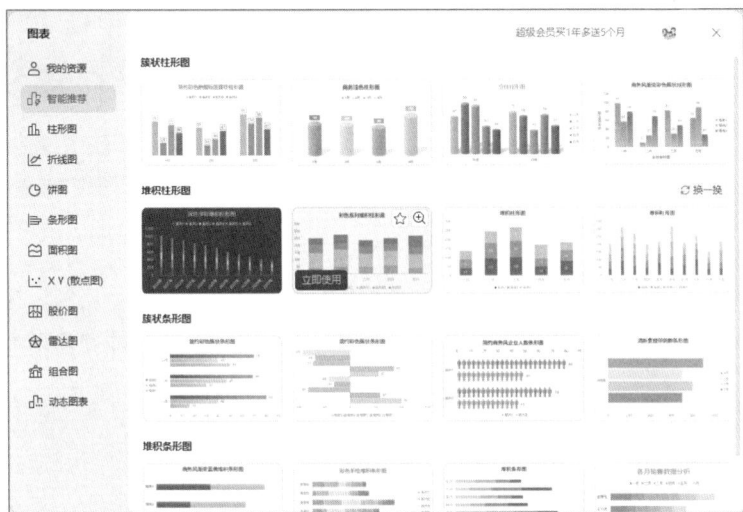

图 6-7 "智能推荐"列表框

【小提示】使用系统推荐的图表，可以减少图表选择错误率。如果对图表类型较为熟悉，建议直接创建图表，可以提高制图效率。在"图表"对话框中选择不同的图表类型，在对应列表框中可以预览使用任何一种图表类型显示当前数据的效果。不过 WPS 表格的"智能推荐"功能一般需要开通会员才可以使用，因此，用户可以根据需要开通会员，才能用到更多的图表类型效果。

3. 设置图表布局

在表格中创建的图表会采用系统默认的图表布局。前面介绍了图表的组成，图表布局就是对图表中的各组成元素进行位置上和格式上的调整，如显示或隐藏某些元素，调整元素在图表中的显示位置，设置元素的字体格式、显示方式等。

同一个图表经过布局设置后效果也是千差万别的，具体设置过程中应该根据展示需要，为数据量身定制图表布局。这不仅涉及很多操作技巧，还需要掌握一定的审美能力。

对于新手来说，不知道为图表选择什么布局时，可以使用"快速布局"功能，从中选择预定义好的布局样式。选择某个布局样式时，不仅可以在弹出的文本框中看到该组合所包含的元素，还可以实时查看图表在应用该布局后的效果。

例如，要为已经制作好的图表换一种布局效果，以便查看各项数据的值，其具体操作是：在工作表中选择图表对象，在"图表工具"选项卡的"图表布局"面板中，单击"图表布局"右侧的下拉按钮，展开列表框，选择"布局 4"样式，即可更改图表的布局样式，如图 6-8 所示。

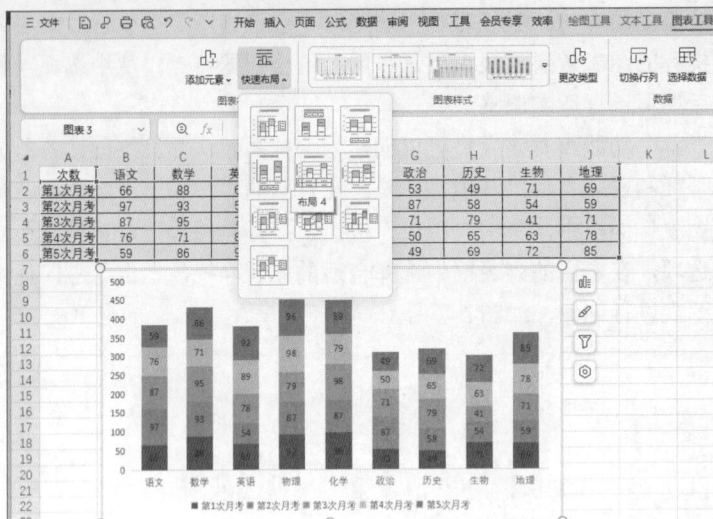

图 6-8　更改图表布局

4. 更改图表类型

如果创建的图表没有表达出数据的含义，可以更改整个图表类型，直到选择了最合适的图表类型为止。或者更改图表中某个或多个数据系列的图表类型，让一部分数据显示为不同的图表类型。

1）更改整个图表的图表类型

对图表类型的相关知识掌握不到位的时候，创建的图表很可能不符合预期。此时不用重新作图，更改图表类型即可。例如，要将制作好的堆积柱形图更改为折线图，其具体操作是：选择图表对象，在"图表工具"选项卡的"图表样式"面板中，单击"更改类型"按钮，如图 6-9 所示，打开"更改图表类型"对话框，选择需要更改的图表样式，单击"确定"按钮，即可更改整个图表的图表类型，如图 6-10 所示。

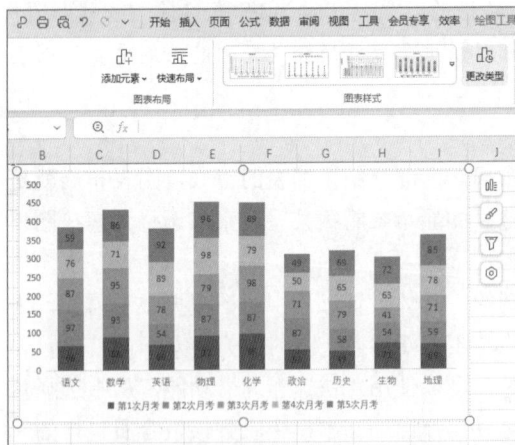

图 6-9　单击"更改类型"按钮

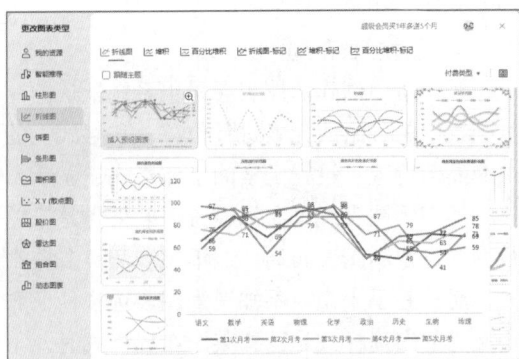

图 6-10　更改图表类型

2）更改数据系列的图表类型

一般情况下，创建的图表中数据系列都只包含一种图表类型，如果表格中包含两种不同的数据，也可以分别为不同的数据系列选用最合适的图表类型，让它们放置在同一张图表中，即所谓的组合图表，这样能更加准确地传递图表信息。

例如，要将柱形图中的"合计"数据系列更改为折线图类型，让各商品销售数据以柱形展示，合计数据以折线展示，不仅能在第一时间告诉读者这是两种不同类的数据，还能让图表更美观，更改的前后对比效果如图 6-11 所示。

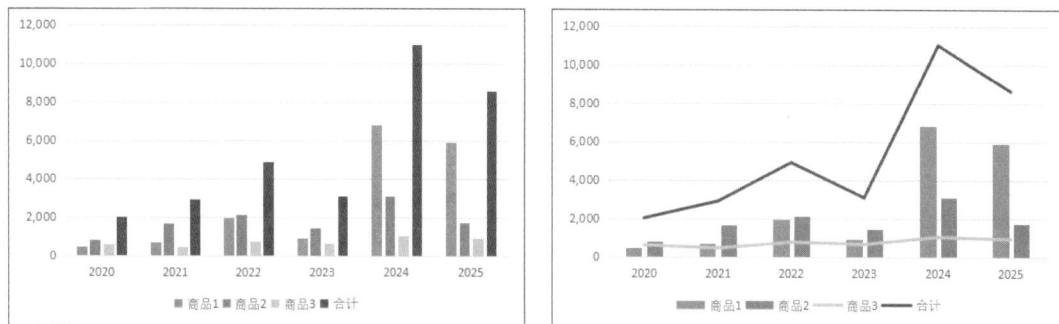

图 6-11　更改数据系列的图表类型的前后对比效果

更改数据系列的图表类型的具体操作是：选择图表对象，在"图表工具"选项卡的"图表样式"面板中，单击"更改类型"按钮，打开"更改图表类型"对话框，在左侧列表框中选择"组合图"选项，在右侧列表框中，修改系列名的图表类型，如图 6-12 所示，单击"插入图表"按钮，即可更改数据系列的图表类型，如图 6-13 所示。

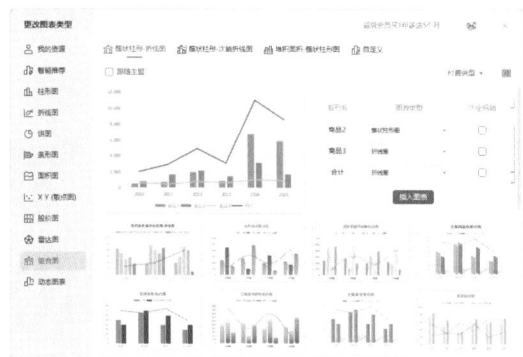

图 6-12　修改参数值

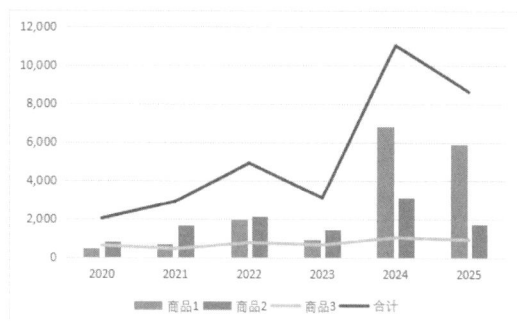

图 6-13　更改数据系列的图表类型

【小提示】在"更改图表类型"对话框中设置组合图时，如果需要为某个数据序列设置单独的坐标轴，以不同的单位和刻度来显示该数据系列，可以勾选该数据序列后的复选框。此后会在图表中的右侧添加次坐标轴，并以该坐标轴中的设置显示对应的数据序列。

5. 编辑图表

图表制作往往不会一蹴而就，当数据显示不对，要编辑图表的数据；图表中的布局设置更是常态，要想让制作的图表别出心裁，就不能使用默认的图表布局，根据需要灵活调整各元素的效果需要掌握一定的技巧。下面就来介绍编辑图表的这些技巧。

1）编辑数据系列

在创建有些图表时，由于数据输入的位置和内容有误，可能会导致制作的图表显示有误。或者在创建图表后还需要添加或减少图表中的数据系列，这都需要编辑数据系列。

例如，折线图是最能够体现出数据走势的图表，它的组成元素比较单一，容易将读图者的视线集中在线条的走势上。但是折线图中最多只能表现三个数据项目，当数据项目大于三项时，就意味着一张折线图中有多条线条，线条之间会相互层叠，导致图表信息读取困难。此时，可以通过减少图表中的数据系列来改善图表效果。例如，通过编辑数据系列将图表中的数据显示为语文、数学和英语三科的成绩，其具体操作是：在打开的工作表中选择图表，在"图表工具"选项卡的"数据"面板中，单击"选择数据"按钮，如图 6-14 所示，打开"编辑数据"对话框，选择"历史"和"政治"系列，单击"删除"按钮 🔟，删除系列；单击"添加"按钮 ➕，添加"英语"系列，单击"确定"按钮，即可编辑数据系列，如图 6-15 所示。

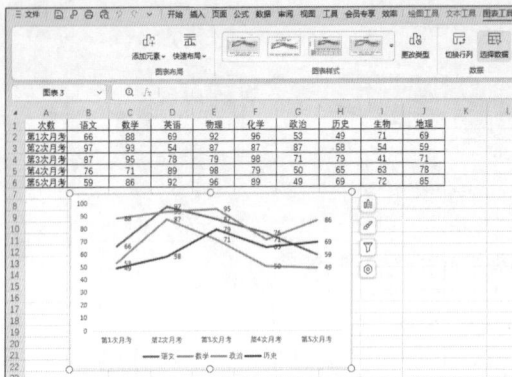

图 6-14　单击"选择数据"按钮　　　　　　图 6-15　编辑数据系列

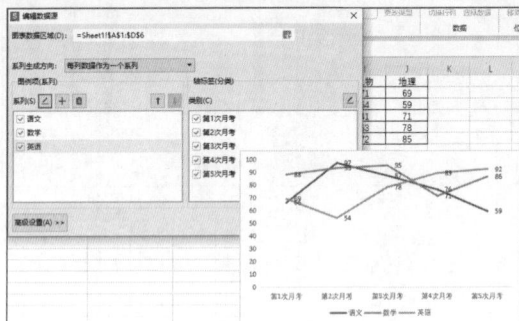

【小提示】在"编辑数据源"对话框的"轴标签（分类）"列表框中，取消选中某个复选框，可以隐藏图表中该分类项数据。在"系列生成方向"列表框中，可以交换图表中的数据系列和分类数据。

2）编辑图表标题

在创建图表时，图表会自动根据数据源中的相应数据为图表设置标题名称。但是，这个名称往往不实用。如果数据源中没有提供标题信息，则在图表中不会显示图表标题。此时，需要先添加图表标题，然后修改标题内容。

图表标题的作用是让读者可以通过该内容快速掌握图表所要表达的大致信息。为图表添加标题的前后对比效果如图 6-16 所示。

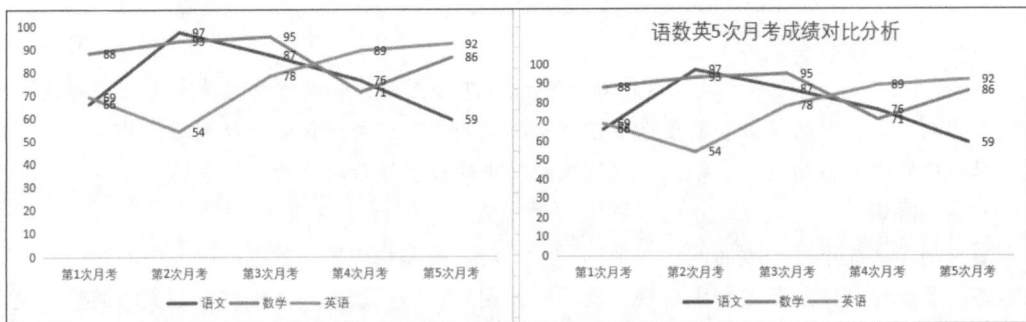

图 6-16　添加图表标题的前后对比效果

添加图表标题的具体操作是：在打开的工作表中选择图表，在"图表工具"选项卡的"图表布局"面板中，单击"添加元素"右侧的下拉按钮，展开列表框，选择"图表标题"命令，展开子菜单，选择"图表上方"命令，如图 6-17 所示，即可为选择的图表添加图表标题，并修改标题内容和标题字体格式，如图 6-18 所示。

【小提示】在"图表标题"子菜单中选择"无"命令，将隐藏图表标题；选择"居中覆盖"命令，将居中显示标题并覆盖在图表上方；选择"更多标题选项"命令，将打开"设置图表标

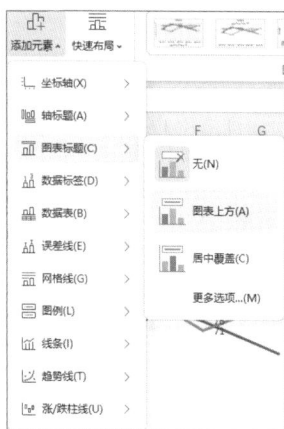

图 6-17 单击"选择数据"按钮

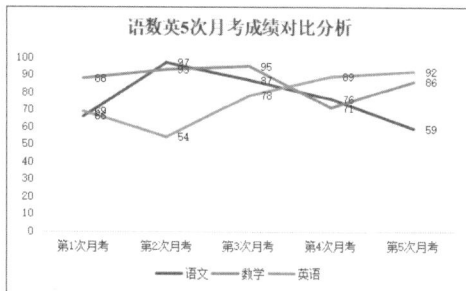

图 6-18 添加图表标题

题格式"任务窗格，在其中可以设置图表标题的填充、边框颜色、边框样式、阴影和三维格式等样式。

3）编辑图例

在图表中添加图例，可以指明图表中不同颜色、不同类型的数据系列分别代表了什么。图例也是可以进行编辑的，包括调整图例的显示位置，设置图例效果等。例如，有些图表适合将图例放置在图表绘图区内容的上方，方便在查看数据前先了解各数据系列代表了什么。如图 6-19 所示为不同位置的图例效果。

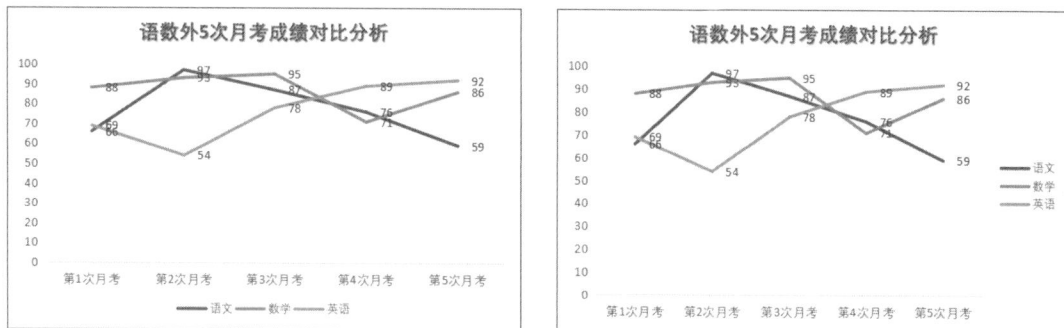

图 6-19 不同位置的图例效果

修改图例位置的具体操作是：在打开的工作表中选择图表，在"图表工具"选项卡的"图表布局"面板中，单击"添加元素"右侧的下拉按钮，展开列表框，选择"图例"命令，展开子菜单，选择"顶部"命令，如图 6-20 所示，即可将图例移至图表的顶部位置，如图 6-21 所示。

【小提示】图表布局也是一门艺术，并不是每一个图表都需要显示出所有的图表元素。每一种元素都有不同的作用，是否需要添加，添加在什么位置，设置什么样的格式都需要配合整体的效果来设置。例如，如果图表中的数据系列使用了数据标签等方式，已经能够清楚准确地说明各数据项，则可以不用再添加图例。此外，图表中只有一种数据系列时也可以不添加图例。

4）添加坐标轴标题

坐标轴标题的作用是指明垂直轴、水平轴分别代表什么内容。例如，垂直轴代表销量，可添加轴标题名称为"××销量"。

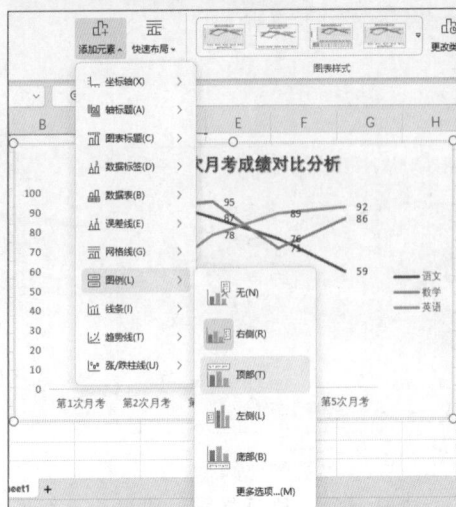

图 6-20　选择"顶部"命令

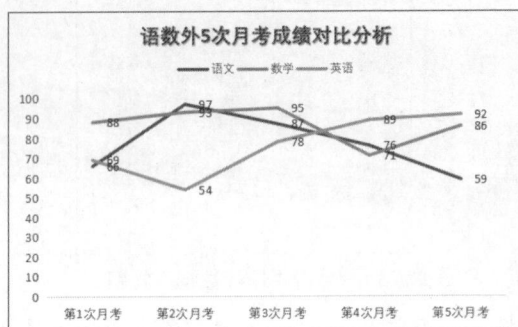

图 6-21　调整图例位置

不过，在不影响图表解读的前提下，一般不需要添加坐标轴标题。如大多数时候，水平轴通过数据分类名称就可以判断出具体是什么数据，所以不添加。只有垂直轴偶尔才需要添加轴标题。当然，也有必须添加轴标题的时候。如在双坐标轴图表中，因为有两个垂直轴，所以必须添加轴标题，才能让读者明白哪个轴代表了哪项数据。

对轴标题进行命名时，要注意单位的添加，如垂直轴代表销量时，可以添加轴标题为"销量（件）"或"销量／件"，其具体操作是：在打开的工作表中选择图表，在"图表工具"选项卡的"图表布局"面板中，单击"添加元素"右侧的下拉按钮，展开列表框，选择"轴标题"命令，展开子菜单，选择"主要纵向坐标轴"命令，如图 6-22 所示，即可添加轴标题，修改轴标题内容，并设置轴标题的文字排版方式，如图 6-23 所示。

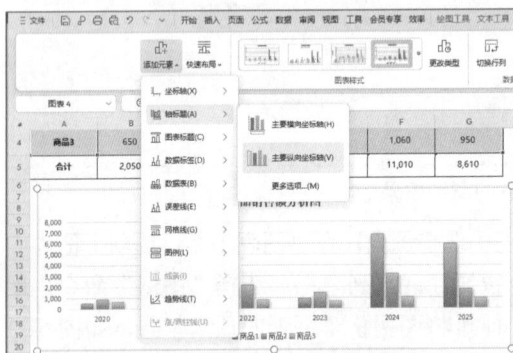

图 6-22　选择"主要纵向坐标轴"命令

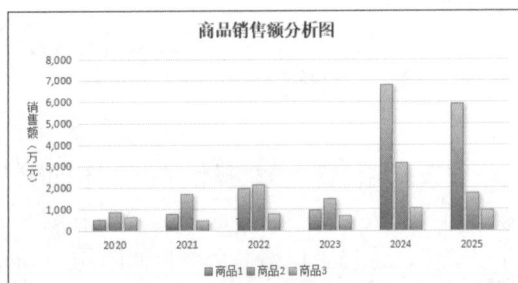

图 6-23　添加坐标轴标题

5）设置图表坐标轴大小

创建图表时，系统会根据选择的数据适当扩大最小值和最大值的范围，用于定义坐标轴的最小值、最大值和单位刻度大小。如果默认的刻度不合适，就要通过设置坐标轴大小来进行调整。

例如，考试成绩满分为 100 分，在制作成绩分析图表时，系统默认显示的最大值为 120，这样分析成绩时即使得了 100 分，也总是会觉得离满分还有很大距离。所以，需要调整最大值为 100，才符合人们的常识。

设置图表坐标轴大小的具体操作是：在打开的工作表中选择图表中的垂直坐标轴，右击，在弹出的快捷菜单中选择"设置坐标轴格式"命令，如图 6-24 所示，打开"属性"窗格，在"坐标轴"列表框的"边界"选项区中，修改"最大值"为 100，即可设置坐标轴大小，如图 6-25 所示。

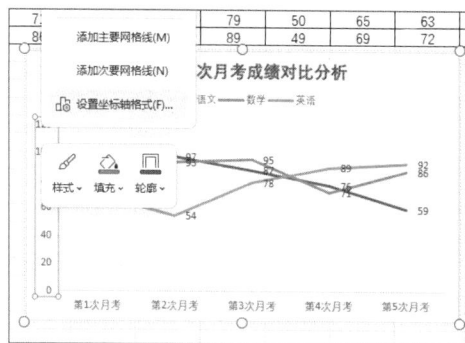

图 6-24　选择"设置坐标轴格式"命令

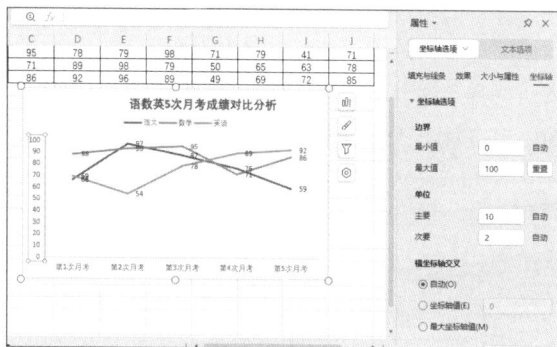

图 6-25　设置坐标轴大小

【小提示】双击图表中的组成部分，即可快速显示出该元素的格式任务窗格，在其中集成了该元素的主要设置内容，方便用户进行编辑操作。

6）添加数据标签

设置数据标签后可以在图表的数据系列上显示出项目对应的数值和名称，这样可以使图表更清楚地表现数据的含义。添加数据标签后还可以调整标签在图表中的位置，为其设置数字格式、填充颜色、边框颜色和样式、阴影等。

添加数据标签的具体操作是：在打开的工作表中选择图表，在"图表工具"选项卡的"图表布局"面板中，单击"添加元素"右侧的下拉按钮，展开列表框，选择"数据标签"命令，展开子菜单，选择"数据标签外"命令，如图 6-26 所示，即可在选择的图表上添加数据标签，如图 6-27 所示。

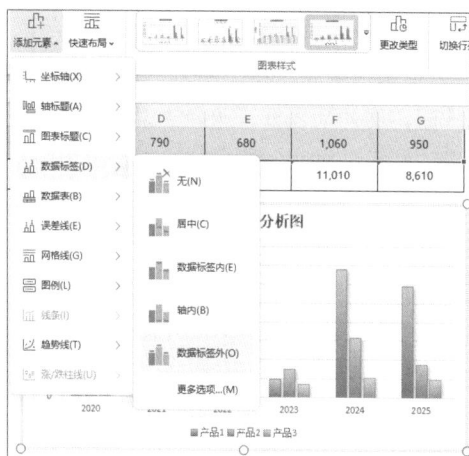

图 6-26　选择"数据标签外"命令

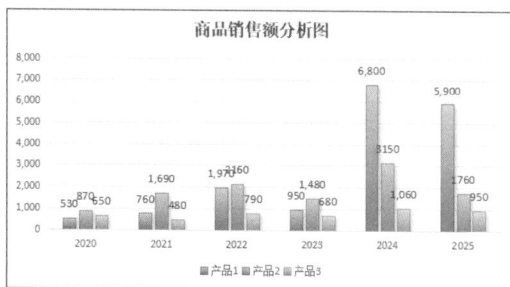

图 6-27　添加数据标签

【小提示】选择图表中的某个数据系列，可以单独设置该数据系列的数据标签是否添加以及添加的位置。如果要删除添加的数据标签，也可以先选择数据标签然后按 Delete 键进行删除。

7）添加趋势线

为了方便分析图表中的数据变化趋势，可以为图表添加趋势线。它主要是以图形的方式在图表中表示数据系列的趋势，常用于问题预测研究。

例如，从折线图中虽然可以直观看到各数据的变化规律，但是当数据波动较大，或数据点太多时，要从数据点中直观看出数据系列的发展规律还是有一定难度的，添加趋势线，就可以帮助展示数据趋势了。

　　添加趋势线的具体操作是：在打开的工作表中选择图表，在"图表工具"选项卡的"图表布局"面板中，单击"添加元素"右侧的下拉按钮，展开列表框，选择"趋势线"命令，展开子菜单，选择"线性"命令，如图 6-28 所示，即可在选择的图表上添加趋势线，如图 6-29 所示，从图中可以看出语文成绩开始下滑了，如果不重视起来，会发现语文成绩整体是会越来越下滑的。

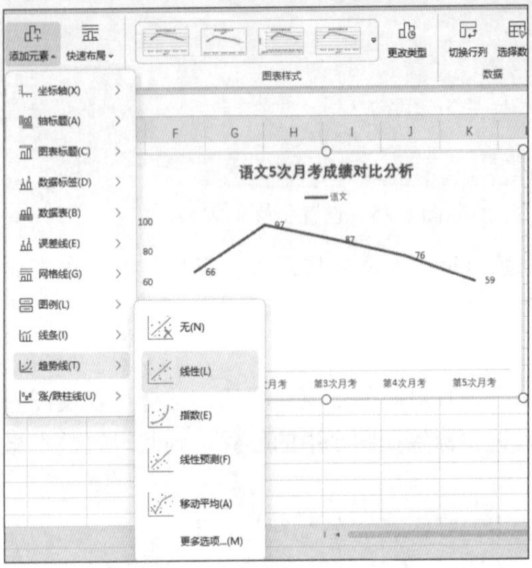

图 6-28　选择"线性"命令

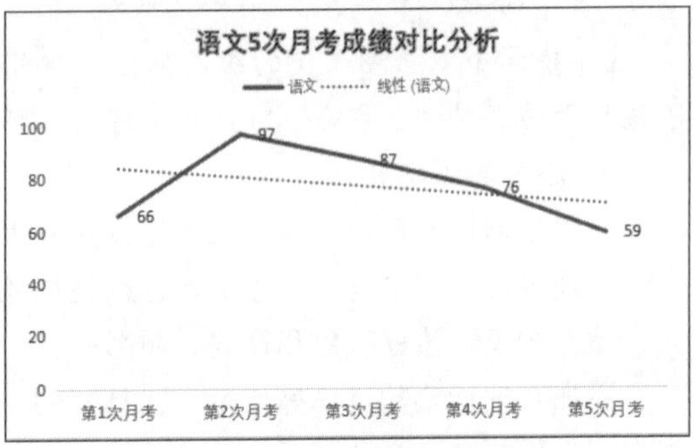

图 6-29　添加趋势线

8）添加并设置误差线

　　当数据分析存在一定误差范围时，可以添加误差线来准确理解图表数据。误差线通常运用在统计或科学记数法数据中，误差线显示相对序列中的每个数据标记的潜在误差或不确定度。

　　添加并设置误差线的具体操作是：在打开的工作表中选择图表，在"图表工具"选项卡的"图表布局"面板中，单击"添加元素"右侧的下拉按钮，展开列表框，选择"误差线"命令，展开子菜单，选择"更多选项"命令，如图 6-30 所示，打开"属性"任务窗格，在"误差量"选项区中，选择"自定义"单选按钮，单击"指定值"按钮，打开"自定义错误栏"对话框，框选误差值，单击"确定"按钮，完成误差线的添加与设置，如图 6-31 所示。

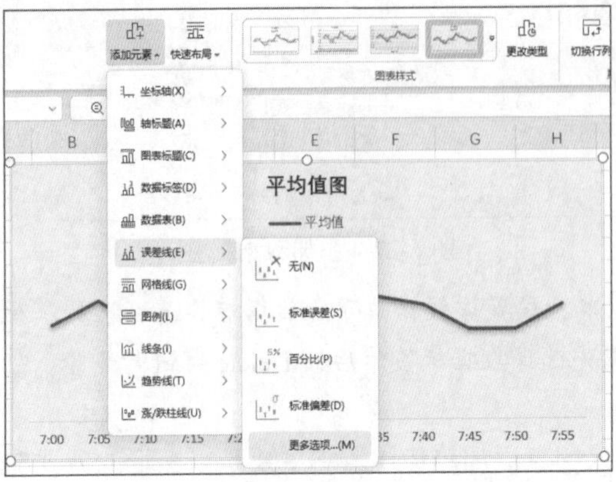

图 6-30　选择"更多选项"命令

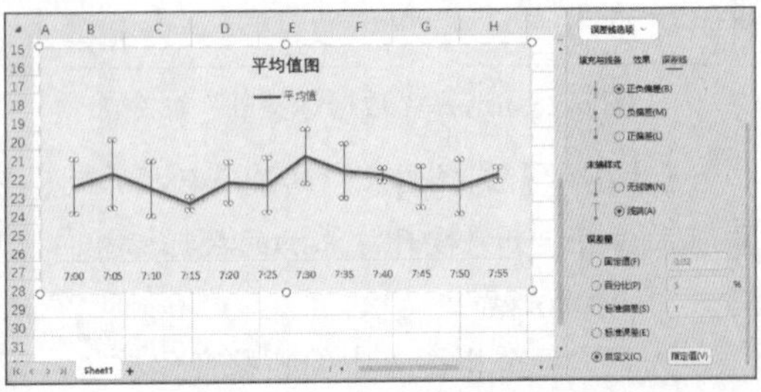

图 6-31　添加与设置误差线

　　【小提示】图表中还可以添加数据表、网格线、线条、涨/跌柱线等元素，具体的操作方法与图例、数据标签的操作相似，设置方法也是在对应的任务窗格中来完成，这里不再赘述。

知识点 5 创建动态图表

普通图表中一次能表达的内容太少了，如果有几组内容相似的数据，分别制作图表就会有很多重复操作，而且会占用很多空间，还不便于数据分析。此时，可以制作成动态图表，设置一个可操作的区域，让原本多个图表通过控制在一个图表区中进行切换。这样，数据展示效率更高，还可以灵活地读取数据，分析出更多有价值的信息。

1. 利用 VLOOKUP 函数创建动态图表

动态图表的制作原理其实很简单，就是通过改变图表源数据的选择，达到图表效果随之变化。制作也并不困难，可以通过简单的函数编写和数据有效性设置来实现。

例如，要制作各月考成绩各科占比的分析饼图，可以设定一个图表的数据源区域，在这个区域中利用 VLOOKUP 函数实现不同月考次数的成绩选择，最终使图表的源数据有多种选择组合，图表也呈现出动态的效果。为了保证每次选择的数据源都是正确的，还需要设置数据有效性来规定数据可选择的区域。

利用 VLOOKUP 函数创建动态图表的具体操作是：在打开的工作表中复制表头，选择 A9 单元格作为可变动数据存放位置，为 A9 单元格添加"数据有效性"条件，在 B9:J9 单元格中分别输入 VLOOKUP 函数公式"=VLOOKUP（$A9, $A$1:$J$6, COLUMN（）, 0）"，选择 A8:J9 单元格区域，将其创建成"饼图"图表，如图 6-32 所示，在 A9 单元格中选择其他的月考次数，则图表显示内容与选择的月考次数同步变动了，如图 6-33 所示。

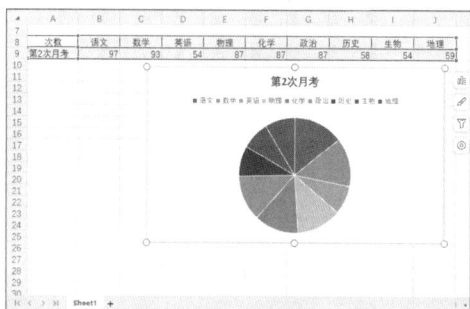

图 6-32 创建"饼图"图表

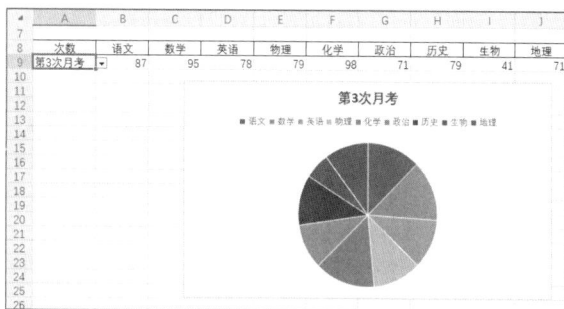

图 6-33 动态图表发生变化

2. 利用控件创建动态图表

通过结合使用控件和函数，也可以实现动态图表的制作。它的制作原理，还是用函数实现图表数据源的变化，只不过用于改变的数据用控件来完成了。例如，要用控件创建上文的动态图表效果，实现各月考成绩各科占比的分析柱形图，如图 6-34 所示。

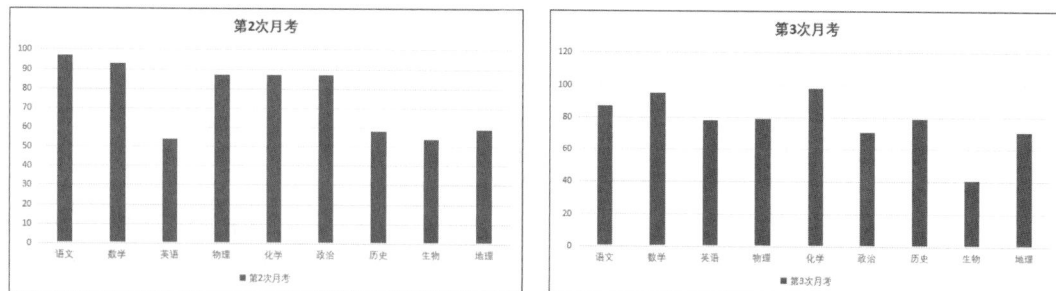

图 6-34 利用控件预览动态图表效果

利用控件创建动态图表的具体操作是：在打开的工作表中复制表头，选择 A7 单元格作为控件链接的单元格，在"工具"选项卡的"开发工具"面板中，单击"开发工具"按钮，显示出"开发工具"选项卡，并在"控件工具箱"面板中，单击"列表框"按钮，如图 6-35 所示。

图 6-35　单击"列表框"按钮

当鼠标指针呈黑色十字形状时，在工作表中按住鼠标左键并拖曳，绘制列表框，然后在"属性"任务窗格中修改相应的参数值，则列表框控件对应的链接单元格内容会随选择的选项自动变化，如图 6-36 所示，选择 C9 单元格，输入函数公式"=@INDEX（A2:A6, $A$7)"，并将 C9 单元格中的公式复制到 D9:L9 单元格中，选择 C8:L9 单元格区域，将其创建成"柱形图"图表，在列表框控件中选择不同的选项，可以查看不同次数的月考成绩，如图 6-37所示。

图 6-36　添加"列表框"控件

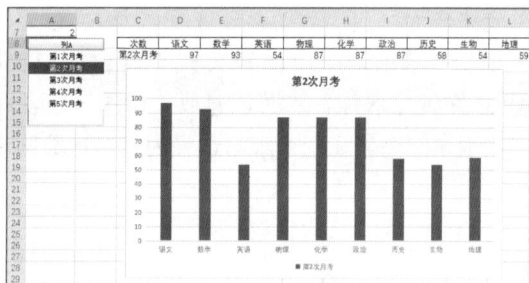

图 6-37　利用控件创建动态图表

知识点 6　用样式美化图表

WPS 表格默认创建的图表总是会应用同一种样式，看得多了就毫无新意，视觉冲击力差。辛苦制作的图表，如果为它量身设计一个漂亮的外观，给人的第一印象就会好很多。因此，图表制作好以后，应记得适当美化图表，让它颜值在线。

1. 为图表应用样式

创建图表后，可以快速将一个预定义的图表样式应用到图表中，让图表外观快速得到改变。这些预定义的图表样式多是非常专业的，基本不需要用户再次进行编辑，可以直接使用。

为图表应用样式的具体操作是：在打开的工作表中选择图表对象，在"图表工具"选项卡的"图表样式"面板中，展开列表框，选择"样式 6"样式，如图 6-38 所示，即可为选择的图表应用样式，如图 6-39 所示。

2. 快速更改图表颜色

如果不喜欢图表采用的颜色，还可以单独对图表配色进行更改，使得图表更加美观精致，如将蓝色的图表更改为绿色的图表。

更改图表颜色的具体操作是：在打开的工作表中选择图表对象，在"图表工具"选项卡的"图表样式"面板中，展开列表框，单击"选择预设系列配色"右侧的下拉按钮，展开列表框，选择合适的单色颜色，如图 6-40 所示，即可更改图表的颜色，如图 6-41 所示。

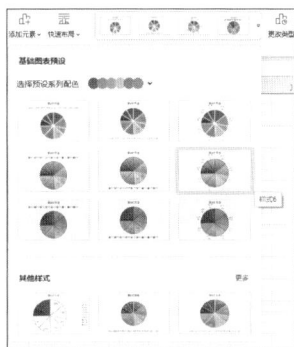

图 6-38　选择图表样式

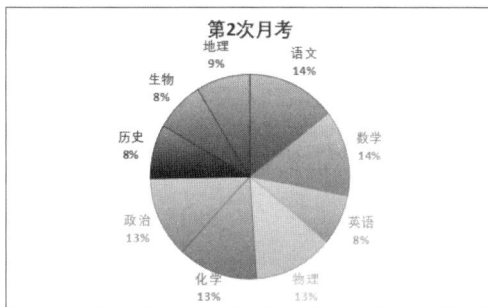

图 6-39　应用图表样式

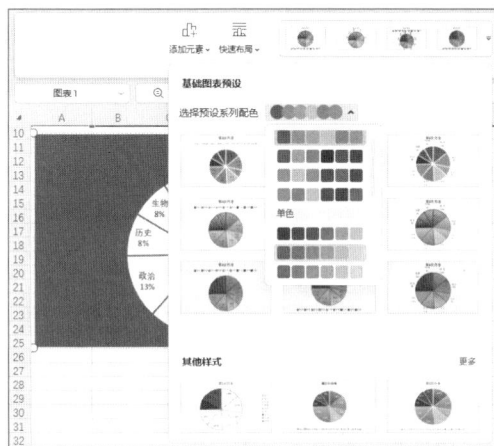

图 6-40　选择单色颜色

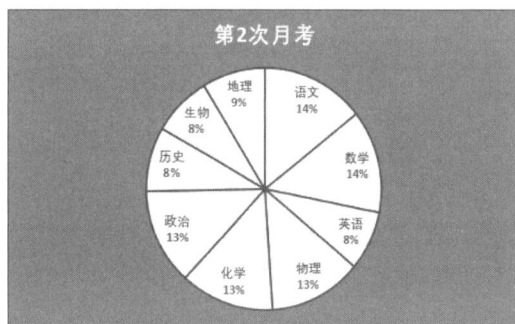

图 6-41　更改图表颜色

3. 设置图表区样式

为图表应用样式，主要是改变图表区的整体风格，如果不喜欢预定义的样式，也可以自定义图表区的填充颜色、边框颜色、边框样式、文字效果等，还可以在图表区中添加文本框和形状。

例如，要将制作的饼图自定义为柠檬切片的效果，就可以自定义图表区来完成，其具体操作是：在打开的工作表中选择图表效果，在"绘图工具"选项卡的"形状样式"面板中，展开列表框，选择"黄色"颜色，并在对应列表框中选择"渐变填充 - 无线条 -2"样式，即可更改图表区的形状样式，如图 6-42 所示，在"文本工具"选项卡的"艺术字样式"面板中，展开列表框，选择合适的艺术字样式，即可更改图表区的艺术字样式，如图 6-43 所示。

图 6-42　更改形状样式

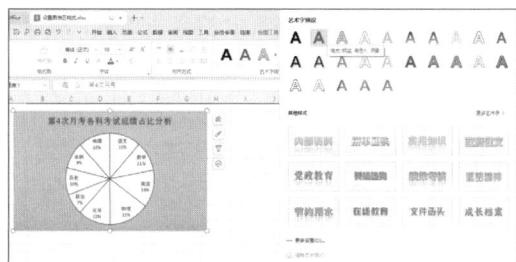

图 6-43　更改艺术字样式

选择图表区中的图表标题，在"文本工具"选项卡的"形状样式"面板中，展列列表框，选择"主题颜色"为"绿色"，然后选择合适的形状样式，即可为图表标题添加形状样式效果，如图 6-44 所示。

图 6-44　更改图表标题形状样式

4. 设置绘图区样式

默认情况下，图表绘图区的颜色会与图表区的颜色一致。但是绘图区作为图表的主要展示数据的区域，完全可以填充不同的颜色以示区分。例如，在白色图表中为绘图区填充浅绿色，就会让读图者首先注意到绘图区中的数据系列。

设置绘图区样式的具体操作是：在打开的工作表中选择图表效果，在"图表工具"选项卡的"属性设置"面板中，展开"图表元素"列表框，选择"绘图区"选项，即可选中图表的绘图区，如图 6-45 所示，在"属性设置"面板中，单击"设置格式"按钮，打开"属性"任务窗格，在"填充"选项区中，点选"纯色填充"单选按钮，单击"颜色"右侧的下拉按钮，展开列表框，选择合适的填充颜色即可，如图 6-46 所示。

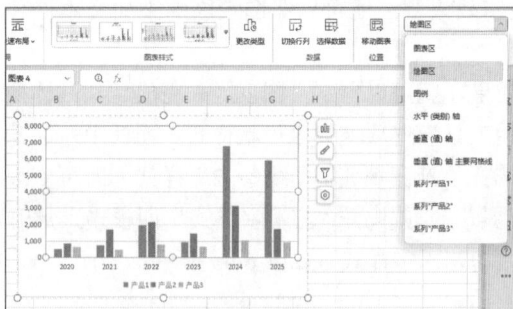

图 6-45　选中绘图区

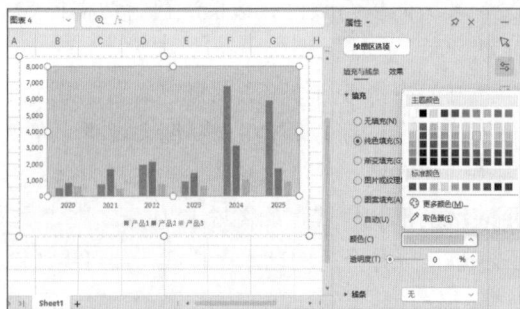

图 6-46　更改绘图区填充颜色

【小提示】要选择图表中不容易选取的元素时，都可以通过在"图表工具"选项卡"属性设置"面板的"图表元素"列表框中选择相应的图表元素名称来选择。

5. 设置数据系列颜色

如果图表中包含多个数据分类，可以自定义为重要的数据系列设置突出的颜色，还可以为数据系列中的重要关注数据点设置颜色。例如，柱形图中的"产品 3"数据系列原本显示为橙色，是三个数据系列中颜色最突出的，但是该数据系列并不是重要的数据，可以为其设置深蓝色，降低色彩的饱和度，使其不再突出。另外，图表中的产品 1 在 2024 年和 2025 年的销售数据非常突出，想要更突出这两个数据点在该数据系列中的效果，可以为其添加饱和度高的边框，其前后对比效果如图 6-47 所示。

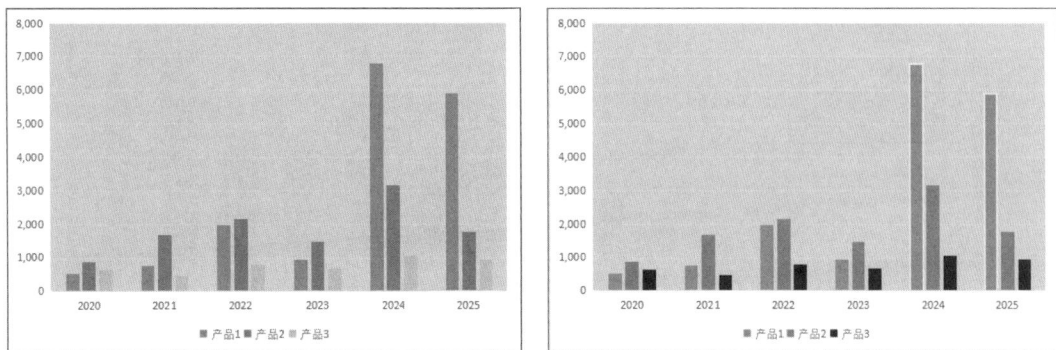

图 6-47　设置数据系列颜色的前后对比效果

设置数据系列颜色的具体操作是：在打开的工作表中选择图表中的"产品 3"数据系列图形，在"图表工具"选项卡的"属性设置"面板中，单击"设置格式"按钮，打开"属性"任务窗格，在"填充"选项区中，选择"纯色填充"单选按钮，单击"颜色"右侧的下拉按钮，展开列表框，选择合适的"深蓝"颜色即可，如图 6-48 所示，在 2024 年的"产品 1"系列图形上双击，即可选中单个系列图形，在"线条"选项区中，选择"实线"单选按钮，单击"颜色"右侧的下拉按钮，展开列表框，选择合适的颜色，修改"宽度"参数即可，如图 6-49 所示。

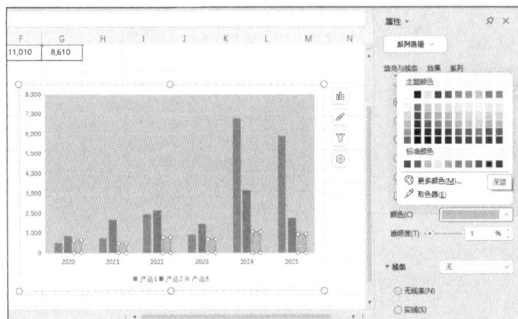

图 6-48　选择填充颜色

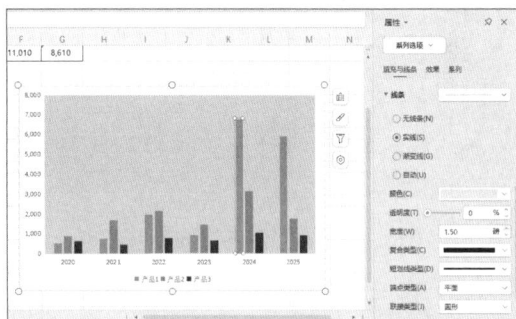

图 6-49　设置线条边框效果

项目实施

在产品销售表中，老板要求将 2015—2025 年的销售额及增长率数据制作成一份组合图表，方便放到年终总结报告中。因为制作的 PPT 报告是时下流行的简洁类风格，所以要求制作的图表也采用简洁的风格，删除多余的、不必要的元素，主题颜色采用"绿色＋橙色"为主。

本项目的最终效果如图 6-50 所示，整个制作步骤分为以下两步。

（1）创建"柱形＋折线"组合图表。

（2）编辑与美化图表。

1. 创建"柱形＋折线"组合图表

（1）打开本项目提供的"产品销售表 .xlsx"工作簿，选择工作表中 A1:C12 单元格区域，在"插入"选项卡的"图表"面板中，单击"图表"按钮，如图 6-51 所示。

观看视频

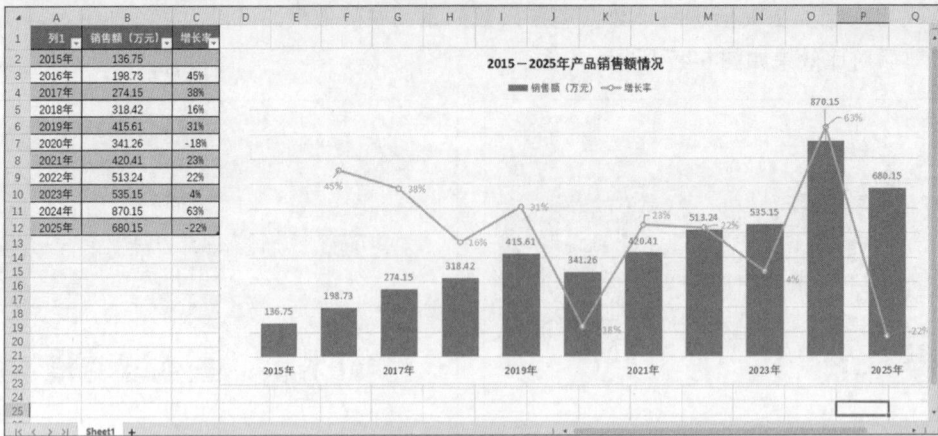

图 6-50　产品销售表

（2）打开"图表"对话框，在左侧列表框中选择"组合图"选项，在右侧列表框中，单击"簇状柱形图 - 次轴折线图"图表类型，然后单击"插入图表"按钮，如图 6-52 所示。

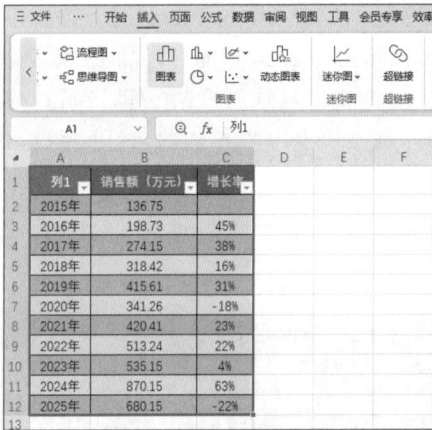

图 6-51　单击"图表"按钮

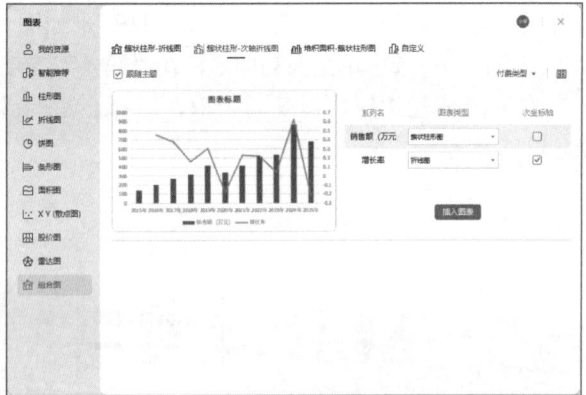

图 6-52　选择图表类型

（3）在工作表中创建出"柱形 + 折线"组合图表，并调整图表的大小和位置，其效果如图 6-53 所示。

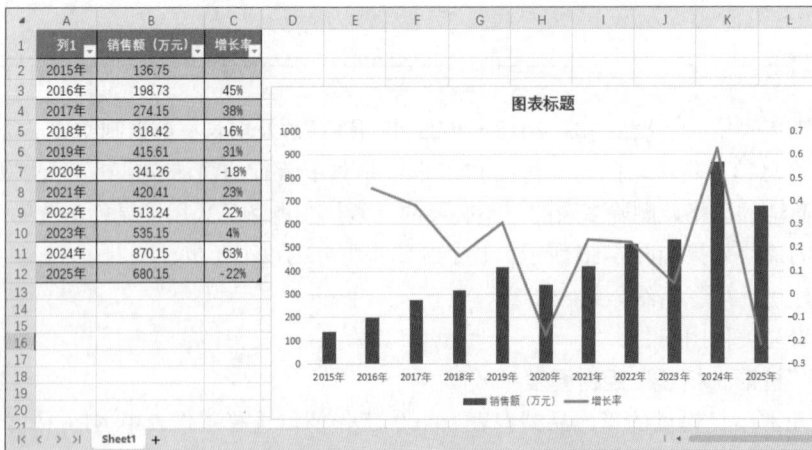

图 6-53　创建"柱形 + 折线"组合图表

2. 编辑与美化图表

（1）选择新创建图表的图表标题，修改其标题为"2015—2025 年产品销售额情况"，如图 6-54 所示。

（2）选择图表，在"图表工具"选项卡的"图表样式"面板中，展开"图表样式"列表框，在"选择预设系列颜色"列表框中，选择"彩色 4"颜色，如图 6-55 所示。

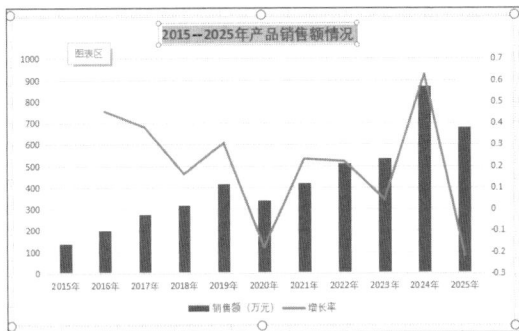

图 6-54　修改图表标题

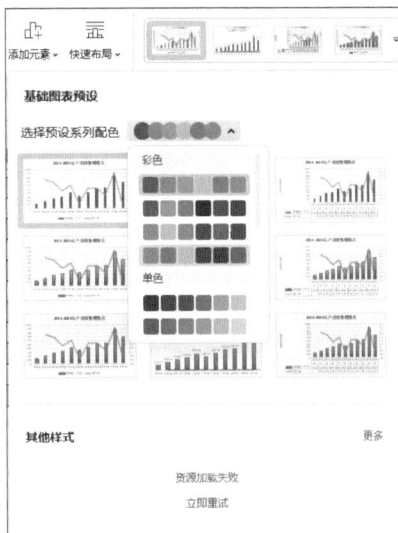

图 6-55　选择"颜色 4"颜色

（3）更改图表的颜色，其效果如图 6-56 所示。

（4）选择图表中的图例，在"图表工具"选项卡的"图表布局"面板中，单击"添加元素"右侧的下拉按钮，展开列表框，选择"图例"命令，展开子菜单，选择"顶部"命令，如图 6-57 所示。

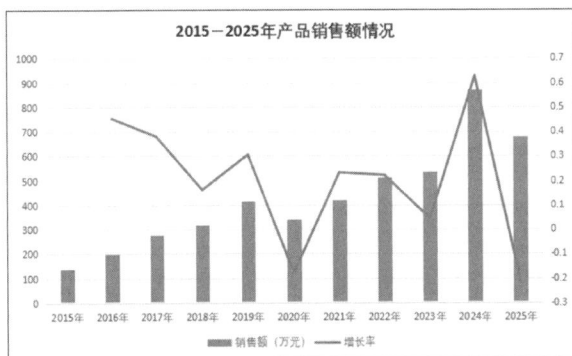

图 6-56　更改图表颜色

图 6-57　选择"顶部"命令

（5）将图例的位置移至图表的顶部，其效果如图 6-58 所示。

（6）选择图表中的数据系列图形，右击，在弹出的快捷菜单中选择"设置数据系列格式"命令，如图 6-59 所示。

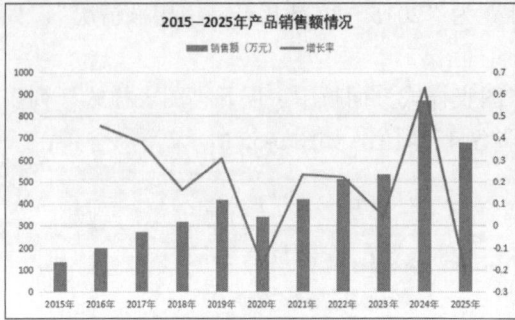

图 6-58　调整图例位置

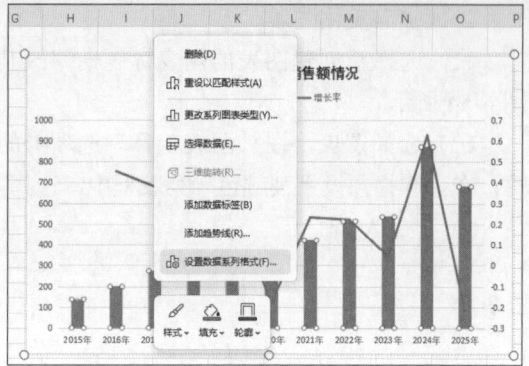

图 6-59　选择"设置数据系列格式"命令

（7）打开"属性"任务窗格，在"系列选项"下的选项区中，修改"分类间距"参数为65%，如图 6-60 所示。

（8）调整柱形图图形的间隙宽度，效果如图 6-61 所示。

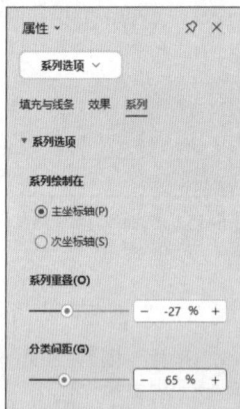

图 6-60　修改参数值

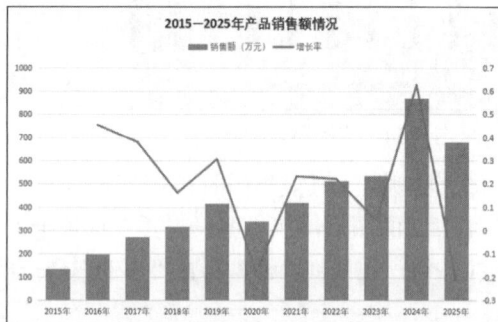

图 6-61　调整柱形图间隙宽度

（9）选择图表中的水平坐标轴，右击，在弹出的快捷菜单中选择"设置坐标轴格式"命令，如图 6-62 所示。

（10）打开"属性"任务窗格，在"坐标轴选项"下的选项区中，展开"标签"选项，选择"指定间隔单位"单选按钮，修改参数为 2，如图 6-63 所示。

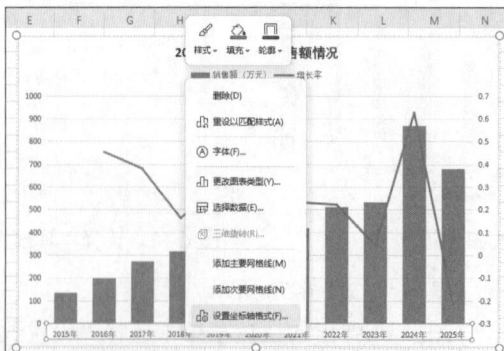

图 6-62　选择"设置坐标轴格式"命令

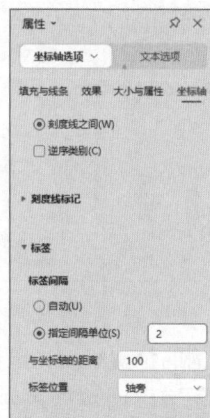

图 6-63　修改参数值

（11）修改坐标轴标签，且坐标轴标签减少了一半，其效果如图 6-64 所示。

（12）选择图表，在"图表工具"选项卡的"图表布局"面板中，单击"添加元素"右侧的下拉按钮，展开列表框，选择"数据标签"命令，展开子菜单，选择"数据标签外"命令，如图 6-65 所示。

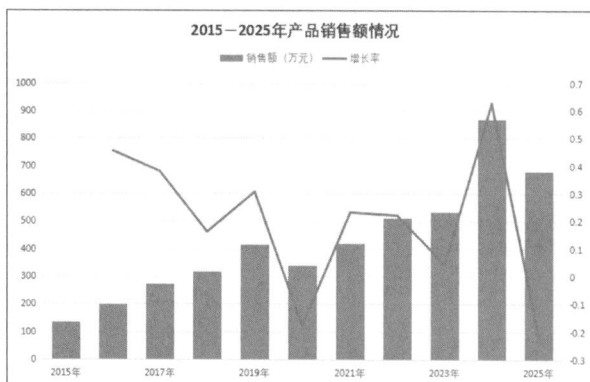

图 6-64　修改坐标轴标签

图 6-65　选择"数据标签外"命令

（13）在图表中添加外部数据标签效果，如图 6-66 所示。

（14）选择图表中的"增长率"系列图形，在"属性"任务窗格中的"系列选项"下的选项区中，展开"线条"选项，单击"颜色"右侧的下拉按钮，展开列表框，选择"橙色"颜色，如图 6-67 所示。

图 6-66　添加数据标签

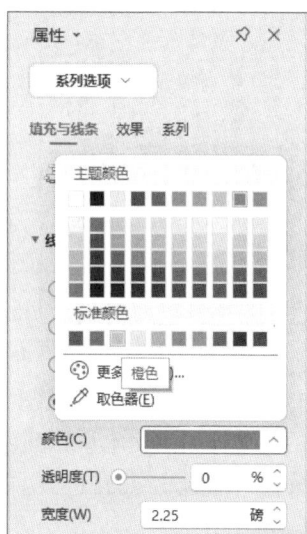

图 6-67　选择"橙色"颜色

（15）切换至"标记"选项，在"数据标记选项"选项区中，选择"内置"单选按钮，修改"类型"为"圆形"，"大小"为 5，"填充颜色"为"白色"，"线条颜色"为"橙色"，"宽度"为"1.5 磅"，如图 6-68 所示。

（16）更改"增长率"系列图形的线条颜色和标记颜色，其效果如图 6-69 所示。

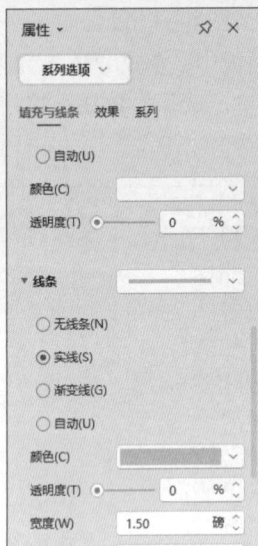

图 6-68　修改参数值

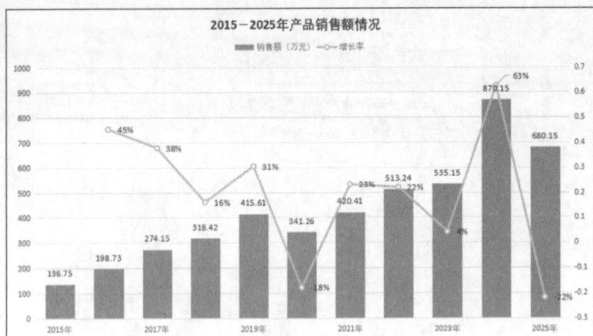

图 6-69　更改线条和标记颜色

（17）选择"销售额"的数据标签，在"属性"任务窗格的"文本选项"选项区中，展开"文本填充"列表框，选择"浅绿"颜色，如图 6-70 所示。

（18）更改数据标签的文本填充颜色，其效果如图 6-71 所示。

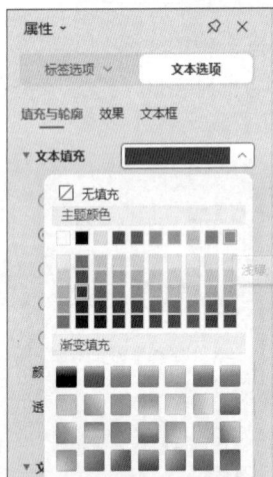

图 6-70　选择"浅绿"颜色

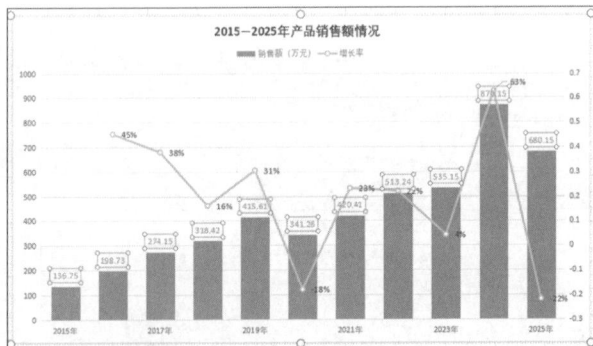

图 6-71　更改数据标签文本填充颜色

（19）使用同样的方法，依次将两侧的纵坐标轴文本的填充颜色修改为"白色"，将"增长率"的数据标签的文本填充颜色修改为"橙色"，调整相应标签文本的大小和位置，并调整图表的大小，得到最终的图表效果，如图 6-72 所示。

AI 助力

1. 通过"智能分析"插入与分析图表

通过"智能分析"插入与分析图表，通常涉及一系列自动化和智能化的步骤，旨在帮助用户快速、准确地从数据中提取有价值的信息并以图表形式呈现。例如，使用"智能分析"功能可以对成本计算表中材料采购的成本进行分析计算，其具体的操作步骤如下。

观看视频

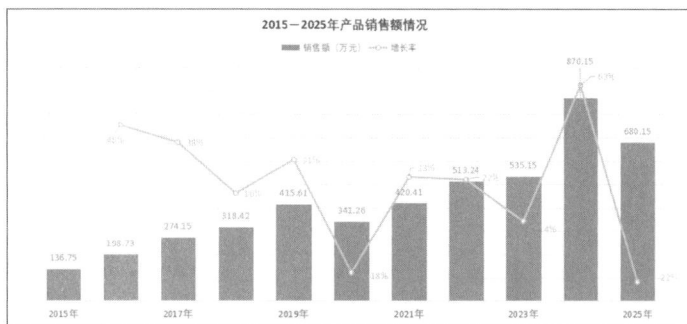

图 6-72　最终图表效果

（1）打开本项目提供的"家庭收支管理 .xlsx"工作簿，框选 A2:C12 单元格区域，在"数据"选项卡的"数据分析"面板中，单击"智能分析"按钮，如图 6-73 所示。

（2）打开"数据解读"任务窗格，选择推荐的分析图表，单击"插入"按钮，如图 6-74 所示。

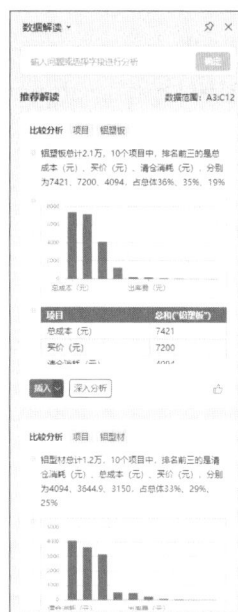

图 6-73　单击"智能分析"按钮

图 6-74　选择推荐的分析图表

（3）插入图表，并对图表进行分析，其效果如图 6-75 所示。

2. 在智能分析图表下进行数据汇总

在智能分析图表下进行数据汇总是一个高效且直观的过程，它允许用户快速从大量数据中提取关键信息并以可视化的形式展现出来。例如，在智能分析图表下可以数据汇总一季度销售业绩表，其具体的操作步骤如下。

观看视频

（1）打开本项目提供的"一季度销售业绩表 .xlsx"工作簿，框选 A2:C12 单元格区域，在"数据"选项卡的"数据分析"面板中，单击"智能分析"按钮，如图 6-76 所示。

（2）打开"数据解读"任务窗口，选择第一个推荐的分析图表，单击"插入"按钮，即可插入图表，并对图表进行分析，其效果如图 6-77 所示。

（3）在"智能分析"选项卡下的"数据分析"面板中，单击"数据分析"按钮，如图 6-78 所示。

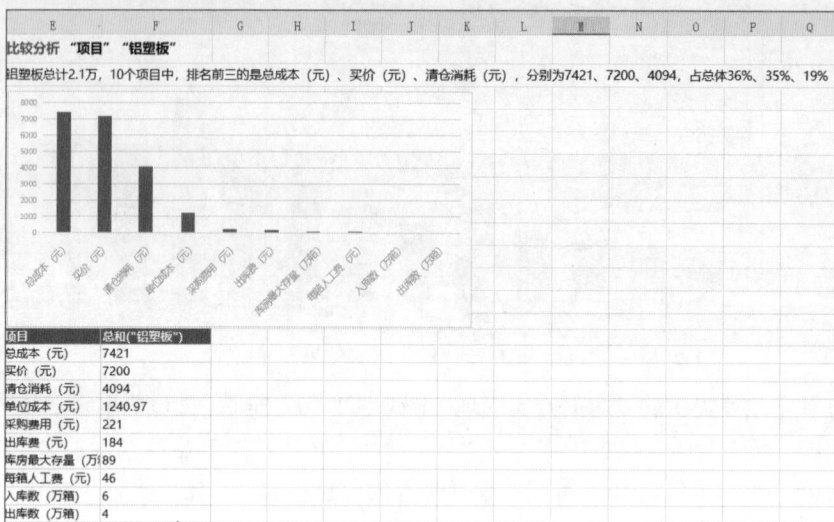
图 6-75　插入与分析图表

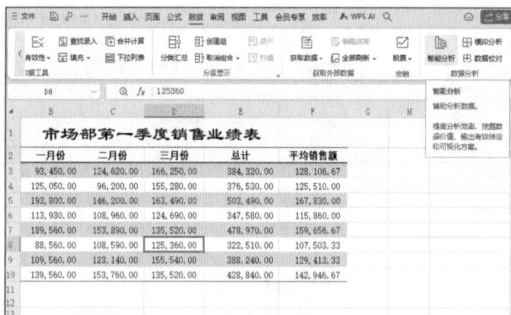
图 6-76　单击"智能分析"按钮

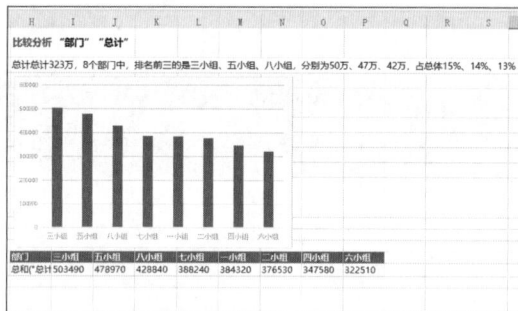
图 6-77　插入并分析图表

（4）打开"数据汇总"对话框，在"字段列表"选项区中选择合适的字段，单击"添加字段"按钮，如图 6-79 所示。

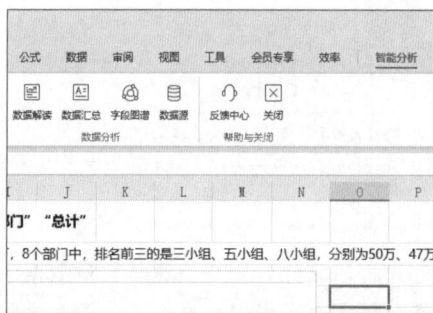
图 6-78　单击"数据分析"按钮

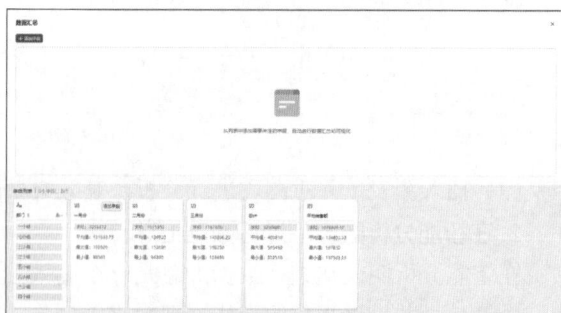
图 6-79　单击"添加字段"按钮

（5）添加字段，然后在对话框的右上角，单击"插入到新工作表"按钮，如图 6-80 所示。

（6）添加汇总表，并在汇总表中显示"一月份"的数据汇总结果，其效果如图 6-81 所示。

3. 为图表中的数据添加金额单位

为图表中的数据添加金额单位，可以更直观地展示数据，同时也能方便图表使用者阅读。下面先来看看 AI 工具"文心一言"对此是如何操作的。

观看视频

182

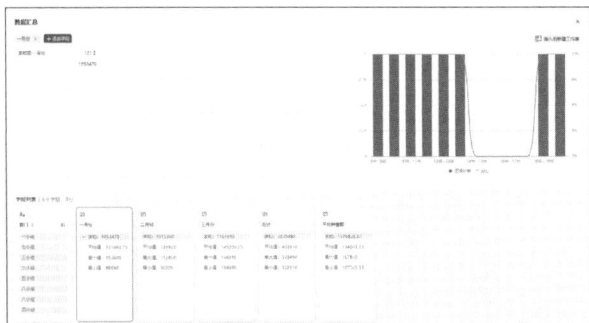

图 6-80　添加字段

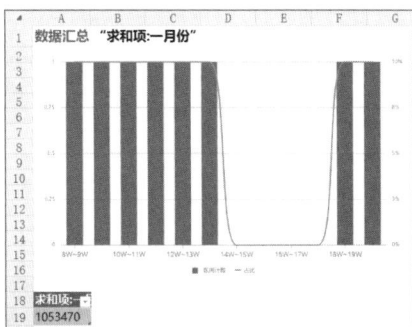

图 6-81　显示"一月份"数据汇总结果

向文心一言提问： 如何为 WPS 图表中的数据添加金额单位？

🅰文心一言回复：

为 WPS 图表中的数据添加金额单位，可以通过以下几种方法实现。

1）使用设置单元格格式

打开 WPS 表格，在 WPS 表格中，选中想要添加金额单位的数据区域。右击选中的数据区域，选择"设置单元格格式"命令或者通过快捷键 Ctrl+1 来打开"单元格格式"对话框。选择"数字"选项卡，在"分类"列表框中，选择"货币"类别；在"货币符号"列表框中，选择想要的金额单位，如人民币"¥"、美元"$"等。最后根据需要调整小数位数等其他设置，并单击"确定"按钮即可。

2）使用快捷键和内置功能（针对特定符号）

对于某些特定的金额单位符号，如人民币符号"¥"，WPS 表格可能提供了快捷键或内置功能来快速添加。例如，可以尝试使用快捷键 Ctrl+Shift+4（注意：此快捷键可能因 WPS 版本或设置而异，实际效果请自行测试）来添加人民币符号。但请注意，这种方法可能不适用于所有金额单位符号，且可能需要事先选中数据区域。

3）手动添加单位

如果以上方法均不适用，或者想要对数字进行更复杂的格式化（例如，在数字后面直接添加文字单位"元""万元"等），可以手动为数字添加单位。但请注意，这种方法可能需要逐个单元格进行操作，对于大量数据来说可能不太高效。

4）使用公式

在某些情况下，还可以使用 WPS 表格的公式功能来自动为数字添加单位。例如，可以使用 & 连接符将数字和一个字符串（代表金额单位）连接起来。但请注意，这种方法生成的结果将是文本格式，可能无法直接用于数值计算。

下面将参照上述方法，通过具体的案例来进行操作练习。

（1）打开本项目提供的"各部门费用明细表 .xlsx"工作簿，如图 6-82 所示。

（2）在图表中选择纵坐标轴元素，右击，在弹出的快捷菜单中选择"设置坐标轴格式"命令，如图 6-83 所示。

（3）打开"属性"任务窗格，在"坐标轴选项"选项下，展开"数字"选项区，在"类型"列表框中选择"自定义"选项，在"格式代码"文本框中输入"0 万元"，单击"添加"按钮，如图 6-84 所示。

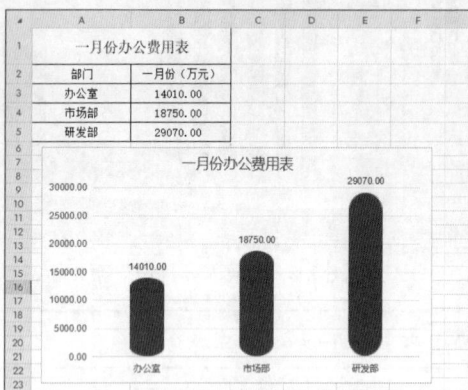

图 6-82　选择"选项"命令

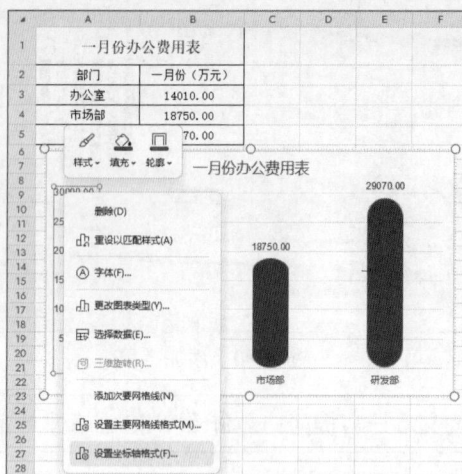

图 6-83　选择"设置坐标轴格式"命令

（4）操作完成后，即可看到新添加的格式代码显示在"类型"列表框中，如图 6-85 所示。

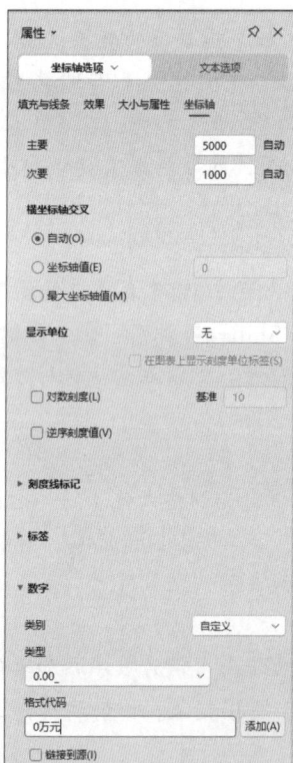

图 6-84　修改参数值

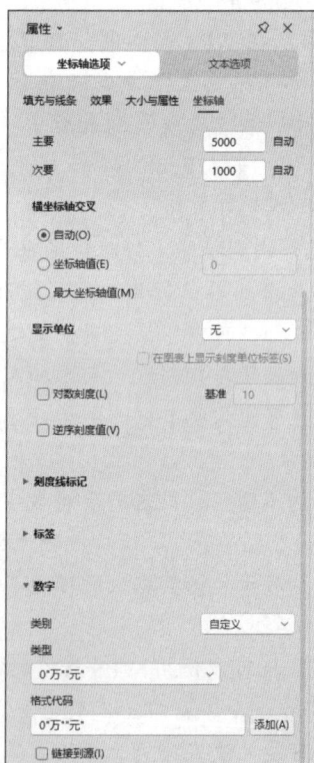

图 6-85　添加格式代码

（5）在添加格式代码后，图表中的"纵坐标轴"元素中的数据单位显示为万元，如图 6-86 所示。

项目小结

　　本项目详细介绍了数据可视化处理的应用方法，旨在帮助读者更全面地分析数据。通过对项目中的每个知识点的学习，读者可以快速掌握图表的创建、编辑和美化方法，熟悉动态图表

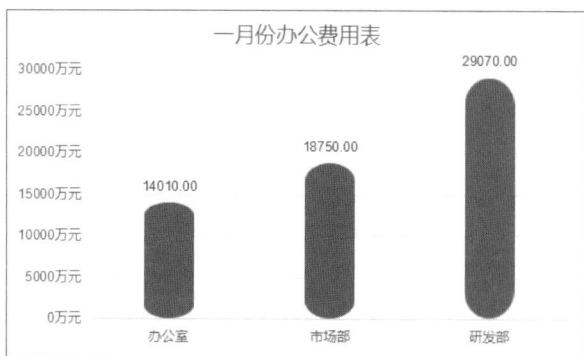

图 6-86　显示数据单位

的创建方法，最后通过案例项目实施和 AI 助力，对本项目的知识点进行巩固练习和拓展学习。

课后练习——用图表展示销售数据分析表

　　打开本项目提供的"销售数据分析表 .xlsx"表格，根据表格中的数据创建 4 个图表，分别用于分析各产品的销售走势，发现最畅销产品和最滞销的产品；分析各平台产品的销售情况和销售占比，找出平台的优劣，以及各平台善于销售的产品类型；分析各产品的销售占比，发现畅销的产品类别。练习完成后效果如图 6-87 所示。

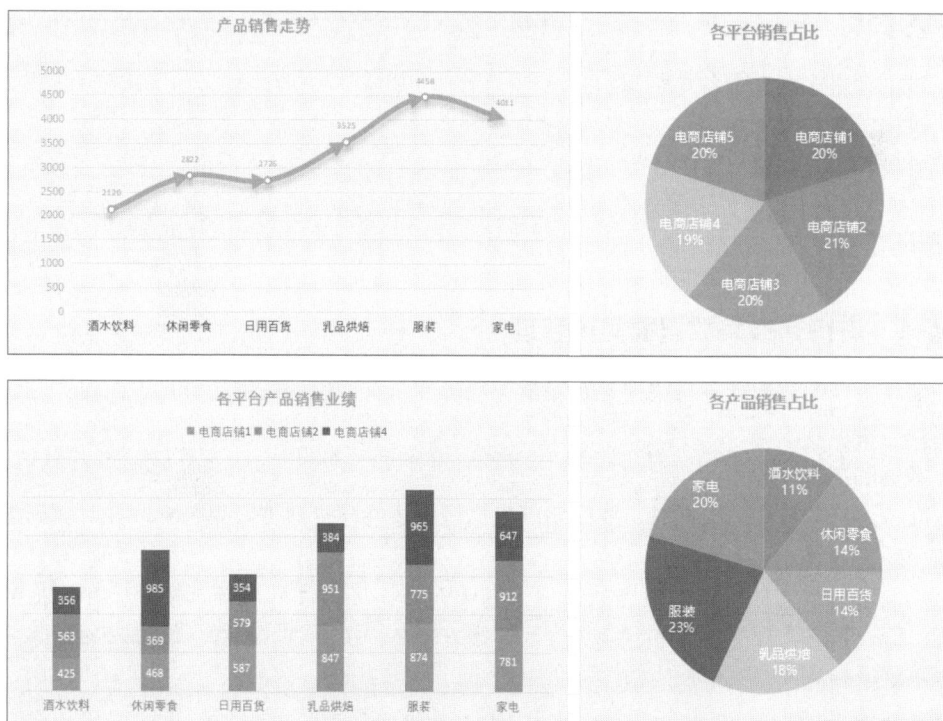

图 6-87　销售数据分析表效果

项目 7 综合实战：进销存报表数据分析

进销存报表是企业在进行进销存管理过程中，根据不同的需求和目的，对进货、销售、库存等方面的数据进行统计、分析和展示的报表。这些报表对于企业的经营管理至关重要，它们不仅反映了企业的运营状况，还为企业制定和调整经营策略提供了数据支持。

本项目将详细讲解 WPS 表格中数据分析综合案例的制作方法。通过对本项目的学习，可以为公司制作出 5 月的进销存报表，这份进销存报表是由进货报表、销售报表和库存报表三个子报表组成的。

学习目标

- ▶ 进销存报表数据准备与整理。
- ▶ 进销存报表结构规划。
- ▶ 进销存报表制作思路。

知识准备

知识点 1 进销存报表数据准备与整理

进销存报表的数据准备与整理是确保报表准确性和有效性的关键环节。下面将详细讲解数据的准备与整理方法。

1. 数据的准备

在准备进销存报表的数据时，要先明确数据源，才能建立数据收集机制，并对数据进行准确性的校验。

（1）明确数据源：进销存报表的数据主要来源于企业内部的各种系统，如仓库管理系统（WMS）、销售系统（CRM 或 POS 系统）、采购系统等，因此，要确保这些系统能够实时、准确地提供进销存数据。

（2）建立数据收集机制：在准备进销存报表数据时，要设定定期收集数据的频率，如每日、每周或每月，根据企业需求灵活调整，并还要确保数据收集过程自动化或至少标准化，减少人为错误。

（3）数据准确性校验：在进销存报表数据收集过程中，需要对数据的准确性进行初步校验，如检查数据是否完整、是否存在逻辑错误等。对于存在问题的数据，及时与相关部门沟通，确认并修正。

2.数据的整理

在准备好进销存报表数据后，需要对数据进行分类与归类，然后对数据进行清洗、汇总与计算等操作。

（1）数据分类与归类：将收集到的进销存报表数据按照产品、客户、供应商等维度进行分类。且对于同一类别的数据，按照时间顺序或其他逻辑顺序进行排序。

（2）数据清洗：去除进销存报表中的重复数据、无效数据或异常数据，修正错误数据，如拼写错误、格式错误等。

（3）数据汇总与计算：对分类后的数据进行汇总，计算进货总量、销售总量、库存量等关键指标。还可以根据业务需求，对数据进行进一步的加工和计算，如计算库存周转率、销售增长率等。

知识点 2　进销存报表结构规划

进销存报表结构规划是企业管理中的重要环节，它涉及对企业进货、销售和库存数据的全面记录和分析。

1.报表总体结构

进销存报表通常包括多个子报表，每个子报表针对不同的业务环节进行数据分析。整体结构可以分为以下几部分。

（1）封面与目录：提供报表的基本信息，如报表名称、编制日期、编制人等，并列出各子报表的目录。

（2）概述：简要介绍报表编制的背景、目的和主要发现。

（3）子报表：包括进货报表、销售报表、库存报表等，每个子报表详细记录和分析相应环节的数据。

（4）数据分析与总结：对报表中的数据进行深入分析，总结企业经营状况，提出改进建议。

2.子报表结构规划

子报表包含进货报表、销售报表、库存报表三个，不同的子报表有不同的结构规划。

1）进货报表

进货报表中的基本信息包含报表名称、编制日期、编制人等。其中，数据字段包含供应商信息、采购单信息、商品信息和数据分析，如图 7-1 所示。

下面将对各个数据字段分别进行介绍。

（1）供应商信息：供应商名称、联系方式、地址等。

（2）采购单信息：采购单编号、采购日期、采购员等。

（3）商品信息：商品名称、规格型号、数量、单价、总价等。

（4）数据分析：分析进货成本、供应商合作情况、进货趋势等。

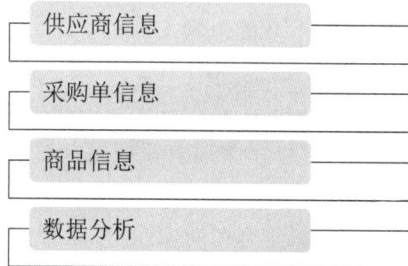

图 7-1　进货报表的数据字段

2）销售报表

销售报表包含报表名称、编制日期、编制人等基本信息。其中，数据字段包含客户信息、销售单信息、商品信息、数据分析等，如图 7-2 所示。

客户信息

销售单信息

商品信息

数据分析

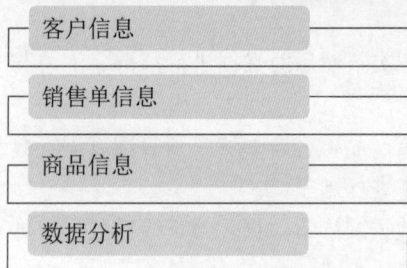

图 7-2　销售报表的数据字段

下面将对各个数据字段分别进行介绍。

（1）客户信息：客户名称、联系方式、地址等。

（2）销售单信息：销售单编号、销售日期、销售员等。

（3）商品信息：商品名称、规格型号、销售数量、单价、总价等。

（4）数据分析：分析销售额、销售利润、客户购买行为、销售趋势等。

3）库存报表

库存报表包含报表名称、编制日期、编制人等基本信息。其中，数据字段包含商品信息、库存变动信息和数据分析，如图 7-3 所示。

下面将对各个数据字段分别进行介绍。

（1）商品信息：商品名称、规格型号、库存数量、成本价、市场价等。

（2）库存变动信息：入库日期、入库数量、出库日期、出库数量等。

（3）数据分析：分析库存周转率、库存成本、库存结构、缺货情况等。

商品信息

库存变动信息

数据分析

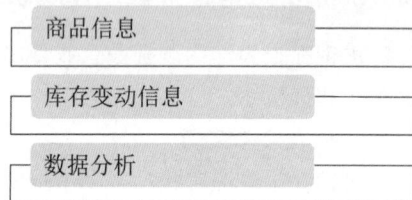

图 7-3　库存报表的数据字段

3. 报表设计注意事项

在进行进销存报表设计时，要注意以下事项。

（1）明确需求：在规划进销存报表结构前，需明确企业对进销存管理的具体需求，确保报表能够满足企业的实际需求。

（2）合理布局：进销存报表布局应清晰、合理，便于阅读和理解。重要数据指标应突出显示，如加粗、变色等。

（3）数据准确性：确保进销存报表中的数据准确无误，建立数据验证机制，定期对数据进行审查和核对。

（4）实时更新：报表应能够实时反映企业的进销存情况，确保数据的时效性和准确性。

（5）数据分析：注重数据分析环节，通过数据分析发现潜在问题，提出改进建议，为企业决策提供有力支持。

4. 报表工具选择

选择合适的报表工具对于进销存报表的编制至关重要。常见的报表工具包括 Excel、WPS 表格、BI 系统、ERP 系统等。企业可以根据自身需求、预算和现有系统情况选择合适的工具。Excel 和 WPS 表格因其灵活性和易用性成为许多企业的首选；BI 系统则提供了更强大的数据分析和可视化功能；ERP 系统则能够实现进销存数据的全面集成和管理。

综上所述，进销存报表结构规划需要综合考虑企业需求、报表内容、数据分析等多方面因素。通过科学合理的规划，可以为企业提供更准确、更全面的进销存数据支持，助力企业实现精细化管理。

知识点 3　进销存报表制作思路

制作进销存报表时，需要分为以下三部分来完成。

（1）完成进货报表的数据填充。

（2）完成销售报表的数据填充。

（3）完成库存报表的数据填充（根据前面两张表计算得出的数据，填充完成 5 月产品的库存报表）。

下面详细分析制作进销存报表中各个报表的制作思路。

1. 完成进货报表的数据填充

从进货报表中可以看出需要填充采购日期、采购金额、最低单价和供应商 4 方面的数据，其具体制作思路如下。

（1）批量填充空白采购日期。

（2）填充采购金额数据。

（3）填充最低单价数据。

（4）填充供应商数据。

2. 完成销售报表的数据填充

在销售报表中，需要补充单价和销售金额的数据，其具体制作思路如下。

（1）使用 VLOOKUP 函数查找对应单价。

（2）填充销售金额。

3. 完成库存报表的数据填充

在 5 月的库存报表中，需要填充本月采购、本月销售、期末库存和库存状态 4 类数据，其具体制作思路如下。

（1）填充本月采购数据。

（2）填充本月销售数据。

（3）填充期末库存数据。

（4）填充库存状态。

（5）使用"条件格式"功能完成库存状态的警示。

───○ **项目实施** ○───────────────────────

在进销存报表中，可以看出三个报表中的数据都是不完整的，需将其补充完整，得到最终的进销存报表效果。我们需要在进货报表中完成采购日期、采购金额、最低单价和供应商数据填充；在销售报表中完成单价和销售金额数据的填充；在制作 5 月产品库存报表时，需要根据进货报表和销售报表依次统计出库存报表中的本月采购和本月销售的数量和金额。最后补充完整期末库存和库存状态，并对库存状态设置突出显示单元格，存货过多，则显示黄色，过少则为红色。

本项目的最终效果如图 7-4 所示，整个制作步骤分为以下 7 步。

（1）计算采购表中所有货品的采购金额。

（2）找出采购表中所有货品的最低单价。

（3）查找出所有货品的供应商。

（4）计算销售表中所有货品的销售金额。

（5）计算出所有货品 5 月的期末库存数量。

（6）计算所有货品存货占用资金。

（7）计算所有货品的库存状态。

产品采购表

采购日期	货品名称	辅助列	供应商	采购数量	单价	采购金额
2025/5/1	老爹鞋	老爹鞋85	回力鞋业	1450	85	123250
2025/5/1	AJ板鞋	AJ板鞋160	蜻蜓鞋厂	1200	160	192000
2025/5/1	网面鞋	网面鞋65	广新鞋业公司	1590	65	103350
2025/5/1	帆布鞋	帆布鞋30	特乐鞋业公司	1560	30	46800
2025/5/1	沙滩鞋	沙滩鞋75	名利鞋业公司	1230	75	92250
2025/5/1	休闲皮鞋	休闲皮鞋180	浙江帆东公司	1150	180	207000
2025/5/1	高跟鞋	高跟鞋110	温州鞋业	1450	110	159500
2025/5/1	篮球鞋	篮球鞋160	聚源鞋厂	590	160	94400
2025/5/1	运动鞋	运动鞋80	戴妃鞋业	1360	80	108800
2025/5/1	凉鞋	凉鞋35	思云鞋业公司	890	35	31150
2025/5/1	居家拖鞋	居家拖鞋8	凯天鞋业集团	1410	8	11280
2025/5/1	老布鞋	老布鞋12	莆田鞋厂	1780	12	21360
2025/5/5	老爹鞋	老爹鞋85	道新有限公司	1420	85	120700
2025/5/5	AJ板鞋	AJ板鞋185	锦江女鞋	980	185	181300
2025/5/5	网面鞋	网面鞋105	易信鞋业厂	780	105	81900
2025/5/5	帆布鞋	帆布鞋35	宇亿鞋厂	590	35	20650
2025/5/5	沙滩鞋	沙滩鞋80	众鑫女鞋公司	2150	80	172000
2025/5/5	居家拖鞋	居家拖鞋12	艾薇鞋业	1580	12	18960
2025/5/5	高跟鞋	高跟鞋115	丰和家人鞋业	590	115	67850
2025/5/5	篮球鞋	篮球鞋210	美臣集团	1680	210	352800
2025/5/5	老布鞋	老布鞋50	胜新公司	689	50	34450
2025/5/5	凉鞋	凉鞋85	卓鹏公司	874	85	74290
2025/5/5	休闲皮鞋	休闲皮鞋160	汇金鞋业集团	1354	160	216640
2025/5/5	运动鞋	运动鞋100	晟迪鞋业	780	100	78000

采购价格表

货品名称	最低单价	供应商
居家拖鞋	8	凯天鞋业集团
运动鞋	80	戴妃鞋业
网面鞋	31	卓鹏公司
凉鞋	35	思云鞋业公司
老布鞋	12	莆田鞋厂
休闲皮鞋	60	温州帆升鞋厂
高跟鞋	41	胜新公司
篮球鞋	160	聚源鞋厂
AJ板鞋	160	蜻蜓鞋厂
帆布鞋	30	特乐鞋业公司
老爹鞋	85	回力鞋业
沙滩鞋	36	道新有限公司

产品销售表

订货日期	货品名称	客户	负责人	销售数量	单价	销售金额
2025/4/8	沙滩鞋	国通鞋店	方宇	890	225	200250
2025/4/8	凉鞋	国通鞋店	方宇	910	195	177450
2025/4/8	AJ板鞋	国通鞋店	方宇	450	480	216000
2025/4/8	老布鞋	国通鞋店	方宇	680	105	71400
2025/4/9	凉鞋	惠通专卖店	杨欣怡	1250	195	243750
2025/4/9	老布鞋	惠通专卖店	杨欣怡	1180	105	123900
2025/4/9	休闲皮鞋	惠通专卖店	杨欣怡	560	390	218400
2025/4/9	居家拖鞋	惠通专卖店	杨欣怡	1360	55	74800
2025/4/9	老布鞋	惠通专卖店	杨欣怡	570	105	59850
2025/4/10	篮球鞋	友佳鞋店	楚源	2000	450	900000
2025/4/10	居家拖鞋	友佳鞋店	楚源	780	55	42900
2025/4/10	沙滩鞋	友佳鞋店	楚源	350	225	78750
2025/4/10	居家拖鞋	友佳鞋店	楚源	1600	55	88000
2025/4/10	运动鞋	友佳鞋店	楚源	120	365	43800
2025/4/10	凉鞋	友佳鞋店	楚源	850	195	165750
2025/4/10	沙滩鞋	友佳鞋店	楚源	760	225	171000
2025/4/10	网面鞋	友佳鞋店	楚源	120	215	25800
2025/4/10	高跟鞋	友佳鞋店	楚源	210	260	54600
2025/4/11	篮球鞋	漫步专柜	黄玲玲	1100	450	495000
2025/4/11	帆布鞋	漫步专柜	黄玲玲	1600	155	248000
2025/4/11	老爹鞋	漫步专柜	黄玲玲	950	315	299250
2025/4/11	老布鞋	漫步专柜	黄玲玲	1050	105	110250
2025/4/11	老布鞋	漫步专柜	黄玲玲	1500	105	157500
2025/4/11	凉鞋	漫步专柜	黄玲玲	950	195	185250

销售价格表

商品	单价
居家拖鞋	55
运动鞋	365
网面鞋	215
凉鞋	195
老布鞋	105
休闲皮鞋	390
高跟鞋	260
篮球鞋	450
AJ板鞋	480
帆布鞋	155
老爹鞋	315
沙滩鞋	225

5月库存表

货品名称	期初库存 数量	本月采购 数量	本月采购 金额	本月销售 数量	本月销售 金额	期末库存 数量	采购平均价格	存货占用资金	库存状态
居家拖鞋	89	10736	235955	10196	560780	629	21.98	13824.11	存货过多
运动鞋	25	10020	1452250	9855	3597075	190	144.94	27537.67	正常
篮球鞋	355	12251	2446015	12563	5653350	43	199.66	8585.31	存货过少
凉鞋	378	9180	506680	8806	1717170	752	55.19	41505.81	存货过多
帆布鞋	436	6628	525672	6881	1066555	183	79.31	14513.88	正常
休闲皮鞋	289	9354	1101366	9630	3755700	13	117.74	1530.66	存货过少
高跟鞋	198	7580	773583	7725	2008500	53	102.06	5408.96	存货过少
网面鞋	288	8348	1086474	8510	1829650	126	130.15	16398.63	正常
AJ板鞋	375	8748	2116854	8612	4133760	511	241.98	123652.54	存货过多
老布鞋	450	7899	344198	8231	864255	118	43.57	5141.84	正常
老爹鞋	406	6733	956655	6781	2136015	358	142.08	50866.25	存货过多
沙滩鞋	526	8886	707010	9066	2039850	346	79.56	27529.31	存货过多

存货数量	状态
<100	存货过少
100-200	正常
>200	存货过多

图 7-4　进销存报表

1. 计算采购表中所有货品的采购金额

（1）打开"进销存报表 .xlsx"工作簿，单击"采购表"工作表标签，切换至该工作表，如图 7-5 所示。

图 7-5　切换至"采购表"工作表标签

（2）在工作表中，按快捷键 Shift+Ctrl+↓，选中 A3:A98 单元格范围，然后按快捷键 Ctrl+G，打开"定位"对话框，在"定位"选项卡中，选择"空值"单选按钮，单击"确定"按钮，如图 7-6 所示。

（3）定位空白单元格，在编辑栏中输入公式符号"="，然后按向上方向键↑，引用上一个单元格，如图 7-7 所示。

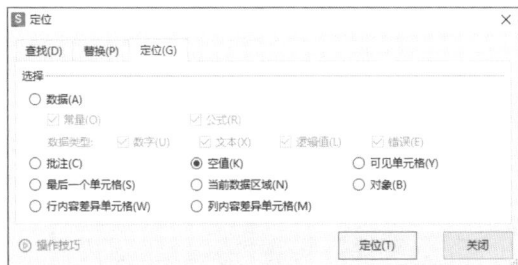

图 7-6　单击"图表"按钮

图 7-7　引用上一个单元格

（4）最后按快捷键 Ctrl+Enter，即可批量填充采购日期，如图 7-8 所示。

（5）选中 F3 单元格，输入公式"=D3*E3"，如图 7-9 所示。

（6）按 Enter 键确定，即可计算出第一个货品的采购金额，如图 7-10 所示。

（7）选择 F3 单元格，双击鼠标左键，填充公式，计算出所有货品的采购金额，如图 7-11 所示。

2. 找出采购表中所有货品的最低单价

（1）在 K3 单元格输入公式"=MINIFS（$E$3:$E$98，$B$3:$B$98，J3）"，如图 7-12 所示。

（2）按 Enter 键确定，即可计算出第一个货品的最低单价，如图 7-13 所示。

（3）在 K3 单元格上，双击鼠标左键，填充公式，计算出所有货品的最低单价，如图 7-14 所示。

图 7-8　批量填充采购日期

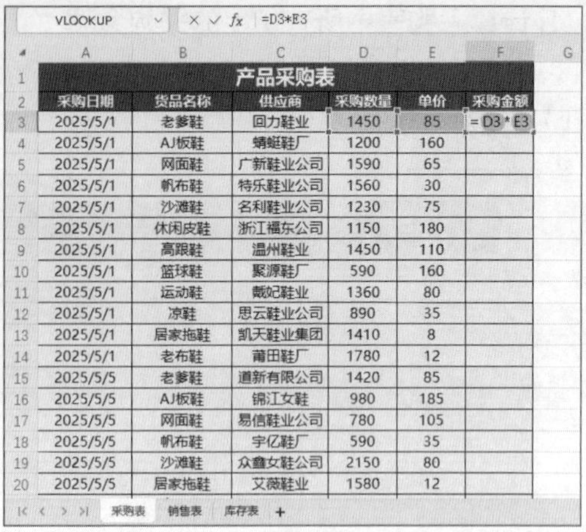

图 7-9　输入公式

图 7-10　计算第一个货品采购金额

图 7-11　计算所有货品采购金额

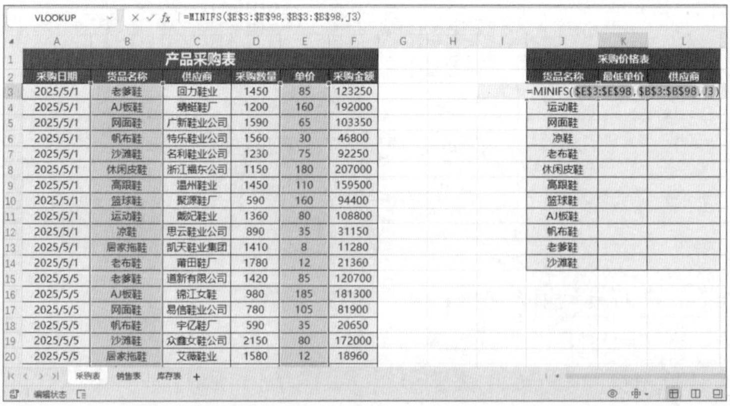

图 7-12　输入公式

图 7-13　计算第一个货品最低单价

3. 查找出所有货品的供应商

（1）在 C 列前插入一个空白列，修改标题行的名字为辅助列，选中 C3 单元格，输入公式"=B3&F3"，如图 7-15 所示。

（2）按 Enter 键确定，即可填充第一个货品名称和供应商，然后在 C3 单元格上，双击鼠标左键，填充公式，完成辅助列中货品名称和单价组合名称的填充，如图 7-16 所示。

观看视频

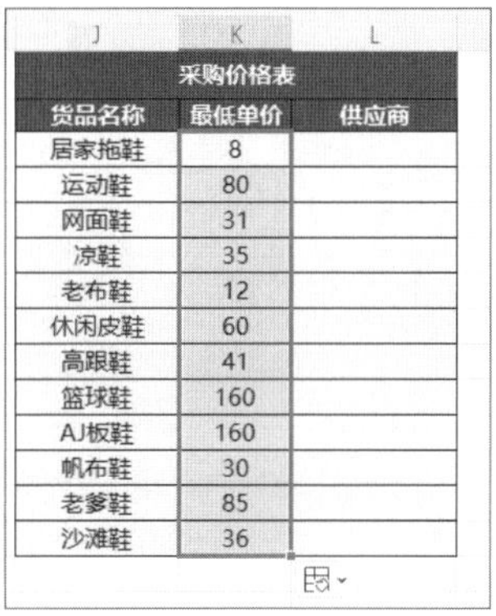

J	K	L
采购价格表		
货品名称	最低单价	供应商
居家拖鞋	8	
运动鞋	80	
网面鞋	31	
凉鞋	35	
老布鞋	12	
休闲皮鞋	60	
高跟鞋	41	
篮球鞋	160	
AJ板鞋	160	
帆布鞋	30	
老爹鞋	85	
沙滩鞋	36	

图 7-14　计算所有货品的最低单价

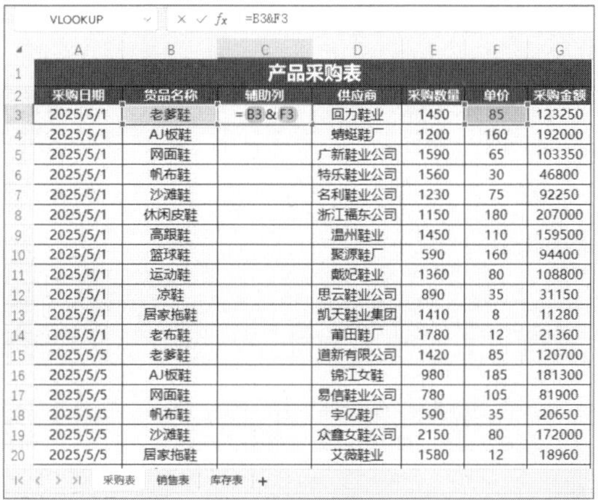

VLOOKUP　=B3&F3

	A	B	C	D	E	F	G
1	产品采购表						
2	采购日期	货品名称	辅助列	供应商	采购数量	单价	采购金额
3	2025/5/1	老爹鞋	= B3 & F3	回力鞋业	1450	85	123250
4	2025/5/1	AJ板鞋		蜻蜓鞋厂	1200	160	192000
5	2025/5/1	网面鞋		广新鞋业公司	1590	65	103350
6	2025/5/1	帆布鞋		特乐鞋业公司	1560	30	46800
7	2025/5/1	沙滩鞋		名利鞋业公司	1230	75	92250
8	2025/5/1	休闲皮鞋		浙江福东公司	1150	180	207000
9	2025/5/1	高跟鞋		温州鞋业	1450	110	159500
10	2025/5/1	篮球鞋		聚源鞋厂	590	160	94400
11	2025/5/1	运动鞋		戴妃鞋业	1360	80	108800
12	2025/5/1	凉鞋		思云鞋业公司	890	35	31150
13	2025/5/1	居家拖鞋		凯天鞋业集团	1410	8	11280
14	2025/5/1	老布鞋		莆田鞋厂	1780	12	21360
15	2025/5/5	老爹鞋		道新有限公司	1420	85	120700
16	2025/5/5	AJ板鞋		锦江女鞋	980	185	181300
17	2025/5/5	网面鞋		易信鞋业公司	780	105	81900
18	2025/5/5	帆布鞋		宇亿鞋厂	590	35	20650
19	2025/5/5	沙滩鞋		众鑫女鞋公司	2150	80	172000
20	2025/5/5	居家拖鞋		艾薇鞋业	1580	12	18960

采购表　销售表　库存表　+

图 7-15　输入公式

（3）选中 M3 单元格，输入公式“=VLOOKUP（K3&L3，$C$3:$D$98，2，0）”，如图 7-17 所示。

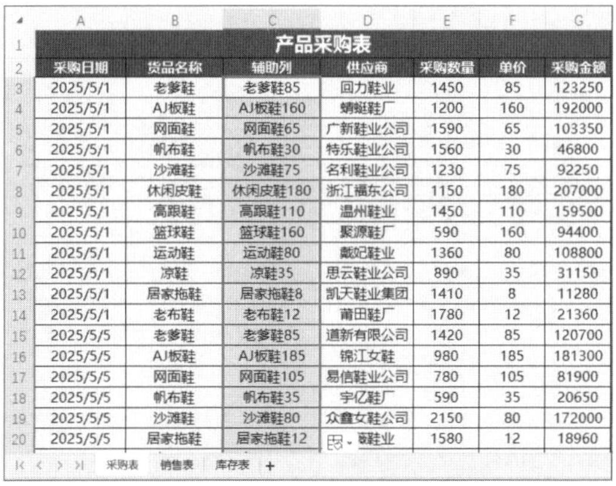

	A	B	C	D	E	F	G
1	产品采购表						
2	采购日期	货品名称	辅助列	供应商	采购数量	单价	采购金额
3	2025/5/1	老爹鞋	老爹鞋85	回力鞋业	1450	85	123250
4	2025/5/1	AJ板鞋	AJ板鞋160	蜻蜓鞋厂	1200	160	192000
5	2025/5/1	网面鞋	网面鞋65	广新鞋业公司	1590	65	103350
6	2025/5/1	帆布鞋	帆布鞋30	特乐鞋业公司	1560	30	46800
7	2025/5/1	沙滩鞋	沙滩鞋75	名利鞋业公司	1230	75	92250
8	2025/5/1	休闲皮鞋	休闲皮鞋180	浙江福东公司	1150	180	207000
9	2025/5/1	高跟鞋	高跟鞋110	温州鞋业	1450	110	159500
10	2025/5/1	篮球鞋	篮球鞋160	聚源鞋厂	590	160	94400
11	2025/5/1	运动鞋	运动鞋80	戴妃鞋业	1360	80	108800
12	2025/5/1	凉鞋	凉鞋35	思云鞋业公司	890	35	31150
13	2025/5/1	居家拖鞋	居家拖鞋8	凯天鞋业集团	1410	8	11280
14	2025/5/1	老布鞋	老布鞋12	莆田鞋厂	1780	12	21360
15	2025/5/5	老爹鞋	老爹鞋85	道新有限公司	1420	85	120700
16	2025/5/5	AJ板鞋	AJ板鞋185	锦江女鞋	980	185	181300
17	2025/5/5	网面鞋	网面鞋105	易信鞋业公司	780	105	81900
18	2025/5/5	帆布鞋	帆布鞋35	宇亿鞋厂	590	35	20650
19	2025/5/5	沙滩鞋	沙滩鞋80	众鑫女鞋公司	2150	80	172000
20	2025/5/5	居家拖鞋	居家拖鞋12	鞋业	1580	12	18960

采购表　销售表　库存表　+

图 7-16　添加辅助列

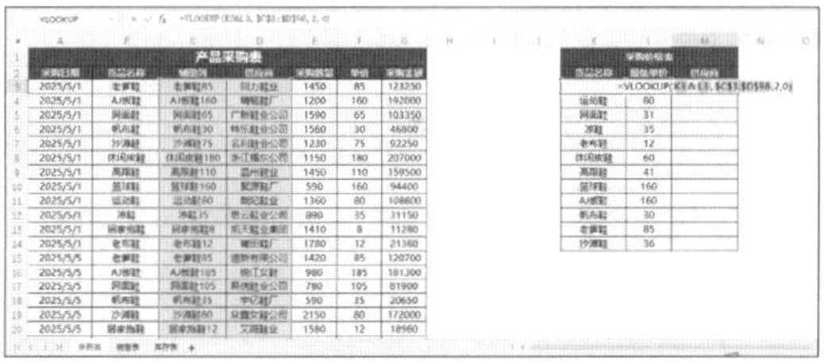

图 7-17　输入公式

（4）按 Enter 键确定，即可查找出第一个货品的供应商，如图 7-18 所示。

（5）在 M3 单元格上，双击鼠标左键，填充公式，查找出所有货品的供应商，如图 7-19 所示。

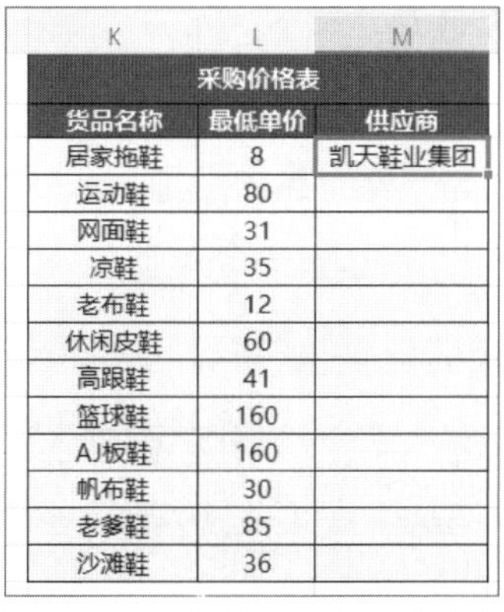

K	L	M
采购价格表		
货品名称	最低单价	供应商
居家拖鞋	8	凯天鞋业集团
运动鞋	80	
网面鞋	31	
凉鞋	35	
老布鞋	12	
休闲皮鞋	60	
高跟鞋	41	
篮球鞋	160	
AJ板鞋	160	
帆布鞋	30	
老爹鞋	85	
沙滩鞋	36	

图 7-18　查找第一个货品供应商

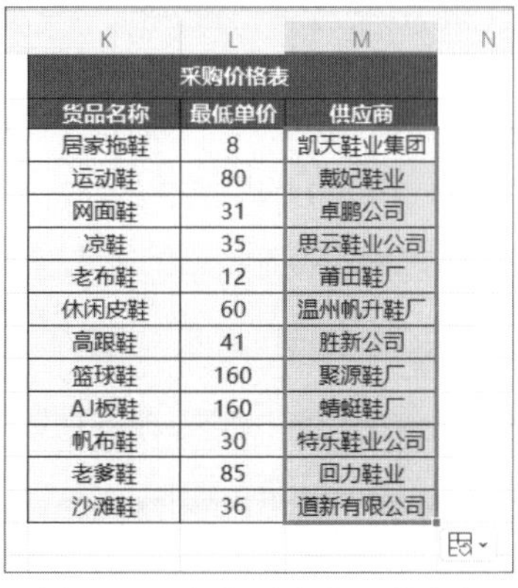

K	L	M
采购价格表		
货品名称	最低单价	供应商
居家拖鞋	8	凯天鞋业集团
运动鞋	80	戴妃鞋业
网面鞋	31	卓鹏公司
凉鞋	35	思云鞋业公司
老布鞋	12	莆田鞋厂
休闲皮鞋	60	温州帆升鞋厂
高跟鞋	41	胜新公司
篮球鞋	160	聚源鞋厂
AJ板鞋	160	蜻蜓鞋厂
帆布鞋	30	特乐鞋业公司
老爹鞋	85	回力鞋业
沙滩鞋	36	道新有限公司

图 7-19　查找所有货品供应商

4. 计算销售表中所有货品的销售金额

观看视频

（1）在“进销存报表 .xlsx”工作簿中，单击“销售表”工作表标签，切换至该工作表，如图 7-20 所示。

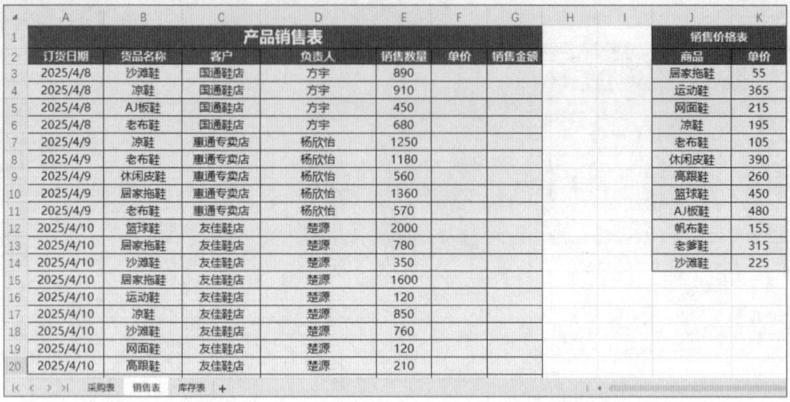

	A	B	C	D	E	F	G	J	K
1	产品销售表							销售价格表	
2	订货日期	货品名称	客户	负责人	销售数量	单价	销售金额	商品	单价
3	2025/4/8	沙滩鞋	国通鞋店	方宇	890			居家拖鞋	55
4	2025/4/8	凉鞋	国通鞋店	方宇	910			运动鞋	365
5	2025/4/8	AJ板鞋	国通鞋店	方宇	450			网面鞋	215
6	2025/4/8	老布鞋	国通鞋店	方宇	680			凉鞋	195
7	2025/4/9	凉鞋	惠通专卖店	杨欣怡	1250			老布鞋	105
8	2025/4/9	老布鞋	惠通专卖店	杨欣怡	1180			休闲皮鞋	390
9	2025/4/9	休闲皮鞋	惠通专卖店	杨欣怡	560			高跟鞋	260
10	2025/4/9	居家拖鞋	惠通专卖店	杨欣怡	1360			篮球鞋	450
11	2025/4/9	老布鞋	惠通专卖店	杨欣怡	570			AJ板鞋	480
12	2025/4/10	篮球鞋	友佳鞋店	楚源	2000			帆布鞋	155
13	2025/4/10	居家拖鞋	友佳鞋店	楚源	780			老爹鞋	315
14	2025/4/10	沙滩鞋	友佳鞋店	楚源	350			沙滩鞋	225
15	2025/4/10	居家拖鞋	友佳鞋店	楚源	1600				
16	2025/4/10	运动鞋	友佳鞋店	楚源	120				
17	2025/4/10	凉鞋	友佳鞋店	楚源	850				
18	2025/4/10	沙滩鞋	友佳鞋店	楚源	760				
19	2025/4/10	网面鞋	友佳鞋店	楚源	120				
20	2025/4/10	高跟鞋	友佳鞋店	楚源	210				

采购表 销售表 库存表

图 7-20　切换至“销售表”工作表标签

（2）选中 F3 单元格，输入公式“=VLOOKUP（B3，$J$3:$K$14，2，0）”，如图 7-21 所示。

（3）按 Enter 键确定，即可查找出第一个货品名称的单价数据，如图 7-22 所示。

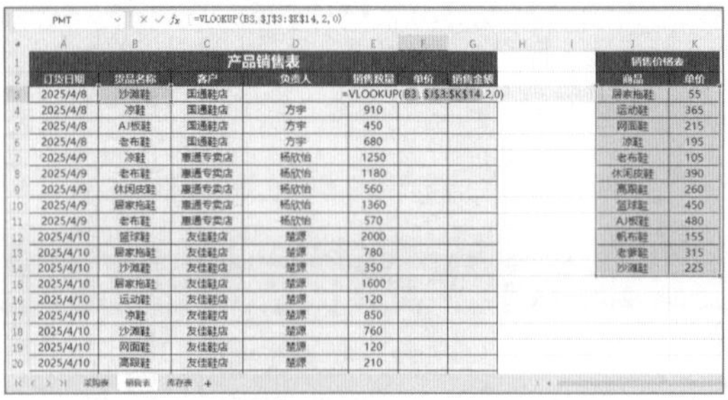

PMT　=VLOOKUP(B3, $J$3:$K$14, 2, 0)

	A	B	C	D	E	F	G	J	K
1	产品销售表							销售价格表	
2	订货日期	货品名称	客户	负责人	销售数量	单价	销售金额	商品	单价
3	2025/4/8	沙滩鞋	国通鞋店	=VLOOKUP(B3, $J$3:$K$14,2,0)				居家拖鞋	55
4	2025/4/8	凉鞋	国通鞋店	方宇	910			运动鞋	365
5	2025/4/8	AJ板鞋	国通鞋店	方宇	450			网面鞋	215
6	2025/4/8	老布鞋	国通鞋店	方宇	680			凉鞋	195
7	2025/4/9	凉鞋	惠通专卖店	杨欣怡	1250			老布鞋	105
8	2025/4/9	老布鞋	惠通专卖店	杨欣怡	1180			休闲皮鞋	390
9	2025/4/9	休闲皮鞋	惠通专卖店	杨欣怡	560			高跟鞋	260
10	2025/4/9	居家拖鞋	惠通专卖店	杨欣怡	1360			篮球鞋	450
11	2025/4/9	老布鞋	惠通专卖店	杨欣怡	570			AJ板鞋	480
12	2025/4/10	篮球鞋	友佳鞋店	楚源	2000			帆布鞋	155
13	2025/4/10	居家拖鞋	友佳鞋店	楚源	780			老爹鞋	315
14	2025/4/10	沙滩鞋	友佳鞋店	楚源	350			沙滩鞋	225
15	2025/4/10	居家拖鞋	友佳鞋店	楚源	1600				
16	2025/4/10	运动鞋	友佳鞋店	楚源	120				
17	2025/4/10	凉鞋	友佳鞋店	楚源	850				
18	2025/4/10	沙滩鞋	友佳鞋店	楚源	760				
19	2025/4/10	网面鞋	友佳鞋店	楚源	120				
20	2025/4/10	高跟鞋	友佳鞋店	楚源	210				

图 7-21　输入公式

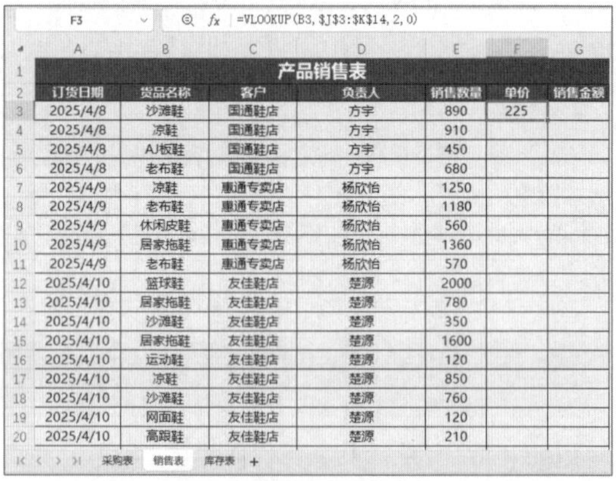

F3　=VLOOKUP(B3, $J$3:$K$14, 2, 0)

	A	B	C	D	E	F	G
1	产品销售表						
2	订货日期	货品名称	客户	负责人	销售数量	单价	销售金额
3	2025/4/8	沙滩鞋	国通鞋店	方宇	890	225	
4	2025/4/8	凉鞋	国通鞋店	方宇	910		
5	2025/4/8	AJ板鞋	国通鞋店	方宇	450		
6	2025/4/8	老布鞋	国通鞋店	方宇	680		
7	2025/4/9	凉鞋	惠通专卖店	杨欣怡	1250		
8	2025/4/9	老布鞋	惠通专卖店	杨欣怡	1180		
9	2025/4/9	休闲皮鞋	惠通专卖店	杨欣怡	560		
10	2025/4/9	居家拖鞋	惠通专卖店	杨欣怡	1360		
11	2025/4/9	老布鞋	惠通专卖店	杨欣怡	570		
12	2025/4/10	篮球鞋	友佳鞋店	楚源	2000		
13	2025/4/10	居家拖鞋	友佳鞋店	楚源	780		
14	2025/4/10	沙滩鞋	友佳鞋店	楚源	350		
15	2025/4/10	居家拖鞋	友佳鞋店	楚源	1600		
16	2025/4/10	运动鞋	友佳鞋店	楚源	120		
17	2025/4/10	凉鞋	友佳鞋店	楚源	850		
18	2025/4/10	沙滩鞋	友佳鞋店	楚源	760		
19	2025/4/10	网面鞋	友佳鞋店	楚源	120		
20	2025/4/10	高跟鞋	友佳鞋店	楚源	210		

图 7-22　查找第一个货品名称单价数据

（4）在 F3 单元格上，双击鼠标左键，填充公式，完成各货品名称单价数据的查找，如图 7-23 所示。

（5）选中 G3 单元格，输入公式“=E3*F3”，如图 7-24 所示。

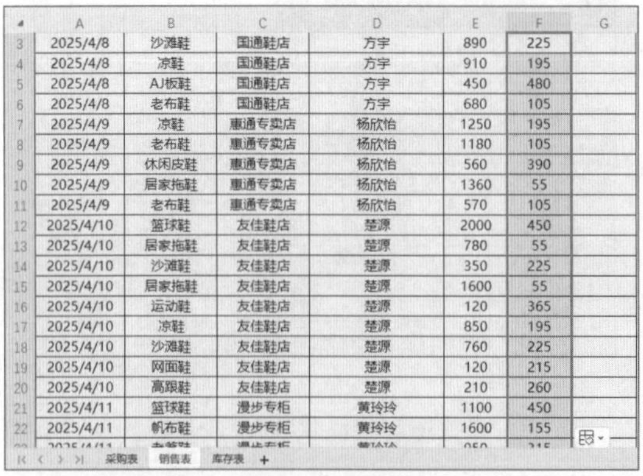

	A	B	C	D	E	F	G
3	2025/4/8	沙滩鞋	国通鞋店	方宇	890	225	
4	2025/4/8	凉鞋	国通鞋店	方宇	910	195	
5	2025/4/8	AJ板鞋	国通鞋店	方宇	450	480	
6	2025/4/8	老布鞋	国通鞋店	方宇	680	105	
7	2025/4/9	凉鞋	惠通专卖店	杨欣怡	1250	195	
8	2025/4/9	老布鞋	惠通专卖店	杨欣怡	1180	105	
9	2025/4/9	休闲皮鞋	惠通专卖店	杨欣怡	560	390	
10	2025/4/9	居家拖鞋	惠通专卖店	杨欣怡	1360	55	
11	2025/4/9	老布鞋	惠通专卖店	杨欣怡	570	105	
12	2025/4/10	篮球鞋	友佳鞋店	楚源	2000	450	
13	2025/4/10	居家拖鞋	友佳鞋店	楚源	780	55	
14	2025/4/10	沙滩鞋	友佳鞋店	楚源	350	225	
15	2025/4/10	居家拖鞋	友佳鞋店	楚源	1600	55	
16	2025/4/10	运动鞋	友佳鞋店	楚源	120	365	
17	2025/4/10	凉鞋	友佳鞋店	楚源	850	195	
18	2025/4/10	沙滩鞋	友佳鞋店	楚源	760	225	
19	2025/4/10	网面鞋	友佳鞋店	楚源	120	215	
20	2025/4/10	高跟鞋	友佳鞋店	楚源	210	260	
21	2025/4/11	篮球鞋	漫步专柜	黄玲玲	1100	450	
22	2025/4/11	帆布鞋	漫步专柜	黄玲玲	1600	155	

图 7-23　查找所有货品单价

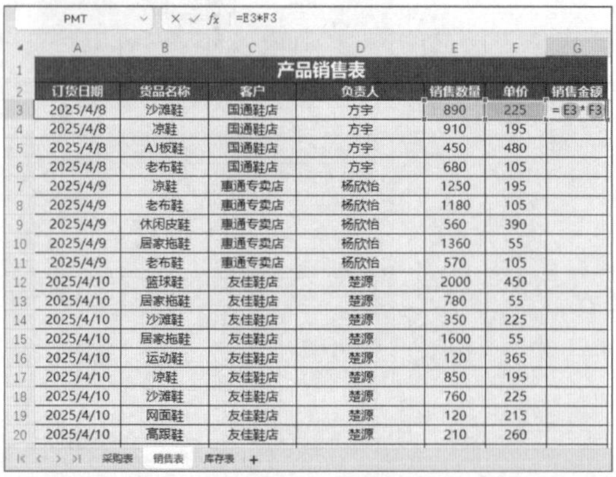

PMT　=E3*F3

	A	B	C	D	E	F	G
1	产品销售表						
2	订货日期	货品名称	客户	负责人	销售数量	单价	销售金额
3	2025/4/8	沙滩鞋	国通鞋店	方宇	890	225	=E3*F3
4	2025/4/8	凉鞋	国通鞋店	方宇	910	195	
5	2025/4/8	AJ板鞋	国通鞋店	方宇	450	480	
6	2025/4/8	老布鞋	国通鞋店	方宇	680	105	
7	2025/4/9	凉鞋	惠通专卖店	杨欣怡	1250	195	
8	2025/4/9	老布鞋	惠通专卖店	杨欣怡	1180	105	
9	2025/4/9	休闲皮鞋	惠通专卖店	杨欣怡	560	390	
10	2025/4/9	居家拖鞋	惠通专卖店	杨欣怡	1360	55	
11	2025/4/9	老布鞋	惠通专卖店	杨欣怡	570	105	
12	2025/4/10	篮球鞋	友佳鞋店	楚源	2000	450	
13	2025/4/10	居家拖鞋	友佳鞋店	楚源	780	55	
14	2025/4/10	沙滩鞋	友佳鞋店	楚源	350	225	
15	2025/4/10	居家拖鞋	友佳鞋店	楚源	1600	55	
16	2025/4/10	运动鞋	友佳鞋店	楚源	120	365	
17	2025/4/10	凉鞋	友佳鞋店	楚源	850	195	
18	2025/4/10	沙滩鞋	友佳鞋店	楚源	760	225	
19	2025/4/10	网面鞋	友佳鞋店	楚源	120	215	
20	2025/4/10	高跟鞋	友佳鞋店	楚源	210	260	

图 7-24　输入公式

（6）按 Enter 键确定，计算出第一个货品的销售金额，如图 7-25 所示。

（7）在 G3 单元格上，双击鼠标左键，填充公式，完成所有货品销售金额的计算，如图 7-26 所示。

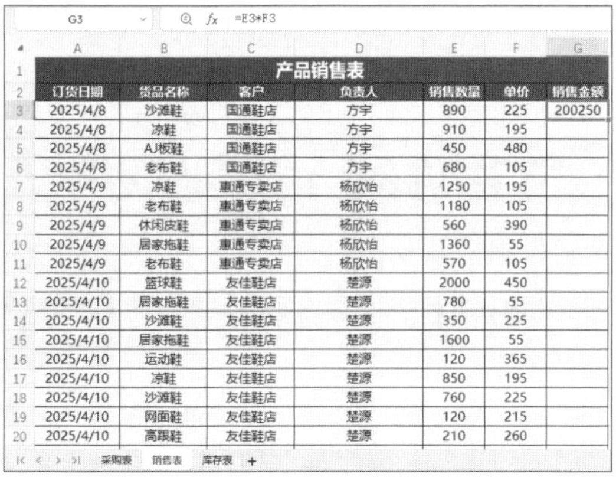

G3 =E3*F3

产品销售表						
订货日期	货品名称	客户	负责人	销售数量	单价	销售金额
2025/4/8	沙滩鞋	国通鞋店	方宇	890	225	200250
2025/4/8	凉鞋	国通鞋店	方宇	910	195	
2025/4/8	AJ板鞋	国通鞋店	方宇	450	480	
2025/4/8	老布鞋	国通鞋店	方宇	680	105	
2025/4/9	凉鞋	惠通专卖店	杨欣怡	1250	195	
2025/4/9	老布鞋	惠通专卖店	杨欣怡	1180	105	
2025/4/9	休闲皮鞋	惠通专卖店	杨欣怡	560	390	
2025/4/9	居家拖鞋	惠通专卖店	杨欣怡	1360	55	
2025/4/9	老布鞋	惠通专卖店	杨欣怡	570	105	
2025/4/10	篮球鞋	友佳鞋店	楚源	2000	450	
2025/4/10	居家拖鞋	友佳鞋店	楚源	780	55	
2025/4/10	沙滩鞋	友佳鞋店	楚源	350	225	
2025/4/10	居家拖鞋	友佳鞋店	楚源	1600	55	
2025/4/10	运动鞋	友佳鞋店	楚源	120	365	
2025/4/10	凉鞋	友佳鞋店	楚源	850	195	
2025/4/10	沙滩鞋	友佳鞋店	楚源	760	225	
2025/4/10	网面鞋	友佳鞋店	楚源	120	215	
2025/4/10	高跟鞋	友佳鞋店	楚源	210	260	

采购表 销售表 库存表

图 7-25　计算第一个货品销售金额

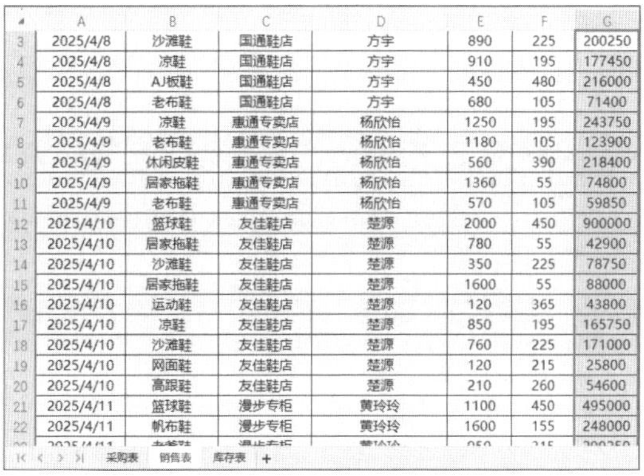

2025/4/8	沙滩鞋	国通鞋店	方宇	890	225	200250
2025/4/8	凉鞋	国通鞋店	方宇	910	195	177450
2025/4/8	AJ板鞋	国通鞋店	方宇	450	480	216000
2025/4/8	老布鞋	国通鞋店	方宇	680	105	71400
2025/4/9	凉鞋	惠通专卖店	杨欣怡	1250	195	243750
2025/4/9	老布鞋	惠通专卖店	杨欣怡	1180	105	123900
2025/4/9	休闲皮鞋	惠通专卖店	杨欣怡	560	390	218400
2025/4/9	居家拖鞋	惠通专卖店	杨欣怡	1360	55	74800
2025/4/9	老布鞋	惠通专卖店	杨欣怡	570	105	59850
2025/4/10	篮球鞋	友佳鞋店	楚源	2000	450	900000
2025/4/10	居家拖鞋	友佳鞋店	楚源	780	55	42900
2025/4/10	沙滩鞋	友佳鞋店	楚源	350	225	78750
2025/4/10	居家拖鞋	友佳鞋店	楚源	1600	55	88000
2025/4/10	运动鞋	友佳鞋店	楚源	120	365	43800
2025/4/10	凉鞋	友佳鞋店	楚源	850	195	165750
2025/4/10	沙滩鞋	友佳鞋店	楚源	760	225	171000
2025/4/10	网面鞋	友佳鞋店	楚源	120	215	25800
2025/4/10	高跟鞋	友佳鞋店	楚源	210	260	54600
2025/4/11	篮球鞋	漫步专柜	黄玲玲	1100	450	495000
2025/4/11	帆布鞋	漫步专柜	黄玲玲	1600	155	248000

采购表 销售表 库存表

图 7-26　计算所有货品销售金额

5. 计算出所有货品 5 月的期末库存数量

观看视频

（1）在“进销存报表 .xlsx”工作簿中，单击“库存表”工作表标签，切换至该工作表，如图 7-27 所示。

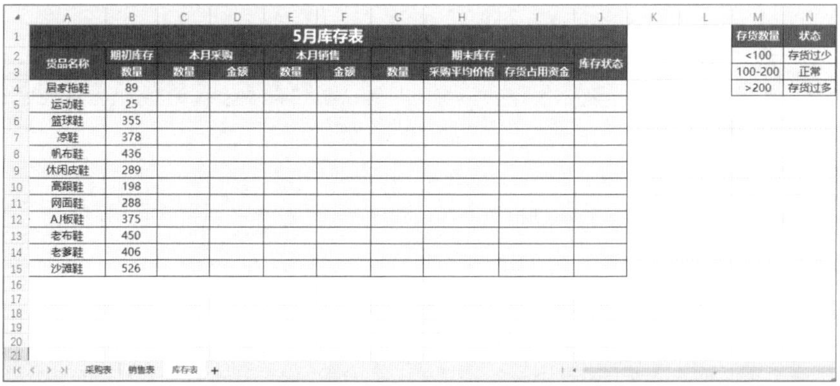

5月库存表									
货品名称	期初库存	本月采购		本月销售		期末库存			库存状态
	数量	数量	金额	数量	金额	数量	采购平均价格	存货占用资金	
居家拖鞋	89								
运动鞋	25								
篮球鞋	355								
凉鞋	378								
帆布鞋	436								
休闲皮鞋	289								
高跟鞋	198								
网面鞋	288								
AJ板鞋	375								
老布鞋	450								
老爹鞋	406								
沙滩鞋	526								

存货数量	状态
<100	存货过少
100-200	正常
>200	存货过多

采购表 销售表 库存表

图 7-27　切换至“库存表”工作表标签

（2）选中 C4 单元格，输入公式“=SUMIF(采购表！B3:B98，库存表！A4，采购表！E3:E98)”，如图 7-28 所示。

（3）按 Enter 键确定，计算出第一个货品的 5 月总销量，如图 7-29 所示。

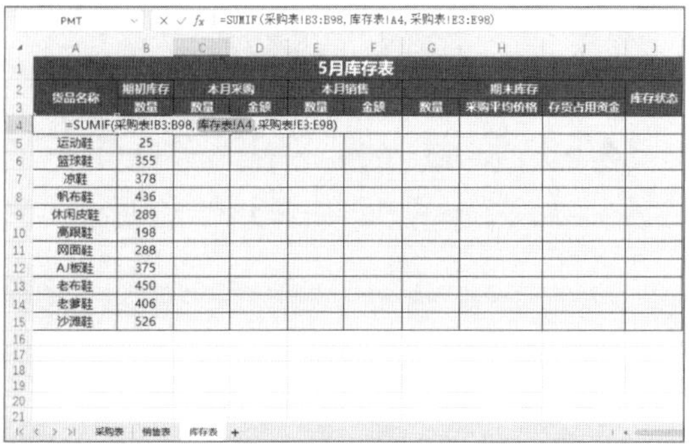

图 7-28　输入公式

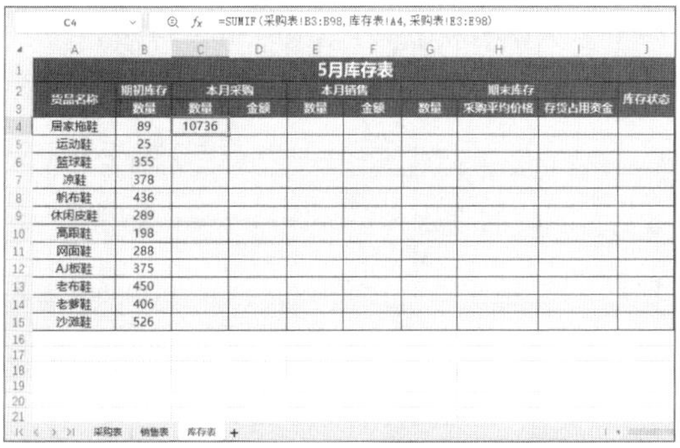

图 7-29　计算第一个货品 5 月总销量

（4）在 C4 单元格上双击鼠标左键，填充公式，可以计算出所有货品 5 月的采购总数量，如图 7-30 所示。

（5）选中 D4 单元格，输入公式“=SUMIF（采购表！$B$3:$B$98，库存表！A4，采购表！$G$3:$G$98）”，如图 7-31 所示。

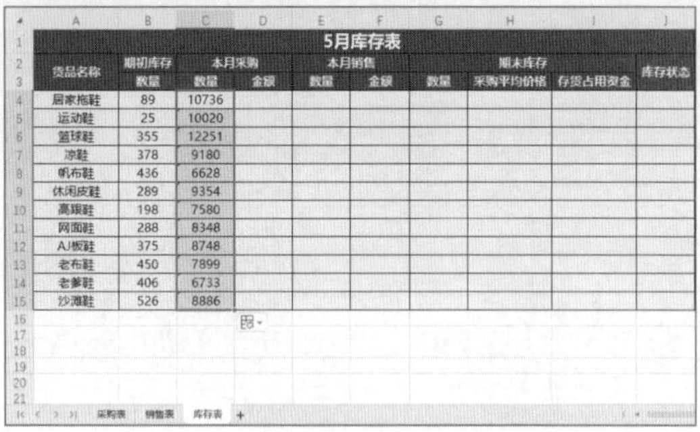

5月库存表

货品名称	期初库存	本月采购		本月销售		期末库存			库存状态
	数量	数量	金额	数量	金额	数量	采购平均价格	存货占用资金	
居家拖鞋	89	10736							
运动鞋	25	10020							
篮球鞋	355	12251							
凉鞋	378	9180							
帆布鞋	436	6628							
休闲皮鞋	289	9354							
高跟鞋	198	7580							
网面鞋	288	8348							
AJ板鞋	375	8748							
老布鞋	450	7899							
老爹鞋	406	6733							
沙滩鞋	526	8886							

图 7-30　计算所有货品 5 月采购总销量

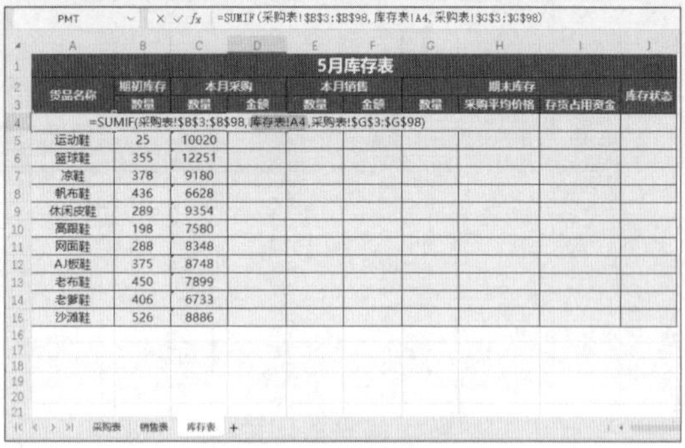

PMT　=SUMIF(采购表!$B$3:$B$98,库存表!A4,采购表!$G$3:$G$98)

5月库存表

货品名称	期初库存	本月采购		本月销售		期末库存			库存状态
	数量	数量	金额	数量	金额	数量	采购平均价格	存货占用资金	
=SUMIF(采购表!$B$3:$B$98,库存表!A4,采购表!$G$3:$G$98)									
运动鞋	25	10020							
篮球鞋	355	12251							
凉鞋	378	9180							
帆布鞋	436	6628							
休闲皮鞋	289	9354							
高跟鞋	198	7580							
网面鞋	288	8348							
AJ板鞋	375	8748							
老布鞋	450	7899							
老爹鞋	406	6733							
沙滩鞋	526	8886							

图 7-31　输入公式

（6）按 Enter 键确定，计算出一个货品 5 月采购总金额，如图 7-32 所示。

（7）在 D4 单元格上双击鼠标左键，填充公式，可以计算出所有货品 5 月的采购总金额，如图 7-33 所示。

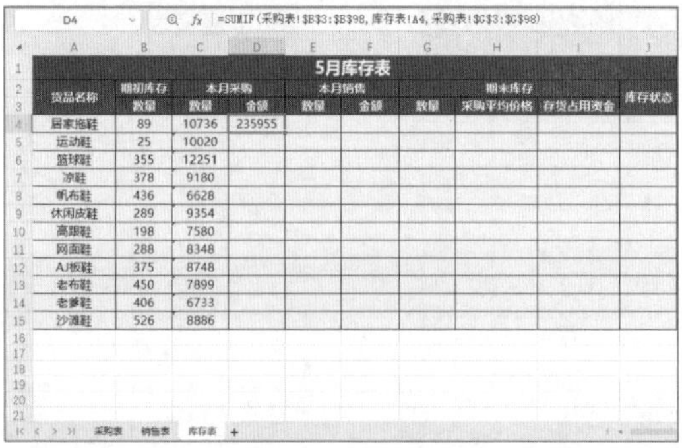

D4　=SUMIF(采购表!$B$3:$B$98,库存表!A4,采购表!$G$3:$G$98)

5月库存表

货品名称	期初库存	本月采购		本月销售		期末库存			库存状态
	数量	数量	金额	数量	金额	数量	采购平均价格	存货占用资金	
居家拖鞋	89	10736	235955						
运动鞋	25	10020							
篮球鞋	355	12251							
凉鞋	378	9180							
帆布鞋	436	6628							
休闲皮鞋	289	9354							
高跟鞋	198	7580							
网面鞋	288	8348							
AJ板鞋	375	8748							
老布鞋	450	7899							
老爹鞋	406	6733							
沙滩鞋	526	8886							

图 7-32　计算第一个货品 5 月采购总金额

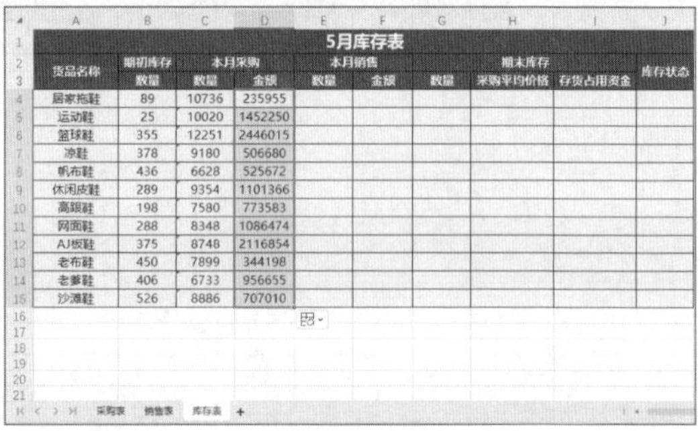

5月库存表

货品名称	期初库存	本月采购		本月销售		期末库存			库存状态
	数量	数量	金额	数量	金额	数量	采购平均价格	存货占用资金	
居家拖鞋	89	10736	235955						
运动鞋	25	10020	1452250						
篮球鞋	355	12251	2446015						
凉鞋	378	9180	506680						
帆布鞋	436	6628	525672						
休闲皮鞋	289	9354	1101366						
高跟鞋	198	7580	773583						
网面鞋	288	8348	1086474						
AJ板鞋	375	8748	2116854						
老布鞋	450	7899	344198						
老爹鞋	406	6733	956655						
沙滩鞋	526	8886	707010						

图 7-33　计算所有货品 5 月采购总金额

（8）选中 E4 单元格，输入公式“=SUMIFS（销售表！$E$3:$E$252，销售表！$A$3:$A$252，">=2025/5/1"，销售表！$B$3:$B$252，A4）”，如图 7-34 所示。

（9）按 Enter 键确定，计算出第一个货品 5 月销售总数量，如图 7-35 所示。

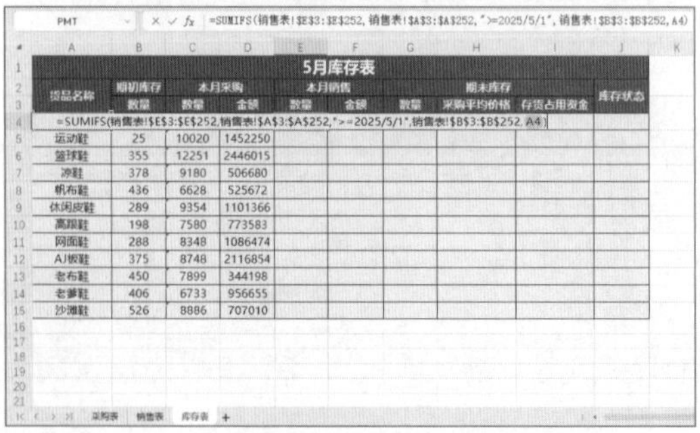

PMT　=SUMIFS(销售表!$E$3:$E$252,销售表!$A$3:$A$252,">=2025/5/1",销售表!$B$3:$B$252,A4)

5月库存表

货品名称	期初库存	本月采购		本月销售		期末库存			库存状态
	数量	数量	金额	数量	金额	数量	采购平均价格	存货占用资金	
=SUMIFS(销售表!$E$3:$E$252,销售表!$A$3:$A$252,">=2025/5/1",销售表!$B$3:$B$252,A4)									
运动鞋	25	10020	1452250						
篮球鞋	355	12251	2446015						
凉鞋	378	9180	506680						
帆布鞋	436	6628	525672						
休闲皮鞋	289	9354	1101366						
高跟鞋	198	7580	773583						
网面鞋	288	8348	1086474						
AJ板鞋	375	8748	2116854						
老布鞋	450	7899	344198						
老爹鞋	406	6733	956655						
沙滩鞋	526	8886	707010						

图 7-34　输入公式

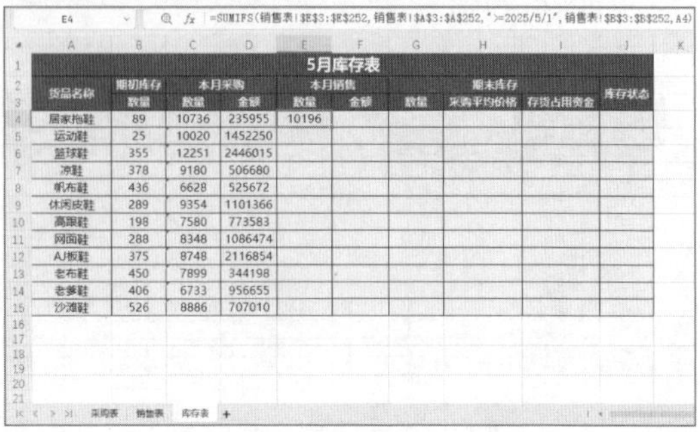

E4　=SUMIFS(销售表!$E$3:$E$252,销售表!$A$3:$A$252,">=2025/5/1",销售表!$B$3:$B$252,A4)

5月库存表

货品名称	期初库存	本月采购		本月销售		期末库存			库存状态
	数量	数量	金额	数量	金额	数量	采购平均价格	存货占用资金	
居家拖鞋	89	10736	235955	10196					
运动鞋	25	10020	1452250						
篮球鞋	355	12251	2446015						
凉鞋	378	9180	506680						
帆布鞋	436	6628	525672						
休闲皮鞋	289	9354	1101366						
高跟鞋	198	7580	773583						
网面鞋	288	8348	1086474						
AJ板鞋	375	8748	2116854						
老布鞋	450	7899	344198						
老爹鞋	406	6733	956655						
沙滩鞋	526	8886	707010						

图 7-35　计算第一个货品 5 月销售总数量

（10）在 E4 单元格上双击鼠标左键，填充公式，可以计算出所有货品 5 月的销售总数量，如图 7-36 所示。

（11）选中 F4 单元格，输入公式 "=SUMIFS（销售表！\$G\$3:\$G\$252，销售表！\$A\$3:\$A\$252，">=2025/5/1"，销售表！\$B\$3:\$B\$252，A4）"，如图 7-37 所示。

图 7-36　修改参数值

图 7-37　输入公式

（12）按 Enter 键确定，计算出第一个货品 5 月的销售总金额，如图 7-38 所示。

（13）在 F4 单元格上双击鼠标左键，填充公式，可以计算出所有货品 5 月的销售总金额，如图 7-39 所示。

图 7-38　计算第一个货品 5 月销售总金额

图 7-39　计算出所有货品 5 月销售总金额

（14）选中 G4 单元格，输入公式 "=B4+C4–E4"，如图 7-40 所示。

（15）按 Enter 键确定，即可计算出第一个货品的 5 月期末库存数量，如图 7-41 所示。

图 7-40　输入公式

图 7-41　计算第一个货品 5 月期末库存数量

（16）在 G4 单元格上双击鼠标左键，填充公式，可以计算出所有货品 5 月的期末库存数量，如图 7-42 所示。

6. 计算所有货品存货占用资金

（1）选中 H4 单元格，输入公式 "=D4/C4"，如图 7-43 所示。

观看视频

图 7-42　计算所有货品 5 月的期末库存数量

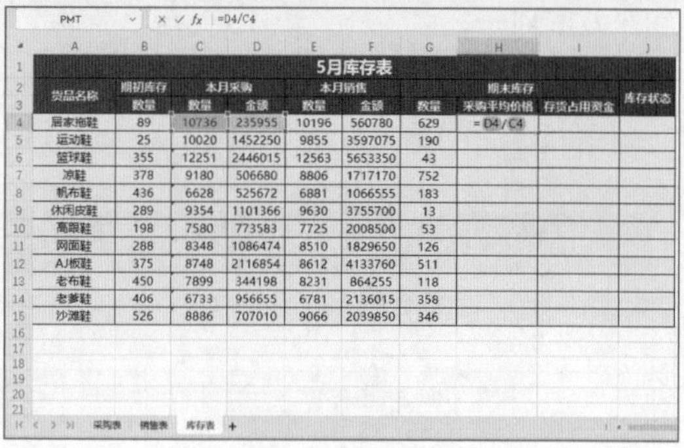

图 7-43　输入公式

（2）按 Enter 键确定，计算出第一个货品 5 月的采购平均价格，如图 7-44 所示。

（3）在 H4 单元格上双击鼠标左键，填充公式，可以计算出所有货品 5 月的采购平均价格，如图 7-45 所示。

图 7-44　计算第一个货品 5 月采购平均价格

图 7-45　计算所有货品 5 月采购平均价格

（4）选择 H4:H15 单元格区域，在"开始"选项卡的"数字格式"面板中，单击"常规"右侧的下拉按钮，展开列表框，选择"数值"命令，如图 7-46 所示。

（5）更改单元格区域内数字的格式为"数值"，其效果如图 7-47 所示。

图 7-46　选择"数值"命令

图 7-47　更改数字格式

（6）选中 I4 单元格，输入公式"=H4*G4"，如图 7-48 所示。

（7）按 Enter 键确定，计算出第一个货品 5 月的存货占用资金，如图 7-49 所示。

（8）在 I4 单元格上双击鼠标左键，填充公式，可以计算出所有货品 5 月的存货占用资金，如图 7-50 所示。

图 7-48　输入公式

图 7-49　计算第一个货品存货占用资金

（9）选择 I4:I15 单元格区域，修改其数字格式为"数值"，其效果如图 7-51 所示。

图 7-50　计算所有货品存货占用资金

图 7-51　更改数字格式

7. 计算所有货品的库存状态

（1）选中 J4 单元格，输入公式"=IF（G4<100,"存货过少",IF（G4>200,"存货过多","正常"))"，如图 7-52 所示。

（2）按 Enter 键确定，计算出第一个货品的库存状态，如图 7-53 所示。

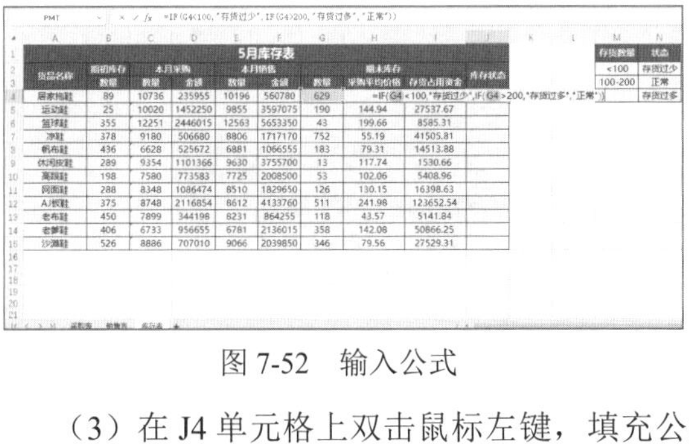

观看视频

图 7-52　输入公式

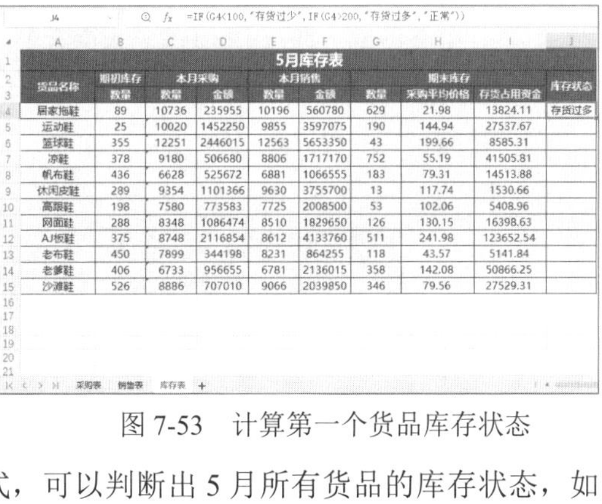

图 7-53　计算第一个货品库存状态

（3）在 J4 单元格上双击鼠标左键，填充公式，可以判断出 5 月所有货品的库存状态，如图 7-54 所示。

（4）选择 J4:J15 单元格区域，在"开始"选项卡的"样式"面板中，单击"条件格式"右侧的下拉按钮，展开列表框，选择"突出显示单元格规则"命令，再次展开子菜单，选择"文本包含"命令，如图 7-55 所示。

（5）打开"文本中包含"对话框，在文本框中输入"存货过多"，单击"设置为"右侧的下拉按钮，展开列表框，选择"自定义格式"命令，如图 7-56 所示。

图 7-54　输入公式

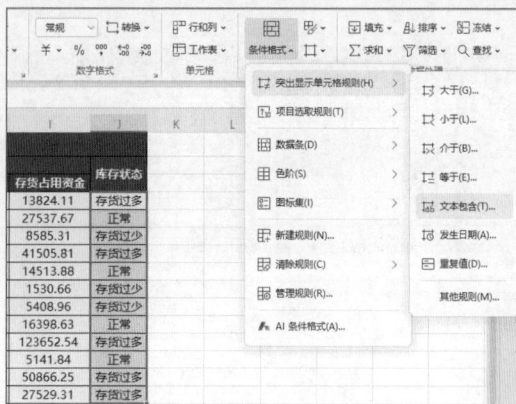

图 7-55　选择"文本包含"命令

（6）打开"单元格格式"对话框，切换至"图案"选项卡，选择"黄色"颜色，如图 7-57 所示。

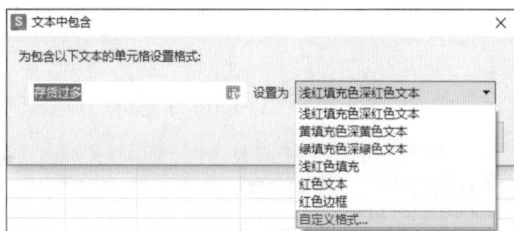

图 7-56　选择"自定义格式"命令

图 7-57　选择"黄色"颜色

（7）单击"确定"按钮，返回"文本中包含"对话框，单击"确定"按钮，即可以黄色突出显示"存货过多"文本，如图 7-58 所示。

货品名称	期初库存	本月采购		本月销售		期末库存			库存状态
	数量	数量	金额	数量	金额	数量	采购平均价格	存货占用资金	
居家拖鞋	89	10736	235955	10196	560780	629	21.98	13824.11	存货过多
运动鞋	25	10020	1452250	9855	3597075	190	144.94	27537.67	正常
篮球鞋	355	12251	2446015	12563	5653350	43	199.66	8585.31	存货过少
凉鞋	378	9180	506680	8806	1717170	752	55.19	41505.81	存货过多
帆布鞋	436	6628	525672	6881	1066555	183	79.31	14513.88	正常
休闲皮鞋	289	9354	1101366	9630	3755700	13	117.74	1530.66	存货过少
高跟鞋	198	7580	773583	7725	2008500	53	102.06	5408.96	存货过少
网面鞋	288	8348	1086474	8510	1829650	126	130.15	16398.63	正常
AJ板鞋	375	8748	2116854	8612	4133760	511	241.98	123652.54	存货过多
老布鞋	450	7899	344198	8231	864255	118	43.57	5141.84	正常
老爹鞋	406	6733	956655	6781	2136015	358	142.08	50866.25	存货过多
沙滩鞋	526	8886	707010	9066	2039850	346	79.56	27529.31	存货过多

图 7-58　突出显示"存货过多"文本

（8）重复步骤（4）～（7），突出显示"存货过少"文本，且使其显示红色，效果如图 7-59 所示。

货品名称	期初库存	本月采购		本月销售		数量	期末库存		库存状态
	数量	数量	金额	数量	金额		采购平均价格	存货占用资金	
居家拖鞋	89	10736	235955	10196	560780	629	21.98	13824.11	存货过多
运动鞋	25	10020	1452250	9855	3597075	190	144.94	27537.67	正常
篮球鞋	355	12251	2446015	12563	5653350	43	199.66	8585.31	存货过少
凉鞋	378	9180	506680	8806	1717170	752	55.19	41505.81	存货过多
帆布鞋	436	6628	525672	6881	1066555	183	79.31	14513.88	正常
休闲皮鞋	289	9354	1101366	9630	3755700	13	117.74	1530.66	存货过少
高跟鞋	198		773583	7725	2008500	53	102.06	5408.96	存货过少
网面鞋		1086474	8510	1829650	126	130.15	16398.63	正常
		2116854	8612	4133760	511	241.98	123652.54	存货过多
		344198	8231	864255	118	43.57	5141.84	正常
		56655	6781	2136015	358	142.08	50866.25	存货过多
		07010	9066	2039850	346	79.56	27529.31	存货过多

突出显示"存货过少"文本

观看视频

……要根据货品名称，在采购表中找到对应货品的最低单价……要在采购表中找到所有的运动鞋，然后对比单价，最后……"文心一言"是怎么使用 MINIFS 函数查找最低单价的，……

向……函数查找最低单价？其语法结构是什么？

在 W……最低单价的过程类似于在 Excel 中的操作。MINIFS 函……用户根据一个或多个条件来查找一组数据中的最小值。

MINIF……
MINIFS……[criteria_range2，criteria2]，…）
在语法结……
min_rang……区域。
criteria_ra……元格区域。
criteria1：……格进行比较的条件。条件可以是数字、表达式或文本字符……

[criteria_range2，criteria2]，…：这些是可选的后续区域 / 条件对。用户可以根据需要添加多个这样的条件对，最多可以支持 126 个区域 / 条件对。

使用 MINIFS 函数查找最低单价的步骤如下。

（1）假设你有一个商品列表，其中包含商品名称、单价和其他信息，并且这些信息分布在不同的列中。现在，用户想要找出某个特定分类下商品的最低单价。

（2）明确的单价数据位于哪个列（例如 C 列），以及用户想要根据哪个条件（如商品分类）来筛选这些单价（假设商品分类在 B 列），然后在 WPS 表格中，选择一个空白单元格来输入你的 MINIFS 函数公式。

（3）根据上述语法结构，输入 MINIFS 函数。例如，如果单价在 C 列，商品分类在 B 列，并且想要查找分类为"电子产品"商品的最低单价，可以在选定的单元格中输入以下公式"=MINIFS（C:C，B:B，"电子产品"）"，这个公式会返回 B 列中所有值为"电子产品"的行对应的 C 列（单价）中的最小值。

（4）输入公式后，按 Enter 键。WPS 表格会自动计算并显示结果。如果结果不是预期的，检查的条件区域和条件是否设置正确，以及数据范围是否包含所有相关的数据。

下面将参照上述方法，通过具体的案例来进行操作练习。

（1）打开本章提供的"查找最低单价.xlsx"工作簿，选择 F2 单元格，输入"=MINIFS"函数公式，如图 7-60 所示。

（2）然后根据上述语法结构，引用"销售单价"列中的数据为判断条件区域，引用"零件编号"列为条件，依次对公式进行完善，完善后的完整公式"=MINIFS（$C$2:$C$15，$B$2:$B$15，E2）"，如图 7-61 所示。

图 7-60　输入函数公式

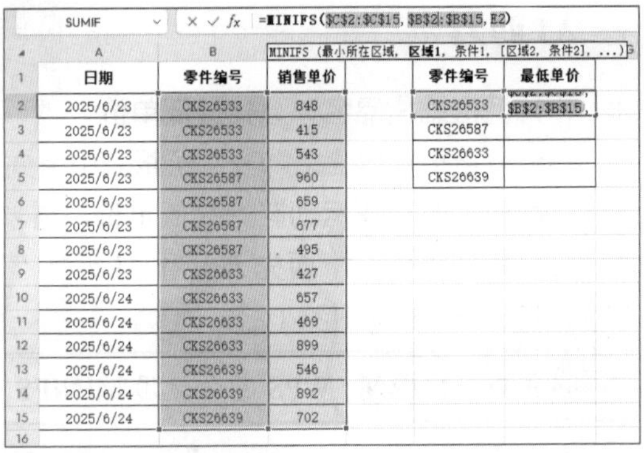

图 7-61　完善公式

（3）按 Enter 键确定，即可查找出第一个零件的最低单价，如图 7-62 所示。

（4）选择 F2 单元格，双击鼠标左键，即可查找出所有零件的最低单价，如图 7-63 所示。

图 7-62　查找第一个零件最低单价

图 7-63　查找所有零件最低单价

2. 查找数据时为什么构建辅助列

一般在查找相应数据时，需要用 VLOOKUP 函数进行查找，但是为什么需要构建辅助列呢？下面先来看看 AI 工具"文心一言"来查找一下构建辅助列的原因是什么。

> **向文心一言提问：** 构建辅助列的原因是什么？

🅖文心一言回复：

在查找数据时构建辅助列的原因主要有以下几点。

（1）简化复杂查询：当需要从大量数据中查找满足特定条件的数据时，直接在一个或多个列中进行复杂的查询可能会非常困难且容易出错。通过构建辅助列，可以将复杂的查询条件或计算结果预先计算并存储在这些辅助列中，从而简化后续的查询过程。

（2）提高查询效率：辅助列可以存储经过计算或筛选后的数据，这些数据通常比原始数据更简洁、更直接地反映了查询需求。因此，在查询时，可以直接基于这些辅助列进行，而无须每次都执行复杂的计算或筛选操作，从而提高查询效率。

（3）便于数据管理和分析：辅助列可以作为数据管理和分析的工具。例如，可以构建辅助列来标记供应商的状态（如活跃、非活跃）、分类（如按地区、产品类型分类）或评级（如根据历史表现评分）。这些辅助列使得数据更加有序和易于理解，有助于后续的数据分析和决策制定。

（4）支持多条件查询：在查找数据时，往往需要同时满足多个条件。通过构建多个辅助列，可以分别存储每个条件的结果，然后在查询时将这些辅助列作为条件进行组合查询。这种方式比在一个查询中同时处理多个复杂条件要简单得多。

（5）避免重复计算：在某些情况下，相同的计算结果可能会被多次需要。通过在辅助列中存储这些结果，可以避免在每次需要时都重新进行计算，从而节省计算资源和时间。

（6）增强数据可视化：辅助列还可以用于增强数据的可视化效果。例如，可以使用条件格式或图表来展示辅助列中的数据，使得供应商的状态、分类或评级等信息更加直观和易于理解。

综上所述，构建辅助列在查找数据时具有多种优势，可以简化查询过程、提高查询效率、便于数据管理和分析、支持多条件查询、避免重复计算以及增强数据可视化效果。因此，在处理复杂的数据查询和分析任务时，构建辅助列是一种非常有用的方法。

下面将参照上述方法，通过具体的案例来进行操作练习。

（1）打开本章提供的"辅助列查找数据.xlsx"工作簿，选择 A 列，单击鼠标右键，在弹出的快捷菜单中，选择"在左侧插入列"命令，新增一列辅助列，并输入列名称，如图 7-64 所示。

（2）选择 A2 单元格，输入公式"=B2&C2"，如图 7-65 所示。

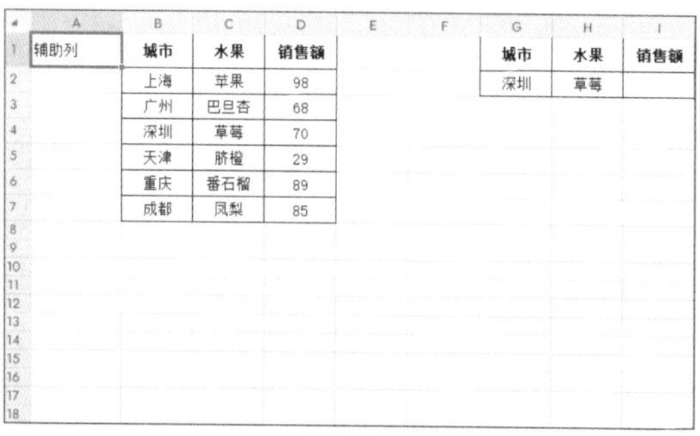

图 7-64　新增辅助列 　　　　　　图 7-65　输入公式

（3）按 Enter 键确定，然后双击 A2 单元格，填充辅助列数据，如图 7-66 所示。

（4）选择 I2 单元格，输入公式“=VLOOKUP（G2&H2，$A:$D，4，0）”，如图 7-67 所示。

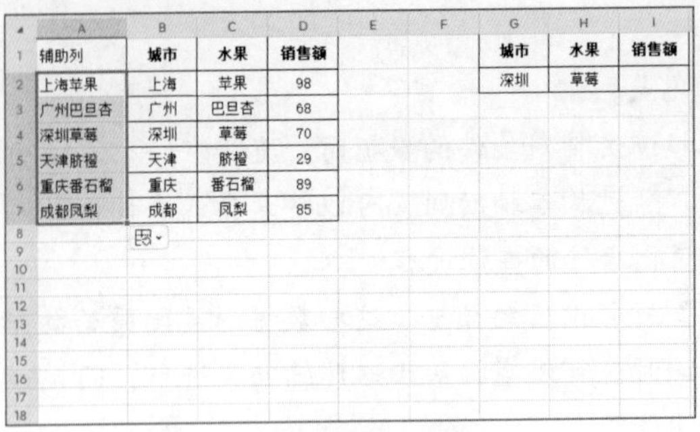

辅助列	城市	水果	销售额			城市	水果	销售额
上海苹果	上海	苹果	98			深圳	草莓	
广州巴旦杏	广州	巴旦杏	68					
深圳草莓	深圳	草莓	70					
天津脐橙	天津	脐橙	29					
重庆番石榴	重庆	番石榴	89					
成都凤梨	成都	凤梨	85					

图 7-66　填充辅助列数据

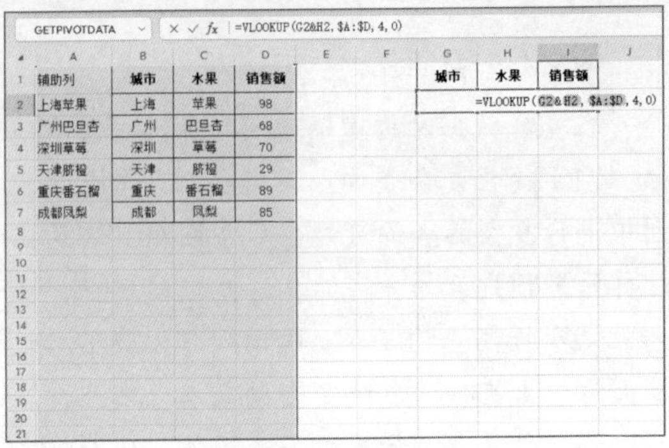

=VLOOKUP(G2&H2, $A:$D, 4, 0)

辅助列	城市	水果	销售额			城市	水果	销售额
上海苹果	上海	苹果	98			=VLOOKUP(G2&H2, $A:$D, 4, 0)		
广州巴旦杏	广州	巴旦杏	68					
深圳草莓	深圳	草莓	70					
天津脐橙	天津	脐橙	29					
重庆番石榴	重庆	番石榴	89					
成都凤梨	成都	凤梨	85					

图 7-67　输入公式

（5）按 Enter 键确定，即可通过辅助列查找出数据，如图 7-68 所示。

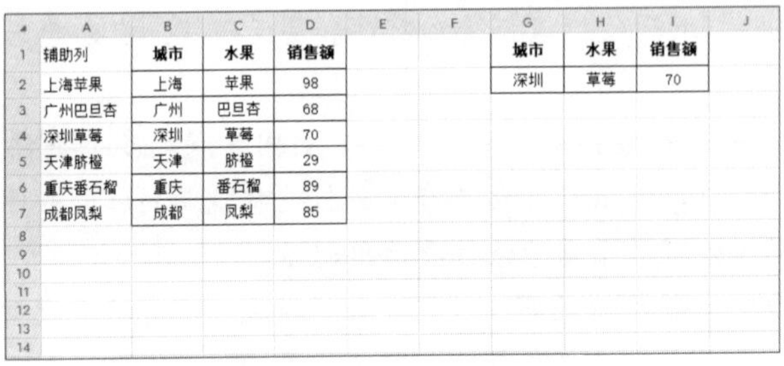

辅助列	城市	水果	销售额			城市	水果	销售额
上海苹果	上海	苹果	98			深圳	草莓	70
广州巴旦杏	广州	巴旦杏	68					
深圳草莓	深圳	草莓	70					
天津脐橙	天津	脐橙	29					
重庆番石榴	重庆	番石榴	89					
成都凤梨	成都	凤梨	85					

图 7-68　通过辅助列查找数据

3. 如何统计出不同货品的总数量或总金额

观看视频

在进销存报表的“库存表”子报表中需要统计出不同货品的总数量或总金额，应该要怎么统计呢？下面先来看看 AI 工具“文心一言”是如何统计出不同货品的总数量或总金额的，需要用到什么函数？

向文心一言提问：如何统计出不同货品的总数量或总金额，需要用到什么函数？

文心一言回复：

在 WPS 表格中，要统计出不同货品的总数量或总金额，可以使用多种函数组合来实现。以下是一种常用的方法，主要涉及 SUMIF 函数（或 SUMIFS 函数，如果需要根据多个条件进行统计）和可能的数组公式或辅助列。

（1）创建辅助列：首先，在数据旁边创建一个新的列（假设为“金额”列），用于计算每个货品的金额（数量乘以单价）。在“金额”列的第一个单元格中，输入公式“=B2*C2”（假设 B 列是数量，C 列是单价），然后向下拖动填充柄以应用到整列。

（2）使用 SUMIF 函数统计总数量：选择一个空白单元格，用于显示某个货品的总数量。输入公式“=SUMIF（A:A，"货品 A"，B:B）”（假设 A 列是货品名称，将 "货品 A" 替换为你要统计的货品名称，B 列是数量）。按 Enter 键，得到该货品的总数量。

（3）使用 SUMIF 函数统计总金额（通过辅助列）：选择另一个空白单元格，用于显示某个货品的总金额。输入公式“=SUMIF（A:A，"货品 A"，D:D）”（假设 D 列是你刚刚创建的“金额”列）。按 Enter 键，得到该货品的总金额。

下面将参照上述方法，通过具体的案例来进行操作练习。

（1）打开本章提供的"统计出不同货品的总金额 .xlsx"工作簿，选择 F2 单元格，输入公式"=SUMIF（B:B，" 牛仔裤 "，C:C）"，如图 7-69 所示。

（2）按 Enter 键确定，即可得到该货品的总金额，如图 7-70 所示。

图 7-69　输入公式

图 7-70　统计货品总金额

项目小结

本项目详细介绍了进销存报表的基础知识和制作方法，通过本项目基础知识的学习，读者可以掌握进销存报表数据的整理与准备，规划出进销存报表的结构和制作思路，最后对本项目的知识点进行巩固练习和拓展学习，从而根据所学内容制作出进销存报表。

课后练习——用数据透视表展示库存报表

打开本项目提供的"库存报表 .xlsx"表格，根据表格中的数据创建数据透视图，得到方便加工的原始数据，然后整理成符合数据分析的基础数据。再对当年的出库数据进行环比分析，对销售金额数据进行移动平均计算。练习完成后结果如图 7-71 所示。

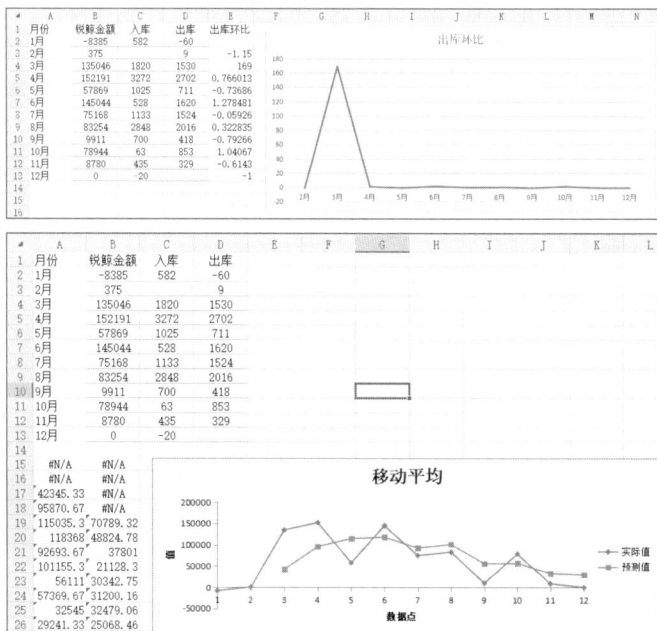

图 7-71　库存报表效果

项目 8　综合实战：制作人力数据分析看板

人力数据分析看板是一种以数据为驱动的工具，用于分析和监测企业的人力资源管理情况。它通过收集、整理和展示与人力资源相关的数据，帮助企业管理层更好地了解和把握人力资源状况，从而支持决策制定和战略规划。

因此，在掌握了数据处理、函数公式、数据透视表应用、图表综合应用等 WPS 表格 90% 的常用功能后，接着将通过前面所学的知识来制作人力数据分析看板的综合实战案例，检验所学的内容，跨板块地灵活调用 WPS 表格各项功能操作，提升办公效率。

学习目标

▶ 人力数据分析的重要性。

▶ 数据分析看板的作用。

▶ 人力数据分析流程。

知识准备

知识点 1　人力数据分析的重要性

人力数据分析在现代企业管理中占据着极其重要的地位，其重要性体现在决策支持、优化资源配置、风险预警与应对等方面，如图 8-1 所示。

下面将对人力数据分析的重要性体现方面分别进行介绍。

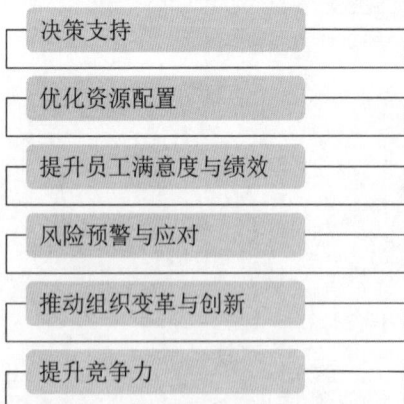

决策支持

优化资源配置

提升员工满意度与绩效

风险预警与应对

推动组织变革与创新

提升竞争力

图 8-1　人力数据分析重要性体现方面

（1）决策支持：通过对人力资源数据的深入分析，企业可以获取到关于员工绩效、招聘效率、培训效果、员工流动率、薪酬福利满意度等多方面的关键指标。这些数据为企业决策者提供了客观、量化的依据，帮助他们更加科学、精准地制定人力资源战略和管理政策。

（2）优化资源配置：人力数据分析有助于企业识别人力资源配置中的不合理之处，如岗位与人才不匹配、人员过剩或短缺等。通过数据分析，企业可以更加精准地预测人力资源需求，优化招聘计划、培训计划以及组织结构，从而实现人力资源的最大化利用。

（3）提升员工满意度与绩效：通过分析员工满意度调查数据、绩效考核数据等，企业可以了解员工的需求、期望以及工作表现。这有助于企业制定更加符合员工需求的福利政策、激励机制和职业发展路径，从而提升员工的满意度和忠诚度，进而提升整体绩效。

（4）风险预警与应对：人力数据分析还能帮助企业及时发现潜在的人力资源风险，如高离职率、低绩效员工群体等。通过预警机制，企业可以提前采取措施进行干预，降低风险发生的概率或减轻风险带来的损失。

（5）推动组织变革与创新：在快速变化的商业环境中，企业需要不断创新以适应市场变化。人力数据分析可以帮助企业了解员工对新事物的接受程度、创新能力以及变革意愿等，从而为组织变革提供有力支持。同时，通过数据分析还可以发现潜在的创新点和改进空间，推动企业的持续发展。

（6）提升竞争力：最终，人力数据分析的目的是通过优化人力资源管理来提升企业的整体竞争力。通过更加科学、高效的人力资源配置和管理，企业可以降低成本、提高效率、增强创新能力，从而在激烈的市场竞争中脱颖而出。

综上所述，人力数据分析在现代企业管理中发挥着不可替代的作用，其重要性不言而喻。企业应高度重视人力数据分析工作，建立完善的数据分析体系，充分挖掘和利用人力资源数据的价值。

知识点 2　数据分析看板的作用

数据分析看板是一种用于可视化和分析数据的工具或仪表盘，通过图表、指标、图形和其他可视化元素对数据进行展示，以便用户能够更直观、快速地了解数据的情况和趋势。

数据分析看板的作用主要体现在如图 8-2 所示的方面。

（1）数据可视化：数据分析看板通过直观的图表和可视化元素展示数据，帮助用户更好地理解数据，把复杂的数据转换为易于理解和解释的可视化形式。

（2）数据汇总和概览：数据分析看板能够汇总和呈现大量的数据，将多个维度的数据按照需要进行分组、分类和汇总，使用户能够一目了然地看到整体数据的概览。

（3）发现数据趋势和关联：通过数据分析看板，用户可以迅速发现和分析数据之间的趋势和关联，如

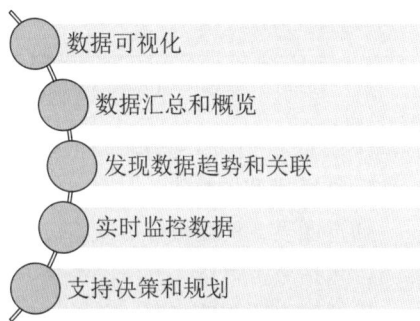

图 8-2　数据分析看板的作用

数据的增长趋势、季节性变化、相关性等，从而帮助用户做出有针对性的决策和行动。

（4）实时监控数据：通过数据分析看板，用户可以时刻监控数据的最新情况，及时发现并解决异常情况，做出实时决策。

（5）支持决策和规划：数据分析看板提供了可靠的数据和分析结果，为决策者和管理者提供决策和规划的依据，并帮助他们更好地理解整个业务环境。

总的来说，数据分析看板通过可视化和汇总数据，使复杂的数据变得更容易理解和解释，帮助用户快速了解数据情况，发现趋势和关联，支持决策和规划。

知识点 3　人力数据分析流程

人力数据分析流程是一个系统性过程，旨在通过收集、整理、分析和解释人力资源数据，

为组织的人力资源决策提供有力支持。人力数据分析流程并非一成不变，不同组织、不同业务需求可能需要灵活调整和优化分析流程，下面将介绍一个典型的人力数据分析流程。

1. 明确分析目标

（1）业务需求识别：首先，需要明确人力数据分析的具体业务需求，如优化招聘流程、提高员工满意度、评估培训效果等。

（2）目标设定：根据业务需求，设定明确的分析目标，确保数据分析工作有的放矢。

2. 数据收集

（1）数据来源确定：识别并确定需要收集的人力资源数据来源，包括内部系统（如 HR 信息系统、绩效管理系统等）和外部数据源（如市场调研报告、行业数据等）。

（2）数据收集方法：采用适当的数据收集方法，如问卷调查、访谈、系统导出等，确保数据的全面性和准确性。

3. 数据整理与清洗

（1）数据整理：对收集到的数据进行整理，包括去重、排序、分类等操作。

（2）数据清洗：检查并处理数据中的错误、缺失值、异常值等问题，确保数据的准确性和可靠性。

4. 数据分析

数据分析方式有三种，如图 8-3 所示。

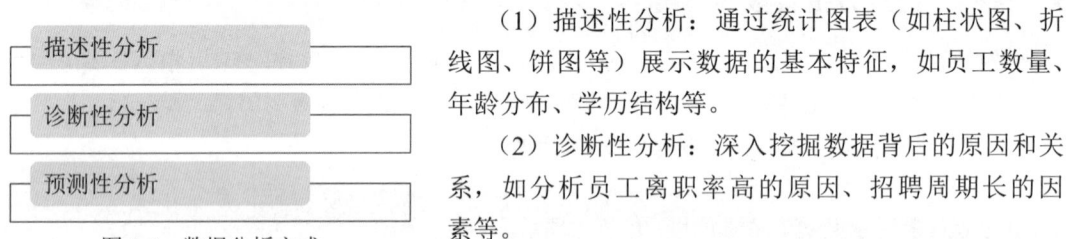

| 描述性分析 |
| 诊断性分析 |
| 预测性分析 |

图 8-3　数据分析方式

（1）描述性分析：通过统计图表（如柱状图、折线图、饼图等）展示数据的基本特征，如员工数量、年龄分布、学历结构等。

（2）诊断性分析：深入挖掘数据背后的原因和关系，如分析员工离职率高的原因、招聘周期长的因素等。

（3）预测性分析：利用统计模型或机器学习算法预测未来的人力资源趋势，如预测未来一年的员工流动率、招聘需求等。

5. 结果呈现与报告

通过图表、仪表板等形式将分析结果可视化呈现，便于理解和传达。最后编写详细的分析报告，包括分析背景、方法、结果、结论和建议等内容。

6. 策略制定与实施

根据分析结果制定相应的策略或方案，如优化招聘流程、提高员工满意度等。将策略付诸实施，并持续监控实施效果，根据需要进行调整和优化。

7. 持续优化与改进

定期收集相关利益方（如管理层、员工等）的反馈意见。根据反馈意见和实际情况，不断优化人力数据分析流程和方法，提高分析效率和准确性。

项目实施

本项目将为一家快速发展中的公司做一份人力数据分析看板，在进行本案例的人力分析看板制作之前，需要先查看该公司的员工信息表原始数据，如图 8-4 所示，这张表记录了每个员工的姓名、性别、部门、职称、文化程度、出生日期、入职和离职日期。

原始数据表中每一行代表的是一位员工的信息，入职日期在 2020—2024 年，说明最早的一批员工是 2020 年，最晚一批入职的是 2024 年，离职日期都是 2024 年。

姓名	性别	部门	职称	文化程度	出生日期	入职日期	离职日期
陈星池	男	总经办	总经理	硕士	1963/12/19	2022/12/31	
陈朝阳	男	人力资源部	部门经理	硕士	1972/9/7	2024/5/22	
赵阳家	男	总经办	副总经理	硕士	1973/2/4	2022/6/19	
谢萋凡	女	总经办	副总经理	硕士	1975/2/12	2022/11/19	
方婷	女	人力资源部	专员	大专	1981/2/25	2022/5/29	
江月	男	财务部	部门经理	硕士	1979/10/5	2024/2/13	
康睿雪	女	线上运营部	投放师	大专	1986/5/2	2023/11/27	
孔慧雅	女	销售二部	中级导购	大专	1987/2/15	2022/5/19	
顾殿	男	线上运营部	部门经理	大专	1985/2/11	2020/1/18	
赵芸	女	销售一部	中级导购	大专	1985/2/20	2024/12/15	2024/12/27
禄娘	女	销售一部	初级导购	本科	1985/2/23	2024/12/7	
关乐天	男	销售一部	中级导购	大专	1986/3/9	2022/1/3	2024/8/2
暨学名	男	销售一部	初级导购	大专	1985/3/13	2022/4/13	
权黎昕	男	销售一部	初级导购	本科	1985/3/13	2022/6/22	2024/8/20
钱潇	女	生产部	专员	大专	1985/3/17	2024/12/28	
姚晴	女	生产部	专员	大专	1985/3/17	2022/6/10	2024/8/25
蔡闵雨	女	线上运营部	投放师	本科	1985/3/21	2024/12/20	
沈兴	男	销售二部	中级店长	大专	1985/4/1	2024/11/20	
高清懿	女	市场部	市场专员	大专	1985/4/16	2024/6/14	
养代容	女	销售一部	中级导购	大专	1985/4/19	2024/11/18	
蒲彪	男	销售二部	初级店长	硕士	1985/4/20	2023/3/9	
空野云	女	销售二部	中级导购	本科	1985/4/27	2022/7/11	
殳雪儿	女	物流部	专员	本科	1985/4/28	2023/4/27	
权诗	男	售后服务部	专员	本科	1985/5/2	2022/8/10	2024/9/20
怀欣畅	女	市场部	市场专员	大专	1985/5/7	2023/7/2	
牛黎明	男	销售二部	初级导购	大专	1985/5/19	2024/12/15	
景信厚	男	线上运营部	策划专员	硕士	1985/5/22	2022/5/25	2024/9/20
储兴言	男	销售一部	初级导购	本科	1985/5/23	2024/4/25	
毛熙阳	女	线上运营部	投放师	大专	1985/5/24	2023/6/8	
何安顺	男	物流部	专员	本科	1985/5/25	2024/11/1	
钭朝雨	女	销售一部	初级导购	大专	1985/5/28	2020/4/9	
蒋许洌	女	物流部	专员	大专	1985/6/1	2022/9/8	
唐芮静	女	销售二部	初级店长	本科	1985/6/8	2022/10/29	2024/7/4
满童董	女	销售一部	初级导购	大专	1985/6/10	2023/10/27	

公司人力数据分析看板　作图数据　员工信息表

图 8-4　员工信息表

在查看了原始数据后，可以知道要汇总的业务目标数据分别是总人数、2021 年新入职人数、员工男女占比、各部门人数、不同学历人数占比、各年龄段人数占比和每个月入职和离职人数 7 个维度的数据。

最后进行看板的制作，看板制作一共需要以下三步。

（1）先准备好 7 组数据，用以制作透视表，如图 8-5 所示。

透视表1：在职总人数

是否在职	计数项:姓名
在职	694
总计	694

透视表2 2024年新入职人数

年	计数项:姓名
2024年	319
总计	319

是否在职　在职

透视表3：男女人数占比

性别	计数项:姓名
男	49.71%
女	50.29%
总计	100.00%

是否在职　在职

透视表4：各部门人数

部门	计数项:姓名
财务部	10
人力资源部	7
生产部	65
市场部	10
售后服务部	27
物流部	84
线上运营部	65
销售二部	179
销售一部	227
营销部	15
总经办	5
总计	694

是否在职　在职

透视表5：不同学历占比

文化程度	计数项:姓名
本科	19.88%
大专	60.23%
硕士	19.88%
总计	100.00%

透视表6：不同年龄段占比

年龄	计数项:姓名
20-29	17.83%
30-39	81.49%
40-49	0.34%
50-59	0.23%
60-61	0.11%
总计	100.00%

年　2024年

透视表7：每月入职人数

入职日期	计数项:姓名
10月	11
11月	31
12月	24
1月	29
2月	26
3月	27
4月	34
5月	30
6月	22
7月	27
8月	30
9月	28
总计	319

透视表8：每月离职人数

离职日期	计数项:姓名
1月	8
2月	16
3月	8
4月	24
5月	11
6月	21
7月	23
8月	29
9月	11
10月	8
11月	14
12月	8
总计	181

图 8-5　准备 7 组制作透视表数据

（2）根据透视表数据制作出相应的图表，效果如图 8-6 所示。

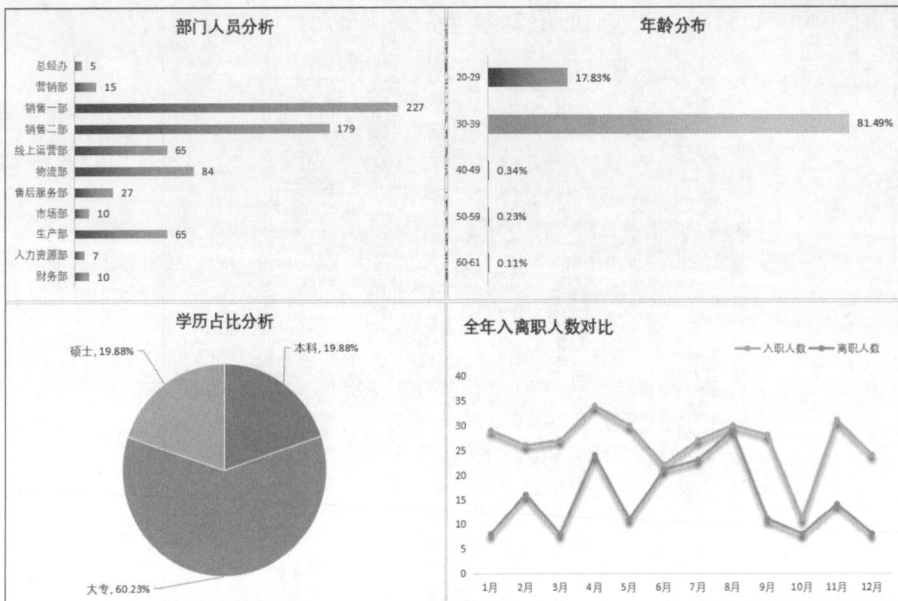

图 8-6　制作相应图表效果

（3）将所有图表布局在一个工作表里，形成看板。

本项目的最终效果如图 8-7 所示，整个制作步骤分为以下 4 步。

（1）新建辅助列。

（2）制作数据透视表。

（3）创建合适的图表。

（4）制作人力分析看板。

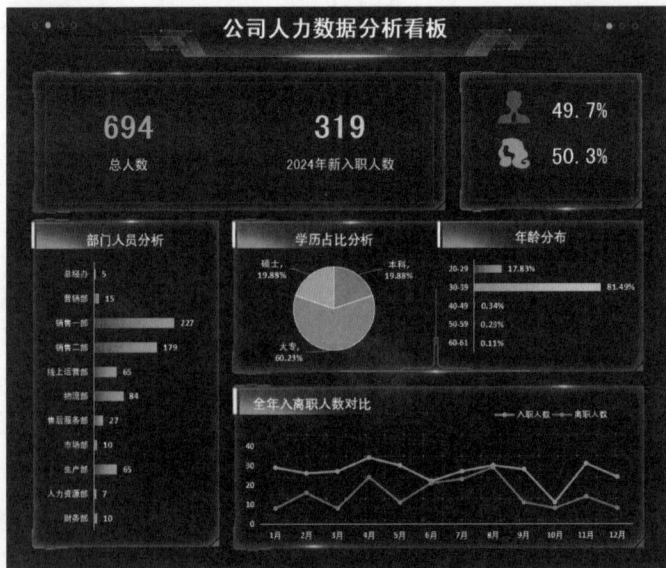

图 8-7　人力分析看板

1. 新建辅助列

（1）打开"人力分析看板 .xlsx"工作簿，单击"员工信息表"工作表标签，切换至该工

（2）选中 I 列为新增列，修改列名名称为“是否在职”，然后选中 I2 单元格，输入公式“=IF（[@ 离职日期]=""，" 在职 "，" 离职 "）”，如图 8-9 所示。

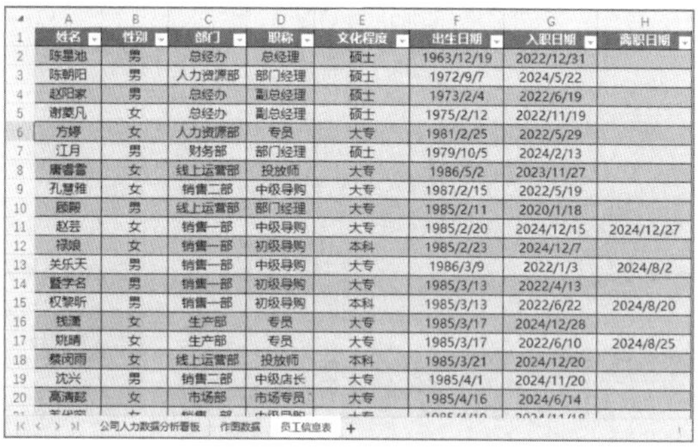

姓名	性别	部门	职称	文化程度	出生日期	入职日期	离职日期
陈星池	男	总经办	总经理	硕士	1963/12/19	2022/12/31	
陈朝阳	男	人力资源部	部门经理	硕士	1972/9/7	2024/5/22	
赵阳家	男	总经办	副总经理	硕士	1973/2/4	2022/6/19	
谢菱凡	女	总经办	副总经理	硕士	1975/2/12	2022/11/19	
方婷	女	人力资源部	专员	大专	1981/2/25	2022/5/29	
江月	男	财务部	部门经理	硕士	1979/10/5	2024/2/13	
唐睿雪	女	线上运营部	投放师	大专	1986/5/2	2023/11/27	
孔慧雅	女	销售二部	中级导购	大专	1987/2/15	2022/5/19	
顾殿	男	线上运营部	部门经理	大专	1985/2/11	2020/1/18	
赵芸	女	销售一部	中级导购	大专	1985/2/20	2024/12/15	2024/12/27
禄娘	女	销售一部	初级导购	本科	1985/2/23	2024/12/7	
关乐天	男	销售一部	中级导购	大专	1986/3/9	2022/1/3	2024/8/2
暨学名	男	销售一部	初级导购	大专	1985/3/13	2022/4/13	
权黎昕	男	销售一部	初级导购	本科	1985/3/13	2022/6/22	2024/8/20
钱潇	女	生产部	专员	大专	1985/3/17	2024/12/28	
姚晴	女	生产部	专员	大专	1985/3/17	2022/6/10	2024/8/25
蔡闵雨	女	线上运营部	投放师	本科	1985/3/21	2024/12/20	
沈兴	男	销售二部	中级店长	大专	1985/4/1	2024/11/20	
高清懿	女	市场部	市场专员	大专	1985/4/16	2024/6/14	

图 8-8　切换至“员工信息表”工作表

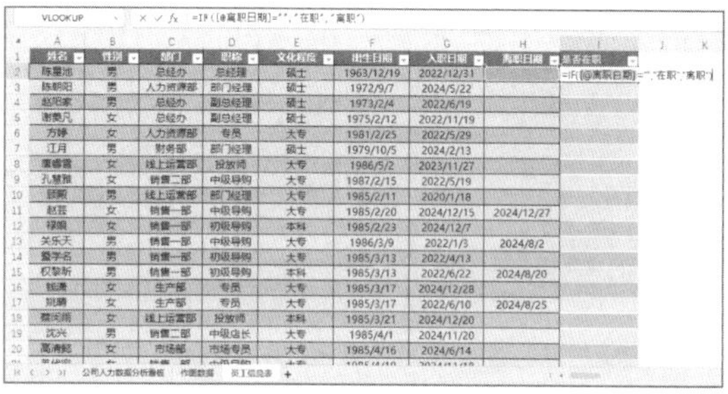

图 8-9　输入公式

（3）按 Enter 键确定，即可判断出在职或离职情况，如图 8-10 所示。

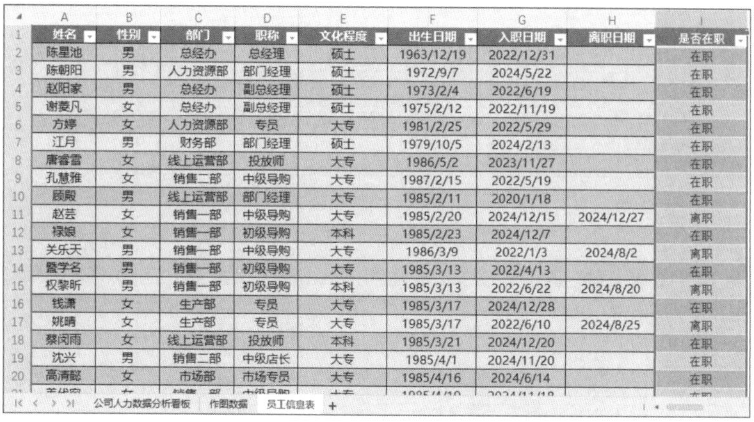

姓名	性别	部门	职称	文化程度	出生日期	入职日期	离职日期	是否在职
陈星池	男	总经办	总经理	硕士	1963/12/19	2022/12/31		在职
陈朝阳	男	人力资源部	部门经理	硕士	1972/9/7	2024/5/22		在职
赵阳家	男	总经办	副总经理	硕士	1973/2/4	2022/6/19		在职
谢菱凡	女	总经办	副总经理	硕士	1975/2/12	2022/11/19		在职
方婷	女	人力资源部	专员	大专	1981/2/25	2022/5/29		在职
江月	男	财务部	部门经理	硕士	1979/10/5	2024/2/13		在职
唐睿雪	女	线上运营部	投放师	大专	1986/5/2	2023/11/27		在职
孔慧雅	女	销售二部	中级导购	大专	1987/2/15	2022/5/19		在职
顾殿	男	线上运营部	部门经理	大专	1985/2/11	2020/1/18		在职
赵芸	女	销售一部	中级导购	大专	1985/2/20	2024/12/15	2024/12/27	离职
禄娘	女	销售一部	初级导购	本科	1985/2/23	2024/12/7		在职
关乐天	男	销售一部	中级导购	大专	1986/3/9	2022/1/3	2024/8/2	离职
暨学名	男	销售一部	初级导购	大专	1985/3/13	2022/4/13		在职
权黎昕	男	销售一部	初级导购	本科	1985/3/13	2022/6/22	2024/8/20	离职
钱潇	女	生产部	专员	大专	1985/3/17	2024/12/28		在职
姚晴	女	生产部	专员	大专	1985/3/17	2022/6/10	2024/8/25	离职
蔡闵雨	女	线上运营部	投放师	本科	1985/3/21	2024/12/20		在职
沈兴	男	销售二部	中级店长	大专	1985/4/1	2024/11/20		在职
高清懿	女	市场部	市场专员	大专	1985/4/16	2024/6/14		在职

图 8-10　判断出员工在职与离职情况

（4）选中 J 列为新增列，修改列名名称为“年龄”，然后选中 J2 单元格，输入公式“=DATEDIF（[@ 出生日期]，"2024/12/20"，"Y"）”，如图 8-11 所示。

（5）按 Enter 键确定，即可计算出员工的年龄，如图 8-12 所示。

2. 制作数据透视表

（1）在员工信息表中选中任意单元格，在“插入”选项卡的“表格”面板中，单击“数据透视表”按钮，如图 8-13 所示。

观看视频

（2）打开“创建数据透视表”对话框，选择整个工作表为单元格区域，选择“现有工作表”单选按钮，在“位置”文本框中，选中作图数据表中的 A4 单元格，如图 8-14 所示。

（3）单击“确定”按钮，即可在指定位置创建数据透视表，如图 8-15 所示。

（4）在“数据透视表字段”窗格中，将“姓名”字段拖曳至“值”区域，完成字段添加，如图 8-16 所示。

（5）选择第 1 个数据透视表，按快捷键 Ctrl+C，复制数据透视表，在其他的单元格中，按快捷键 Ctrl+V，粘贴 7 个数据透视表，如图 8-17 所示。

（6）在“在职总人数”数据透视表中的“数据透视表字段”窗格中，将“是否在职”字段拖曳至“行”区域，如图 8-18 所示。

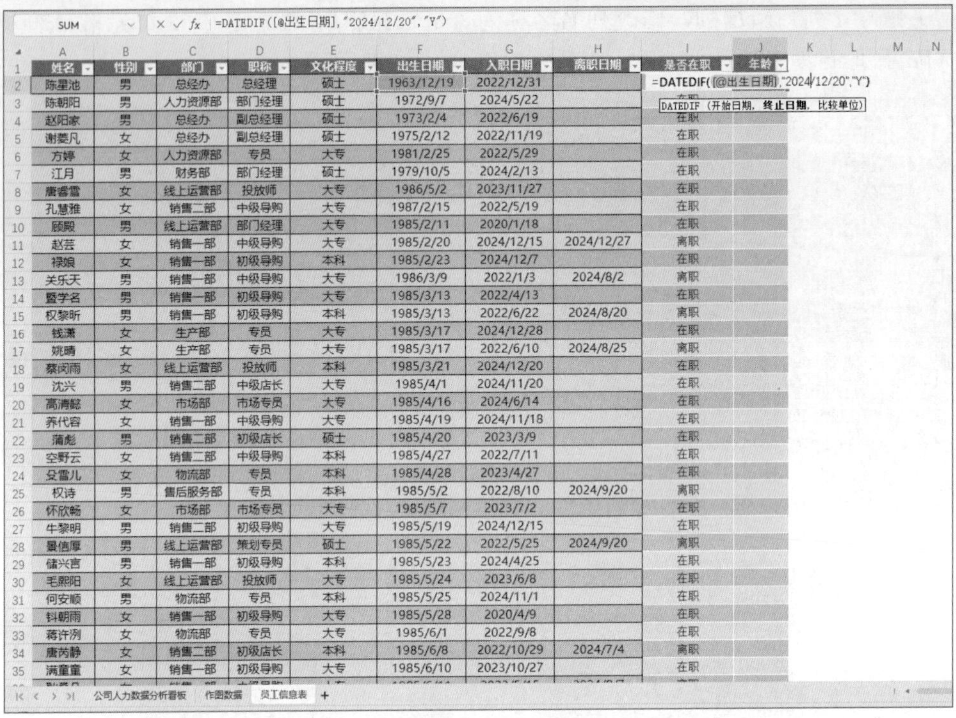

SUM | =DATEDIF([@出生日期],"2024/12/20","Y")

姓名	性别	部门	职称	文化程度	出生日期	入职日期	离职日期	是否在职	年龄
陈星池	男	总经办	总经理	硕士	1963/12/19	2022/12/31		=DATEDIF([@出生日期],"2024/12/20","Y")	
陈朝阳	男	人力资源部	部门经理	硕士	1972/9/7	2024/5/22		DATEDIF (开始日期, 终止日期, 比较单位)	
赵阳家	男	总经办	副总经理	硕士	1973/2/4	2022/6/19		在职	
谢蓁凡	女	总经办	副总经理	硕士	1975/2/12	2022/11/19		在职	
方婷	女	人力资源部	专员	大专	1981/2/25	2022/5/29		在职	
江月	男	财务部	部门经理	硕士	1979/10/5	2024/2/13		在职	
唐睿雪	女	线上运营部	投放师	大专	1986/5/2	2023/11/27		在职	
孔慧雅	女	销售二部	中级导购	大专	1987/2/15	2022/5/19		在职	
顾殿	男	线上运营部	部门经理	大专	1985/2/11	2020/1/18		在职	
赵芸	女	销售一部	中级导购	大专	1985/2/20	2024/12/15	2024/12/27	离职	
禄娘	女	销售一部	初级导购	本科	1985/2/23	2024/12/7		在职	
关乐天	男	销售一部	中级导购	大专	1986/3/9	2022/1/3	2024/8/2	离职	
暨学名	男	销售一部	初级导购	大专	1985/3/13	2022/4/13		在职	
权黎昕	男	销售一部	初级导购	本科	1985/3/13	2022/6/22	2024/8/20	离职	
钱潇	女	生产部	专员	大专	1985/3/17	2024/12/28		在职	
姚晴	女	生产部	专员	大专	1985/3/17	2022/6/10	2024/8/25	离职	
蔡闵雨	女	线上运营部	投放师	本科	1985/3/21	2024/12/20		在职	
沈兴	男	销售二部	中级店长	大专	1985/4/1	2024/11/20		在职	
高清懿	女	市场部	市场专员	大专	1985/4/16	2024/6/14		在职	
养代容	女	销售一部	中级导购	大专	1985/4/19	2024/11/18		在职	
蒲彪	男	销售二部	初级店长	硕士	1985/4/20	2023/3/9		在职	
空野云	女	销售二部	中级导购	本科	1985/4/27	2022/7/11		在职	
殳雪儿	女	物流部	专员	本科	1985/4/28	2023/4/27		在职	
权诗	男	售后服务部	专员	本科	1985/5/2	2022/8/10	2024/9/20	离职	
怀欣畅	女	市场部	市场专员	大专	1985/5/7	2023/7/2		在职	
牛黎明	男	销售二部	初级导购	大专	1985/5/19	2024/12/15		在职	
景信厚	男	线上运营部	策划专员	硕士	1985/5/22	2022/5/25	2024/9/20	离职	
储兴言	男	销售一部	初级导购	本科	1985/5/23	2024/4/25		在职	
毛熙阳	女	线上运营部	投放师	大专	1985/5/24	2023/6/8		在职	
何安顺	男	物流部	专员	本科	1985/5/25	2024/11/1		在职	
钭朝雨	女	销售一部	初级导购	大专	1985/5/28	2020/4/9		在职	
蒋许冽	女	物流部	专员	大专	1985/6/1	2022/9/8		在职	
唐芮静	女	销售二部	初级店长	本科	1985/6/8	2022/10/29	2024/7/4	离职	
满童童	女	销售一部	初级导购	大专	1985/6/10	2023/10/27		在职	

公司人力数据分析看板 | 作图数据 | 员工信息表

图 8-11　输入公式

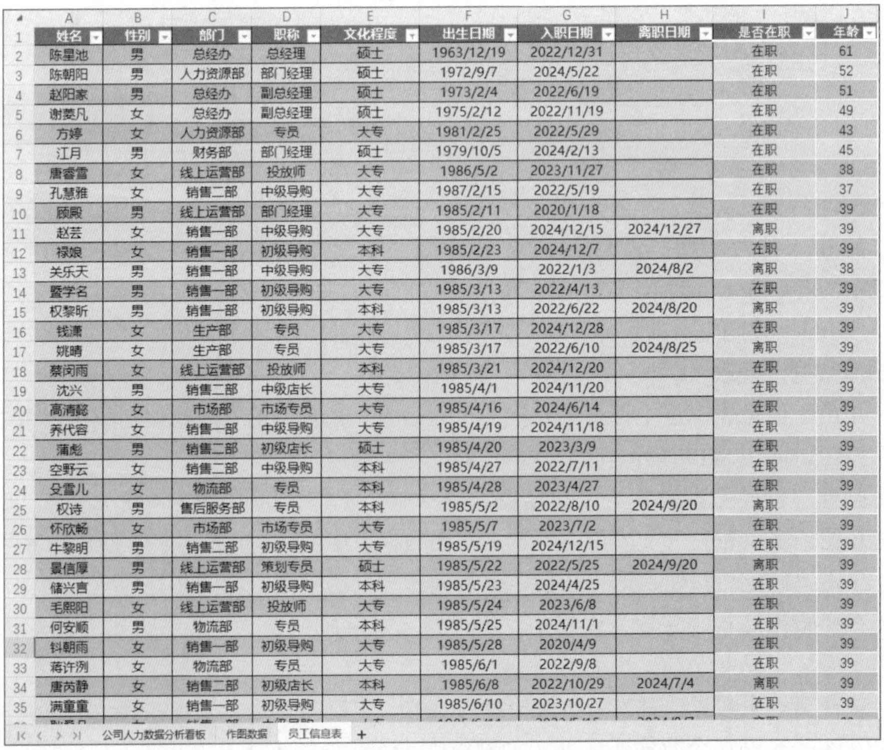

姓名	性别	部门	职称	文化程度	出生日期	入职日期	离职日期	是否在职	年龄
陈星池	男	总经办	总经理	硕士	1963/12/19	2022/12/31		在职	61
陈朝阳	男	人力资源部	部门经理	硕士	1972/9/7	2024/5/22		在职	52
赵阳家	男	总经办	副总经理	硕士	1973/2/4	2022/6/19		在职	51
谢蓁凡	女	总经办	副总经理	硕士	1975/2/12	2022/11/19		在职	49
方婷	女	人力资源部	专员	大专	1981/2/25	2022/5/29		在职	43
江月	男	财务部	部门经理	硕士	1979/10/5	2024/2/13		在职	45
唐睿雪	女	线上运营部	投放师	大专	1986/5/2	2023/11/27		在职	38
孔慧雅	女	销售二部	中级导购	大专	1987/2/15	2022/5/19		在职	37
顾殿	男	线上运营部	部门经理	大专	1985/2/11	2020/1/18		在职	39
赵芸	女	销售一部	中级导购	大专	1985/2/20	2024/12/15	2024/12/27	离职	39
禄娘	女	销售一部	初级导购	本科	1985/2/23	2024/12/7		在职	39
关乐天	男	销售一部	中级导购	大专	1986/3/9	2022/1/3	2024/8/2	离职	38
暨学名	男	销售一部	初级导购	大专	1985/3/13	2022/4/13		在职	39
权黎昕	男	销售一部	初级导购	本科	1985/3/13	2022/6/22	2024/8/20	离职	39
钱潇	女	生产部	专员	大专	1985/3/17	2024/12/28		在职	39
姚晴	女	生产部	专员	大专	1985/3/17	2022/6/10	2024/8/25	离职	39
蔡闵雨	女	线上运营部	投放师	本科	1985/3/21	2024/12/20		在职	39
沈兴	男	销售二部	中级店长	大专	1985/4/1	2024/11/20		在职	39
高清懿	女	市场部	市场专员	大专	1985/4/16	2024/6/14		在职	39
养代容	女	销售一部	中级导购	大专	1985/4/19	2024/11/18		在职	39
蒲彪	男	销售二部	初级店长	硕士	1985/4/20	2023/3/9		在职	39
空野云	女	销售二部	中级导购	本科	1985/4/27	2022/7/11		在职	39
殳雪儿	女	物流部	专员	本科	1985/4/28	2023/4/27		在职	39
权诗	男	售后服务部	专员	本科	1985/5/2	2022/8/10	2024/9/20	离职	39
怀欣畅	女	市场部	市场专员	大专	1985/5/7	2023/7/2		在职	39
牛黎明	男	销售二部	初级导购	大专	1985/5/19	2024/12/15		在职	39
景信厚	男	线上运营部	策划专员	硕士	1985/5/22	2022/5/25	2024/9/20	离职	39
储兴言	男	销售一部	初级导购	本科	1985/5/23	2024/4/25		在职	39
毛熙阳	女	线上运营部	投放师	大专	1985/5/24	2023/6/8		在职	39
何安顺	男	物流部	专员	本科	1985/5/25	2024/11/1		在职	39
钭朝雨	女	销售一部	初级导购	大专	1985/5/28	2020/4/9		在职	39
蒋许冽	女	物流部	专员	大专	1985/6/1	2022/9/8		在职	39
唐芮静	女	销售二部	初级店长	本科	1985/6/8	2022/10/29	2024/7/4	离职	39
满童童	女	销售一部	初级导购	大专	1985/6/10	2023/10/27		在职	39

公司人力数据分析看板 | 作图数据 | 员工信息表

图 8-12　计算出员工年龄

（7）在“在职总人数”数据透视表中，单击“是否在职”字段右侧的下拉按钮，展开列表框，只勾选“在职”复选框，如图 8-19 所示。

图 8-13　单击"数据透视表"按钮

图 8-14　修改参数值

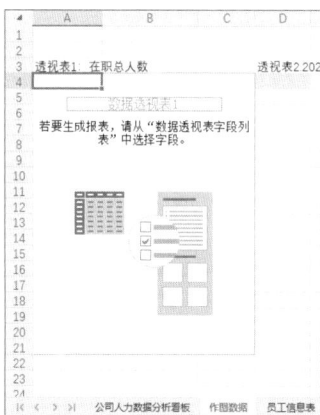

图 8-15　单击"数据透视表"按钮

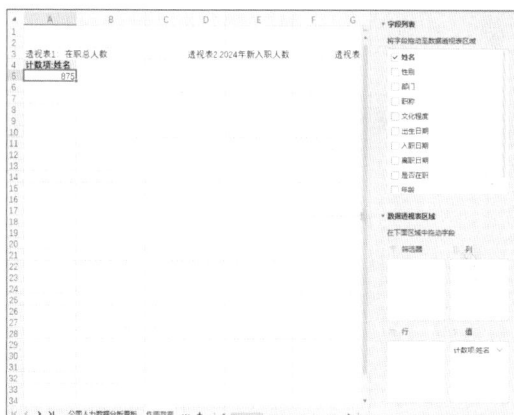

图 8-16　添加字段

图 8-17　复制与粘贴数据透视表

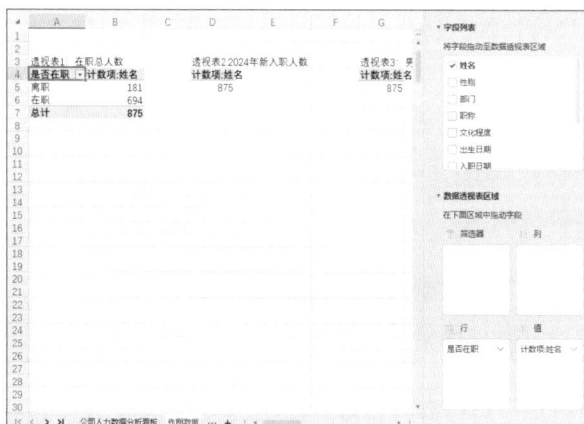

图 8-18　添加"是否在职"字段

图 8-19　勾选"在职"复选框

213

（8）只筛选出"在职"数据，其效果如图 8-20 所示。

（9）在"2024 年新入职人数"数据透视表中的"数据透视表字段"窗格中，将"入职日期"字段拖曳至"行"区域，如图 8-21 所示。

图 8-20　筛选"在职"数据 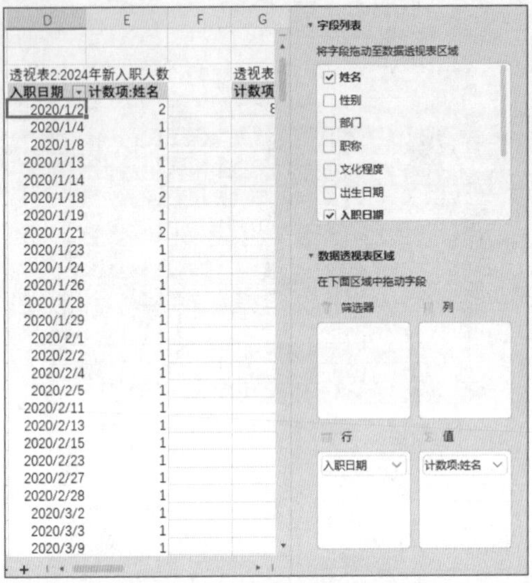　　　　　　图 8-21　添加"入职日期"字段

（10）选择 F 列，单击鼠标右键，在弹出的快捷菜单中，修改"在左侧插入列"参数为 2，如图 8-22 所示。

（11）在指定列的左侧插入两列对象，如图 8-23 所示。

图 8-22　修改参数值 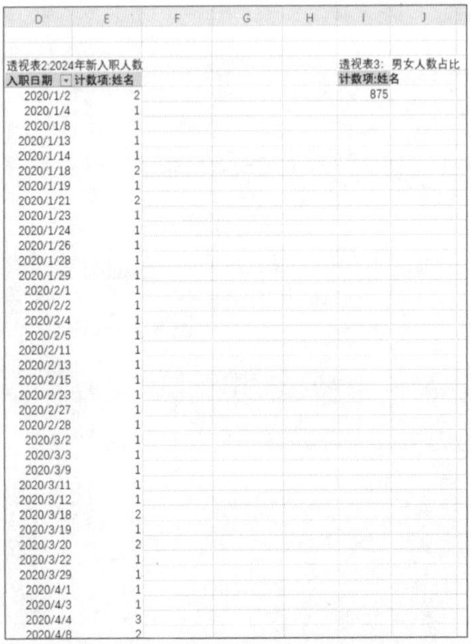　　　　　　　　图 8-23　插入列对象

（12）在"入职日期"字段中，选择任意单元格，单击鼠标右键，在弹出的快捷菜单中，选择"组合"命令，如图 8-24 所示。

（13）打开"组合"对话框，在"步长"列表框中选择"年""季度""月"多个选项，单击"确定"按钮，如图 8-25 所示。

图 8-24　选择"组合"命令

图 8-25　选择步长

（14）在"字段"列下创建出组合对象，其效果如图 8-26 所示。

（15）选择 E 列和 F 列，单击鼠标右键，在弹出的快捷菜单中选择"隐藏"命令，即可隐藏选择的列，单击"年"字段右侧的下拉按钮，展开筛选框，只勾选"2024 年"复选框，如图 8-27 所示。

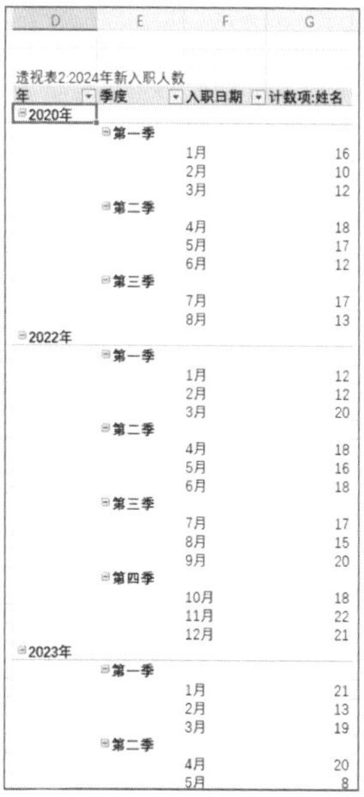

图 8-26　创建组合对象

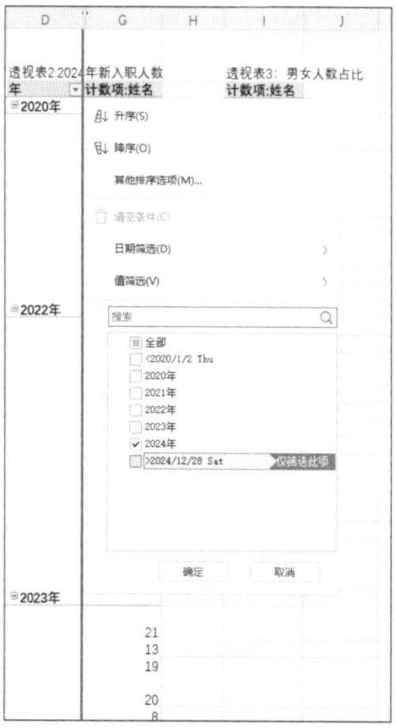

图 8-27　勾选复选框

（16）只筛选出"2024 年"数据，并折叠字段，其效果如图 8-28 所示。

（17）在"男女人数占比"数据透视表中的"数据透视表字段"窗格中，将"性别"字段拖曳至"行"区域，"是否在职"字段拖曳至"筛选"区域，如图 8-29 所示。

图 8-28　筛选"2024 年"数据

图 8-29　添加字段

（18）在"男女人数占比"数据透视表中只筛选出"在职"数据，然后选择所有数据，单击鼠标右键，在弹出的快捷菜单中，选择"值显示方式"命令，展开子菜单，选择"总计的百分比"命令，如图 8-30 所示。

（19）将"值显示方式"设置为"总计的百分比"，如图 8-31 所示。

图 8-30　选择"总计的百分比"命令

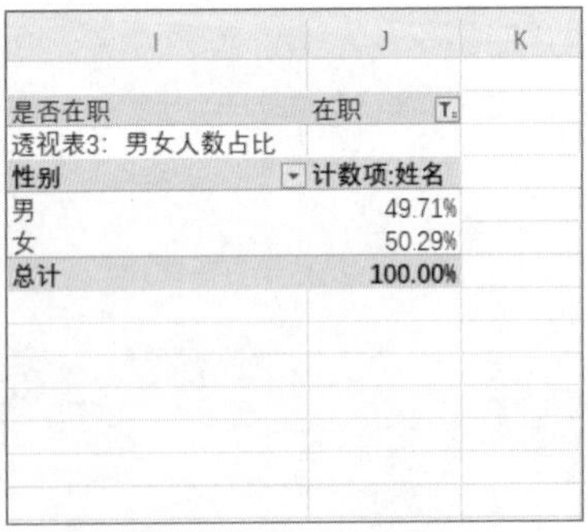

图 8-31　设置值显示方式

（20）在"各部门人数"数据透视表中的"数据透视表字段"窗格中，将"部门"字段拖曳至"行"区域，"是否在职"字段拖曳至"筛选"区域，如图 8-32 所示。

（21）在"各部门人数"数据透视表中，只筛选出"在职"数据，如图 8-33 所示。

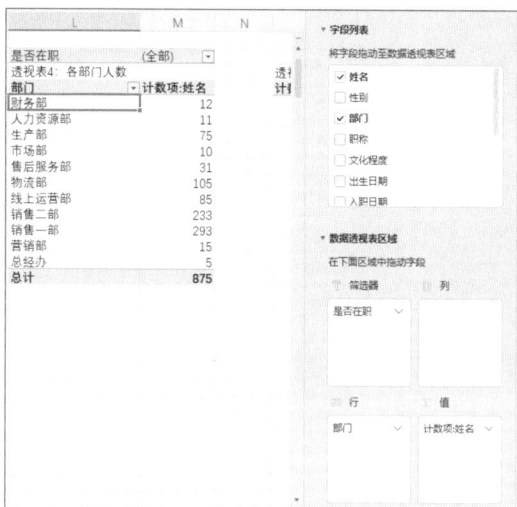

图 8-32 添加字段

图 8-33   筛选"在职"数据

（22）在"不同学历占比"数据透视表中的"数据透视表字段"窗格中，将"文化程度"字段拖曳至"行"区域，"是否在职"字段拖曳至"筛选"区域，并只筛选出"在职"数据，最后设置"值显示方式"为"总计的百分比"，如图 8-34 所示。

（23）在"不同年龄段占比"数据透视表中的"数据透视表字段"窗格中，将"年龄"字段拖曳至"行"区域，在任意一个年龄值上单击鼠标右键，在弹出的快捷菜单中，选择"组合"命令，打开"组合"对话框，设置"起始于"为20、"步长"为10，如图 8-35 所示。

图 8-34   制作"不同学历占比"数据透视表

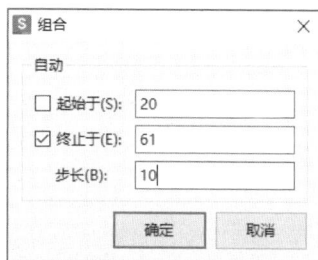

图 8-35   修改参数值

（24）单击"确定"按钮，即可分组年龄段，然后设置"值显示方式"为"总计的百分比"，如图 8-36 所示。

（25）在"每月入职人数"数据透视表的"数据透视表字段"窗格中，将"入职日期"字段拖曳至"行"区域，将"年"字段拖曳至"筛选"区域，如图 8-37 所示。

（26）单击"全部"字段右侧的下拉按钮，展开列表框，只勾选"2024 年"复选框，单击"确定"按钮，即可筛选出"2024 年"每月入职人数数据，如图 8-38 所示。

（27）在"每月离职人数"数据透视表中的"数据透视表字段"窗格中，将"离职日期"字段拖曳至"行"区域，其效果如图 8-39 所示。

（28）选择"离职日期"字段下的任意单元格，单击鼠标右键，在弹出的快捷菜单中，选择"组合"命令，打开"组合"对话框，在"步长"列表框中选择"月"选项，如图 8-40 所示。

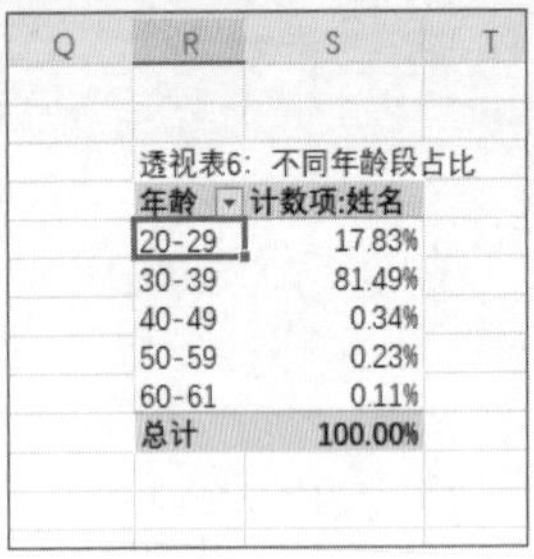

图 8-36　制作"不同年龄段占比"透视表

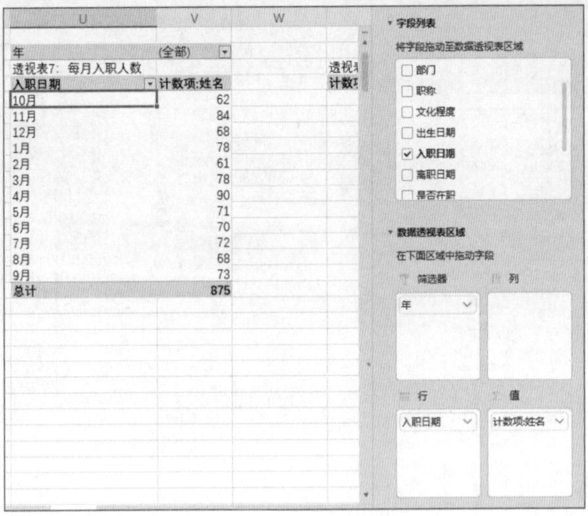

图 8-37　添加字段

图 8-38　筛选出数据

图 8-39　添加字段

（29）单击"确定"按钮，即可创建组合对象，并依次删除其他透视表中的"离职日期"字段，在"每月离职人数"数据透视表中，取消勾选"空白"复选框，筛选出每个月离职人数，其效果如图 8-41 所示。

3. 创建合适的图表

（1）选中 S20 单元格，依次输入"月份""入职人数""离职人数"的表头文本，如图 8-42 所示。

（2）选中 S21 单元格，输入"1月"文本，然后在 S21 单元格上，按住鼠标左键并向下拖曳，填充 2—12月文本，如图 8-43 所示。

（3）在 T21 单元格下，输入"="，然后在数据透视表中单击包含 1 月的单元格的入职人数，其公式如图 8-44 所示。

观看视频

图 8-40　选择"月"选项 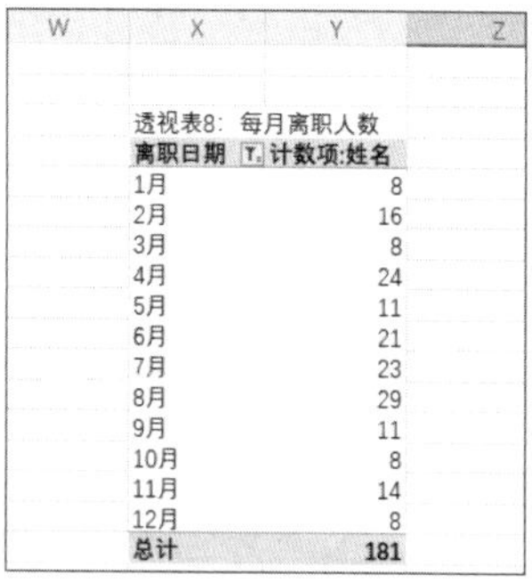　　　图 8-41　筛选出每个月离职人数

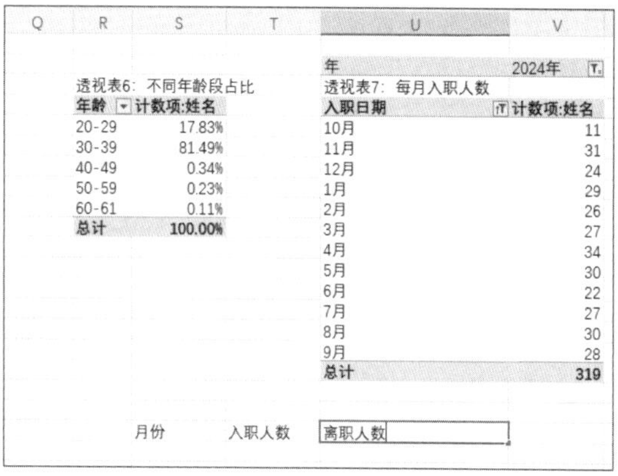

图 8-42　输入表头文本 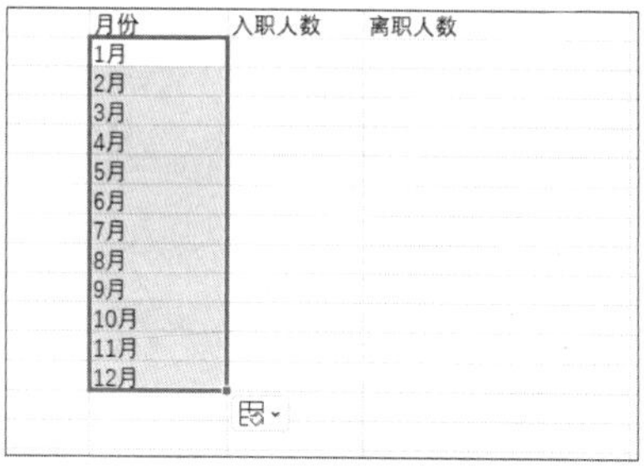　　　　　　图 8-43　输入并填充文本

（4）选择公式中的数据 1，将其修改为 S21 单元格，按 Enter 键确定，引用 1 月的入职人数，然后在 T21 单元格上，双击鼠标左键，填充公式，引用其他月份的入职人数，其效果如图 8-45 所示。

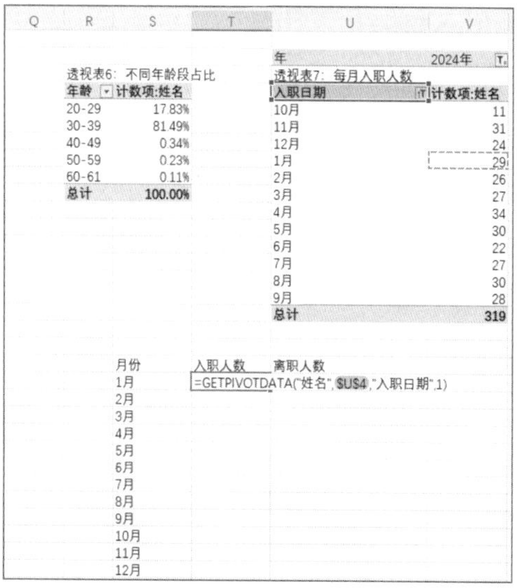

图 8-44　自动输入公式 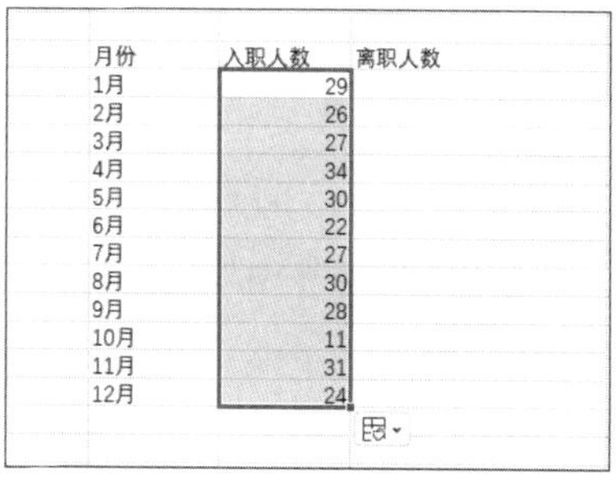　　　　　　图 8-45　引用各个月份入职人数

（5）使用同样的方法，重复步骤（3）、（4），在 U21 ～ U32 单元格中，引用各个月份的离职人数如图 8-46 所示。

（6）框选 S20:U32 单元格区域，在"开始"选项卡的"字体"面板中，单击"边框"右侧的下拉按钮，展开列表框，选择"外侧框线"命令，即可为选择的单元格区域添加边框，其效果如图 8-47 所示。

图 8-46　引用各个月份离职人数

图 8-47　添加边框效果

（7）选中"各部门人数"数据透视表中的任意单元格，在"分析"选项卡的"工具"面板中，单击"数据透视图"按钮，打开"图表"对话框，在左侧列表框中，选择"条形图"选项，在右侧列表框中，单击"簇状条形图"图标，如图 8-48 所示。

（8）创建出条形图图表，选择新创建的图表，修改图表标题为"部门人员分析"，如图 8-49 所示。

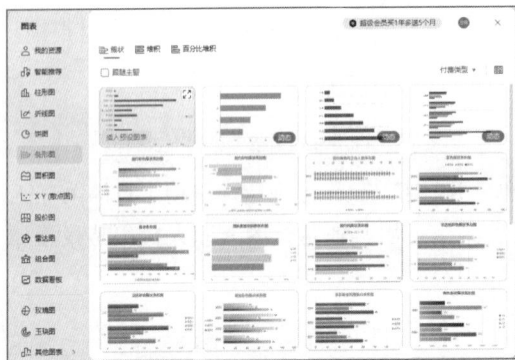

图 8-48　选择图表

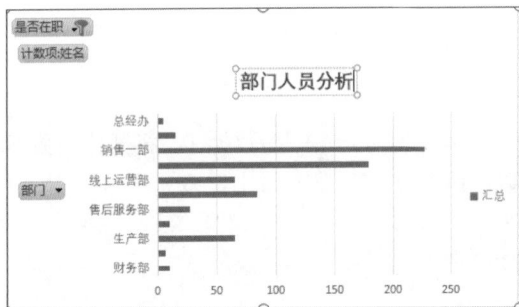

图 8-49　创建条形图图表

（9）隐藏图表上的字段按钮，删除网格线、图例信息、水平坐标轴，为图表添加数据标签，并设置数据标签的位置为"数据标签外"，如图 8-50 所示。

（10）选择系列图形，在"属性"任务窗格中，选择"渐变填充"单选按钮，选择"线性渐变"样式下的"到右侧"渐变样式，设置起始 RGB 值分别为 58、110、255，结束 RGB 值分别为 99、205、255，如图 8-51 所示。

（11）修改系列图形的填充颜色，其图表效果如图 8-52 所示。

（12）选中"不同学历占比"数据透视表中的任意单元格，在"分析"选项卡的"工具"面板中，单击"数据透视图"按钮，打开"图表"对话框，在左侧列表框中，选择"饼图"选项，在右侧列表框中，单击"饼图"图标，即可创建饼图图表，如图 8-53 所示。

（13）选择新创建的图表，隐藏图表上的字段按钮，删除图例信息，修改图表标题为"学历占比分析"，为图表添加数据标签，为数据标签选中"类别名称"复选框，并设置位置为"数据标签外"，如图 8-54 所示。

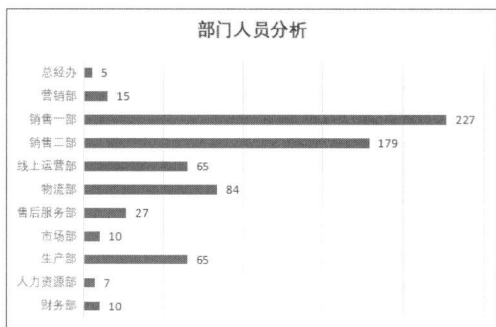

图 8-50　修改图表效果

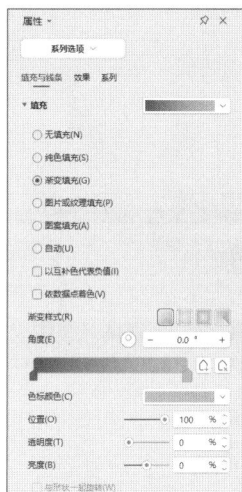

图 8-51　修改参数值

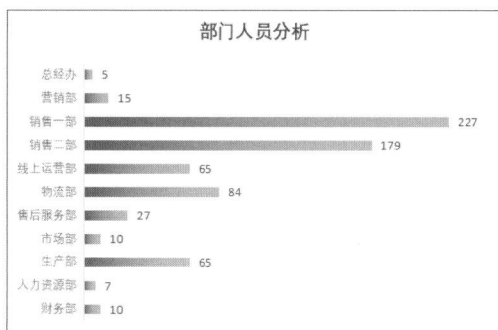

图 8-52　修改系列图形填充颜色

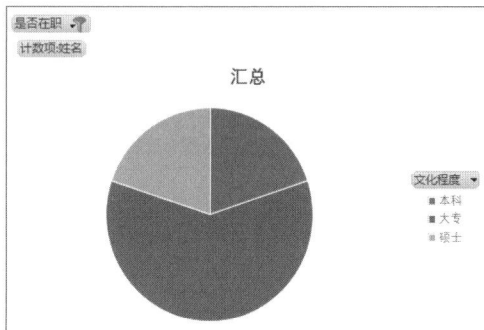

图 8-53　创建饼图图表

（14）选择饼图图表中的各个扇区图形，依次调整各个扇区的填充颜色为青色、浅蓝和粉色，并调整饼图图表的大小，其效果如图 8-55 所示。

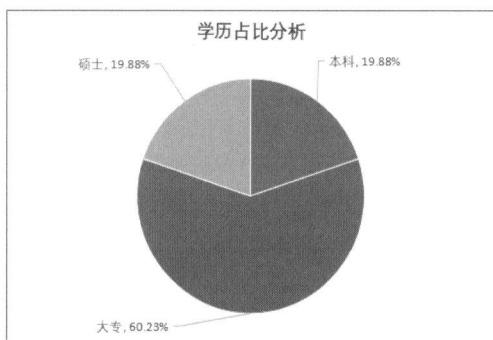

图 8-54　编辑饼图图表

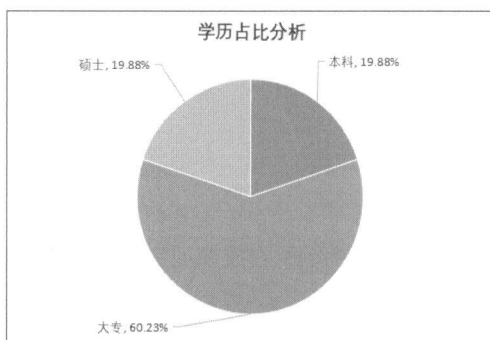

图 8-55　美化饼图图表

（15）选中"不同年龄段占比"数据透视表中的任意单元格，在"分析"选项卡的"工具"面板中，单击"数据透视图"按钮，打开"图表"对话框，在左侧列表框中，选择"条形图"选项，在右侧列表框中，单击"簇状条形图"图标，即可创建条形图图表，如图 8-56 所示。

（16）选择新创建的图表，隐藏图表上的字段按钮，删除网格线、图例信息、水平坐标轴，修改图表标题为"年龄分布"，如图 8-57 所示。

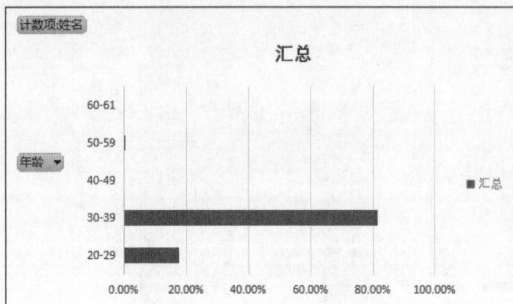

图 8-56　创建条形图图表

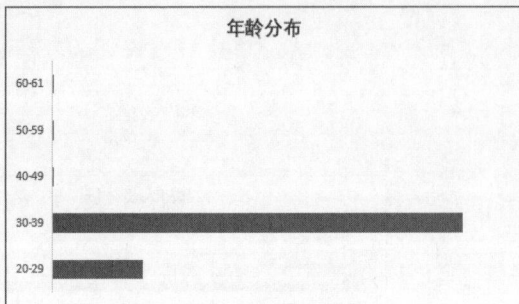

图 8-57　编辑条形图图表

（17）在"不同年龄段占比"数据透视表中，单击"行标签"下拉按钮，展开列表框，选择"降序"命令，降序排序数据，则图表也随之变化，其效果如图 8-58 所示。

（18）选择第一个系列图形，修改其渐变色为 58、110、255 ～ 99、205、255，选择第二个系列图形，修改其渐变色为 34、215、217 ～ 193、255、245，为条形图图表添加数据标签，并设置位置为"数据标签外"，如图 8-59 所示。

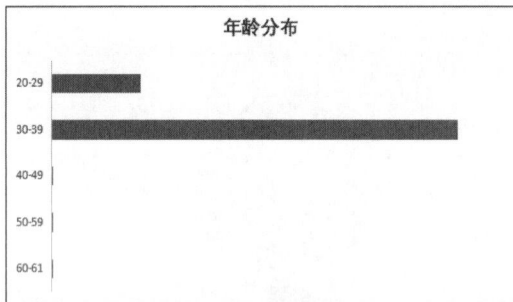

图 8-58　降序排序图表数据

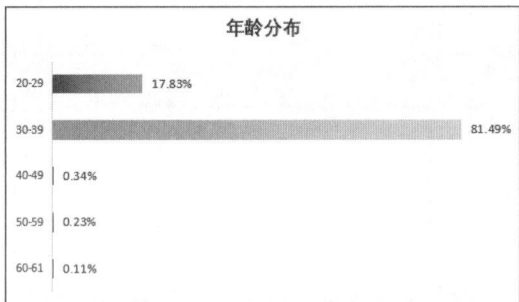

图 8-59　美化条形图图表

（19）选中"每月入离职人数"汇总表中的单元格，在"插入"选项卡的"图表"面板中，单击"插入折线图"右侧的下拉按钮，展开列表框，单击"带数据标记的折线图"图标，即可创建折线图图表，如图 8-60 所示。

（20）选择新创建的图表，删除网格线，移动图表标题和图例，修改图表标题为"全年入离职人数对比"，如图 8-61 所示。

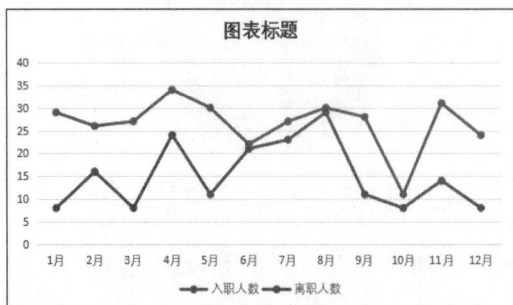

图 8-60　创建折线图图表

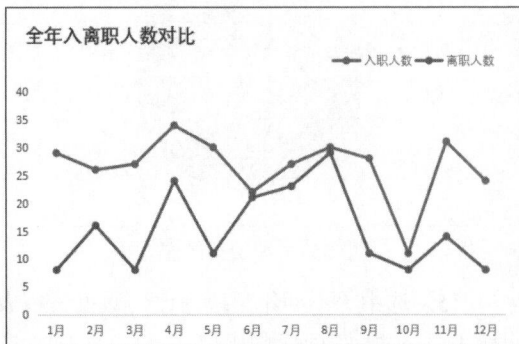

图 8-61　编辑折线图图表

（21）选择"入职人数"系列图形，在"属性"任务窗格的"线条"选项区中，修改填充颜色的 RGB 分别为 79、249、255，"不透明度"为 10%，在"阴影"选项区中，修改"模糊"

为 5 磅，完成系列图形效果调整，如图 8-62 所示。

（22）选择"入职人数"系列图形中的数据标记点，在"数据标记选项"选项区中，选择"内置"单选按钮，修改"类型"为实心圆，填充颜色 RGB 分别为 79、249、255，在"线条"选项区中，选择"无线条"单选按钮，完成数据标记效果的调整，如图 8-63 所示。

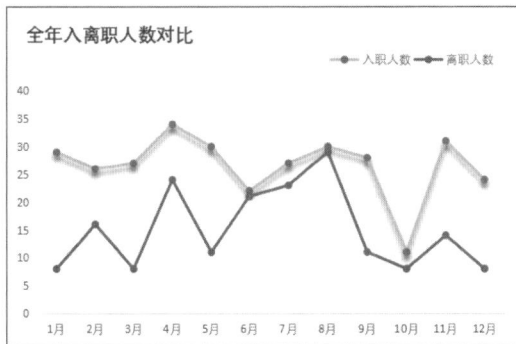

图 8-62 调整系列图形

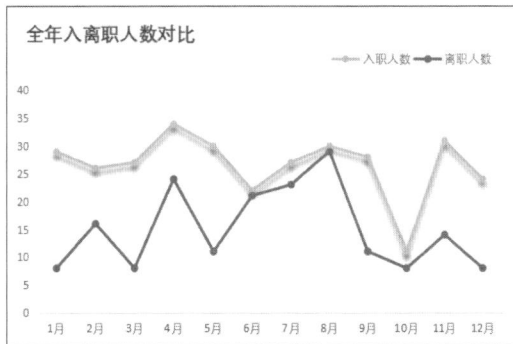

图 8-63 调整数据标记点

（23）选择"离职人数"系列图形，在"属性"任务窗格的"线条"选项区中，修改填充颜色的 RGB 分别为 255、133、183，"不透明度"为 10%，在"阴影"选项区中，修改"模糊"为 5 磅，完成系列图形效果调整，如图 8-64 所示。

（24）选择"离职人数"系列图形中的数据标记点，在"数据标记选项"选项区中，选择"内置"单选按钮，修改"类型"为实心圆，填充颜色 RGB 分别为 255、133、183，在"线条"选项区中，选中"无线条"单选按钮，完成数据标记效果的调整，如图 8-65 所示。

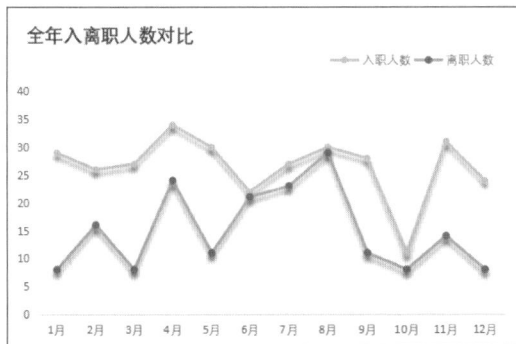

图 8-64 调整系列图形

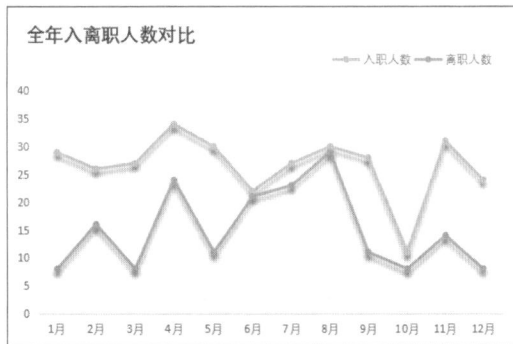

图 8-65 调整数据标记点

4. 制作人力分析看板

（1）在"人力分析看板"工作簿中，单击"公司人力数据分析看板"工作表标签，切换至该工作表，如图 8-66 所示。

（2）在工作表中选中 C6 单元格，输入公式"=GETPIVOTDATA（"姓名"，作图数据!$A$4）"，按 Enter 键确定，即可引用作图数据表中的"总人数"数据，如图 8-67 所示。

（3）选中 H6 单元格，输入公式"=GETPIVOTDATA（"姓名"，作图数据!$D$4，"年"，2024）"，按 Enter 键确定，即可引用"2024 年新入职人数"数据，如图 8-68 所示。

（4）选中 M6 和 M9 单元格，依次输入公式"=GETPIVOTDATA（"姓名"，作图数据!$I$4，"性别"，"男"）"和"=GETPIVOTDATA（"姓名"，作图数据!$I$4，"性别"，"女"）"，按 Enter 键确定，即可引用"男女占比"数据，如图 8-69 所示。

观看视频

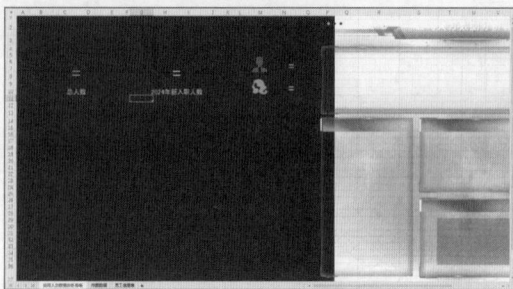

图 8-66　切换工作表

图 8-67　引用"总人数"数据

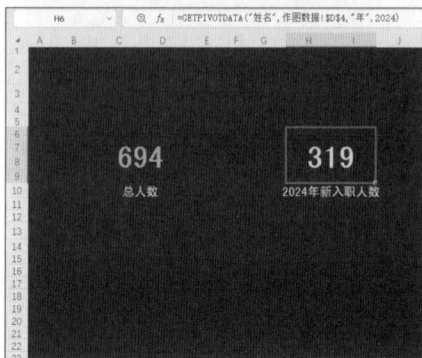

图 8-68　引用"2024 年新入职人数"数据

图 8-69　引用"男女占比"数据

（5）将整个图片素材挪到看板上，方便确认各个图表的位置和大小，在作图数据表中复制"部门人员分析"条形图表，粘贴至"公司人力数据分析看板"工作表中，调整位置大小，修改填充色为"无填充"、边框为"无边框"，因为看板的背景是深色，所以字体颜色更改为"白色，背景 1"颜色，其效果如图 8-70 所示。

（6）重复步骤（5）的操作，依次将其他的图表复制到看板上，调整位置、大小和颜色，其最终效果如图 8-71 所示。

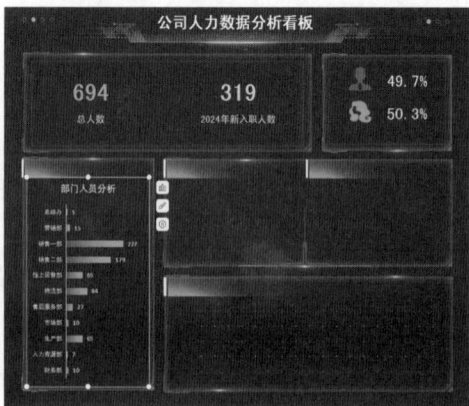

图 8-70　复制图表

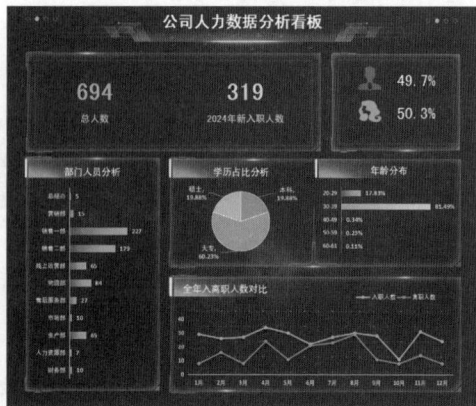

图 8-71　最终的看板效果

◦─· AI 助力 ·─◦

观看视频

1. 在数据透视表中组合数据

在数据透视表中添加字段后，为了更好地筛选和分类数据，可以对字段数据进行组合操作。下面先来看看 AI 工具"文心一言"在数据透视表中如何组合数据？

> **问文心一言提问：** WPS 数据透视表如何组合数据？

文心一言回复：

在 WPS 数据透视表中组合数据，是一种有效的数据整理和分析方法，它可以帮助用户将数据按照特定的规则进行分组，从而更清晰地展示数据之间的关系和趋势。下面将介绍数据透视表中组合数据的详细步骤和注意事项。

1）组合数据的步骤

（1）选择字段：将数据透视表中的某个字段（如日期、销售额等）拖到行区域或列区域。

（2）右键单击字段：在行区域或列区域中，在想要组合的字段中的任意一项（例如，如果字段是日期，则右键单击任意一个日期）上单击鼠标右键。

（3）选择"组合"命令：在弹出的快捷菜单中，选择"组合"命令。这将打开一个新的对话框，允许设置组合的详细规则。

（4）设置组合规则：在"组合"对话框中，可以根据需要选择组合的方式。例如，如果正在处理日期数据，可以选择按"月"或"季度"来组合数据。还可以设置组合的起始点和结束点，以及是否包含这些点。

（5）确定并查看结果：设置好组合规则后，单击"确定"按钮。数据透视表将根据设置重新组织数据，展示组合后的结果。

2）注意事项

（1）适用数据类型：数据透视表的组合功能主要适用于日期、数值和文本类型的数据。对于其他类型的数据，可能无法直接进行组合。

（2）数据格式：确保你要组合的数据格式正确。例如，日期数据应该是 Excel 能够识别的日期格式，否则可能无法进行组合。

（3）组合限制：并非所有数据都可以无限制地组合。例如，如果尝试对文本数据进行组合，而文本内容差异很大，那么组合可能不会产生有意义的结果。

（4）取消组合：如果需要取消之前的组合，可以在数据透视表中右键单击已组合的字段，然后选择"取消组合"命令。

（5）高级组合：对于更复杂的组合需求，如按数值区间组合数据，可能需要使用到 WPS 表格的高级功能或编写自定义的 VBA 代码来实现。

下面将参照上述方法，通过具体的案例来进行操作练习。

（1）打开本章提供的"组合数据 .xlsx"工作簿，在数据透视表中选择任意字段单元格，单击鼠标右键，在弹出的快捷菜单中，选择"组合"命令，如图 8-72 所示。

（2）打开"组合"对话框，在"步长"列表框中，选择"月"和"季度"选项，如图 8-73 所示。

（3）单击"确定"按钮，即可在数据透视表中组合数据，并查看组合后的效果，如图 8-74 所示。

2. 数据标签的引导线有什么作用

在图表中添加数据标签后，有时候发现有的数据标签带有引导线，这条线具体是做什么用的？下面先来看看 AI 工具"讯飞星火"对数据标签的引导线的作用是如何答复的。

观看视频

图 8-72　选择"组合"命令

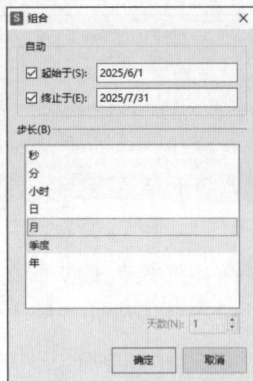

图 8-73　选择步长选项

季度	销售日期	销售区域	求和项:销售数量	求和项:销售额
⊟第二季				
	⊟6月		2094	8857300
		北京分部	376	2101200
		广州分部	689	2701900
		上海分部	588	2643800
		天津分部	441	1410400
⊟第三季				
	⊟7月		2403	10006900
		北京分部	398	2244100
		广州分部	788	3101300
		上海分部	655	2912000
		天津分部	562	1749500
总计			4497	18864200

图 8-74　组合数据效果

向讯飞星火提问: WPS 数据标签的引导线有什么作用?

讯飞星火回复:

数据标签的引导线在图表中起到了极其重要的作用,引导线是连接数据标签和其对应数据点的线条,尤其在图表中数据点与数据标签之间有一定距离时,引导线能帮助用户迅速找到数据标签与相应数据点的对应关系,提高了图表的可读性和数据的指向性。数据标签的具体作用如下。

(1)提高图表可读性:引导线直接连接到数据点,有助于用户快速识别每个数据标签对应的数据点。在复杂或规模较大的图表中,引导线可以帮助避免数据标签与数据点间的混淆,清晰地表达出数据之间的关系。

(2)增强图表美观性:合理使用引导线可以作为视觉元素,增加图表的美观度。通过对引导线的颜色、宽度和样式的调整,可以使其成为图表的一种装饰元素,提升整体视觉效果。

(3)方便数据对比:在展示多个数据系列的图表中,引导线可以帮助用户更快地进行数据之间的对比。对于颜色辨识有障碍的用户,引导线提供了除颜色之外的区别方式,减少了图表的解读难度。

(4)优化数据展示:可以通过特别强调特定数据点的引导线,来突出显示该数据点的重要性或特殊性。引导线的存在使得数据标签的位置更加灵活,可以移至合适的位置以优化整体的数据展示效果。

(5)改善用户体验:引导线为用户在查看和分析图表时提供了方便的视觉引导。引导线简化了寻找对应数据的过程，提升了信息传递的效率。

（6）编辑和定制引导线：可以根据需求调整引导线的格式，包括颜色、宽度和样式等，以达到最佳的视觉效果。在常用的图表制作软件如 WPS、Excel 和 PowerPoint 中添加和修改引导线都非常简单，通过右键菜单或者格式设置选项即可轻松实现。

总的来说，数据标签的引导线不仅能够增强图表的可读性和美观性，还可以帮助用户更好地分析和理解数据。在实际应用中，合理运用引导线，既可以提升图表的专业程度，也可以大幅度提高信息的传递效率和准确性。

下面将通过具体的案例进行数据标签引导线的添加操作练习。

（1）打开本章提供的"添加引导线 .xlsx"工作簿，选择图表对象，如图 8-75 所示。

（2）在"图表工具"选项卡的"图表布局"面板中，单击"添加元素"右侧的下拉按钮，展开列表框，选择"数据标签"命令，在展开的子菜单中选择"更多选项"命令，如图 8-76 所示。

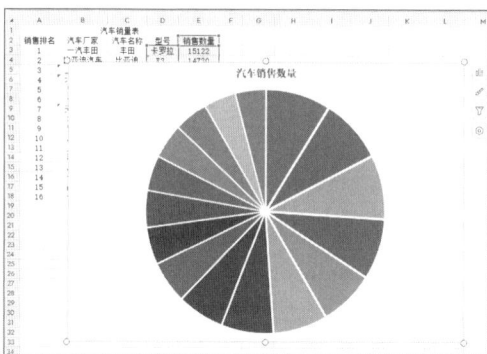

图 8-75　选择图表对象

图 8-76　选择"更多选项"命令

（3）打开"属性"任务窗格，在"标签选项"选项区中，勾选"类别名称""百分比"和"显示引导线"复选框，在"标签位置"选项区中，选择"数据标签外"单选按钮，如图 8-77 所示。

（4）在图表中添加数据标签，并为数据标签添加引导线，如图 8-78 所示。

图 8-77　修改标签参数

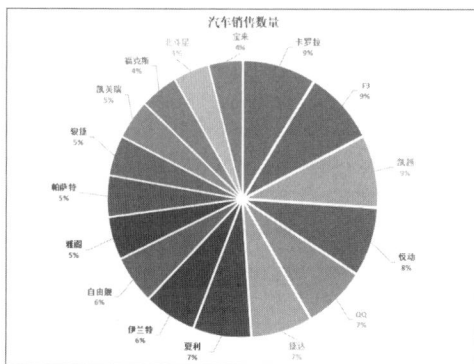

图 8-78　添加数据标签和引导线

（5）在图表中选择引导线，在"引导线选项"选项下，展开"填充与线条"→"线条"选项区，修改"线条"颜色为"深蓝色"，"宽度"为"1.25磅"，如图8-79所示。

（6）展开"效果"→"发光"选项区，选择"颜色"为"钢蓝，着色1，浅色80%"，"大小"为"3磅"，如图8-80所示。

图 8-79　修改线条颜色和宽度　　　图 8-80　修改发光参数

（7）美化引导线的效果如图8-81所示。

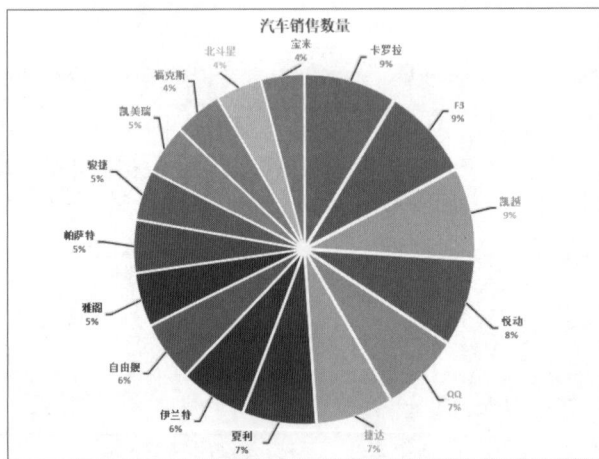

图 8-81　美化引导线

3. 在图表中也能实现数据筛选

创建图表后，还可以通过图表筛选器功能对图表数据进行筛选，将需要查看的数据筛选出来，从而帮助用户更好地查看与分析数据。下面先来看看AI工具"文心一言"对图表筛选数据是如何答复的。

观看视频

> **向文心一言提问**：在 WPS 中，如何筛选图表中的数据？

文心一言回复：

在 WPS 中，可以通过图表筛选器筛选数据，其具体方法如下。

（1）在表格文档中，单击想要筛选数据的图表。

（2）在图表右侧的工具列表中，找到并打开图表筛选器图标（通常是一个漏斗形状的图标）。

（3）在图表筛选器中，选择"数值"页面，并打开"系列"选项。这里会显示图表中所有的数据系列。

（4）在系列列表中，取消勾选"全选"选项，然后勾选想要在图表中显示的系列。

（5）完成选择后，单击页面下方的"应用"选项，图表将只显示选择的系列数据。

下面将通过具体的案例在图表中进行数据筛选的操作练习。

（1）打开本章提供的"筛选图表数据.xlsx"工作簿，选择图表对象，然后单击图表右上角的"图表筛选器"按钮 ▽，如图 8-82 所示。

（2）打开筛选框，在"数值"选项区中，只勾选"系列"选项下的"实发工资"复选框，在"类别"选项下勾选相应的复选框，如图 8-83 所示。

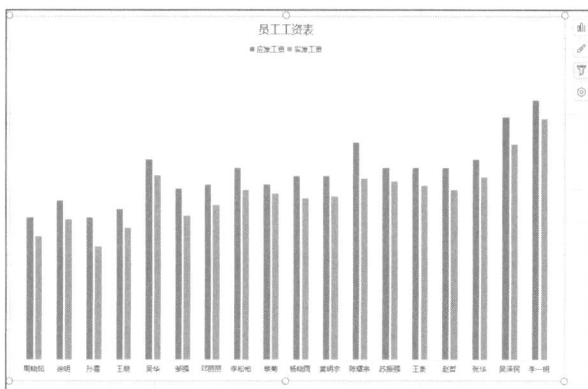

图 8-82　单击"图表筛选器"按钮

图 8-83　勾选复选框

（3）单击"应用"按钮，即可筛选出指定的数据，如图 8-84 所示。

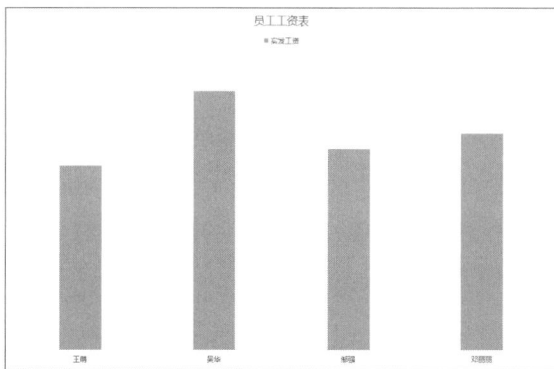

图 8-84　筛选指定数据

项目小结

本项目详细介绍了人力数据分析的重要性和数据分析看板的作用，也详细介绍了人力数据的分析流程，最后通过"人力数据分析看板"案例项目实施和 AI 助力，对本项目的知识点进行巩固练习和拓展学习。

课后练习——用看板展示岗位薪酬

打开本章提供的"岗位薪酬看板 .xlsx"表格，根据表格中的数据创建人力资源数据报表。然后创建出"是否离职"和"性别"饼图图表，并根据员工月薪创建出岗位薪酬条形图图表，最后将数据和图表复制进看板中，练习完成后结果如图 8-85 所示。

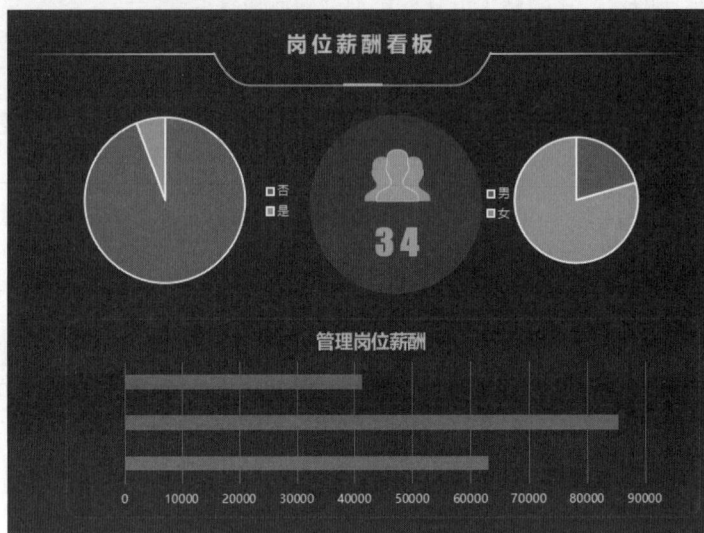

图 8-85　岗位薪酬看板效果

项目 9　综合实战：制作财务费用分析看板

　　财务费用分析看板是一种重要的财务管理工具，它能够将复杂的财务数据以直观、易懂的方式呈现出来，帮助企业管理者快速了解企业的财务状况，提高决策效率和准确性。

　　本项目将通过制作某公司财务费用分析看板的案例，讲解使用 WPS 表格制作财务费用分析看板的方法，具体内容包括目标确定（也就是需求分析）、数据选择（也就是核心数据分析指标）、数据整理与可视化展示、看板布局、切片器的应用与美化、测试等。

学习目标

▶ 财务费用分析看板内容。

▶ 财务费用分析看板的核心数据指标。

▶ 财务费用分析框架设计。

知识准备

知识点 1　财务费用分析看板内容

　　财务费用分析看板是用于分析和监控财务费用的关键指标和趋势的工具。一个财务费用分析看板通常包含以下内容。

　　（1）总体财务费用趋势：展示财务费用的总体趋势，如年度或季度的费用总额和同比增长率。可以通过折线图或柱状图展示，用于了解费用的整体变化情况。

　　（2）财务费用构成分析：将财务费用细分为不同的构成部分，如利息费用、手续费用、汇兑损益等。通过饼图或堆叠柱状图展示每个构成部分的金额和占比，帮助了解各项费用对总体费用的贡献度。

　　（3）资本结构影响：分析财务费用与资本结构的关系，如负债比例对利息费用的影响，或者资本支出对折旧与摊销费用的影响。可以通过散点图或堆叠柱状图展示不同资本结构水平下的费用情况。

　　（4）比较分析：将企业的财务费用与行业平均水平或竞争对手进行比较，评估财务费用的竞争力和优势。可以使用水平条形图或雷达图来比较不同企业的费用水平。

　　（5）部门或项目费用分析：将财务费用按部门或项目进行分析，评估各部门或项目的费用水平和变化情况。可以通过堆叠柱状图或热力图展示各个部门或项目的费用情况，用于成本控制和绩效评估。

（6）预测与规划：根据过去的财务费用情况，结合未来的业务发展计划和资金需求，预测和规划未来的财务费用，并制定相应的控制措施和调整策略。可以使用趋势线或面积图展示预测和实际费用的对比。

这些是财务费用分析看板的一些常见内容，可以根据实际需求进行定制和调整。视觉化的展示和交互功能可以帮助管理者更好地理解和分析财务费用情况，支持决策和优化。

知识点 2　财务费用分析看板的核心数据指标

制作财务费用分析看板的核心要素是"费用"，通过对费用进行拆解，可以将看板分成三部分，分别是总体情况、一级细分情况和二级细分情况。三部分的关系示意图如图 9-1 所示。

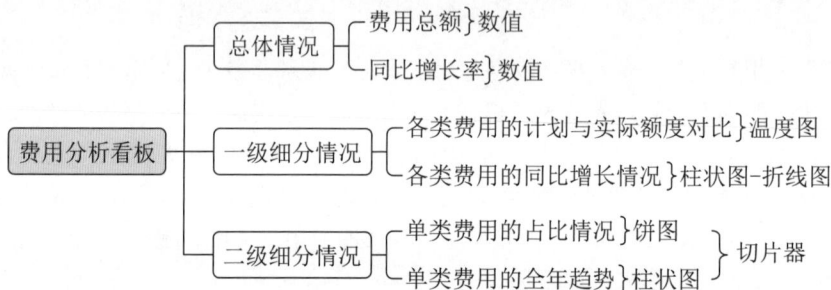

图 9-1　总体情况、一级细分情况和二级细分情况三部分的关系示意图

（1）总体情况。主要使用费用总额和同比增长率两方面的数据，来汇总全年的费用花费情况。

（2）一级细分情况。在总体费用的基础上，将费用划分为生产费用、销售费用、管理费用和财务费用 4 类，用温度图对比展示这 4 类费用的计划费用与实际费用的差距；用柱形图和折线图组合展示出本年各项费用的同比增长情况。

（3）二级细分情况。主要从"单类费用的占比情况""单类费用的全年趋势"两个方向进行分析。

知识点 3　财务费用分析框架设计

财务费用分析框架的设计旨在为企业管理者、投资者和其他利益相关者提供一个系统、全面的方法来评估企业的财务费用状况、成本控制能力和财务健康度。下面将通过一个财务费用分析框架设计的详细方案来讲解财务费用分析看板的框架设计方法。

1. 框架设计目的

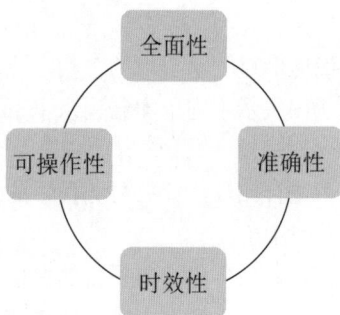

图 9-2　框架设计原则

通过详细分析，明确企业各项财务费用的构成和占比。还可以评估企业在控制财务费用方面的效率和效果，发现潜在的节约空间。并为企业管理者提供有力的财务数据支持，帮助其制定更加科学合理的财务决策。

2. 框架设计原则

在进行框架设计时，需要遵循以下 4 种原则，如图 9-2 所示。

（1）全面性：确保分析框架覆盖企业财务费用的各方面，不遗漏重要信息。

（2）准确性：数据来源必须可靠，分析过程需严谨，确保分析结果的准确性。

（3）时效性：定期更新分析数据，确保分析结果的时效性，及时反映企业财务费用的最新状况。

（4）可操作性：分析框架应易于理解和操作，方便不同层级的管理者和利益相关者使用。

3. 框架内容设计

1）财务费用分类

将财务费用按照一定标准进行分类，如按照费用性质分为利息费用、汇兑损失、手续费等；或按照费用发生的部门进行分类。

2）费用构成分析

费用构成的分析方式包含定量分析和结构分析两种。

（1）定量分析：通过数据表格或图表展示各项财务费用的具体金额、占比及变化趋势。

（2）结构分析：分析各项费用在总财务费用中的占比，评估费用结构的合理性。

3）成本效益分析

首先将本期的财务费用与上期或同行业平均水平进行比较，分析费用变化的原因和趋势。然后评估财务费用投入对企业整体财务绩效的影响，如财务费用率、利息保障倍数等指标的变化。

4）成本控制与优化

成本控制与优化有以下三种方法。

（1）识别重点：识别出对财务费用影响较大的关键项目或环节。

（2）策略制定：针对关键项目或环节制定具体的成本控制策略和优化措施。

（3）效果预测：预测实施成本控制策略后的预期效果，如费用节约额、财务费用率下降幅度等。

5）风险评估与应对

风险评估与应对方法有以下三种。

（1）风险识别：识别财务费用分析中可能存在的风险点，如汇率波动、利率变动等。

（2）风险评估：对识别出的风险进行量化评估，确定其对企业财务费用的潜在影响。

（3）应对策略：制定相应的风险应对策略和措施，以降低风险对企业财务费用的不利影响。

4. 实施步骤

框架设计的实施步骤可以分为以下 5 步。

（1）数据收集：收集企业近期的财务报表、账户记录等相关数据。

（2）数据整理：对收集到的数据进行整理、分类和清洗，确保数据的准确性和完整性。

（3）分析计算：根据框架内容对数据进行深入分析计算，得出各项分析结果。

（4）报告编制：将分析结果编制成财务费用分析报告，供管理者和利益相关者参考。

（5）反馈与调整：根据报告反馈和实际情况对分析框架进行适时调整和优化。

5. 技术工具支持

在财务费用分析框架的设计和实施过程中，可以充分利用各种技术工具来提高分析效率和准确性。常用的技术工具有以下三种。

（1）Excel 或 WPS 表格：用于数据整理、计算和分析结果展示。

（2）数据可视化工具：如 Tableau、Power BI 等，用于将分析结果以图表形式直观展示。

（3）财务分析软件：如 EViews 等经济计量软件，可用于更复杂的财务分析计算和预测。

通过上述设计方案的实施，可以为企业提供一个全面、系统、高效的财务费用分析框架，帮助企业更好地控制财务费用、提高财务绩效。

○ 项目实施 ○

在制作财务费用分析看板时，需要通过原始的三张数据表，在作图数据表中制作 6 组数据，6 组数据的对应内容如下。

（1）第 1 组数据对应"费用总额"。

（2）第 2 组数据对应"同比增长率"。

（3）第 3 组数据对应"计划 & 实际费用对比"。

（4）第 4 组数据对应"费用同比增长"。

（5）第 5 组数据对应"×× 费用的细分占比"。

（6）第 6 组数据对应"×× 费用全年趋势"。

在制作完 6 组数据后，需要将这 6 组数据在看板中进行可视化展示，第 1 组数据通过函数汇总后展示出现；第 2 组数据通过百分比的形式进行展示；第 3 组数据通过制作成温度图进行展示；第 4 组数据通过制作成柱形图 + 折线图进行展示；第 5 组图通过制作成饼图进行展示，并使用切片器控制"费用细分情况"的展示；第 6 组数据通过制作成柱形图进行展示，得到最终的费用分析看板效果如图 9-3 所示，整个制作步骤分为以下 7 步。

（1）规范数据。

（2）计算作图数据。

（3）将第 3 组数据和第 4 组数据制作成图表。

（4）汇总数据。

（5）插入与链接切片器。

（6）将第 5 组数据和第 6 组数据制作成图表。

（7）制作看板。

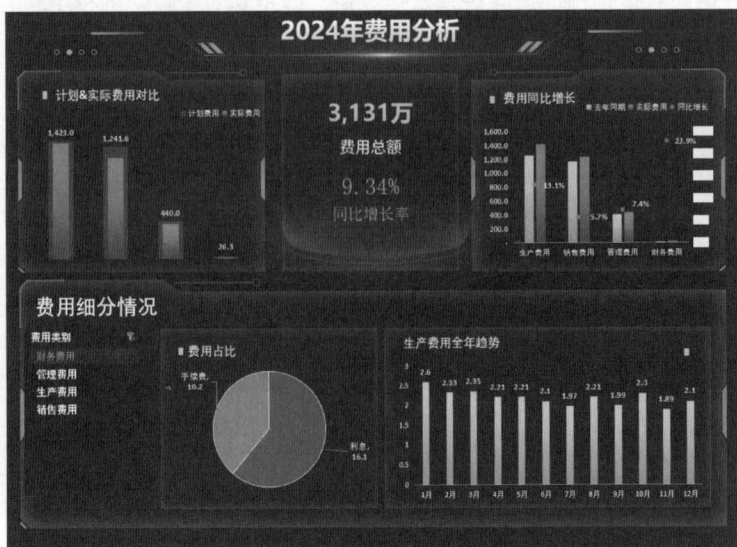

图 9-3　财务费用分析看板

1. 规范数据

（1）打开"财务费用分析看板 .xlsx"工作簿，单击"2024 年费用核算表"工作表标签，切换至该工作表，在工作表中选中 A 列，在"开始"选项卡的"对齐方式"面板中，单击"合并"右侧的下拉按钮，展开列表框，选择"取消合并单元格"命令，如图 9-4 所示。

图 9-4　选择"取消合并单元格"命令

（2）取消单元格合并，然后按快捷键 Ctrl+G，打开"定位"对话框，在"定位"选项卡中，选择"空值"单选按钮，单击"确定"按钮，选中所有空值单元格，如图 9-5 所示。

（3）在编辑栏中输入公式符号"="，然后按向上方向键↑，引用上一个单元格，最后按快捷键 Ctrl+Enter，在空白单元格中快速填充数据，如图 9-6 所示。

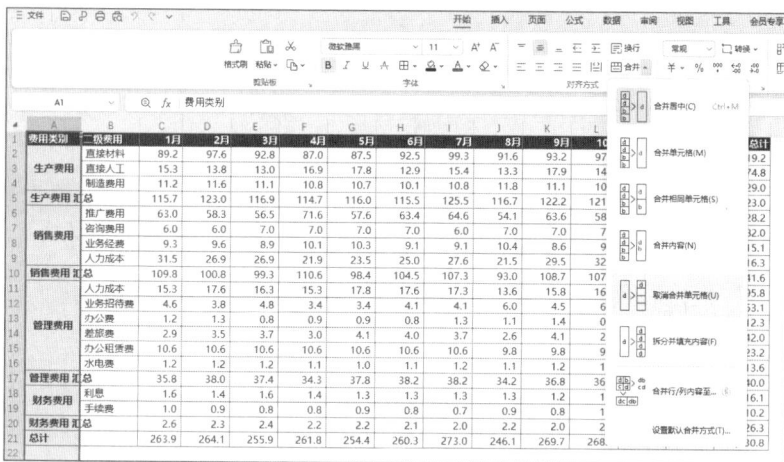

图 9-5　选中空值单元格

图 9-6　快速填充数据

（4）框选表格的数据区域，在"数据"选项卡的"分级显示"面板中，单击"分类汇总"按钮，打开"分类汇总"对话框，单击"全部删除"按钮，即可删除分类汇总，如图 9-7 所示。

（5）在"财务费用分析看板 .xlsx"工作簿中，单击"2024 年费用预算表"工作表标签，切换至该工作表，重复步骤（2）～（4）操作，对数据进行规范化操作，如图 9-8 所示。

（6）在"财务费用分析看板 .xlsx"工作簿中，单击"2023 年费用核算表"工作表标签，切换至该工作表，重复步骤（2）～（4）操作，对数据进行规范化操作，如图 9-9 所示。

2. 计算作图数据

（1）在打开的"财务费用分析看板 .xlsx"工作簿中，单击"作图数据"工作表标签，切换至该工作表，如图 9-10 所示。

235

图 9-7　删除分类汇总　　　　　　　　图 9-8　规范数据

图 9-9　规范数据

（2）在 A4 单元格中输入公式"=SUM（'2024 年费用核算表'!O2:O16）"，如图 9-11 所示。

图 9-10　切换至"作图数据"工作表　　　　　图 9-11　输入公式

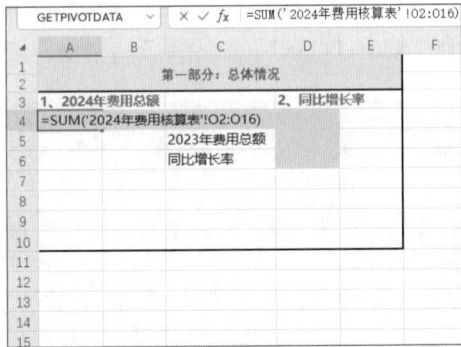

（3）按 Enter 键确定，即可计算第一组数据——2024 年费用总额，如图 9-12 所示。

（4）在 D4 单元格中输入公式"=A4"，按 Enter 键确定，计算第二组数据——2024 年费用总额，如图 9-13 所示。

（5）在 D5 单元格输入公式"=SUM（'2023 年费用核算表'！O2:O16）"，如图 9-14 所示。

（6）按 Enter 键确定，计算第二组数据——2023 年费用总额，如图 9-15 所示。

（7）在 D6 单元格中输入公式"=（D4–D5）/D5"，如图 9-16 所示。

（8）按 Enter 键确定，计算第二组数据——同比增长率，如图 9-17 所示。

（9）选中 I5 单元格，输入公式"=SUMIF（'2024 年费用预算表'！$A$2:$A$16，作图数据!H5，'2024 年费用预算表'！$O$2:$O$16）"，按 Enter 键确定，即可计算出生产费用的计划费用总额，如图 9-18 所示。

（10）在 I5 单元格上双击鼠标左键，填充公式，即可计算第三组数据——各类费用计划总额，如图 9-19 所示。

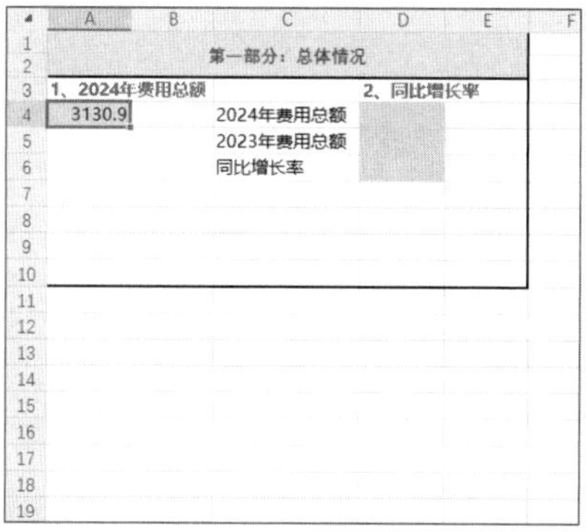

图 9-12　计算第一组 2024 年费用总额

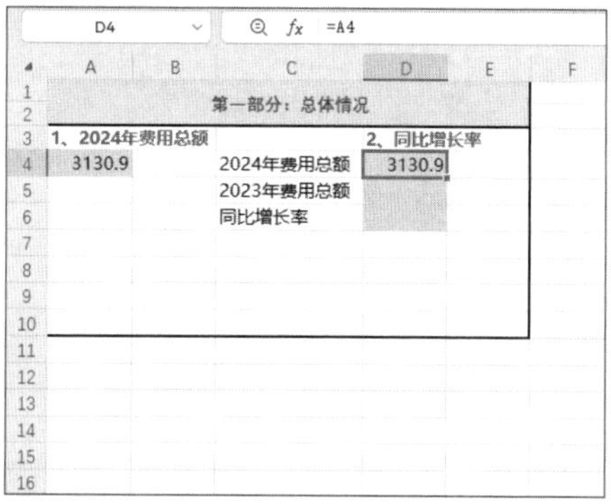

图 9-13　计算第二组 2024 年费用总额

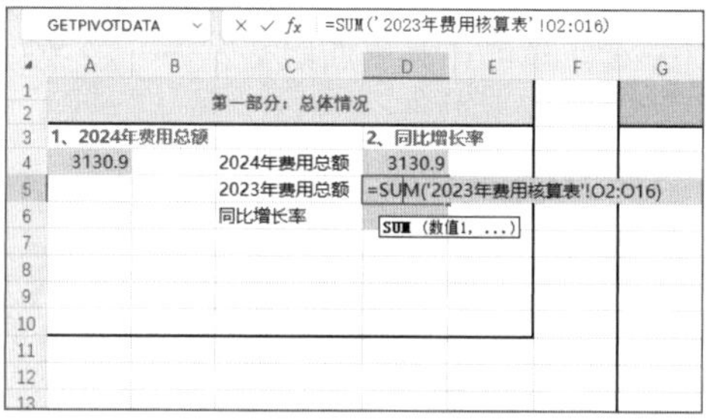

图 9-14　输入公式

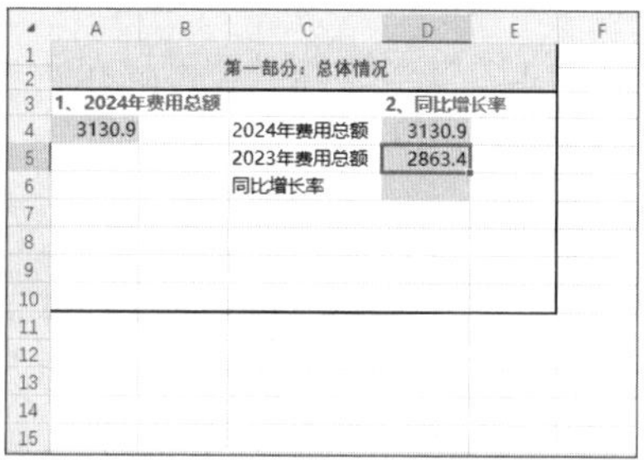

图 9-15　计算 2023 年费用总额

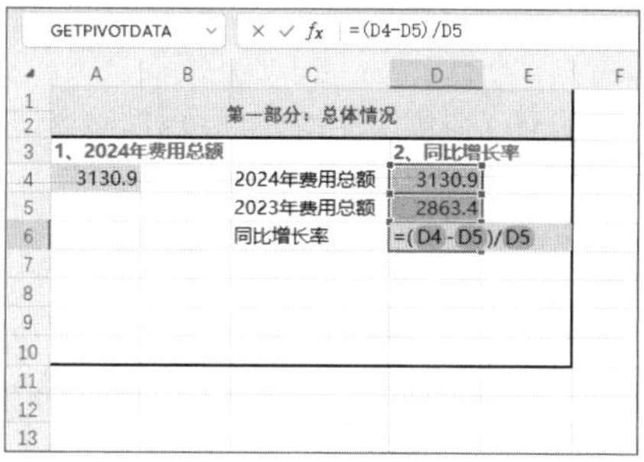

图 9-16　输入公式

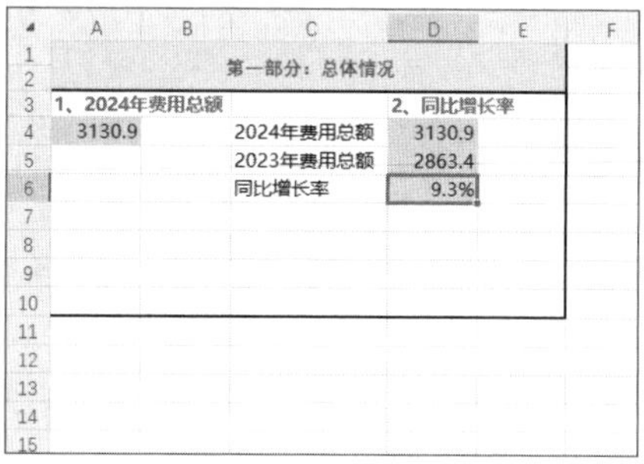

图 9-17　计算同比增长率

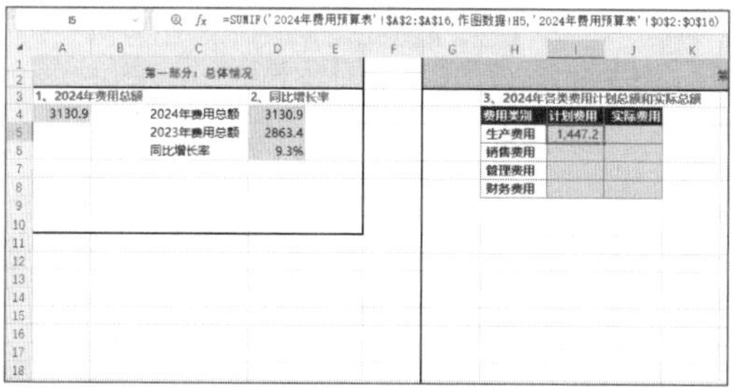

图 9-18　计算生产费用的计划费用总额

图 9-19　计算各类费用计划总额

（11）选中 J5 单元格，输入公式 "=SUMIF（'2024 年费用预算表'！$A$2:$A$16，作图数据！H5，'2024 年费用核算表'！$O$2:$O$16）"，按 Enter 键确定，即可计算出生产费用的实际费用总额，如图 9-20 所示。

（12）在 J5 单元格上双击鼠标左键，填充公式，即可计算第三组数据——各类费用实际总额，如图 9-21 所示。

图 9-20　计算生产费用的实际费用总额

图 9-21　计算各类费用实际总额

（13）在 O5 单元格中输入公式"SUMIF（'2023 年费用核算表'！$A$2:$A$16，作图数据！H5，'2023 年费用核算表'！$O$2:$O$16)"，按 Enter 键确定，即可计算出生产费用的去年同期增长，如图 9-22 所示。

（14）在 O5 单元格上双击鼠标左键，填充公式，即可计算第四组数据——各类费用去年同期增长，如图 9-23 所示。

图 9-22　计算生产费用的去年同期增长

图 9-23　计算各类费用去年同期增长

（15）在 P5 单元格中输入公式"=J5"，按 Enter 键确定，然后在 O5 单元格上双击鼠标左键，填充公式，即可计算第四组数据——各类费用实际增长，如图 9-24 所示。

（16）在 Q5 单元格中输入公式"=（P5–O5）/+O5"，按 Enter 键确定，然后在 Q5 单元格上双击鼠标左键，填充公式，即可计算出第四组数据——各类费用同比增长，如图 9-25 所示。

图 9-24　计算各类费用实际增长

图 9-25　计算各类费用同比增长

3. 将第 3 组和第 4 组数据制作成图表

（1）先将第 3 组数据制作成温度图。在"作图数据"工作表中，框选第三组数据 H4:J8 单元格范围，在"插入"选项卡的"图表"面板中，单击"插入柱形图"右侧的下拉按钮，展开列表框，选择"簇状柱形图"图标，即可插入柱形图图表，如图 9-26 所示。

（2）选择新创建的图表，在"图表工具"选项卡的"图表样式"面板中，单击"更改类型"按钮，打开"更改图表类型"对话框，在左侧列表框中，选择"组合图"选项，修改

"实际费用"的图表类型为"簇状柱形图"，并选中其右侧的"次坐标轴"复选框，如图 9-27 所示。

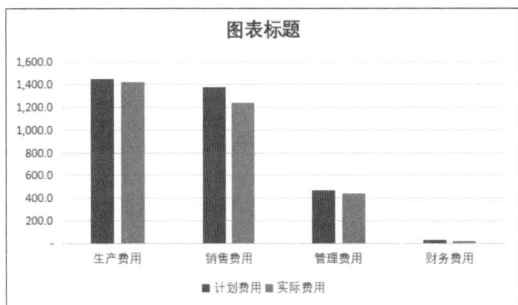

图 9-26 插入柱形图图表

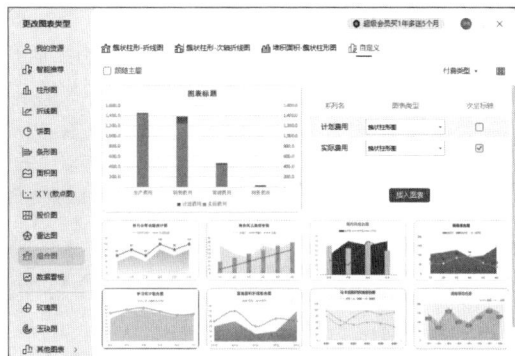

图 9-27 修改参数值

（3）单击"插入图表"按钮，即可更改图表类型，其效果如图 9-28 所示。

（4）选择图表中的"计划费用"系列图形，在"属性"任务窗格的"系列选项"选项区中，修改"分类间距"为120%；选择"实际费用"系列图形，在"设置数据系列格式"窗格的"系列选项"选项区中，修改"系列重叠"为100%，其图表效果如图 9-29 所示。

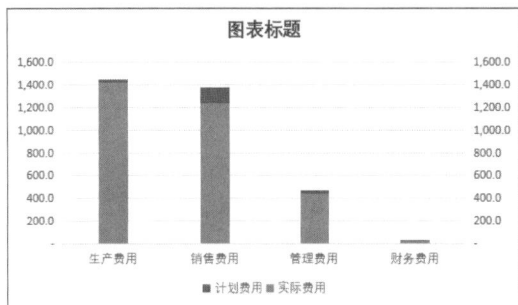

图 9-28 更改图表类型

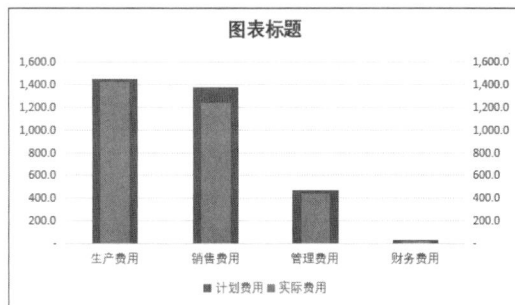

图 9-29 修改系列图形效果

（5）修改图表标题为"计划 & 实际费用对比"，手动调整图例元素的位置，并删除坐标轴和网格线，调整图表的大小，如图 9-30 所示。

（6）选择"计划费用"系列图形，在"属性"任务窗格的"填充"选项区中，选中"纯色填充"单选按钮，修改颜色的 RGB 分别为 47、143、236，"不透明度"为 50%，如图 9-31 所示。

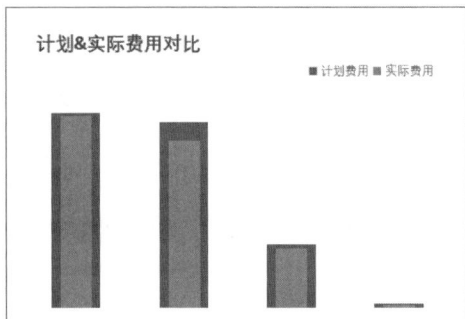

图 9-30 编辑图表效果

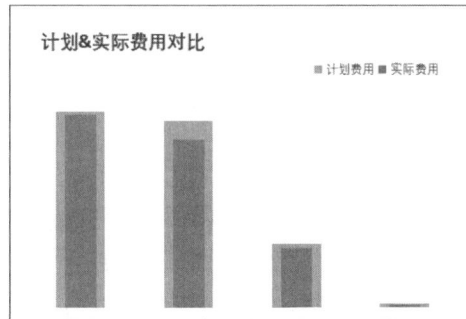

图 9-31 修改系列图形填充效果

（7）选择"实际费用"系列图形，在"属性"任务窗格的"填充"选项区中，选中"渐变填充"单选按钮，修改起始值的 RGB 分别为 15、179、255，结束值的 RGB 分别为 58、97、255，其图表效果如图 9-32 所示。

（8）在图表中的"实际费用"系列图形上，单击鼠标右键，打开快捷菜单，选择"添加数据标签"命令，即可添加数据标签，并调整相应数据标签的位置，其图表效果如图 9-33 所示。

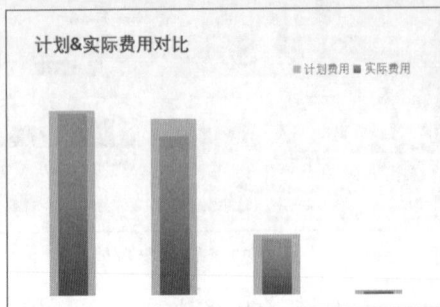

图 9-32　修改系列图形填充效果

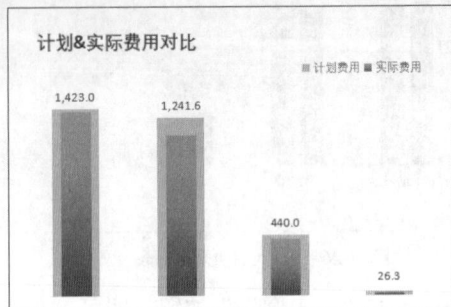

图 9-33　添加数据标签

（9）接着，将第 4 组数据制作成柱形图 + 折线图。在"作图数据"工作表中，框选第四组数据 N4:Q8 单元格范围，在"插入"选项卡的"图表"面板中，单击"插入柱形图"右侧的下拉按钮，展开列表框，选择"簇状柱形图"图标，即可插入柱形图图表，如图 9-34 所示。

（10）选择新创建的图表，在"图表工具"选项卡的"图表样式"面板中，单击"更改类型"按钮，打开"更改图表类型"对话框，在左侧列表框中，选择"组合图"选项，修改"同比增长"的图表类型为"折线图"，选中"同比增长"右侧的"次坐标轴"复选框，如图 9-35 所示。

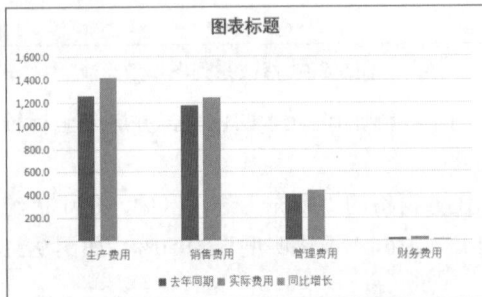

图 9-34　插入柱形图图表

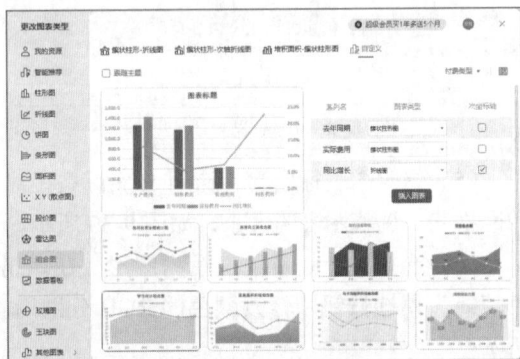

图 9-35　修改参数值

（11）单击"插入图表"按钮，即可更改图表类型，其效果如图 9-36 所示。

（12）选择图表上的折线系列图形，在"属性"任务窗格的"线条"选项区中，选中"无线条"单选按钮；在"标记选项"选项区中，选中"内置"单选按钮，修改"类型"为实心圆；在"填充"选项区中，选中"纯色填充"单选按钮，修改 RGB 分别为 255、100、175；在"边框"选项区中，选中"无线条"单选按钮，即可美化折线系列图形，如图 9-37 所示。

（13）选择"去年同期"系列图形，在"属性"任务窗格的"填充"选项区中，选中"渐变填充"单选按钮，修改起始值的 RGB 分别为 196、253、235，结束值的 RGB 分别为 31、216、216，其图表效果如图 9-38 所示。

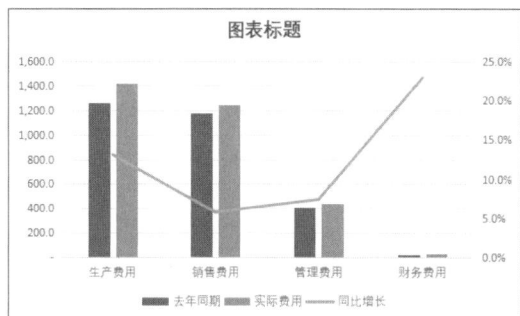

图 9-36　更改图表类型

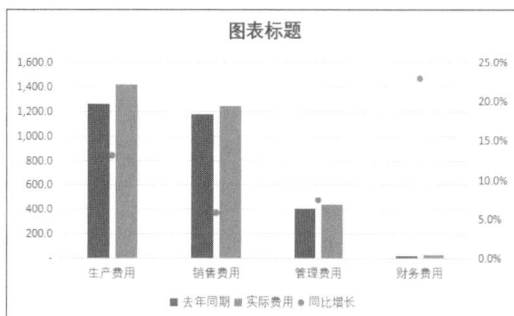

图 9-37　美化折线系列图形

（14）选择"实际费用"系列图形，在"属性"任务窗格的"填充"选项区中，选中"渐变填充"单选按钮，修改起始值的 RGB 分别为 15、179、255，结束值的 RGB 分别为 58、97、255，其图表效果如图 9-39 所示。

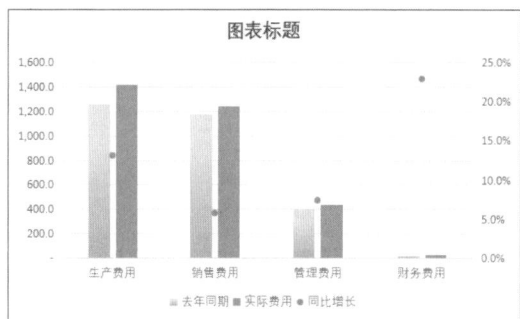

图 9-38　美化"去年同期"系列图形

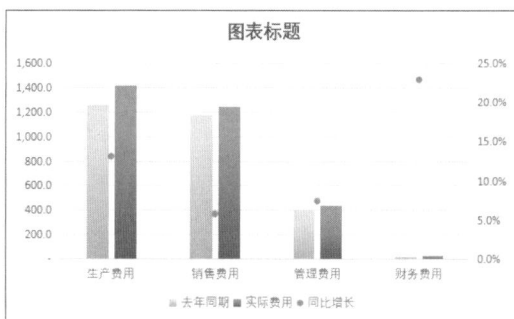

图 9-39　美化"实际费用"系列图形

（15）修改图表标题为"费用同比增长"，在"同比增长"系列图形上，单击鼠标右键，在弹出的快捷菜单中选择"添加数据标签"命令，即可添加数据标签，移动数据标签的位置，手动调整图例元素位置，隐藏次坐标轴，并删除网格线，最终的图表效果如图 9-40 所示。

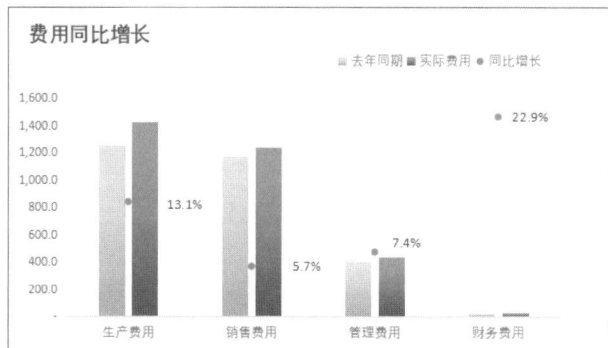

图 9-40　最终的图表效果

4. 汇总数据

（1）在"财务费用分析看板 .xlsx"工作簿中，单击"2024 年费用核算表"工作表标签，切换至该工作表，在工作表中按快捷键 Ctrl+A，全选所有数据，在"插入"选项卡的"表格"面板中，单击"数据透视表"按钮，打开"创建数据透视表"对话框，选择"现有工作表"单选按钮，修改"位置"为作图数据表中的 U7 单元格，如图 9-41 所示。

（2）单击"确定"按钮，创建出数据透视表，在"数据透视表"任务窗格中，将"二级费用"字段拖曳至"行"区域，"总计"字段拖曳至"值"区域，添加字段，完成第5组数据的汇总，如图9-42所示。

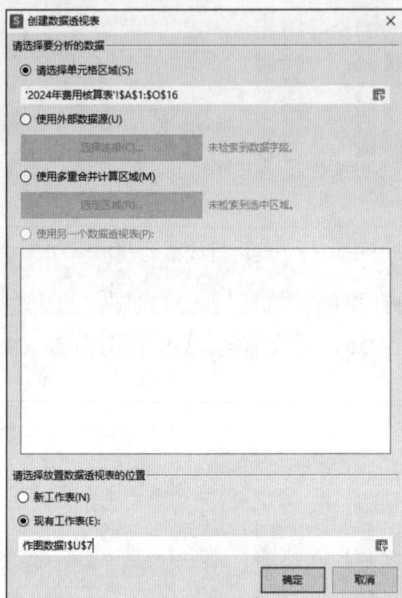

图 9-41　修改参数值

图 9-42　汇总第 5 组数据

（3）在"财务费用分析看板 .xlsx"工作簿中，单击"2024年费用核算表"工作表标签，切换至该工作表，在工作表中按快捷键 Ctrl+A，全选所有数据，在"插入"选项卡的"表格"面板中，单击"数据透视表"按钮，打开"创建数据透视表"对话框，选择"现有工作表"单选按钮，修改"位置"为作图数据表中的 AC7 单元格，如图9-43所示。

（4）单击"确定"按钮，创建出数据透视表，在"数据透视表"任务窗格中选中"1月"～"12月"字段复选框，将"列"区域中的"数值"字段拖曳至"行"区域，添加字段，如图9-44所示。

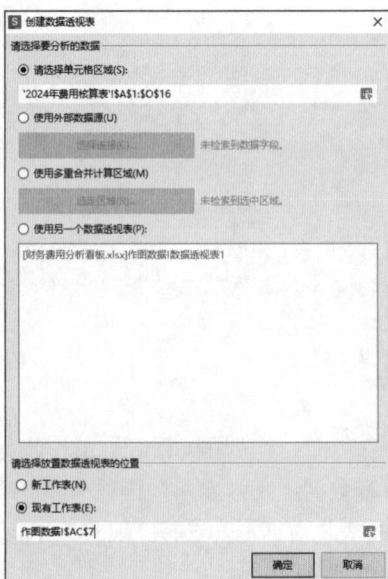

图 9-43　修改参数值

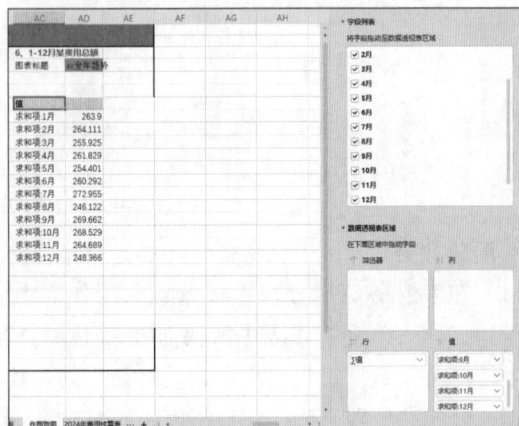

图 9-44　添加字段

（5）依次选择"求和项：1 月"～"求和项：12 月"字段，在"分析"选项卡的"活动字段"面板中，单击"字段设置"按钮，打开"值字段设置"对话框，修改自定义名称，单击"确定"按钮，即可更改字段的名称，完成第 6 组数据的汇总，其效果如图 9-45 所示。

图 9-45　汇总第 6 组数据

5. 插入与链接切片器

（1）选中任意一个数据透视表中的单元格，在"分析"选项卡的"筛选"面板中，单击"插入切片器"按钮，打开"插入切片器"对话框，勾选"费用类别"复选框，如图 9-46 所示。

（2）单击"确定"按钮，即可插入切片器，如图 9-47 所示。

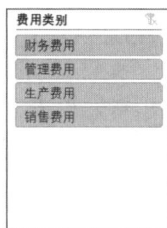

图 9-46　勾选"费用类别"复选框　图 9-47　插入切片器

（3）选中切片器，在"选项"选项卡的"切片器"面板中，单击"报表连接"按钮，如图 9-48 所示。

（4）打开"数据透视表连接（费用类别）"对话框，勾选"数据透视表 1"和"数据透视表 2"复选框，如图 9-49 所示，单击"确定"按钮，完成报表连接。

（5）选中切片器，在"选项"选项卡的"样式"面板中，展开"切片器样式"列表框，选择"新建切片器样式"对话框，在"切片器元素"列表框中，选择"整个切片器"选项，单击"格式"按钮，如图 9-50 所示。

（6）打开"切片器元素格式"对话框，在"字体"选项卡中的"字体"列表框中，选择"黑体"选项；在"字号"列表框中，选择 12；在"颜色"列表框中，选择"白色，背景 1"颜色，如图 9-51 所示。

图 9-48　单击"报表连接"按钮

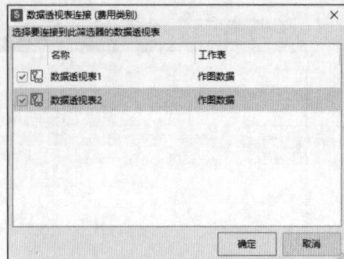

图 9-49　创建报表连接

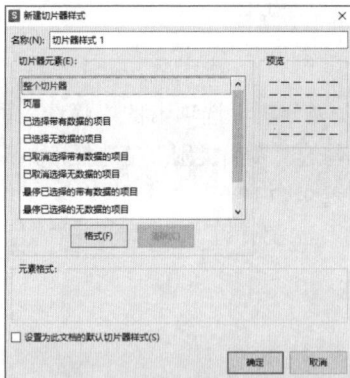

图 9-50　单击"格式"按钮

图 9-51　修改字体参数

（7）选择"边框"选项卡，在"颜色"列表框中，选择颜色 RGB 分别为 1、64、235 的颜色，如图 9-52 所示。

（8）选择"图案"选项卡，单击"其他颜色"按钮，打开"颜色"对话框，输入 RGB 分别为 9、14、95，单击"确定"按钮，选择自定义的颜色，如图 9-53 所示。

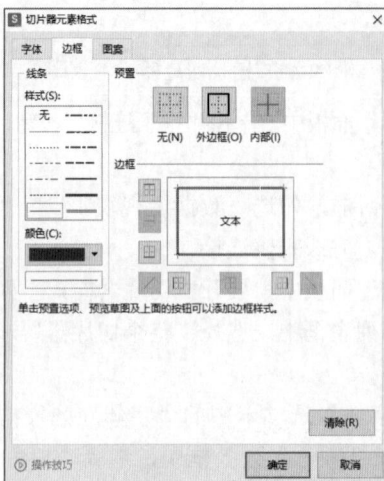

图 9-52　修改边框参数

图 9-53　修改图案参数

（9）在"切片器元素格式"对话框中，单击"确定"按钮，返回到"新建切片器样式"对话框，在"新建切片器元素"列表框中，选择"已选择带有数据的项目"选项，单击"格式"按钮，如图 9-54 所示。

（10）再次打开"切片器元素格式"对话框，在"字体"选项卡中，修改字体 RGB 颜色为1、255、253，如图 9-55 所示。

图 9-54　单击"格式"按钮

图 9-55　修改字体颜色

（11）在"图案"选项卡中，修改填充色的 RGB 颜色为 17、49、152，如图 9-56 所示，单击"确定"按钮，返回到"新建切片器样式"对话框。

（12）重复步骤（9）～（11）的操作，为"悬停已选择的带有数据的项目"和"悬停已取消选择的带有数据的项目"切片器元素设置相同的格式，最后在"新建切片器样式"对话框中，单击"确定"按钮，在"切片器样式"列表框中，将显示新创建的切片器样式，为选择的切片器应用新创建的切片器样式，其效果如图 9-57 所示。

图 9-56　修改填充颜色

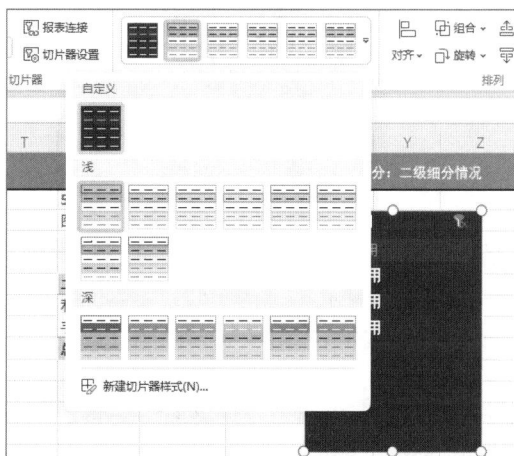

图 9-57　应用切片器样式

6. 将第 5 组和第 6 组数据制作成图表

（1）框选第 5 组数据 U8:V21 单元格范围，在"插入"选项卡的"图表"面板中，单击

观看视频

"插入饼图或圆环图"右侧的下拉按钮，展开列表框，选择"饼图"图标，即可插入饼图图表，如图 9-58 所示。

（2）选择新创建的图表，隐藏图表上所有的字段按钮，删除图例，如图 9-59 所示。

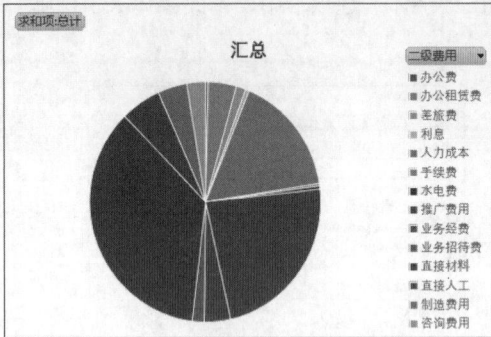

图 9-58　插入饼图图表

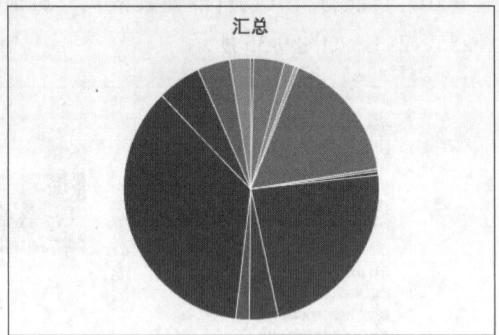

图 9-59　编辑图表效果

（3）为图表添加数据标签，然后选择新创建的数据标签，在"属性"任务窗格的"标签选项"选项区中，勾选"类别名称""值""显示引导线"复选框，在"标签位置"选项区中，选择"数据标签外"单选按钮，美化数据标签，如图 9-60 所示。

（4）修改图表标题，并将图表标题移动至图表的左上角，调整图表大小和位置，在"费用类别"切片器中，选中"管理费用"选项，查看管理费用的饼图效果，如图 9-61 所示。

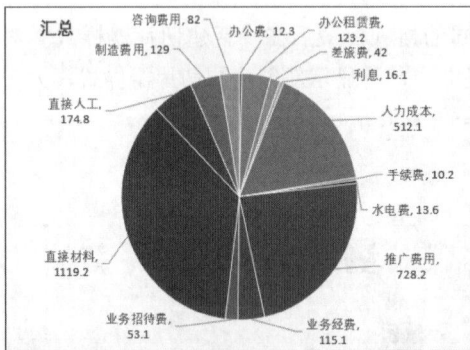

图 9-60　添加与美化数据标签

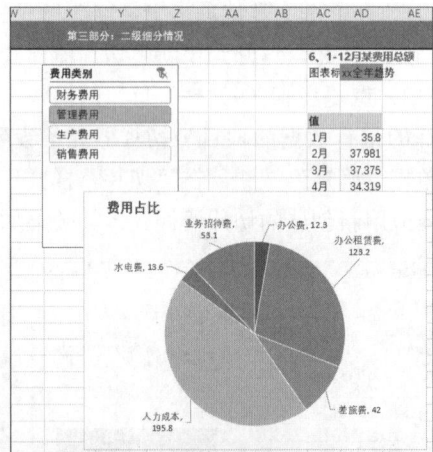

图 9-61　查看管理费用饼图效果

（5）框选第 6 组数据 AC8:AD19 单元格范围，在"插入"选项卡的"图表"面板中，单击"插入柱形图"右侧的下拉按钮，展开列表框，选择"簇状柱形图"图标，即可插入柱形图图表，如图 9-62 所示。

（6）选择新创建的图表，隐藏图表上所有的字段按钮，删除网格线和图例，其效果如图 9-63 所示。

（7）选择系列图形，在"设置数据系列格式"窗格的"填充"选项区中，选中"渐变填充"单选按钮，修改起始值的 RGB 分别为 196、253、235，结束值的 RGB 分别为 31、216、216，如图 9-64 所示。

（8）为图表添加数据标签，然后将图表标题移动至图表的左上角，调整图表的大小和位置，如图 9-65 所示。

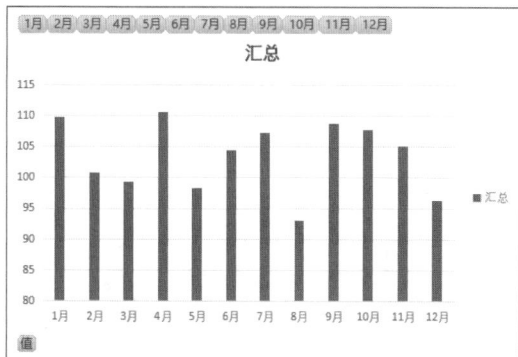

图 9-62 插入柱形图图表

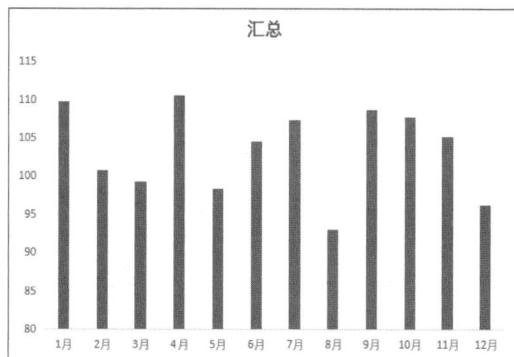

图 9-63 编辑图表

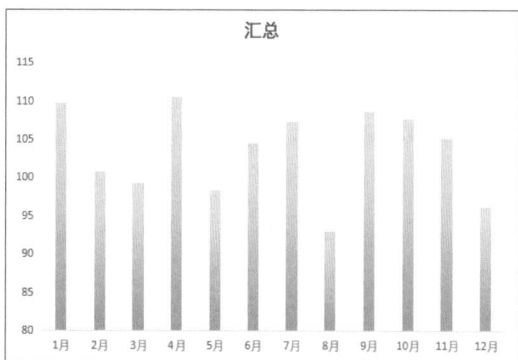

图 9-64 美化系列图形

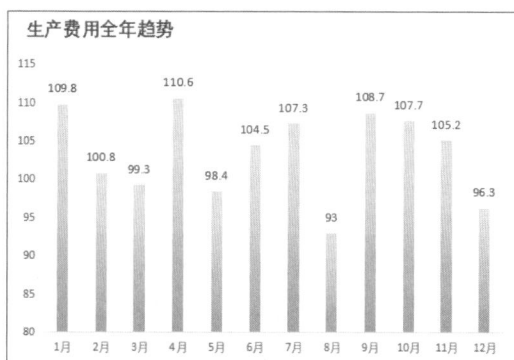

图 9-65 最终图表效果

7. 制作看板

（1）在"财务费用分析看板 .xlsx"工作簿中，单击"费用看板"工作表标签，切换至该工作表，如图 9-66 所示。

观看视频

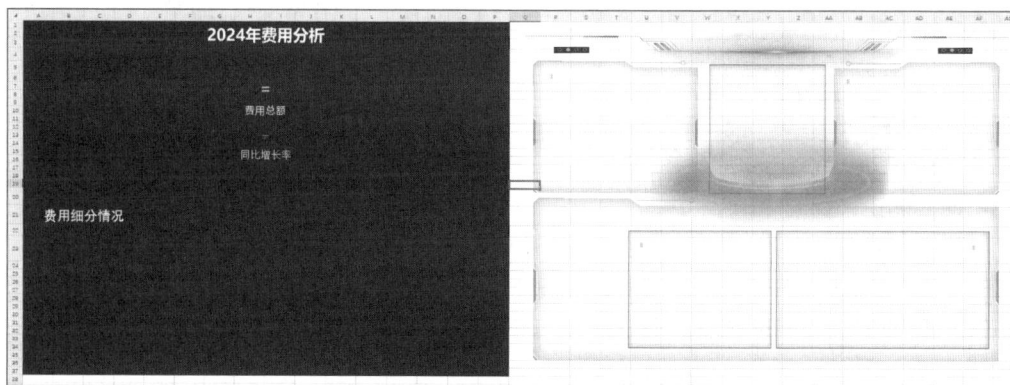

图 9-66 切换至"费用看板"工作表

（2）选中 G5 单元格，删除符号，输入公式"=TEXT（作图数据！$A$4，"000，0"&" 万 "）"，按 Enter 键确定，即可引用费用总额，如图 9-67 所示。

（3）选中 G12 单元格，删除符号，输入公式"= 作图数据！D6"，按 Enter 键确定，即可引用同比增长率，如图 9-68 所示。

（4）在"费用看板"工作表中，将美术素材拖曳至看板的左上方，在作图数据表中复制第 3 组数据的温度图表，粘贴至"费用看板"工作表中，调整位置大小，修改填充色为"无填

247

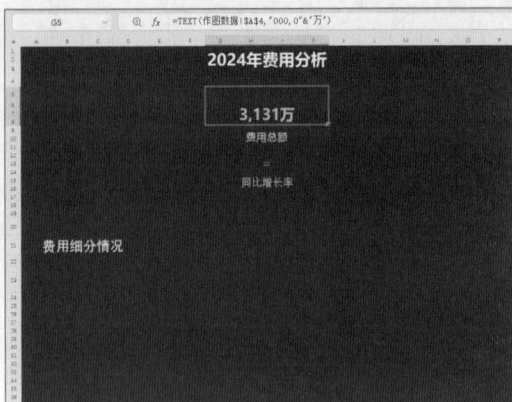

图 9-67　引用费用总额

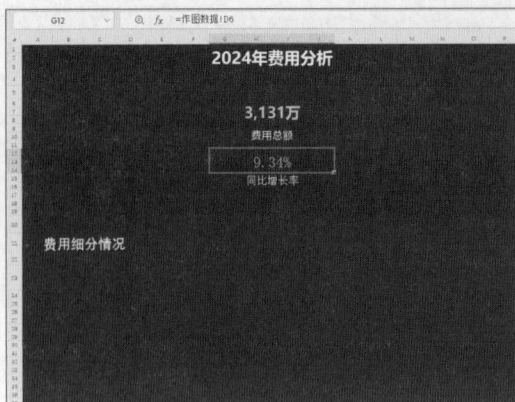

图 9-68　引用同比增长率

充"、边框为"无边框"，因为看板的背景是深色，所以字体颜色更改为"白色，背景 1"颜色，其效果如图 9-69 所示。

（5）重复步骤（4）的操作，依次将其他的图表和切片器复制到看板上，调整位置、大小和颜色，其最终的看板效果如图 9-70 所示。

图 9-69　复制温度图表

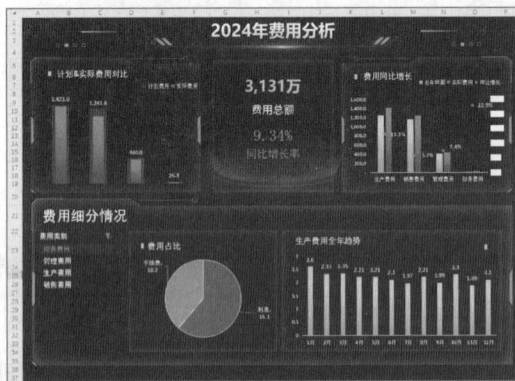

图 9-70　最终看板效果

—◦ AI 助力 ◦—

1. 温度图表有什么作用

在前面案例操作中有介绍温度图，可是温度图到底是什么图表？有什么作用呢？下面先来看看在 AI 工具"文心一言"中是如何答疑解惑的。

> **向文心一言提问：** WPS 的温度图表有什么作用？

文心一言回复：

WPS 中的温度图表在数据分析和可视化方面发挥着重要作用。WPS 温度图表的作用有以下 5 个。

1）数据可视化呈现

（1）直观展示：温度图表能够将复杂的温度数据以直观、形象的方式呈现给用户，使用户能够快速理解数据的变化趋势和分布情况。

（2）图形化表达：通过柱状图、折线图、散点图等图形方式，温度图表能够清晰地展示温度随时间、空间或其他变量的变化，使得数据更加易于理解和分析。

2）数据分析与比较

（1）趋势分析：折线图等图表能够清晰地展示温度随时间的变化趋势，帮助用户识别温度变化的周期性、季节性或突发性特征。

（2）对比分析：柱状图等图表则便于用户比较不同时间点、不同地点或不同条件下的温度差异，从而发现数据中的规律和异常。

3）辅助决策

（1）提供决策依据：温度图表能够直观地反映温度数据的实际情况，为决策者提供可靠的数据支持。在气象预报、农业生产、环境保护等领域，温度图表都发挥着重要的决策辅助作用。

（2）风险评估：通过分析温度数据的变化趋势和分布情况，用户可以评估潜在的风险和机遇，为制定应对措施提供科学依据。

4）沟通与交流

（1）提升沟通效率：温度图表具有直观、易懂的特点，能够显著提升数据沟通的效率和准确性。在团队协作、项目汇报等场合中，使用温度图表能够更好地传达数据信息和分析结果。

（2）增强表达效果：通过精心设计的温度图表，用户可以更加生动地展示数据的魅力和价值，增强表达的感染力和说服力。

综上所述，WPS 中的温度图表在数据可视化、数据分析与比较、辅助决策以及沟通与交流等方面都发挥着重要作用。无论是在科学研究、商业分析还是日常生活中，温度图表都是不可或缺的数据分析工具之一。

2. 如何让公式一键现"真身"

在财务表中会用到各种各样的公式函数，虽然公式本身较为简单，但是每个公式中所引用的原始数据都有所不同，那么如何才能清晰地了解每个指标值的来龙去脉呢？让 AI 工具 ChatGPT 告诉我们答案。

观看视频

向 ChatGPT 提问： WPS 中如何查看全部公式内容？

ChatGPT 回复：

在 WPS 中，可以使用以下几种方法来查看全部公式内容。

（1）公式编辑栏：在 WPS 的公式编辑栏中，可以看到当前单元格中的公式内容，还可以直接在编辑栏中编辑和修改公式。

（2）"公式"选项卡：通过 WPS 的"公式审核"功能，可以查看当前工作表中的所有公式内容。

（3）快捷键：按快捷键 Ctrl+`，可以在单元格中显示或隐藏公式内容。

（4）需要注意的是：如果单元格中包含函数或公式，WPS 会自动将其显示为公式内容。但如果单元格中只包含数字或文本等静态数据，WPS 不会将其显示为公式。

下面将参照上述第二种方法，通过具体的案例来进行操作练习。

（1）打开本章提供的"销售数据分析表 .xlsx"工作簿，在"公式"选项卡的"公式审核"面板中，单击"显示公式"按钮，如图 9-71 所示。

（2）在工作表中可以查看到包含公式的单元格中显示了公式，如图 9-72 所示。

图 9-71　单击"显示公式"按钮

图 9-72　显示公式

项目小结

本项目详细介绍了财务费用分析看板的人和核心数据指标，也详细介绍了财务费用分析框架的设计方法，最后通过"财务费用分析看板"案例项目实施和 AI 助力，对本项目的知识点进行巩固练习和拓展学习。

课后练习——用看板展示公司财务数据

打开本章提供的"公司财务数据看板 .xlsx"表格，根据表格中的数据创建出饼图、柱形图和条形图图表，然后在看板中引用数据，复制图表。练习完成后结果如图 9-73 所示。

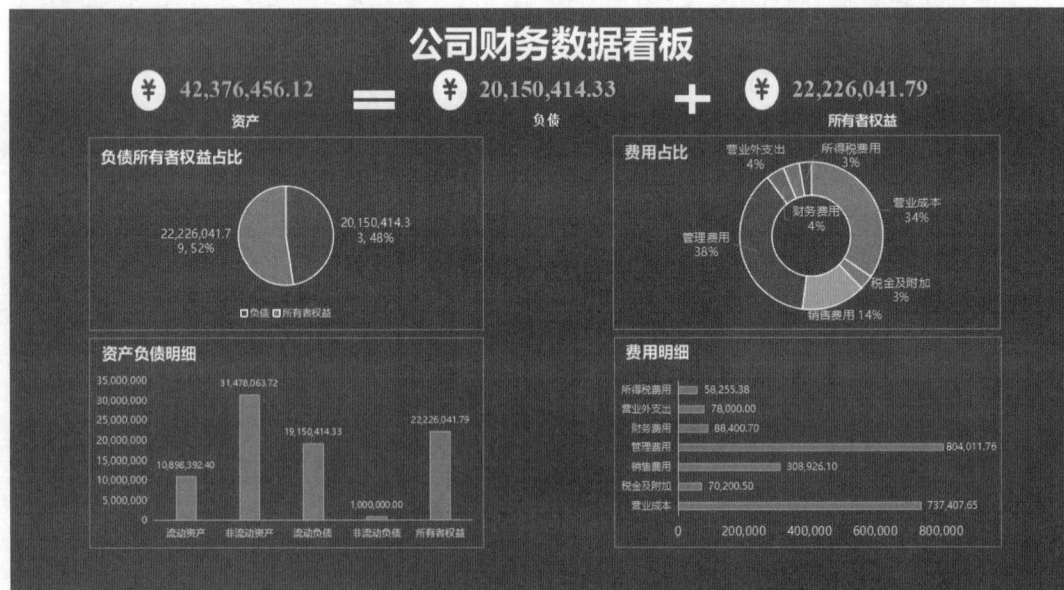

图 9-73　公司财务数据看板

图 书 资 源 支 持

感谢您一直以来对清华版图书的支持和爱护。为了配合本书的使用，本书提供配套的资源，有需求的读者请扫描下方的"书圈"微信公众号二维码，在图书专区下载，也可以拨打电话或发送电子邮件咨询。

如果您在使用本书的过程中遇到了什么问题，或者有相关图书出版计划，也请您发邮件告诉我们，以便我们更好地为您服务。

我们的联系方式：

清华大学出版社计算机与信息分社网站：https://www.SHUIMUSHUHUI.com/

地　　　址：北京市海淀区双清路学研大厦 A 座 714

邮　　　编：100084

电　　　话：010-83470236　　010-83470237

客服邮箱：2301891038@qq.com

QQ：2301891038（请写明您的单位和姓名）

资源下载：关注公众号"书圈"下载配套资源。

资源下载、样书申请

图书案例

书 圈

清华计算机学堂

观看课程直播